călătorie prin univers

Redactor: Vlad Zografi
Coperta: Ioana Nedelcu
Corector: Darius Anghel
DTP: Iuliana Constantinescu

Tipărit la Bookart Printing

Zack Scott
Across the Universe

Descrierea CIP a Bibliotecii Naționale a României
Scott, Zack
Călătorie prin univers / Zack Scott;
trad. din engleză de Walter Fotescu. –
București: Humanitas, 2025
ISBN 978-973-50-8724-1
I. Fotescu, Walter (trad.)
52

EDITURA HUMANITAS
Piața Presei Libere 1, 013701 București, România
tel. 021/408 83 50, fax 021/408 83 51
www.humanitas.ro

Comenzi online: www.libhumanitas.ro
Comenzi prin e-mail: vanzari@libhumanitas.ro
Comenzi telefonice: 0723 684 194

ZACK SCOTT

călătorie prin univers

Traducere din engleză
de Walter Fotescu

HUMANITAS

Introducere

Cerul nopții a fost dintotdeauna o sursă de uimire pentru noi; considerat odinioară a fi de natură divină și separat de lumea noastră, a muritorilor, știm acum că nu așa stau lucrurile, și că firmamentul și noi înșine suntem parte a unei entități magnifice pe care o numim univers.

Încă din Antichitate, minți iscoditoare au învins multe dificultăți pentru a ne ajuta să înțelegem cosmosul și locul nostru în el. Primii astronomi puteau doar să privească firmamentul cu ochiul liber în strădania lor de a descifra cerul nopții, dar acum dispunem de telescoape puternice, unele pe orbite înalte deasupra Pământului, care ne ajută să vedem mai departe. În miile de ani de când dezvăluim secretele universului, evident că tehnicile noastre s-au ameliorat considerabil. Totuși, atât vechii astronomi care scrutau cerul, cât și oamenii de știință din zilele noastre care lansează telescoape în spațiu la bordul rachetelor sunt la fel de importanți în tentativa noastră de a descifra misterele universului.

Cartea de față începe cu obiectele din imediata noastră apropiere: corpurile din sistemul solar. Cum aceste corpuri sunt cele mai apropiate de noi, nu e de mirare că ne sunt cele mai familiare, și deci le cunoaștem cel mai bine. Numele planetelor au fost atribuite de vechile civilizații, iar Soarele dătător de viață fusese venerat încă din preistorie, înainte chiar ca planetele să aibă nume, de aceea nu e greșit să spunem că noi, oamenii, avem o îndelungată relație cu aceste corpuri cerești. Ultimul dintre vecinii noștri cu care ne întâlnim este și cel mai remarcabil dintre ei: Soarele, care ne scaldă în lumină și căldură. După ce am făcut cunoștință cu toate planetele și cu Soarele, părăsim confortul sistemului nostru solar pentru a examina stelele, planetele și galaxiile aflate dincolo de limitele sale. Pe drum vom descoperi cum se formează stelele și ce se întâmplă când ele mor, precum și ciclurile de viață ale universului în ansamblu – ce s-a întâmplat după big bang și care e scenariul probabil pentru sfârșitul existenței.

Veți întâlni în carte numeroase exemple privind modul în care au izbutit astronomii să descopere minunile care abundă în univers. La început poate părea absurd, chiar fantezist, faptul că ei ne pot spune atât de multe despre stele atât de îndepărtate, încât lumina lor are nevoie de mii sau chiar milioane de ani pentru a ajunge la noi. Sperăm că, prin detalierea observațiilor și prin deducții, unele fapte și cifre din cosmologie vor părea mai plauzibile.

Cuprins

Sistemul solar

Stelele

Exoplanete

Galaxii

Big bang

Moartea universului

”

Naturii
îi place
simplitatea.

“

Isaac Newton, 1643 – 1727

SISTEMUL SOLAR

ÎMPREJURIMILE

Incursiunea noastră în univers începe cu o preumblare prin vecinătatea noastră celestă, sistemul solar. Format prin colapsul unui nor de gaz și praf, Soarele a început să lumineze în urmă cu aproximativ 4,6 miliarde de ani, în vreme ce planetele se amalgamau din rămășițele înconjurătoare.

În cea mai mare parte a existenței speciei umane, nu am recunoscut locul nostru în sistemul solar, sau în univers în general. Credeam că suntem staționari, în centrul tuturor lucrurilor și separați de obiectele cerești care se mișcă pe firmament. Numai odată cu începutul revoluției științifice în secolul XVI a fost acceptat faptul că Soarele e în centrul orbitelor planetelor, iar universul nu se rotește în jurul nostru. De atunci, cunoștințele noastre despre cosmos au sporit exponențial. Telescopul, care a fost perfecționat și reproiectat după inventarea sa, iar mai târziu capacitatea noastră de a trimite sonde spațiale către alte lumi, ne-au furnizat o bogăție de informații, lărgindu-ne continuu orizonturile. Fără aceste tehnologii, am ști doar o mică parte din ceea ce știm în prezent.

Vom porni în călătoria noastră interplanetară de la planeta cea mai apropiată de Soare, Mercur. De aici ne vom aventura spre exterior, oprindu-ne să examinăm planetele

telurice interioare, centura de asteroizi, iar apoi planetele gazoase gigante aflate în sistemul solar exterior. Pe drum vom întâlni sateliți ai planetelor, comete și planete pitice, înainte să ajungem la misteriosul nor Oort, la marginea sistemului solar. Ultimul corp asupra căruia ne vom îndrepta atenția înainte de a părăsi sistemul solar e Soarele însuși, cel care luminează și încălzește tot ce-l înconjoară. Dar de ce se rotesc planetele în jurul Soarelui? De ce nu-și iau zborul în vidul spațiului? Pentru a explica asta, primul lucru de care trebuie să ne ocupăm e gravitația – fenomenul responsabil de mișcările planetelor și stelelor, precum și de modelarea universului la scară mare.

Gravitația și mișcarea corpurilor cerești

Gravitația e o forță de atracție care acționează între toate obiectele din univers - este forța care ne ține lipiți de sol, care menține Luna pe orbită și asigură coeziunea galaxiilor. Gravitația e forța dominantă în modelarea universului la scară mare; fără ea, planetele nu s-ar fi format și nu ar exista stele care să lumineze.

Cercetarea științifică a gravitației a început odată cu astronomul italian Galileo Galilei, la sfârșitul secolului XVI. În celebrele sale experimente, a lăsat să cadă bile cu diferite mase din vârful Turnului Înclinat din Pisa pentru a le măsura viteza de cădere. El a constatat, așa cum prezisese, că diferitele bile aveau nevoie de durate de timp egale pentru a cădea pe pământ, dovedind astfel că masa unui obiect nu-i influențează viteza de cădere. Isaac Newton a fost cel care, studiind mișcarea corpurilor cerești, a extins ideile lui Galilei despre obiectele în cădere pentru a descrie și mișcările planetelor. Newton a dedus că aceeași forță care face ca obiectele să cadă pe pământ e răspunzătoare și de menținerea planetelor și a sateliților pe orbitele lor. În 1687, el a publicat cercetările sale despre gravitație, precum și legile mișcării, în *Principia* - unul din cele mai importante documente din istoria științei.

LEGEA GRAVITAȚIEI UNIVERSALE A LUI NEWTON

Legea gravitației universale a lui Newton afirmă că orice corp din univers exercită o forță de atracție asupra oricărui alt corp, și că acea forță variază în funcție de masele obiectelor și de distanța dintre ele. Întrucât această forță, gravitația, scade proporțional cu pătratul distanței dintre obiecte, ea a fost numită și legea inversului pătratului, și e rezumată într-o ecuație simplă.

constanta gravitațională — masa obiectului 1 — masa obiectului 2

$$F = G\,\frac{M_1 \times M_2}{R^2}$$

forța — distanța dintre centrele de masă ale obiectelor

CELE TREI LEGI ALE MIȘCĂRII

Cele trei legi ale mișcării expuse în *Principia* descriu relația dintre obiecte, forțele care acționează asupra lor și mișcarea lor. Legile sunt adevărate pentru toate obiectele, de la bilele de biliard la planete, deși în condiții extreme valabilitatea lor încetează. Când viteza se apropie de cea a luminii, în prezența unei gravitații imense sau dacă masa în cauză e mai mică decât cea a unui atom, atunci trebuie folosite alte teorii și calcule.

PRIMA LEGE

Un corp rămâne în repaus, sau se mișcă cu o viteză și pe o direcție constante, dacă asupra lui nu acționează nici o forță.

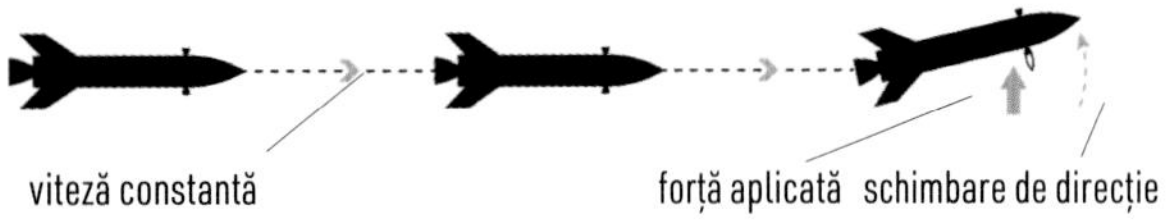

LEGEA A DOUA

Forța care acționează asupra unui corp este egală cu produsul dintre masa și accelerația sa. Asta înseamnă că, dacă forțe egale acționează asupra a două corpuri separate, masa unuia fiind de două ori mai mare decât a celuilalt, atunci accelerația corpului mai masiv va fi jumătate din cea a corpului mai mic.

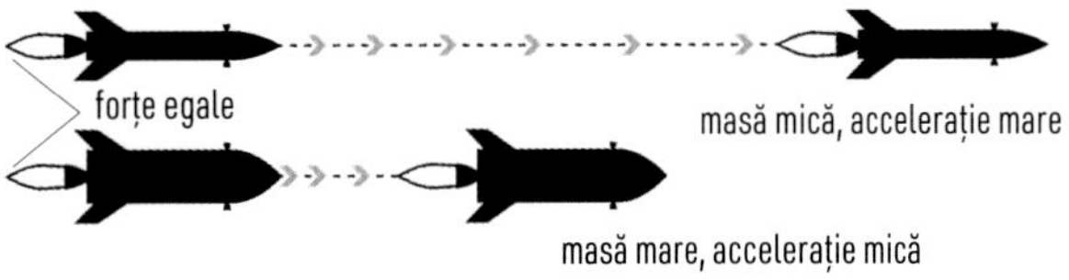

LEGEA A TREIA

Fiecărei acțiuni îi corespunde o reacțiune egală și de sens contrar – dacă un corp exercită o forță asupra unui al doilea corp, atunci al doilea corp exercită simultan o forță egală și de sens contrar asupra primului corp.

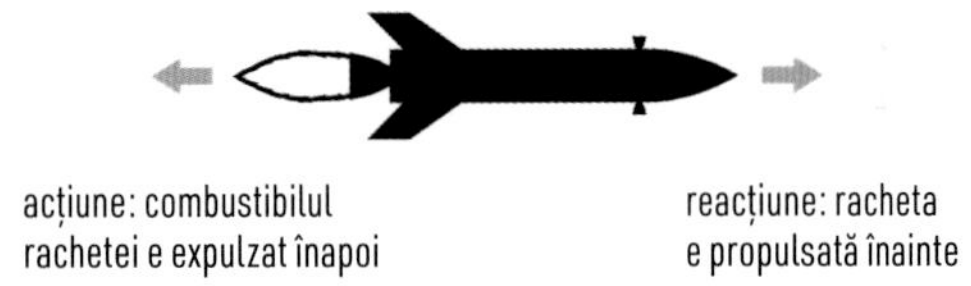

GHIULEAUA LUI NEWTON

Pentru a explica traiectoriile corpurilor cerești, Newton a conceput un experiment mintal care ajută la demonstrarea felului în care acționează gravitația la o scară ceva mai mare decât bilele lui Galilei. El a considerat un tun aflat pe vârful unui munte foarte înalt, din care se trag ghiulele cu diferite viteze.

VITEZĂ MICĂ

Dacă viteza e mică, ghiuleaua va cădea pur și simplu înapoi pe Pământ.

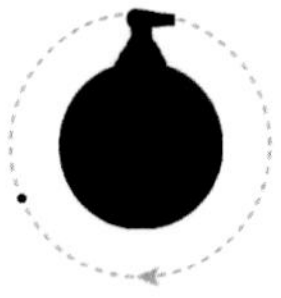

VITEZĂ ORBITALĂ

La o anumită viteză, corespunzătoare unei altitudini date, ghiuleaua va continua să cadă, înconjurând Pământul, dar fără să se prăbușească pe el.

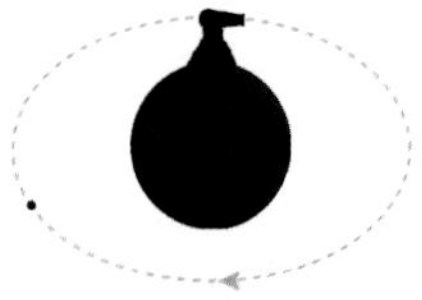

VITEZĂ MARE

Mărind viteza peste cea orbitală (dar sub viteza de evadare), ghiuleaua va intra pe o orbită eliptică.

VITEZĂ DE EVADARE

Dacă viteza depășește o anumită valoare, ghiuleaua va părăsi orbita circumterestră pe o traiectorie parabolică.

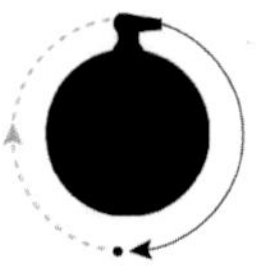

ALTITUDINE MICĂ

Cu cât ghiuleaua e mai aproape de Pământ, cu atât va trebui să aibă o viteză mai mare pentru a rămâne pe orbită.

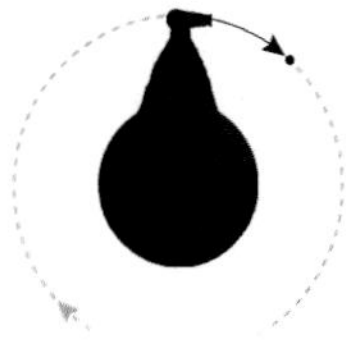

ALTITUDINE MARE

Cu cât distanța față de Pământ e mai mare, cu atât ghiuleaua va trebui să aibă o viteză mai mică pentru a rămâne pe orbită.

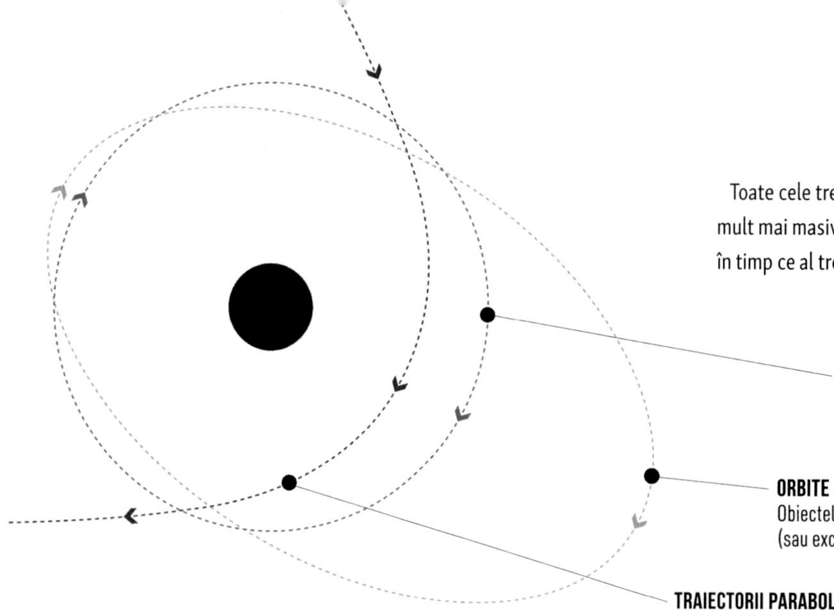

TIPURI DE ORBITE

Toate cele trei corpuri reprezentate aici sunt influențate de planeta mult mai masivă* din centru. Două dintre ele sunt reținute pe orbită, în timp ce al treilea nu va fi capturat de planetă, ci va fi redirecționat.

ORBITE CIRCULARE
Multe orbite din sistemul solar, de exemplu cea a Lunii în jurul Pământului, sunt aproape circulare.

ORBITE ELIPTICE
Obiectele care urmează traiectorii alungite (sau excentrice) au orbite eliptice.

TRAIECTORII PARABOLICE/HIPERBOLICE
Corpurile în trecere care nu sunt legate gravitațional de stea se deplasează pe traiectorii deschise, numite parabole sau hiperbole.

LEGILE LUI KEPLER ALE MIȘCĂRII PLANETARE

Anterior lucrării lui Newton, astronomul german Johannes Kepler a stabilit trei legi care descriu mișcările planetelor în jurul Soarelui. Una dintre ele, legea a doua a lui Kepler, afirmă că viteza planetelor crește cu cât ele orbitează mai aproape de Soare, și arată cum variază viteza planetelor pe orbite eliptice.

Aici e reprezentată o planetă pe o orbită eliptică în jurul Soarelui. Desenul ilustrează legea a doua a lui Kepler, arătând ce distanță parcurge o planetă într-un interval de timp dat în diferite puncte de pe orbită. În ambele cazuri planeta are nevoie de același interval de timp pentru a se deplasa din punctul A în punctul B, dar, așa cum se vede, atunci când e mai departe de Soare ea parcurge o distanță mai mică, prin urmare se mișcă mai încet. Kepler a descoperit de asemenea că sectoarele (formate unind prin segmente de dreaptă Soarele cu pozițiile inițială și finală ale planetei) au arii egale atunci când timpii necesari pentru a le descrie sunt egali.

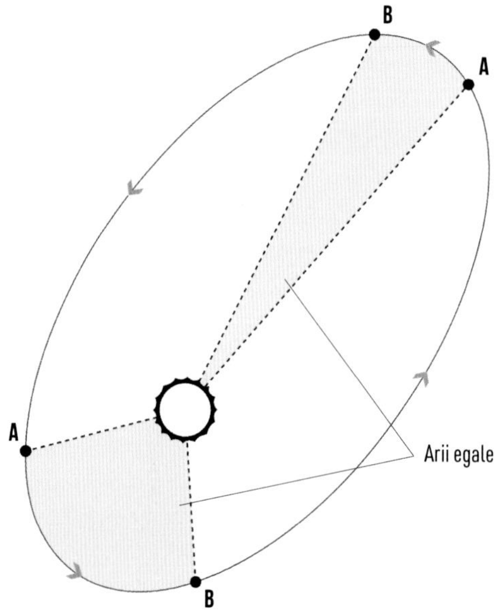

DIRECȚIA ORBITEI

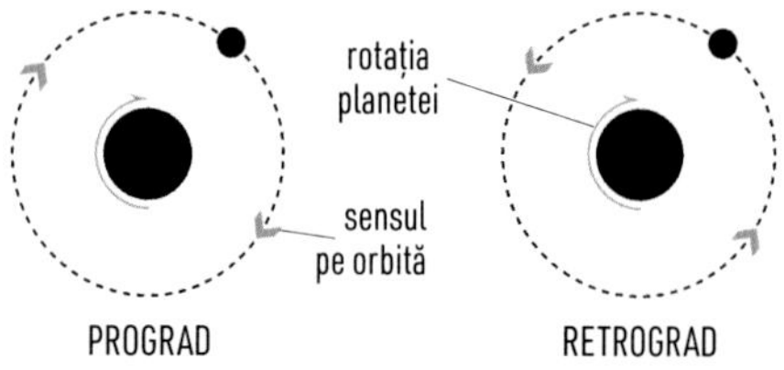

Termenii prograd și retrograd se referă la sensul în care orbitează planetele în raport cu rotația stelei-mamă, sau sateliții în raport cu rotația planetei mamă.

* De acum înainte, termenul masiv va fi folosit numai în ce privește masa, nu și dimensiunea fizică. De exemplu, deși Jupiter e doar puțin mai mare decât Saturn, e considerabil mai masiv.

CORPURI MULTIPLE

Înțelegerea gravitației ne permite să prezicem traiectoriile obiectelor cerești și pozițiile lor în viitor. Pe durate de timp mai lungi, însă, capacitatea noastră de a prezice riguros pozițiile lor scade.

Dacă examinăm efectele gravitației dintre două corpuri, forțele care acționează asupra lor sunt relativ simplu de estimat. În realitate, e improbabil ca lucrurile să stea astfel. Să luăm de exemplu Luna. Deși se află pe orbită în jurul Pământului, ea e puternic influențată și de gravitația Soarelui. Prin urmare, traiectoria pe care o urmează nu e o elipsă perfectă cu Pământul într-un focar, ci una ușor distorsionată. De fapt, nu doar Pământul și Soarele influențează Luna: toate corpurile din sistemul solar, precum și atracția Căii Lactee au o influență asupra mișcărilor sale.

Dat fiind numărul de variabile implicate, a cunoaște pozițiile sateliților, planetelor și stelelor seamănă foarte mult cu prognoza meteo; simplă pe termen scurt, dar complicată pe perioade mai lungi.

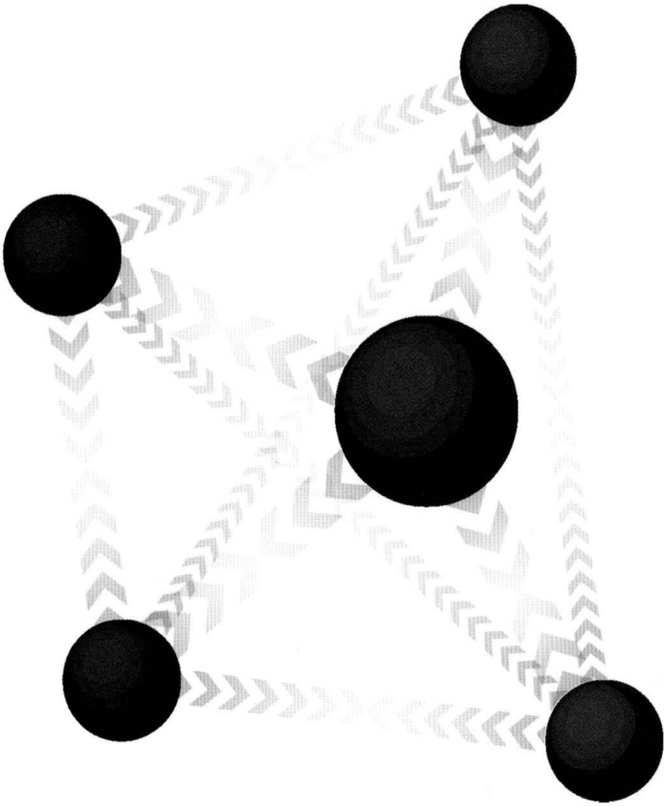

BARICENTRU

Punctul în jurul căruia se rotesc două corpuri în mișcare orbitală se numește baricentru; el este centrul de masă al celor două obiecte.

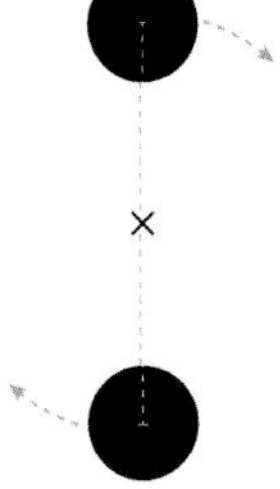

MASE EGALE

Dacă corpurile au mase egale, atunci baricentrul e situat la aceeași distanță față de ambele corpuri.

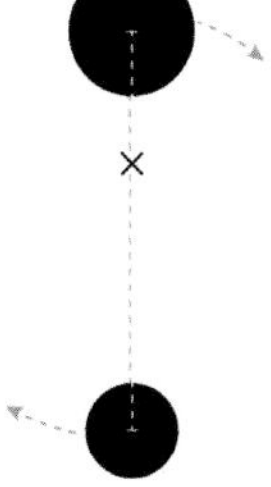

MASĂ DUBLĂ

Dacă masa unui corp este de două ori mai mare decât a celuilalt, atunci baricentrul va fi de două ori mai aproape de centrul de masă al corpului mai masiv.

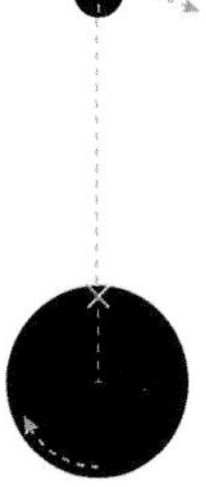

SISTEMUL PĂMÂNT–LUNĂ

Baricentrul sistemului Pământ-Lună e localizat, în medie, la aproximativ 1.700 km sub suprafața Pământului.

ACREȚIE

În afară de faptul că menține planetele pe orbită, gravitația e răspunzătoare de însăși crearea lor. Înainte să fi existat, ele nu erau decât praf cosmic și molecule, dar, cu timpul, gravitația atrage aceste particule microscopice laolaltă, formând asteroizii și planetele, precum și Soarele și stelele.

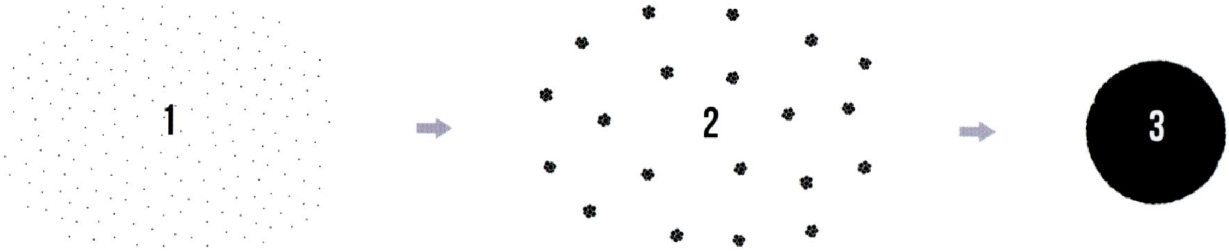

FORȚE MAREICE

După cum știm, gravitația scade cu distanța; de aceea când două corpuri orbitează unul în jurul celuilalt, părțile lor mai apropiate una de alta sunt atrase mai puternic decât părțile lor mai îndepărtate. Ca urmare, dacă un satelit orbitează o planetă mai masivă, gravitația planetei poate face ca satelitul să se alungească. Dacă satelitul se rotește, el va prezenta mereu o altă față a sa planetei, și astfel se va dilata și contracta în permanență. Aceste mișcări geologice pot să provoace cutremure, iar frecările interne vor încălzi satelitul printr-un proces numit încălzire mareică, capabil să genereze activitate vulcanică. Forțele mareice sunt răspunzătoare de încetinirea rotației proprii a corpurilor care orbitează, precum în cazul Lunii, care acum e blocată într-o rotație sincronă.

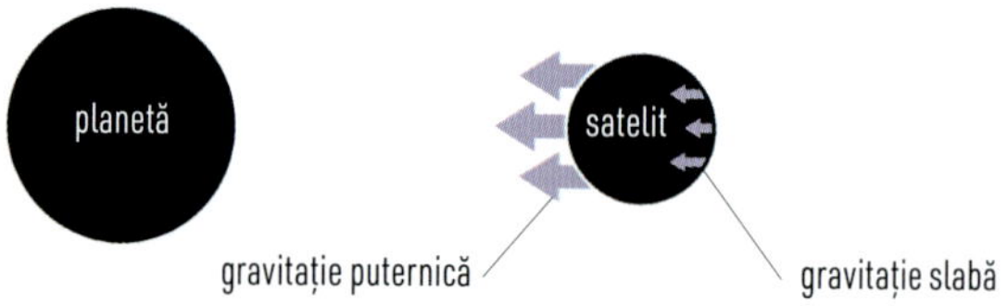

Efectele forțelor mareice sunt cu atât mai mari cu cât corpul orbitează planeta la o distanță mai mică. Dacă satelitul ajunge la o anumită altitudine, numită limita Roche, forțele gravitaționale neuniforme care acționează asupra sa îl vor sfărâma în bucăți. Limitele Roche variază în funcție de o multitudine de factori, între care masele corpurilor și structura fizică a corpului care orbitează.

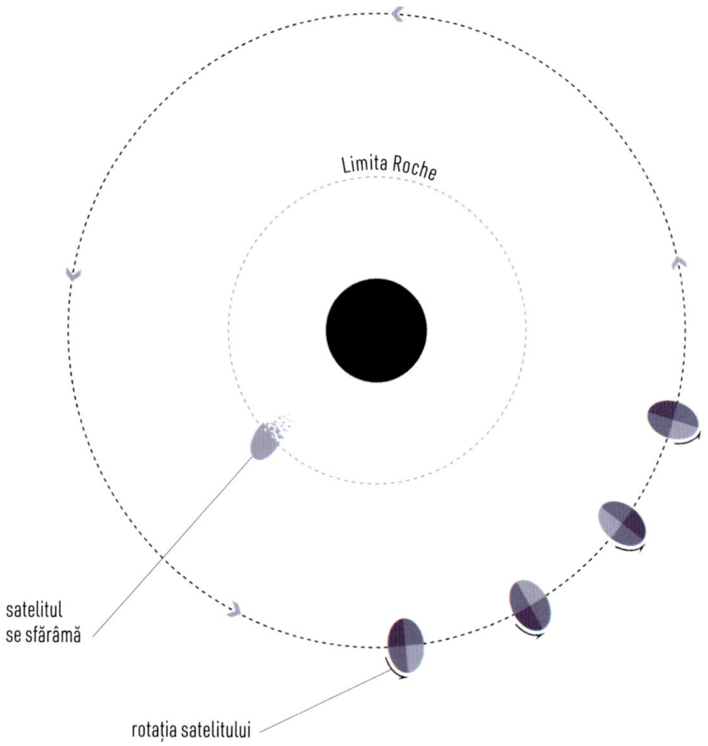

CE ESTE GRAVITAȚIA?

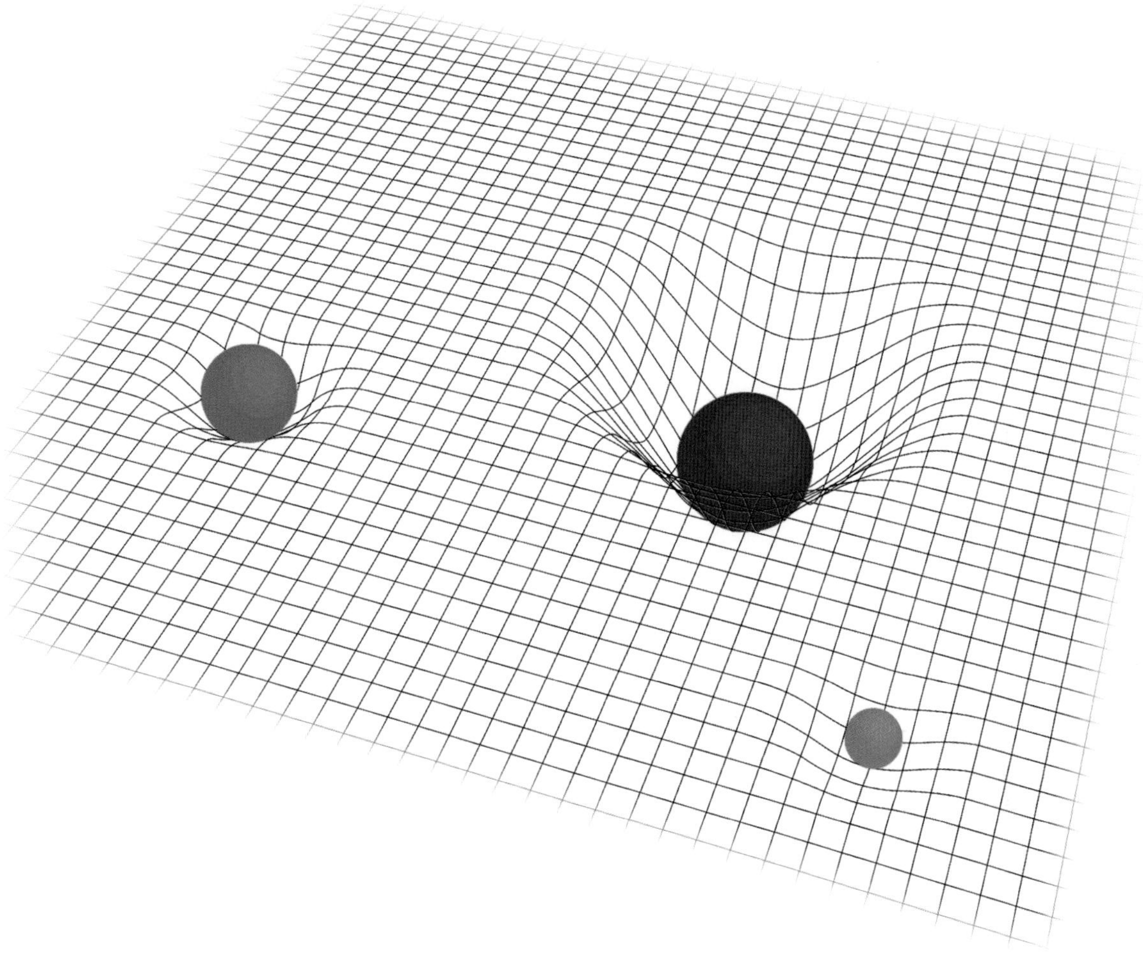

Până acum am examinat cum se comportă gravitația și care sunt efectele ei asupra corpurilor cerești. Dar ce anume o produce? Această întrebare a rămas fără răspuns până în 1915, când Albert Einstein a publicat teoria relativității generale, în care a postulat că masa deformează efectiv „țesătura" spațiului.

În lucrarea sa, Einstein a arătat că cele trei dimensiuni pe care le vedem (înălțime, lățime și adâncime) și cea de-a patra (timpul) sunt toate componente ale unei singure entități numită spațiu-timp. El a arătat de asemenea că spațiul-timp nu e plat sau constant, ci e distorsionat de prezența materiei. În modelul de mai sus spațiul-timp e reprezentat de un plan, ilustrat de rețeaua de linii încrucișate. Să ne imaginăm că această suprafață se comportă ca materialul unei plase elastice pe care se așază o bilă de popice; materialul se va întinde, deformând regiunea din jurul său. Dacă o masă mult mai mică, de pildă o mărgea, se rostogolește în apropierea bilei de popice, traiectoria sa va fi alterată, răsucindu-se în direcția masei mai mari. Aceasta e o bună analogie pentru modul cum corpuri mai mari, de pildă planete, capturează obiecte în trecere care vor deveni sateliții lor. Fizicianul teoretician american John Archibald Wheeler a rezumat această teorie: „Spațiul-timp spune materiei cum să se miște; materia spune spațiului-timp cum să se curbeze".

Mercur

PRIMA PLANETĂ DE LA SOARE
PĂMÂNT
DIAMETRUL:
4.879 km
MASA:
0,055 mase terestre
ÎNCLINAREA AXEI DE ROTAȚIE:
0,01°
500
0
-250
MAX:
445 °C
MIN:
-180 °C
TEMPERATURA SUPRAFEȚEI
PERIOADA DE ROTAȚIE:
58 zile și 15 ore
PERIOADA ORBITALĂ:
88 zile și 0 ore
DISTANȚA DE LA SOARE
0,387 UA
57,91 milioane km
PĂMÂNT
(UA – unitate astronomică = 150 milioane km)

Prima planetă pe care o întâlnim călătorind spre exterior prin sistemul solar este Mercur. Mică și densă, această lume e atât de aproape de Soare, încât strălucirea lui o ascunde adesea. Datorită mărimii și a poziției sale, Mercur e greu de observat, chiar și cu tehnologia modernă.

Privit de pe Pământ, Mercur sare încoace și încolo, ivindu-se de o parte sau de alta a Soarelui orbitor. O face relativ rapid, întrucât distanța mică față de Soare înseamnă că e puternic influențat de gravitația sa. Aceste caracteristici (deplasarea încoace și încolo și viteza) au făcut ca planeta să fie numită după divinitatea romană Mercur, care, între altele, era mesagerul zeilor.

Am putea presupune că, datorită apropierii de Soare, întreaga planetă e încinsă. Dar nu e cazul. În pofida mișcării orbitale rapide, numai 88 de zile terestre, planeta se rotește în jurul axei incredibil de lent, însemnând că o zi pe Mercur echivalează cu 176 de zile pe Pământ (timp în care ocolește Soarele de două ori!). Pe durata lungilor zile, fața planetei întoarsă către Soare poate ajunge la 430° C – suficient de fierbinte pentru a topi plumbul. Pe fața opusă, însă, în timpul nopții temperatura scade la –200° C, căldura scăpând cu ușurință prin atmosfera foarte rarefiată a planetei. Masa redusă și gravitația slabă a lui Mercur nu sunt suficient de puternice pentru a reține prea multe gaze atmosferice. Puținul aer care există aici e alcătuit mai ales din hidrogen și heliu, care au fost capturate din Soare, împreună cu elemente mai puțin comune eliberate din crustă de vântul solar și impactul meteoriților.

Cratere adânci, multe dintre ele formate probabil în cursul Bombardamentului Masiv Târziu, fac ca întreaga suprafață a lui Mercur să pară ciupită de vărsat. Se crede că în timpul acestei perioade (în urmă cu aproximativ 3,9 miliarde de ani) un număr mare de asteroizi s-au ciocnit cu planetele terestre din sistemul solar interior. Pe atunci Mercur trebuie să fi fost geologic activ, având vulcani și bazine pline cu magmă care până la urmă se vor răci, producând câmpii netede. Mulțimea de cratere de pe suprafață ne spune că Mercur a fost inactiv geologic vreme de miliarde de ani – fiindcă dacă suprafața planetei ar fi suferit o regenerare constantă, aceste trăsături ar fi fost erodate între timp.

Oricât de neverosimil ar părea, Mercur, vecinul cel mai apropiat al Soarelui, conține depozite de apă sub formă de gheață. Aceste depozite au fost detectate de sonda Messenger în 2008, după modul în care gheața reflectă pulsurile radar, fiind descoperite în unele dintre craterele cele mai adânci ale planetei, aproape de poli. Fundurile acestor cratere sunt atât de adânci, încât sunt permanent ferite de Soare, și drept urmare temperatura nu depășește niciodată –160° C. Se crede că pungile de gheață care se formează aici au fost aduse de comete. La impactul cu planeta, cantitățile mari de apă conținute în comete se evaporă și, pentru scurt timp după o astfel de ciocnire, Mercur e înconjurat de o atmosferă de aburi. O parte din vaporii de apă care cad pe suprafață vor ateriza într-unul dintre craterele veșnic întunecate și reci și se vor condensa pentru a forma un nou strat de gheață, care va rămâne acolo pentru un timp nedefinit.

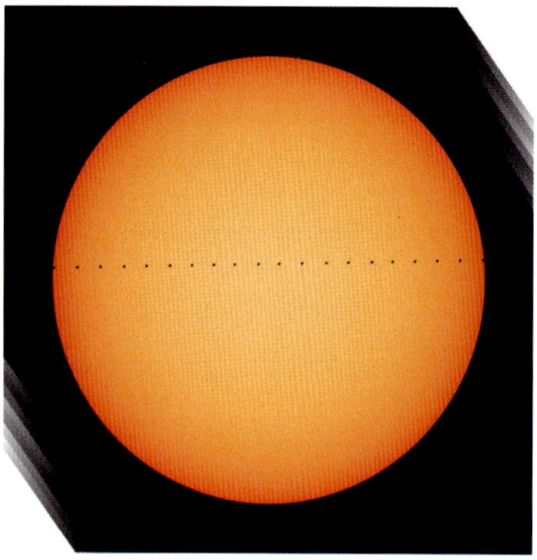

Această imagine compusă a fost obținută de satelitul Solar Dynamics Observatory, al NASA, pe 11 noiembrie 2019; Mercur e arătat la intervale de 21 de minute pe durata celor cinci ore și jumătate a tranzitului său.

MERCUR ÎN TRANZIT

Putem vedea aici silueta lui Mercur trecând între noi și Soare, fenomen numit *tranzit*. În medie, tranziturile lui Mercur au loc odată la șapte ani. Primul tranzit urmărit prin telescop a fost cel al planetei Mercur. Observația a fost făcută în 1631 de astronomul francez Pierre Gassendi, care a reușit astfel pentru prima dată să calculeze cu precizie diametrul unei alte planete decât Pământul.

NUCLEU MARE DE FIER

La fel ca Pământul, Mercur are un nucleu de fier. Nucleul Pământului ocupă 17% din volumul planetei noastre, pe când cel al lui Mercur este, proporțional, mult mai mare, ocupând aproximativ 55%. Principala teorie în acest sens sugerează că o planetezimală (un corp mic, cu diametrul sub 100 km, alcătuit din roci sau gheață) s-a ciocnit cândva cu Mercur, făcându-l să-și expulzeze în spațiu straturile exterioare de rocă.

COMPARAȚIA NUCLEELOR

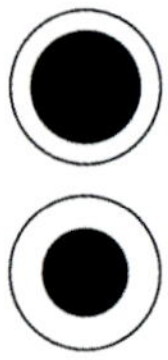

Impacturile pe Mercur tind să fie mai violente decât cele suferite de Pământ; nu doar că acolo nu există o atmosferă care să protejeze suprafața planetei, dar faptul că este aproape de Soare înseamnă că orbitează mult mai rapid, așa încât ciocnirile cu meteoriții și asteroizii se produc deseori la viteze mari.

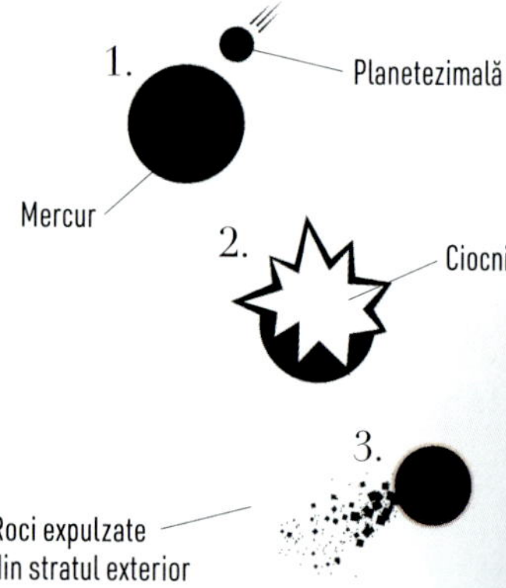

ORBITĂ ÎNCLINATĂ

Orbita lui Mercur este cea mai înclinată (în raport cu planul orbitei Pământului) dintre toate planetele, dar există corpuri precum planeta pitică Pluton și alte obiecte din centura Kuiper și centura de asteroizi ale căror orbite sunt și mai înclinate.

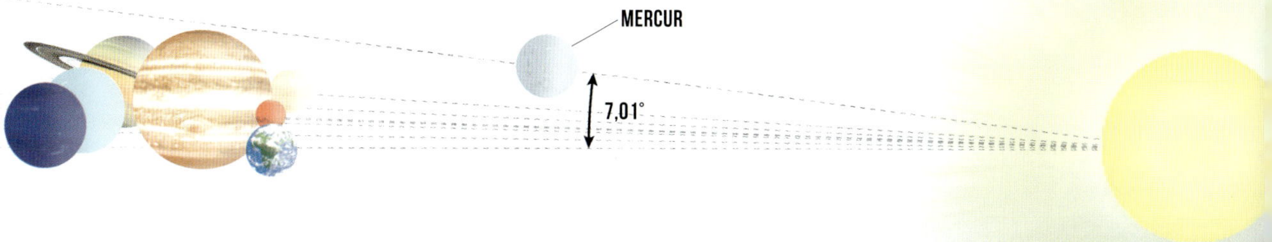

ORBITĂ ALUNGITĂ

În afară de anul scurt și zilele excepțional de lungi, orbita lui Mercur se deosebește de a celorlalte planete și în alte privințe. Ea are cea mai excentrică orbită dintre toate planetele; altfel spus, orbita sa se îndepărtează cel mai mult de la forma circulară. O orbită perfect circulară are excentricitate zero, în vreme ce pentru orbitele foarte alungite valoarea tinde spre 1. Excentricitatea orbitei lui Mercur este 0,21, astfel încât diferența dintre periheliu (distanța minimă față de Soare) și afeliu (distanța maximă față de Soare) e considerabilă.

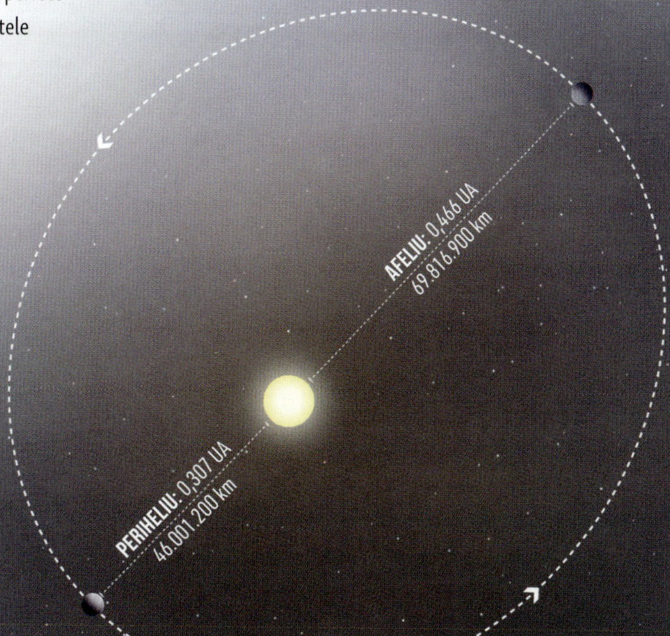

Venus

Venus este a doua planetă de la Soare, și cea mai apropiată de a noastră. Această lume e al treilea obiect ca strălucire de pe cer (după Soare și Lună), fiind îndeobște vizibilă imediat înaintea răsăritului sau după apusul Soarelui. Pe fundalul său tipic de cer purpuriu, strălucirea alb-lăptoasă a planetei a fost de mult timp asociată cu frumusețea - de la zeița romană a iubirii și frumuseții și-a căpătat Venus numele. Totuși, aparențele pot fi înșelătoare.

Frumusețea lui Venus este o mască creată de un strat gros de nori care reflectă cea mai mare parte a luminii Soarelui. Așa cum vom descoperi, numai aspectul exterior este atrăgător, fiindcă sub mască Venus e un loc infernal.

Norii nu sunt formați din apă, ci din acid sulfuric, care aruncă o umbră gălbuie, bolnăvicioasă, asupra lumii crepusculare de dedesubt. Orice lumină care răzbate prin nori e apoi capturată de atmosfera densă. Concentrația ridicată de CO_2 din aerul venusian creează cel mai puternic efect de seră din sistemul solar. Deși este de aproape două ori mai departe de Soare decât Mercur, și primește de patru ori mai puțină radiație, temperatura suprafeței e mai mare pe Venus. Căldura incredibilă din atmosfera inferioară face ca ploile acide care cad din nori să se evapore cu mult înainte de a atinge suprafața.

Informațiile cele mai detaliate despre suprafața lui Venus de care dispunem au fost furnizate de programul spațial sovietic Venera. În 1970, acest program a fost primul care a depus o sondă pe suprafața unei alte planete. Zece sonde Venera au ajuns cu succes pe Venus, bătute de vânturi cu viteza de 300 km/h în timp ce coborau cu parașuta prin atmosfera superioară. Descinse pe platouri de rocă vulcanică neagră brăzdate de crăpături, lander-ele rezistau cel mult două ore în mediul ostil, timp în care transmiteau prin radio spre Pământ descoperirile lor. Aerul în apropierea suprafeței venusiene e foarte dens datorită presiunii ridicate; curgând aproape ca un lichid, el antrenează rocile și praful în mișcarea sa. Atmosfera densă face de asemenea ca lander-ele să nu poată vedea mai departe de câțiva kilometri în lumina ambientală, dar imaginile radar vor dezvălui mult mai multe despre peisajul extins.

Aproape trei sferturi din planetă sunt acoperite cu formațiuni vulcanice, constând în câmpii vulcanice netede și multe mii de vulcani - dintre care peste o sută au un diametru de peste 100 de kilometri. Din prezența sulfului în atmosferă și din craterele vulcanice vizibile se poate deduce că, foarte probabil, Venus e încă activă vulcanic. Majoritatea craterelor de impact de pe Venus sunt într-o stare bine conservată, ceea ce ne spune că probabil suprafața planetei a fost „reînnoită" de curând, craterele mai vechi și mai erodate fiind îngropate sub cenușă vulcanică și lavă. Ca nimic să nu lipsească, pe lângă vulcani, căldură, presiune și vânturi puternice, aer toxic și nori de acid, există dovezi și despre tunete și fulgere.

S-a sugerat că atmosfera lui Venus a fost cândva foarte asemănătoare cu cea de acum a Pământului, și că apa lichidă era abundentă la suprafață. Pe măsură ce apa s-a evaporat, vaporii suplimentari din aer au intensificat „efectul de seră" al celorlalte gaze atmosferice, iar la un moment dat s-a atins un nivel critic. Dincolo de punctul acesta, creșterea temperaturii se va fi accelerat, făcând ca și mai multă apă să se evapore - încălzirea globală a scăpat de sub control.

A DOUA PLANETĂ DE LA SOARE
500
465 °C
0
-250
PĂMÂNT
DIAMETRUL:
12.104 km
MASA:
0,815 mase terestre
ÎNCLINAREA AXEI DE ROTAȚIE:
2,64°
TEMPERATURA SUPRAFEȚEI:
PERIOADA DE ROTAȚIE:
243 zile și 0 ore
PERIOADA ORBITALĂ:
224 zile și 17 ore
DISTANȚA DE LA SOARE:
0,723 UA
108,2 milioane km
PĂMÂNT

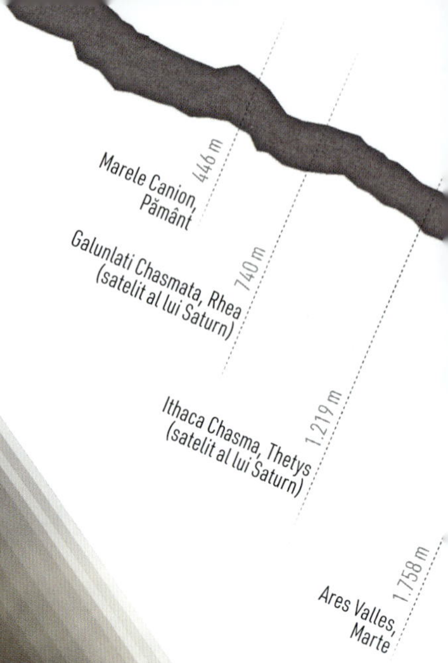

PERICOLE ASCUNSE

Sub frumosul ei văl de nori, Venus își ascunde natura înfricoșătoare. Iată câteva dintre pericolele planetei.

FULGERE

NORI TOXICI
Formați din acid sulfuric

VULCANI

ATMOSFERĂ TOXICĂ
96,5% e dioxid de carbon, iar restul de 3,5% este în majoritate azot

TEMPERATURI ÎNALTE
Cu o temperatură medie a suprafeței de 462° C, Venus este cea mai fierbinte planetă din sistemul solar.

PRESIUNE RIDICATĂ
Presiunea atmosferică la suprafața planetei este de 92 de ori mai mare decât pe Pământ. Este aceeași presiune ca la 900 metri sub nivelul mării.

ROSTOGOLIRI DE PIETRE
Vânturile în apropierea suprafeței fac ca praful și pietrele să zboare și să se rostogolească pe sol.

BALTIS VALLIS

Baltis Vallis este un canion pe Venus lung de aproape 7.000 km, cu o lățime între 800 metri și 3,2 km. Se crede că a conținut cândva un fluviu de lavă, și este cel mai lung canal cunoscut din întregul sistem solar.

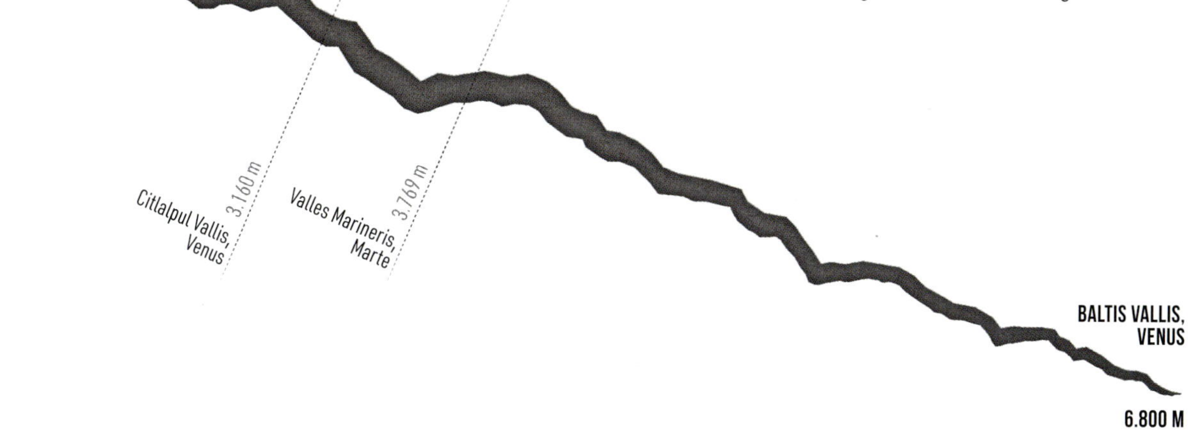

ALBEDO

Albedoul unei planete este o măsură a gradului său de reflexie, „0" reprezintă un corp negru care nu reflectă deloc lumina, iar „1" desemnează un obiect care reflectă toată lumina. Apropierea lui Venus de Soare, de noi, și valoarea mare a albedoului său – toate acestea fac din ea cea mai strălucitoare planetă vizibilă de pe Pământ.

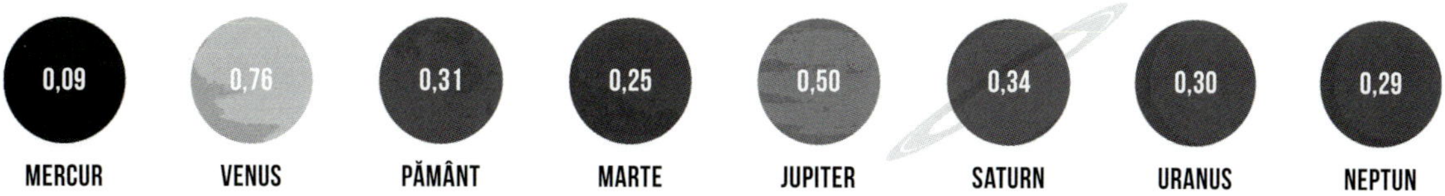

„PLANETA SORĂ" A PĂMÂNTULUI

Datorită mărimii, masei și poziției similare în sistemul solar, Venus este deseori considerată planeta soră a Pământului. Dar, așa cum am văzut, asemănările se opresc aici.

Pământul

În continuare ajungem pe Pământ, a treia planetă de la Soare, și căminul nostru. Paradisul nostru în spațiu. Este unic între celelalte planete ale sistemului solar, cu vastele sale oceane de apă care-i scaldă suprafața, și singurul loc despre care știm că adăpostește viața.

Pământul, asemenea celorlalte planete telurice, și-a început viața în urmă cu aproximativ 4,6 miliarde de ani, când s-a format sistemul solar. Tinerele planete nu erau solide, ci topite, datorită căldurii eliberate în timpul numeroaselor impacturi necesare pentru crearea lor. Cu timpul, suprafețele lor s-au răcit pentru a forma cruste solide, planetele mai mici (Mercur și Marte) solidificându-se în cele din urmă complet, inclusiv nucleul. Cum Pământul era cea mai mare dintre planetele telurice, el a acumulat cea mai multă căldură internă, suficientă pentru a pune în mișcare curenți de convecție în manta. Deși lenți, acești curenți erau destul de puternici pentru a forța crusta, rupând-o în plăci care se frecau una de alta, așa cum fac și în prezent. Alături de cometele care ciocneau periodic Pământul depozitând apă, mișcările plăcilor și activitatea vulcanică au permis apei să se ridice la suprafață. Odată cu primele oceane, s-a format și atmosfera, pe măsură ce se acumulau gazele de seră și vaporii de apă. Această evoluție crucială a contribuit la izolarea planetei și a împiedicat oceanele să înghețe.

Pe lângă prețioasa noastră atmosferă, o altă protecție împotriva pericolelor spațiului cosmic este câmpul magnetic al Pământului. Acesta a apărut la aproximativ un miliard de ani după formarea Pământului ca rezultat al scufundării elementelor mai grele (în special fier) către nucleul planetei. În centru, în pofida căldurii, nucleul de fier s-a solidificat datorită presiunii imense. În jurul său însă, presiunea este mai mică și fierul lichid curge - acționând ca un dinam enorm. Curgerea fierului (bun conducător de electricitate) generează câmpul magnetic care se extinde departe în spațiu, protejându-ne de radiațiile nocive. În absența lui, vântul solar ar despuia Pământul de atmosferă și planeta ar îngheța.

Există dovezi care sugerează că viața a apărut pe Pământ la numai o jumătate de miliard de ani după formarea acestuia. O jumătate de miliard de ani poate că nu pare „curând", dar, în termenii iruperii vieții pe Pământ, e ca și cum ea abia ar fi așteptat să pornească la drum - aproape imediat ce au apărut oceanele, s-a ivit și viața! *Cum* anume, rămâne întrucâtva un mister, dar știm că a început cu microorganisme simple. Pentru nevoile sale de energie, primul dintre aceste organisme se baza pe sulfații emanați de orificiile hidrotermale. După care treptat, în decursul următorului aproximativ un miliard de ani, organismele au evoluat pentru a putea utiliza dioxidul de carbon, și, recurgând la fotosinteză, au creat oxigen. A durat mult, dar în cele din urmă aceste ființe minuscule au sporit cantitatea de oxigen până la un nivel la care creaturi mai complexe, care respirau oxigen, au putut să prospere. Există viață din belșug pe Pământ. Începând cu cele mai simple ființe unicelulare, viața a explodat într-o gamă largă de creaturi, de la bacterii și fungi, la plante și animale. Se estimează că peste 5 miliarde de specii au trăit pe Pământ de-a lungul timpului.

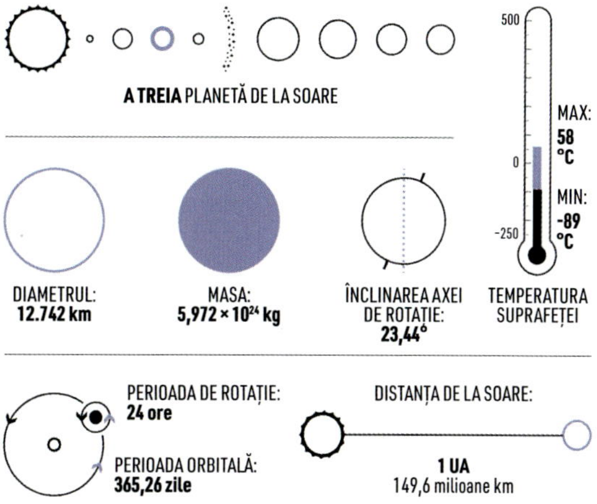

PLANETA ALBASTRĂ

Apa există din abundență pe Pământ, acoperind 71% din suprafața lui. Este singura planetă cunoscută unde apa există în toate cele trei stări de agregare: solidă, lichidă și gazoasă.

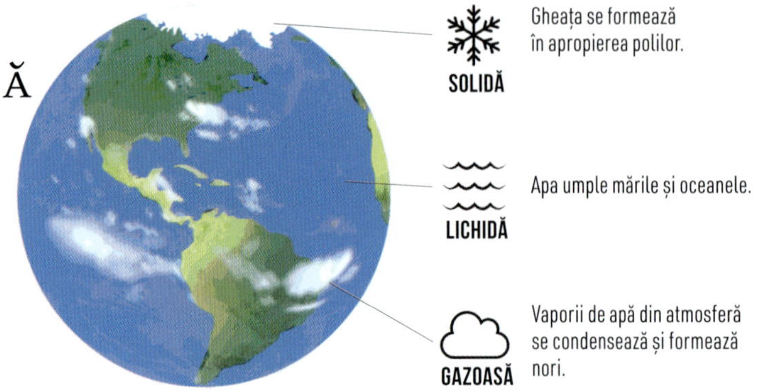

ISTORIA PĂMÂNTULUI

Ceasornicul cu 24 de ore arată câteva repere importante din istoria Pământului, începând cu formarea sa în urmă cu 4,6 miliarde de ani la ora 00:00 și până în prezent, la ora 24:00. La scara aceasta, strămoșii oamenilor au apărut în ultimul minut, iar oamenii moderni cu numai 4 secunde înainte de miezul nopții.

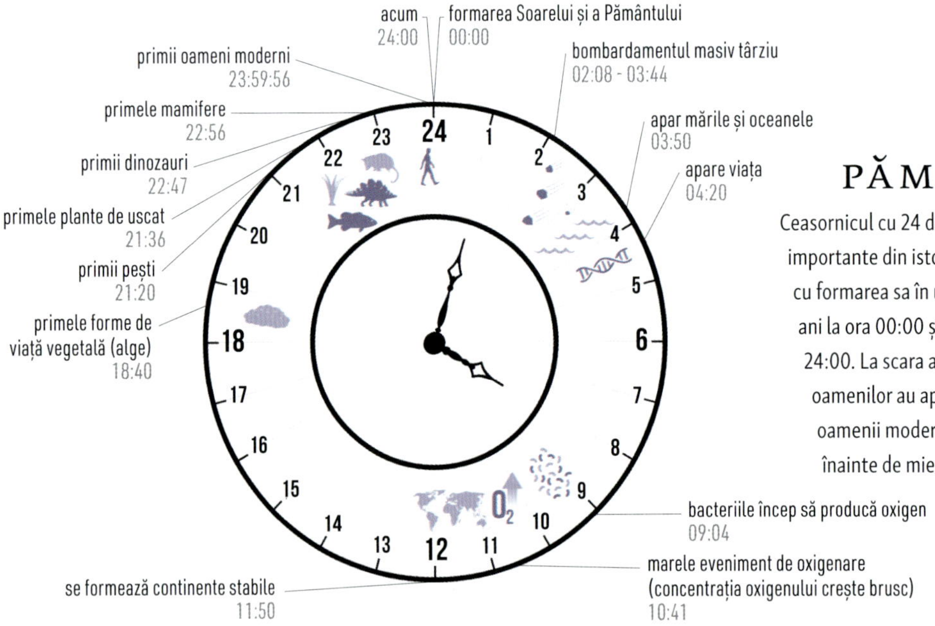

PLĂCILE TECTONICE

Crusta terestră e formată din șapte plăci majore și multe altele mai mici. Marginile plăcilor se clasifică în trei categorii în funcție de direcția în care încearcă să se miște: divergente, convergente și transformatoare.

DIVERGENTE CONVERGERTE TRANSFORMATOARE

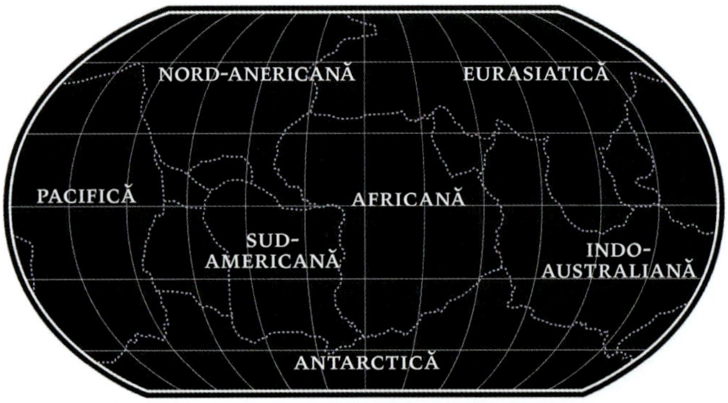

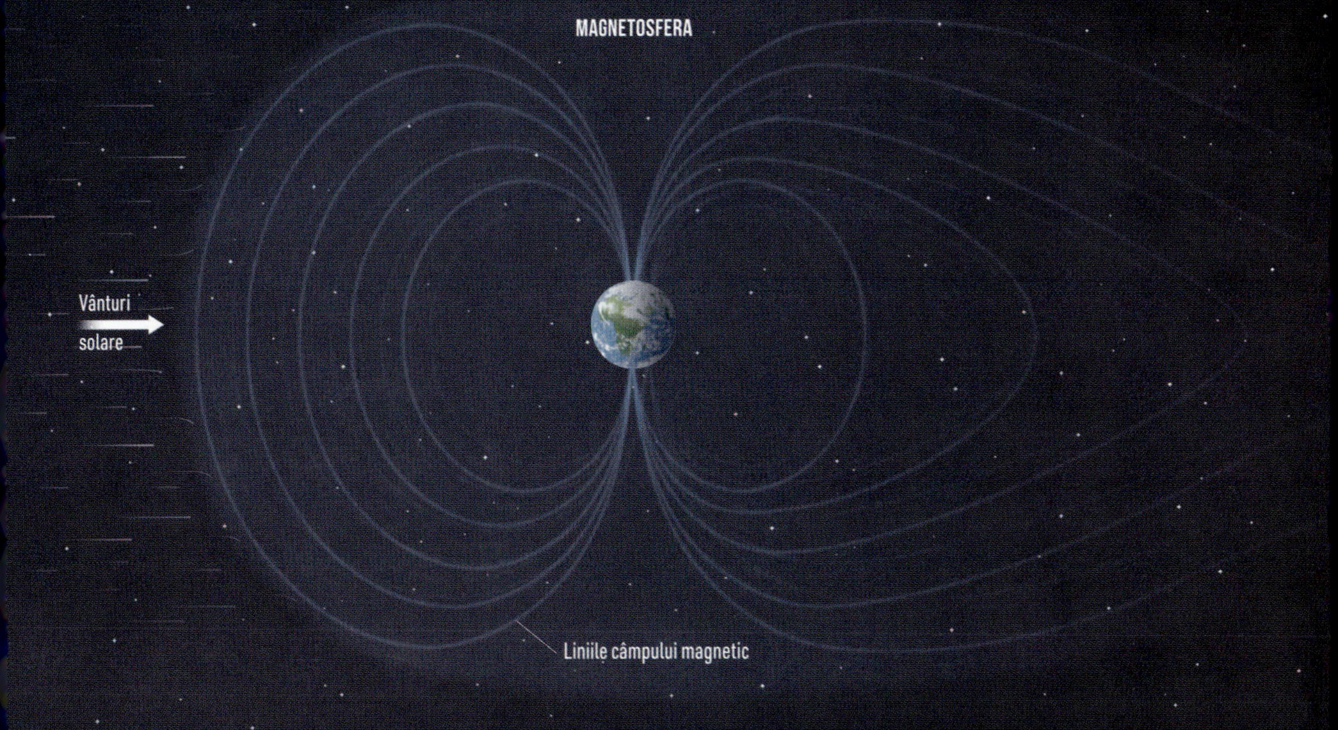

MAGNETOSFERA

Magnetosfera Pământului este regiunea spațiului influențată de câmpul său magnetic. Câmpul ne protejează de vântul solar, deviind ionii și electronii. Pe partea diurnă a Pământului, magnetosfera e comprimată de impactul vântului solar, iar pe partea nocturnă vântul alungește magnetosfera într-o coadă lungă.

ANOTIMPURILE

Înclinarea axei de rotație a Pământului în raport cu planul orbitei este de 23,4°, cu rezultatul că regiunile planetei primesc mai multă sau mai puțină lumină solară în funcție de perioada anului. Aceasta ameliorează distribuția căldurii, împiedicând ca unele zone să devină excesiv de fierbinți și făcând planeta mai propice vieții.

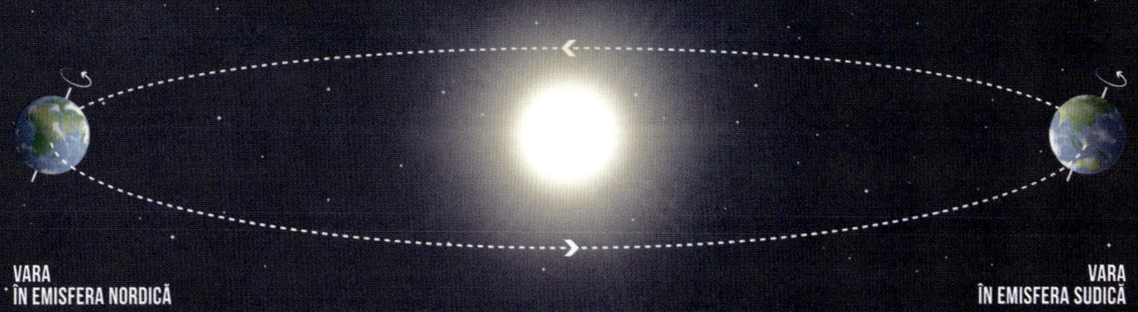

Cometele

Ajunși acasă pe planeta noastră, ne vom opri un moment pentru a examina unele dintre corpurile mai mărunte care se găsesc în sistemul nostru solar. Se cuvine să ținem seama de ele înainte de a ne continua călătoria, dat fiind că aceste Corpuri Mici din Sistemul Solar (CMSS) pot adesea să ne intersecteze traiectoria. Termenul CMSS se referă la toate obiectele din sistemul solar care nu sunt planete, planete pitice sau sateliți naturali ai altor planete, iar primele pe care le vom cerceta sunt cometele.

Miezul solid al unei comete, *nucleul* său, e alcătuit mai ales din gheață, împreună cu mici particule de rocă și praf. Acești „bulgări de zăpadă murdară" au forma unor cocoloașe cu diametrul de la câteva sute de metri la zeci de kilometri, și provin din regiunile exterioare ale sistemului solar. La distanțe atât de mari, aceste obiecte mărunte nu sunt vizibile de pe Pământ, dar datorită unor iregularități gravitaționale ocazionale traiectoria lor poate fi deviată, îndreptându-le către planetele interioare. În acest caz, micuța cometă va începe să se încălzească pe măsură ce se apropie de Soare, iar când ajunge în centura de asteroizi căldura e suficientă pentru a elibera gazele, fenomen numit degazare. Pe lângă faptul că nucleul pierde masă, procesul acesta creează în jurul cometei o atmosferă subțire pe care o numim coamă. Coama e cea care luminează cometa astfel încât o putem vedea. Difuză în aparență, ea formează o coadă orientată în sens opus față de Soare datorită radiației și vântului solar care-i spulberă coama. După cum e de așteptat, când o cometă se apropie de Soare, coama și coada cresc în mărime și strălucire și continuă să se încălzească. Acest lucru rămâne valabil până când cometa atinge orbita lui Marte, moment în care vântul solar devine destul de puternic pentru a smulge suficient din atmosferă, așa încât coama începe să scadă, făcând ca lungimea cozii să crească. De obicei se formează o a doua coadă, care în loc de gaze e alcătuită din praf eliberat din cometă. Influența vântului solar nu e la fel de puternică asupra acestei materii solide ca asupra cozii gazoase, care este întotdeauna dreaptă și orientată în sens opus față de Soare. În schimb, coada de praf se curbează; fiind respinsă de Soare cu viteze mai mici decât gazele, o vedem apropiindu-se încet de traiectoria de-a lungul căreia a venit cometa. Spre deosebire de planete, orbitele cometelor sunt foarte eliptice; ele trec rapid la mică distanță de Soare, după care sunt proiectate înapoi către regiunile îndepărtate ale sistemului solar. Ca rezultat al mișcării lor, ele sunt luminate timp de câteva săptămâni, înainte de a petrece mii de ani în întuneric odată ce coamele lor dispar. Perioada lor orbitală este criteriul după care sunt clasificate; cometele cu perioadă scurtă au o perioadă sub 200 de ani, iar cele cu perioadă lungă trec pe lângă Soare la intervale între 200 și zeci de milioane de ani. Cometele cu perioadă scurtă orbitează aproape de planul planetelor, pe când cele cu perioade orbitale mai lungi au înclinații tot mai aleatorii, fiind mai puțin afectate de „tracțiunea" planetelor. E posibil ca o cometă să se deplaseze cu o asemenea viteză și sub un asemenea unghi încât să treacă o singură dată prin dreptul Soarelui înainte de a fi complet expulzată din sistemul solar. Acești temerari, cometele hiperbolice, vor merge să exploreze spațiul interstelar pentru a nu se mai întoarce niciodată.

După multe treceri prin apropierea Soarelui, cometele sfârșesc prin a-și pierde apa. Aceste comete stinse nu mai strălucesc și ajung să semene cu micii asteroizi. Deși durata de viață a cometelor e finită, nu e nici un pericol ca ele să se epuizeze; se estimează că în Norul Oort (p. 68) ar putea exista până la un bilion (10^{12}) de corpuri cometare care-și așteaptă rândul.

PĂMÂNTUL
TRAIECTORIA
COMETEI

ANATOMIA UNEI COMETE

Sunt prezentate aici componentele unei comete. Deși dimensiunile variază de la o cometă la alta, valorile indicate sunt tipice.

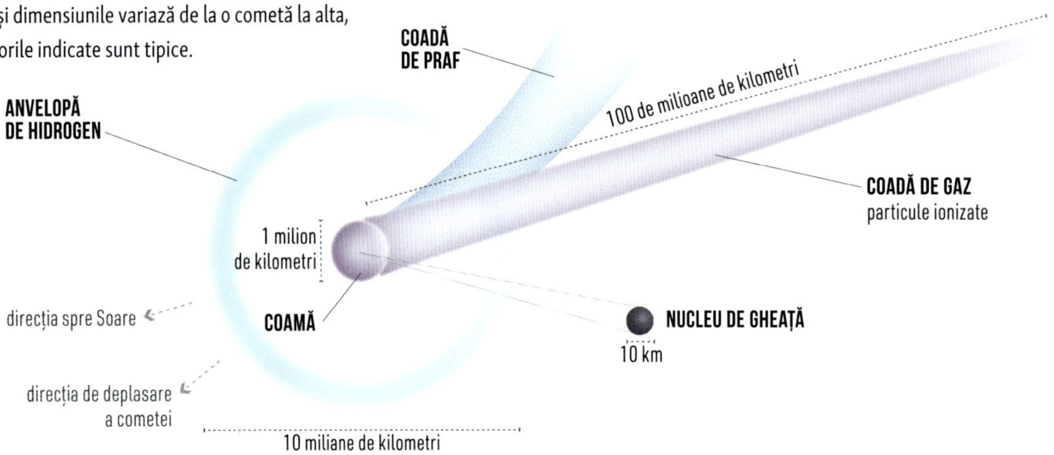

COMPORTAMENTUL COMETELOR

Imaginea alăturată prezintă modul tipic în care o cometă se rotește în jurul Soarelui, indicând direcțiile în care se formează cozile sale.

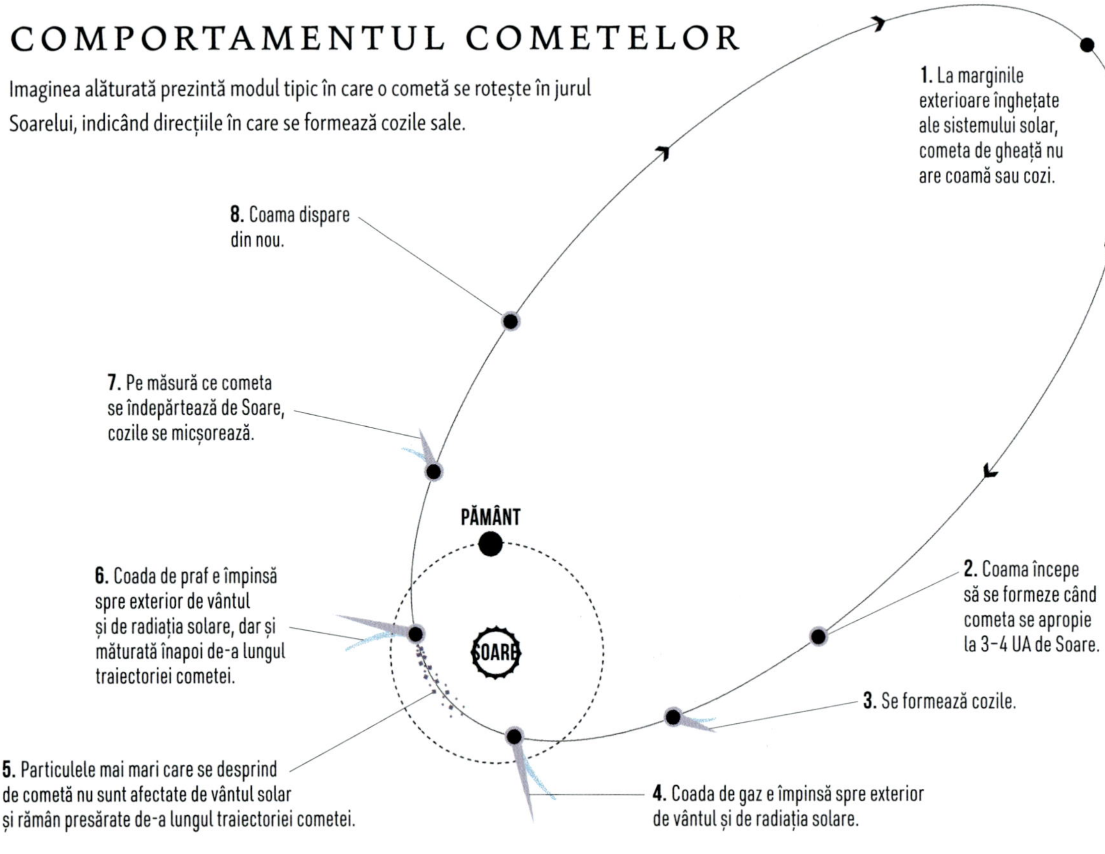

Obținută de telescopul spațial Hubble, această imagine compusă prezintă fragmente ale cometei Shoemaker-Levy 9 înainte de impactul lor. Pata neagră circulară din partea de stânga-sus a lui Jupiter este luna Io care tranzitează planeta.

COLIZIUNI COSMICE

În 1993 a fost descoperită cometa Shoemaker-Levy 9, dar, spre deosebire de toate celelalte comete cunoscute la acea dată, ea nu orbita în jurul Soarelui. Cometa fusese de fapt capturată de forța gravitației lui Jupiter cu cel puțin 20 de ani înainte, calculele arătând că era sortită a se prăbuși curând în interiorul planetei. Observând cometa, astronomii au constatat că nucleul fusese sfărâmat în mai multe fragmente cu dimensiuni de până la 1,9 km ca rezultat al apropierii de Jupiter și al gravitației sale imense.

Știind că cometa era condamnată să se ciocnească cu planeta, astronomii s-au avut putut pregăti pentru memorabila ocazie, observatoarele de la sol și cele din spațiu îndreptându-și telescoapele spre Jupiter. Primul fragment a lovit în iulie 1994, peste 20 de alte impacturi abătându-se asupra planetei în răstimp de șase zile. La fiecare lovitură au fost observați bolizi cu temperaturi de peste 23.000°C, și jeturi de gaze au fost expulzate la aproape 3.200 km deasupra norilor. Cel mai puternic impact s-a produs după două zile: s-a estimat că el a eliberat o energie echivalentă cu 6 milioane megatone de TNT, lăsând o pată întunecată cu diametrul de 12.000 km. Deși gigantul gazos a absorbit fragmentele cu ușurință, cicatricele lăsate de ele au persistat timp de câteva luni.

COMETE CUNOSCUTE

Au fost identificate aproape 7.000 de comete și sunt descoperite mereu altele. Iată câteva dintre cele pe care le cunoaștem.

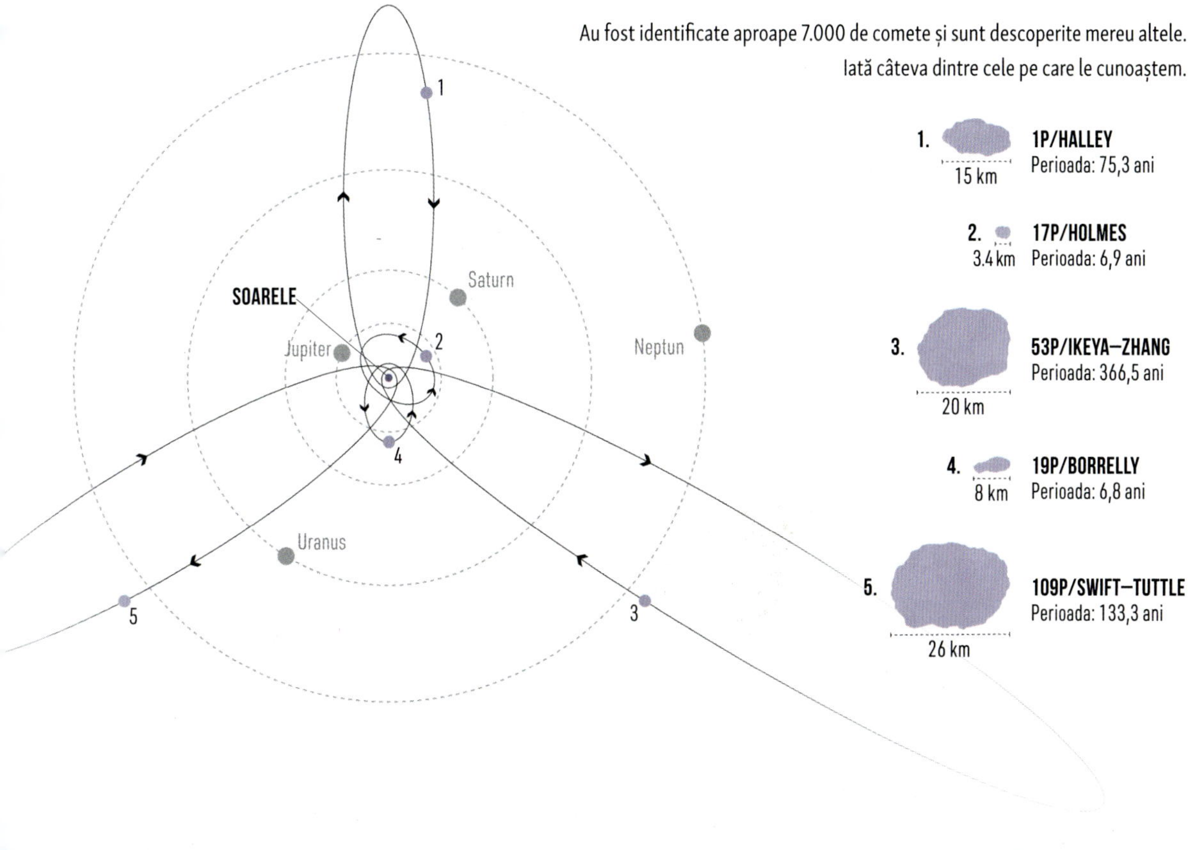

Meteoroizi, meteori și meteoriți

Pe lângă cometele care ne uimesc din când în când, există nenumărate corpuri mai mici presărate pe tot cuprinsul sistemului nostru solar. Centura de asteroizi, așa cum îi sugerează numele, conține majoritatea asteroizilor din sistemul solar, dar vom ajunge acolo numai după ce vom trece de Marte. Deocamdată vom examina meteoroizii, micile grăunțe și roci împrăștiate în spațiul interplanetar.

METEOROIZI

Există trei tipuri principale de meteoroizi; pietroși, feroși și pietroși-feroși, iar mărimea lor variază de la grăunțe abia vizibile la bolovani cu diametrul de un metru. Particulele mai mici de atât sunt numite micrometeoroizi, sau praf spațial. Majoritatea meteoroizilor sunt fragmente de asteroizi sau comete, dar o mică parte dintre ei sunt resturi care au fost expulzate de pe planete sau sateliți în urma unei coliziuni.

PIETROS

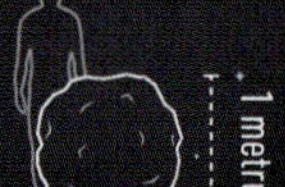

FEROS

PIETROS-FEROS

METEORI

Numit de obicei stea căzătoare, *meteor* este termenul atribuit unui meteoroid devenit vizibil atunci când brăzdează atmosfera. Meteoroizii intră de regulă în atmosfera terestră cu viteze de peste 70.000 km/h, creând astfel o cantitate enormă de căldură aerodinamică și o ardere strălucitoare.

Ploile de meteori, cum le numim, sunt consecința particulelor rămase în urma trecerii cometelor. În călătoria lor, cometele lasă o dâră de resturi care se poate întinde pe toată lungimea orbitei lor – „ploaia" o vedem atunci când traversăm torentul acesta de meteoroizi.

METEORIȚI

De obicei, meteorii ard în atmosfera superioară și s-au dezintegrat deja când ajung la cincizeci de kilometri de suprafața Pământului. Totuși, dacă meteorul e suficient de mare (peste aproximativ 30 kg, în funcție de material), numai straturile exterioare vor arde în timp ce traversează atmosfera. Rămășița centrală care lovește solul este un *meteorit*.

IMPACTURI CARE AU SCHIMBAT LUMEA

Deși atmosfera Pământului oferă protecție față de sfărâmăturile mai mărunte care gonesc prin spațiu, unele obiecte reușesc totuși să răzbată. Se estimează că 500 de meteoriți ating suprafața în fiecare an, 99% dintre ei trecând neobservați - majoritatea cad în ocean, în zone nelocuite, sau în timpul zilei, când sunt mai greu de observat. Cam o dată pe an, suntem loviți de corpuri care eliberează o energie echivalentă cu bomba nucleară aruncată asupra Hiroșimei. Chiar și majoritatea acestora trec neobservați. Bolizi de mărimea aceasta explodează deseori la mare înălțime în atmosferă, rezultând o flamă strălucitoare și un bubuit ca de tunet, la sol ajungând doar fragmente mai mici.

În îndelungata istorie a Pământului au existat numeroase evenimente de impact mult mai puternice decât cele menționate înainte. Cele mai mari corpuri de impact pot schimba destinul planetei, uneori în mod catastrofal, afectând geologia, clima și viața. Aceste ciocniri produc o gamă largă de simptome terifiante; cenușă și vapori supraîncălziți sunt proiectați în atmosferă răspândindu-se de la locul impactului; unele materiale sunt expulzate în spațiu, doar pentru a cădea înapoi pe tot cuprinsul planetei: incandescente de la reintrarea în atmosferă, ele declanșează incendii; undele de șoc care traversează toată planeta produc cutremure, erupții vulcanice și tsunamiuri; și bineînțeles, un crater gigantic la locul impactului. Din fericire pentru noi, cu cât corpurile de impact sunt mai mari, cu atât ele sunt mai rare, așa încât am fost cruțați... până acum.

Desigur, nu numai Pământul e izbit de pietrele din spațiu, sistemul solar e plin de dovezile a nenumărate coliziuni. De fapt, dovezile sunt mai vizibile pe celelalte planete telurice (și sateliți) din sistemul solar. Excluzând-o pe Venus cu atmosfera sa densă, acestea își păstrează rănile cosmice mult mai mult timp decât Pământul. Datorită deplasării permanente a crustei planetei noastre și a ploilor care-i erodează lent suprafața, Pământul își ascunde bine istoria dezastrelor, dar nu complet.

CRATERUL CHICXULUB

Acesta e locul impactului care a pus capăt domniei dinozaurilor, cel puțin așa indică toate dovezile. Situat în peninsula Yucatan, lângă Golful Mexic, craterul Chicxulub are un diametru de 150 km. În prezent, cea mai mare parte a sa e ascunsă sub apă, îngropată sub sute de metri de nisip și sedimente, și doar câteva trăsături ale craterului sunt vizibile deasupra nivelului mării. El s-a format când un corp cu diametrul de cel puțin 11 km a lovit zona în urmă cu 66 de milioane de ani. În evenimentul de extincție în masă care a urmat, 75% dintre speciile de plante și animale și-au aflat sfârșitul.

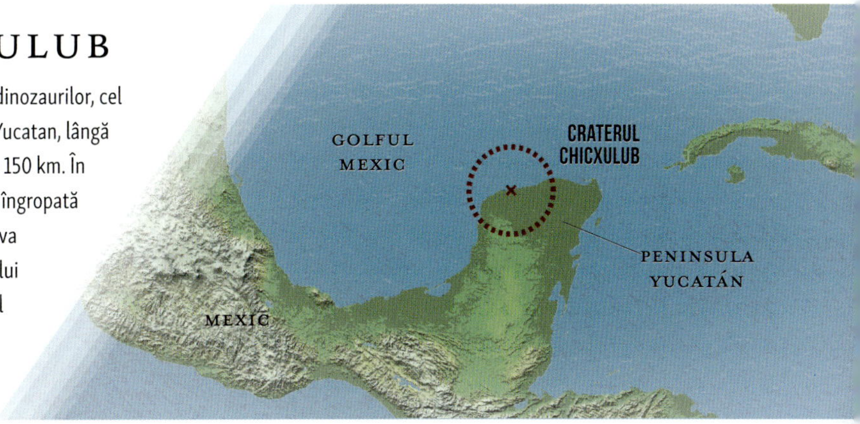

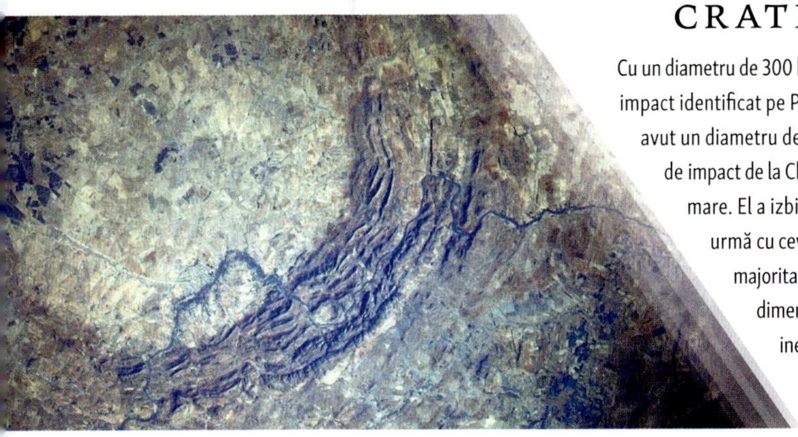

CRATERUL VREDEFORT

Cu un diametru de 300 km, Craterul Vredefort este cel mai mare crater de impact identificat pe Pământ. Asteroidul răspunzător se estimează că a avut un diametru de 10–15 km, posibil similar ca mărime cu corpul de impact de la Chicxulub, dar deplasându-se cu o viteză mult mai mare. El a izbit în ceea ce în prezent este Africa de Sud, în urmă cu ceva mai mult de 2 miliarde de ani, iar ca urmare majoritatea trăsăturilor sale s-au erodat, în pofida dimensiunii sale. Trăsăturile geologice rămase sunt un inel parțial de dealuri cu diametrul de 70 km în centrul locului de impact. Vredefort Dome, cum e numit, e mai ușor de recunoscut din spațiu – imaginea din stânga a fost luată din Naveta Spațială.

CRATERUL DIN ARIZONA

Considerabil mai mic decât celelalte cratere menționate aici – bolidul care l-a creat va fi provocat pagube substanțiale în regiune, dar nu la scară globală. El merită totuși o mențiune specială: datorită condiției excelente în care s-a păstrat, a fost primul crater de impact identificat ca atare pe Pământ. Craterul cu un diametru de 1.200 m și o adâncime de 170 m se găsește în Arizona, unde condițiile de uscăciune din deșert l-au ferit de o eroziune puternică.

Luna

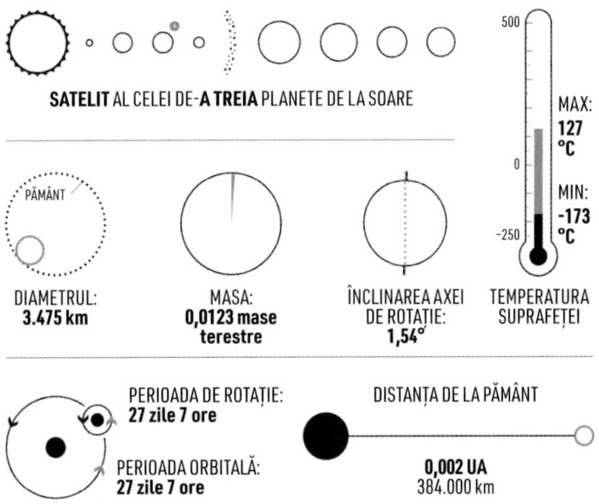

Înainte de a ne aventura spre restul planetelor, vom face o scurtă oprire pe Lună. Orbitând Pământul la o distanță medie de 384.400km, Luna este, cosmic vorbind, la o aruncătură de băț, și singurul corp ceresc pe care noi oamenii am reușit să-l vizităm personal.

Luna este primul satelit al unei planete cu care ne întâlnim de când am pornit la drum din centrul sistemului solar. Aceasta deoarece Mercur și Venus sunt prea aproape de Soare pentru a putea „reține" un satelit natural. Un satelit care ar orbita aceste planete la o distanță prea mare ar fi capturat de gravitația Soarelui și târât în infern, iar unul care ar orbita prea aproape ar fi sfărâmat de forțele mareice.

Se crede că Luna s-a format la scurt timp după nașterea sistemului solar, circa 100 de milioane de ani mai târziu, când un obiect de dimensiunea lui Marte a aplicat o lovitură piezișă tinerei noastre planete. Impactul cataclismic a expulzat materie de pe Pământ pe orbită, unde prin acreție se va forma în cele din urmă Luna. La data formării sale, orbita Lunii era la numai aproximativ o treime din distanța sa actuală față de Pământ; de atunci, ea se îndepărtează continuu de noi, în prezent cu o viteză de aproximativ 4 cm pe an. La început, Luna avea o mișcare de rotație proprie, pe care însă forțele mareice au încetinit-o treptat până când a devenit sincronă cu mișcarea orbitală în jurul Pământului. Rezultatul este cel pe care-l vedem în prezent: chipul familiar al Lunii, întoarsă mereu cu aceeași emisferă către Pământ.

O altă caracteristică a Lunii cu care suntem obișnuiți sunt fazele sale: modul cum își schimbă înfățișarea pe măsură ce diferite porțiuni ale sale sunt luminate în timp ce orbitează în jurul nostru. Intervalul de timp de la o lună plină la următoarea fiind de aproximativ 29,5 zile, regularitatea fazelor sale a stat la baza multora dintre cele mai vechi calendare ale lumii - lunile noastre de 30 de zile provin din *ciclul lunar*.

În raport cu planeta sa gazdă, Luna este cel mai mare satelit natural din sistemul solar (în comparația directă cu ceilalți sateliți ea ocupă un respectabil loc cinci). Drept urmare, gravitația sa are un efect semnificativ asupra Pământului, mai ales în privința modului în care influențează nivelul mării. Tracțiunea exercitată de gravitația Lunii produce convexități ale oceanelor Pământului: una pe fața apropiată de Lună și una pe fața îndepărtată. Aceste umflături de apă se deplasează în jurul Pământului odată cu rotația acestuia în jurul axei proprii, producând două fluxuri și două refluxuri la fiecare 24 de ore.

După impactul care a creat Luna, ambele corpuri se vor fi încălzit la peste 1.000°C. Luna, datorită dimensiunii sale mai mici, s-a răcit prima, ultimul dintre vulcanii săi erupând în urmă cu peste un miliard de ani. Ea nu e însă complet moartă, geologic vorbind. Distanța sa față de Pământ variază (orbita sa fiind ușor eliptică), prin urmare și forțele gravitaționale asupra sa, împreună cu forțele mareice fluctuante pe care le simte din partea Soarelui. Rezultatul este că suprafața Lunii se umflă cu 10 cm la fiecare 27 de zile, ceea ce poate duce la acumularea de tensiuni sub suprafață. Aceste tensiuni se eliberează sub formă de cutremure lunare, mult mai puțin puternice și mai rare decât cutremurele de pământ de pe planeta noastră. Cutremurele lunare au fost o descoperire neașteptată a programului Apollo, care le-a detectat cu seismometrele lăsate pe suprafața Lunii.

COMPOZIȚIA LUNII

În comparație cu Pământul, nucleul de fier al Lunii e foarte mic, în acord cu teoria originii sale prin impact. Asta sugerează că izbitura corpului care a ciocnit Pământul a smuls materie din straturile sale exterioare și le-a depozitat pe orbită, lăsând intact nucleul planetei noastre. Din acest motiv Luna e alcătuită în mare parte din rocile bogate în siliciu care se găsesc în mantaua și crusta Pământului, și are un conținut redus de fier.

COMPARAȚIE ÎNTRE NUCLEE

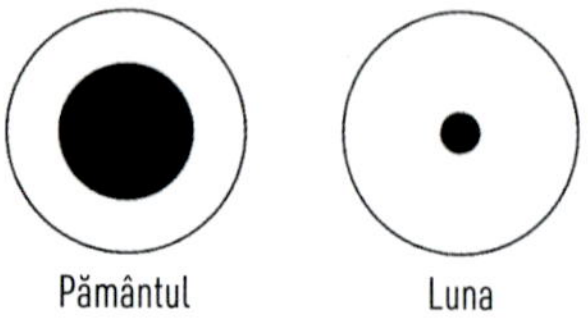

MAREELE TERESTRE

Deoarece efectele gravitației scad cu distanța, ea exercită o forță variabilă asupra diferitelor porțiuni ale corpurilor în mișcare orbitală. Așa cum am văzut (p. 14), corpurile solide se pot alungi datorită forțelor mareice. Dacă o planetă are acumulări de lichid la suprafață, ca în cazul Pământului, atunci forțele mareice vor crea fluxuri și refluxuri în jurul planetei.

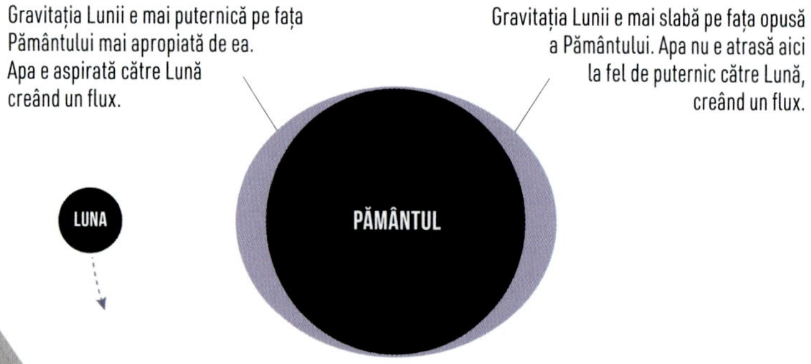

EXPLORAREA

Luna e singurul corp ceresc pe care am pus piciorul. În perioada misiunilor Apollo de la sfârșitul anilor 1960 și începutul anilor 1970, NASA a efectuat șase călătorii dus-întors reușite, timpul petrecut pe Lună devenind tot mai lung cu fiecare vizită. În misiunea finală, cei doi astronauți au petrecut mai mult de trei zile terestre pe suprafața Lunii.

FAZELE

Inelul interior de discuri lunare arată cum sunt luminate diferitele sale regiuni în timp ce orbitează Pământul, inelul exterior arată cum vedem noi Luna de pe Pământ.

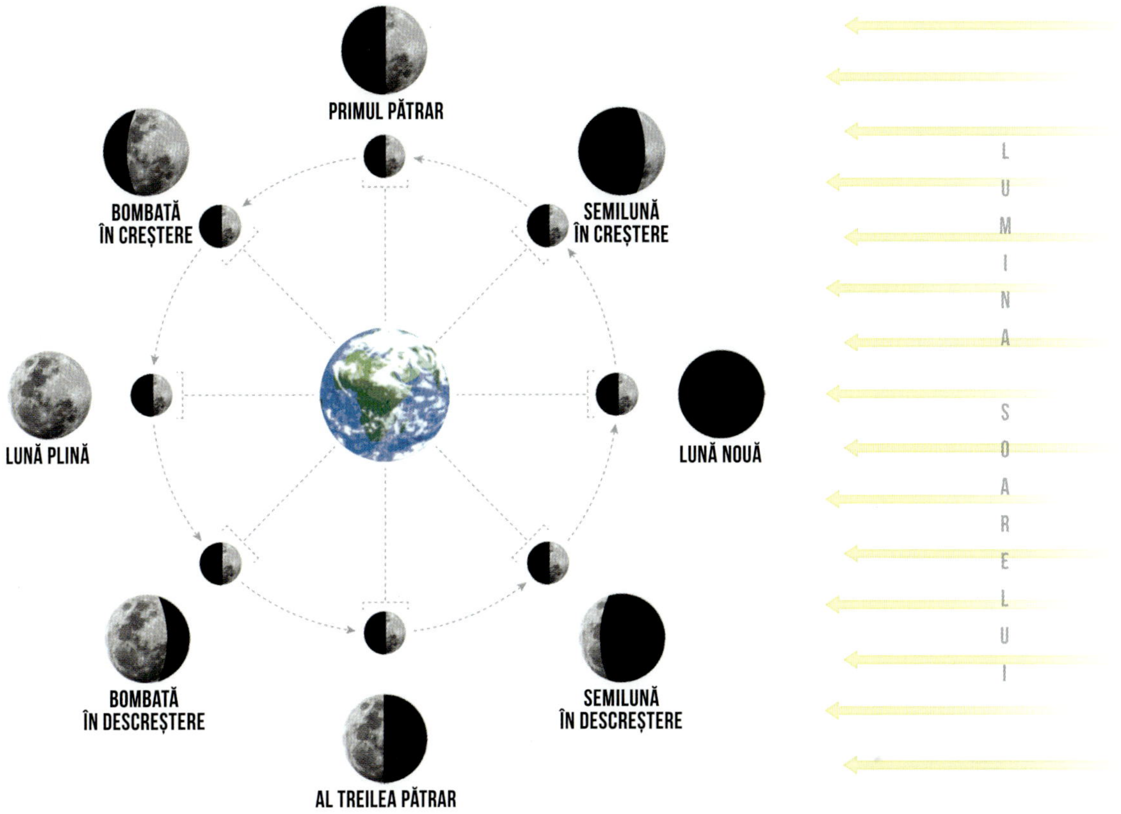

CRATERE

Craterele de pe Lună sunt aproape circulare, la fel ca și pe celelalte corpuri din sistemul solar. Acest lucru poate părea ciudat: dat fiind că bolizii pot veni sub orice unghi, s-ar putea lesne presupune că ei vor lăsa dungi pe suprafață în timp ce se înfig în sol. În realitate, când un meteorit lovește suprafața, căldura intensă face ca el și rocile cu care vine în contact să se evaporeze. Eliberarea bruscă de gaze sub suprafață produce o explozie cu o formă simetrică, lăsând în urmă un crater de multe ori mai mare decât bolidul originar.

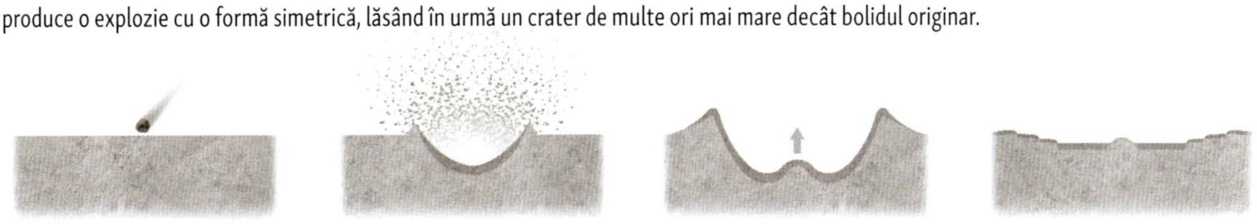

Pe Lună, unde nu există atmosferă, nimic nu oprește nici chiar cele mai mici obiecte, așa încât procesul de formare a craterelor începe în momentul în care bolidul lovește solul.

Bolidul se afundă în sol și devine foarte comprimat, la fel și materialul pe care-l lovește. Cea mai mare parte a sa se evaporă producând o explozie ce aruncă materie la mare distanță de locul impactului.

În funcție de tăria gravitației, și dacă bolidul e suficient de mare, se poate forma un vârf central. Acesta este rezultatul rocii topite care ricoșează în sus după impactul inițial.

Roca topită se lasă pe fundul craterului, iar pereții abrupți se prăbușesc spre interior, eventual pentru a crea pereții în trepte ai craterului. În craterele mai mari, și vârful central poate fi în trepte.

LUNI MINIATURALE

Cunoaștem mii de asteroizi care orbitează în jurul Soarelui și ale căror traiectorii intersectează orbita noastră. Din când în când, corpuri de acest fel sunt capturate de gravitația sistemului Pământ-Lună. Se estimează că în orice moment există unul sau două obiecte de mărimea unei mașini de spălat, și aproximativ o mie de mărimea mingilor de tenis, pe o orbită temporară în jurul Pământului.

Lunile miniaturale rareori rămân cu noi mai mult de un an; după ce și-au țesut traiectoriile întortocheate în jurul Pământului, majoritatea sunt azvârlite înapoi pe orbite circumsolare, iar restul devin meteori și cad pe Pământ.

SATELIȚII PLANETELOR DIN SISTEMUL SOLAR

Iată toți sateliții cunoscuți ai planetelor din sistemul solar. Pe măsură ce aflăm mai multe despre sistemul nostru solar, probabil că și alții vor fi descoperiți orbitând giganții gazoși.

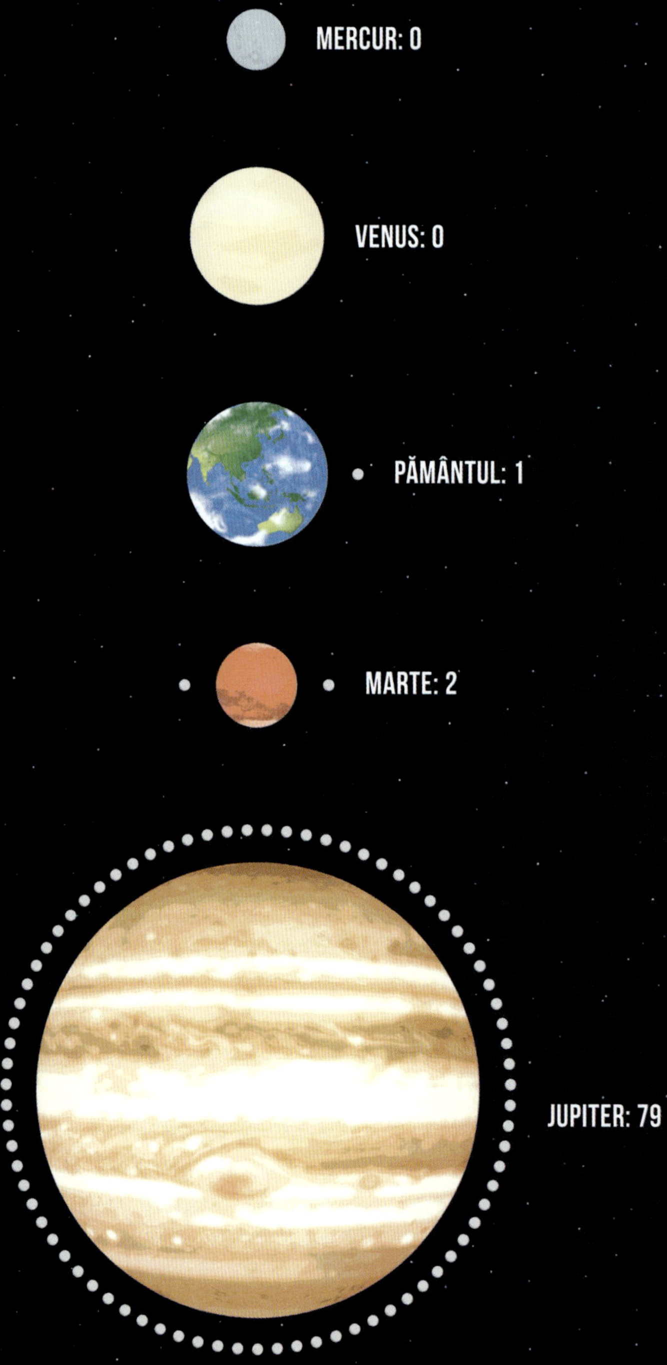

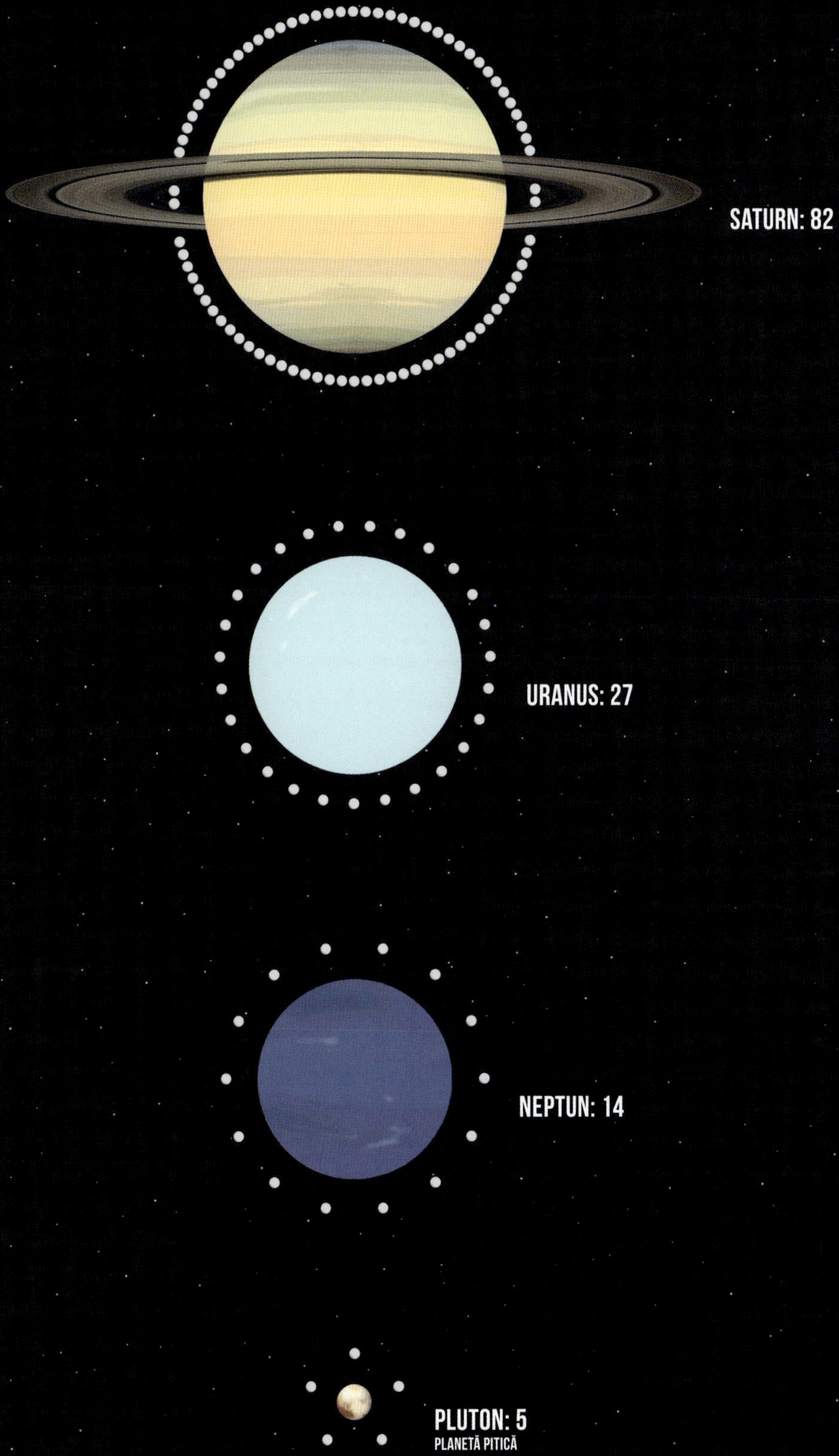

SATURN: 82
URANUS: 27
NEPTUN: 14
PLUTON: 5
PLANETĂ PITICĂ

Marte

Marte este a patra planetă de la Soare, și ultima planetă telurică pe care o vom vizita. Numită în mod adecvat după zeul războiului, culoarea lui Marte seamănă cu cea a sângelui. Nuanța roșcată a planetei se datorează prafului bogat în fier care acoperă cea mai mare parte a suprafeței. În pofida culorii sale foarte diferite, și deși are numai jumătate din diametrul planetei noastre, Marte este planeta cea mai asemănătoare cu Pământul din sistemul solar.

S-ar părea că „Planeta Roșie" și-a început de fapt viața într-un mod similar cu Pământul; în tinerețe, planeta a avut o atmosferă densă și apă din belșug. Aceasta deoarece, la fel ca Pământul, Marte avusese cândva o puternică magnetosferă care s-o protejeze de radiațiile nocive, dar în urmă cu 4 miliarde de ani câmpul magnetic a dispărut complet. Știm că mișcările circulatorii din nucleul de fier lichid al planetei au încetat, dar de ce s-a întâmplat asta rămâne un mister. O teorie sugerează că, datorită dimensiunii sale reduse, Marte s-a răcit mai repede, iar acum nucleul e un solid aproape complet înghețat, dar faptul nu e dovedit. Totuși, dispariția magnetosferei lui Marte a dus la dispariția atmosferei, moleculele sale fiind antrenate în spațiu de vântul solar. Scăderea rezultată a presiunii aerului a făcut imposibilă existența apei lichide la suprafață, ducând la mediul uscat și rece care știm că există acum. În prezent, intensitatea câmpului magnetic marțian este în mod tipic 1% din cea a câmpului magnetic terestru, oferind puțină protecție sau chiar deloc.

Deși Marte nu se apropie de Pământ la fel de mult ca Venus, pentru noi el este o destinație mai favorabilă pentru explorare – e cu siguranță mai puțin ostil decât condițiile de coșmar pe care le-am găsit pe planeta noastră soră. Apa există pe Marte, dar nu în formă lichidă; cea mai mare parte e blocată în calotele de gheață de la poli, plus o oarecare cantitate de vapori în atmosferă. Pe suprafață există dovezi din abundență că apa a curs cândva pe aici: cascade, funduri de mare, râuri și canale, toate de multă vreme secate, dovedesc că odinioară planeta a fost un loc foarte diferit, probabil o pată albastră la fel ca a noastră. În zilele calme, nori diafani formați din cristale de gheață, asemănători norilor cirus de pe Pământ, trec din când în când pe deasupra peisajului sterp, dar vremea pe Marte e schimbătoare. Furtunile de nisip, de la evenimente localizate și până la uragane enorme care acoperă întreaga planetă, sunt destul de frecvente. Aceste fenomene sunt greu de prevăzut și pot provoca probleme echipelor de oameni de știință care ar dori să depună vehicule aici. Condițiile atmosferice variabile fac ca viteza de coborâre a sondelor spațiale să fie greu predictibilă, multe zdrobindu-se de suprafață în locul unei descinderi line cum se intenționase.

O altă asemănare între Marte și Pământ este compoziția atmosferei. Aerul marțian e alcătuit din dioxid de carbon, azot și argon, care toate se găsesc și în atmosfera terestră. Totuși, spre deosebire de planeta noastră, aerul marțian e aproape complet lipsit de oxigen; bogata noastră rezervă e furnizată de plantele fotosintetizatoare, inexistente pe Marte. Având în vedere cât de rarefiată e atmosfera pe Marte, căldura se pierde ușor pe timpul nopții. Lungimea zilei marțiene, de 24 ore și 37 de minute, este foarte apropiată de a celei terestre, iar temperatura în timpul zilei ajunge la maximum 20°C, pentru ca noaptea să scadă la - 140°C, cu aproximativ 50°C sub cea mai joasă temperatură înregistrată în Antarctica.

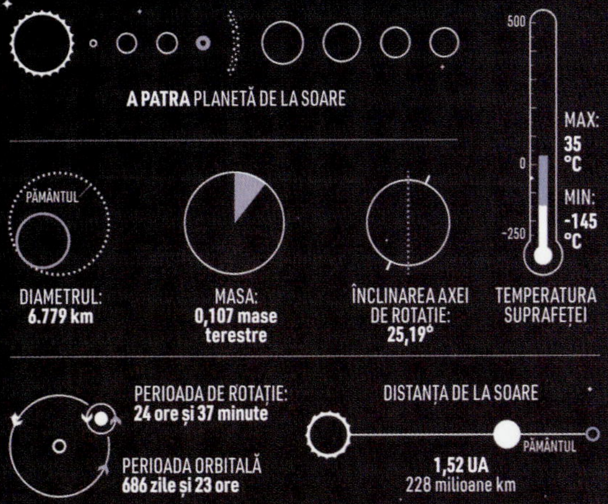
A PATRA PLANETĂ DE LA SOARE
500
0
-250
MAX:
35
°C
MIN:
-145
°C
PĂMÂNTUL
DIAMETRUL:
6.779 km
MASA:
0,107 mase terestre
ÎNCLINAREA AXEI DE ROTAȚIE:
25,19°
TEMPERATURA SUPRAFEȚEI
PERIOADA DE ROTAȚIE:
24 ore și 37 minute
PERIOADA ORBITALĂ
686 zile și 23 ore
DISTANȚA DE LA SOARE
PĂMÂNTUL
1,52 UA
228 milioane km

GHEAȚĂ PE MARTE

Înclinația axei de rotație a lui Marte nu e prea diferită de cea a Pământului, și ca urmare anotimpurile marțiene sunt comparabile cu ale noastre. La fel ca Pământul, Marte are calote de gheață care cresc iarna și scad vara, calota sudică fiind mai mare decât cea nordică. Dacă apa lichidă ar putea exista pe Marte, cantitatea conținută în calota glaciară sudică ar ajunge ca să acopere întreaga planetă cu un strat adânc de 11 metri.

IARNA ÎN EMISFERA NORDICĂ

Mai multă gheață în calota polară nordică

IARNA ÎN EMISFERA SUDICĂ

Mai multă gheață în calota polară sudică

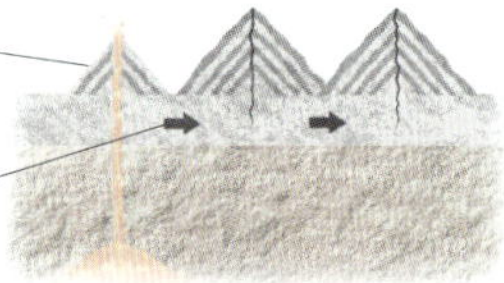

PĂMÂNTUL

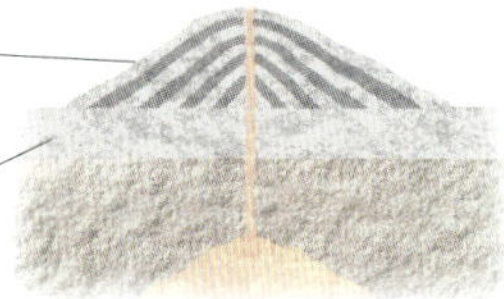

MARTE

OLYMPUS MONS

Trăsăturile vulcanice domină o mare parte a peisajului marțian. Scurgeri de lavă, câmpii vulcanice și cei mai mari vulcani din sistemul solar – toate acestea sunt încă evidente pe suprafață. Deși au trecut cel puțin 2 miliarde de ani de la ultima activitate vulcanică majoră, oamenii de știință nu sunt siguri că nu se vor mai produce altele.

Cel mai înalt munte creat de activitatea vulcanică pe Marte este Olympus Mons. Cu o înălțime de aproape două ori și jumătate mai mare decât a Muntelui Everest, este din câte știm cel mai înalt munte din întreg sistemul solar. Vulcanii de pe Marte pot crește mai mult decât pe Pământ fiindcă acolo gravitația e mai slabă, și prin urmare camerele de magmă sunt mai mari și scurgerile de lavă mai lungi. De asemenea, întrucât pe Marte nu există mișcări ale plăcilor tectonice, vulcanii vor erupe în același loc timp de milioane de ani. Pe Pământ, lanțurile de munți apar ca rezultat al mișcării crustei.

Peisajul din partea de jos a paginii a fost fotografiat de roverul Curiosity al NASA pe 4 septembrie 2017, într-o regiune numită Murray Buttes. Suprafața mai plată din prim-plan conține depozite de noroi, indicând că a fost cândva fundul unui lac; în fundal, dealuri cu coame teșite se ridică deasupra solului. Formate din gresie, vânturile și nisipul le erodează lent de-a lungul timpului.

SATELIȚII LUI MARTE

Marte are doi sateliți, Phobos și Deimos, ambii mici și cu forme neregulate. O teorie despre originea lor sugerează că au fost asteroizi care au trecut prea aproape de Marte și au fost capturați de gravitația sa. Phobos, cel mai mare din cei doi, orbitează planeta la mai puțin de 10.000 km de suprafață, și cu fiecare secol ce trece altitudinea lui scade cu 2 metri. La un anumit moment în viitor va atinge limita Roche și se va sfărâma în fragmente, posibil pentru a crea un sistem de inele la fel ca în cazul lui Saturn.

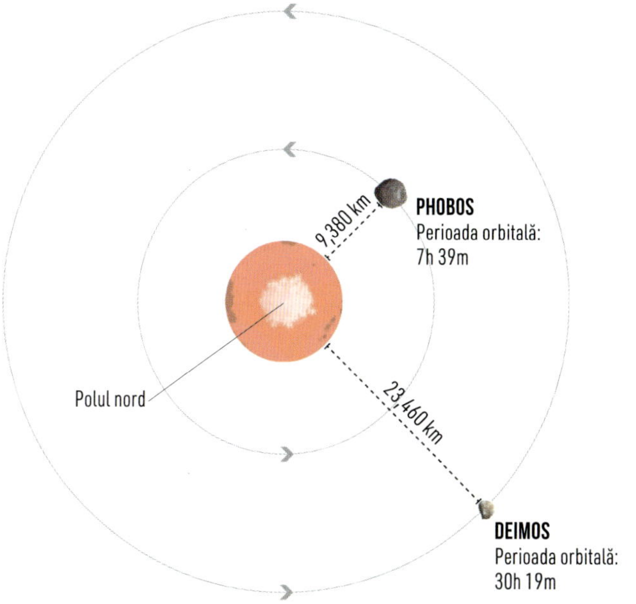

PHOBOS

DEIMOS

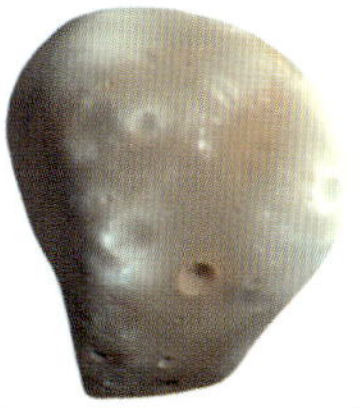

Phobos și Deimos sunt numele fiilor lui Ares, zeul grec al războiului, și, împreună, ei își însoțesc tatăl în bătălie. Phobos era personificarea fricii, iar Deimos, a groazei.

NORI DE PRAF

Pe lângă frecventele tornade spirale de praf care bântuie suprafața marțiană, furtuni de praf mult mai mari se produc în mod regulat. Aceste fuioare de praf pot ajunge la o înălțime de 1 km și înconjoară întreaga planetă. În afară de faptul că diminuează lumina pe suprafața marțiană, în timpul săptămânilor și al lunilor cât pot dura furtunile trăsăturile planetei sunt ascunse vederii noastre.

Trăsăturile suprafeței sunt vizibile

Furtuna ascunde trăsăturile suprafeței

(Imagini luate de telescopul Hubble.)

Centura de asteroizi

ÎNTRE A PATRA ȘI A CINCEA PLANETĂ DE LA SOARE

DISTANȚA DE LA SOARE

PĂMÂNT

2,7 UA – 478 milioane km

La sfârșitul secolului XVIII, astronomii au început să caute o planetă în spațiul dintre Marte și Jupiter. Încet dar sigur, în zonă au fost descoperite mici corpuri orbitând în jurul Soarelui, dar prea mici pentru a fi planete. La mijlocul secolului XIX, respectivele obiecte erau descoperite într-un ritm tot mai alert, ducând la concluzia că această regiune a sistemului solar nu adăpostește o planetă, ci doar resturi și sfărâmături răzlețe.

Ideea că între Marte și Jupiter trebuia să existe o planetă a fost propusă inițial de astronomul german Johannes Kepler în 1596, pornind de la premisa că intervalul dintre acele două planete era prea mare. Distanțele dintre toate planetele cunoscute la acea dată urmau un tipar matematic, numit legea Titius-Bode, care afirmă că fiecare planetă va fi de două ori mai departe de Soare decât cea precedentă. Căutarea planetei „lipsă" a fost impulsionată de descoperirea lui Uranus în 1781 – distanța sa față de Soare se potrivea aproape exact cu predicțiile matematice. Cu o încredere reînnoită în legea Titius-Bode, astronomii au pornit cu forțe proaspete în căutarea planetei prezise de teorie.

Primul obiect descoperit în ceea ce numim acum centura de asteroizi a fost Ceres, în 1801. Deloc surprinzător, acesta e cel mai mare obiect din centură, totuși destul de firav în comparație cu adevăratele planete. La numai un an după descoperirea lui Ceres, un alt obiect, Pallas, a fost găsit orbitând în jurul Soarelui la o distanță similară. Văzute prin telescoapele din acea vreme, aceste obiecte apăreau ca niște minuscule puncte luminoase, foarte asemănătoare cu stelele aflate mult mai departe. De fapt, singura trăsătură care le deosebea de stele era viteza cu care se deplasau pe cer. Datorită aparentei similitudini cu stelele folosim cuvântul „asteroid", care provine dintr-un cuvânt grecesc însemnând „asemănător cu o stea". La cinci ani după prima observare a lui Pallas, au fost descoperite încă două obiecte dintre cele mai mari ale centurii de asteroizi. Pe măsură ce capacitatea noastră de a detecta obiecte din ce în ce mai mici s-a ameliorat, lista asteroizilor cunoscuți s-a extins – în prezent sunt catalogați peste trei sferturi de milion.

În pofida numărului lor impresionant, centura de asteroizi nu este atât de aglomerată pe cât ne-ar lăsa să credem imaginația populară. De exemplu, întreaga masă a centurii de asteroizi este numai 4% din masa Lunii, iar această masă e împrăștiată într-o regiune foarte mare. S-a calculat că probabilitatea ca o navă spațială să lovească un asteroid în timp ce traversează centura este mai mică de unu la un miliard.

Astronomii cred că la începuturile sistemului solar centura de asteroizi conținea de aproximativ o mie de ori mai multă materie decât în prezent. Totuși, datorită proximității lui Jupiter, fragmentele pietroase și metalice nu au reușit să fuzioneze pentru a forma planete asemenea celor interioare. Influența gravitațională a planetei gigant a făcut ca ciocnirile din interiorul centurii să fie mai violente, și cel mai adesea asteroizii se sfărâmau în urma coliziunilor în loc să fuzioneze în corpuri mai mari. Ocazional, Jupiter are și efectul de a expulza asteroizi din centură, ceea ce explică pierderea constantă de masă.

Merită menționat că în prezent astronomii consideră legea Titius-Bode și corelațiile pe care le stabilește între pozițiile unor planete doar simple coincidențe. Descoperirea lui Neptun și poziția sa orbitală nu corespundeau nici pe departe cu predicțiile „legii".

CENTURA DE ASTEROIZI

Marea majoritate a asteroizilor se găsesc în centura principală și au nevoie de 4-5 ani pentru a-și parcurge orbita în jurul Soarelui. Există și două grupuri de asteroizi care urmează orbita lui Jupiter, unul cu 60° înaintea planetei, iar celălalt cu 60° în urmă, numiți asteroizi troieni. Uneori, efectul gravitației lui Jupiter poate devia un asteroid de pe orbita sa stabilă din centura principală, cu potențialul de a crea un asteroid din apropierea Pământului. De regulă, acești asteroizi rămân pe orbită timp de doar câteva milioane de ani, înainte de a se ciocni cu Soarele sau cu o altă planetă.

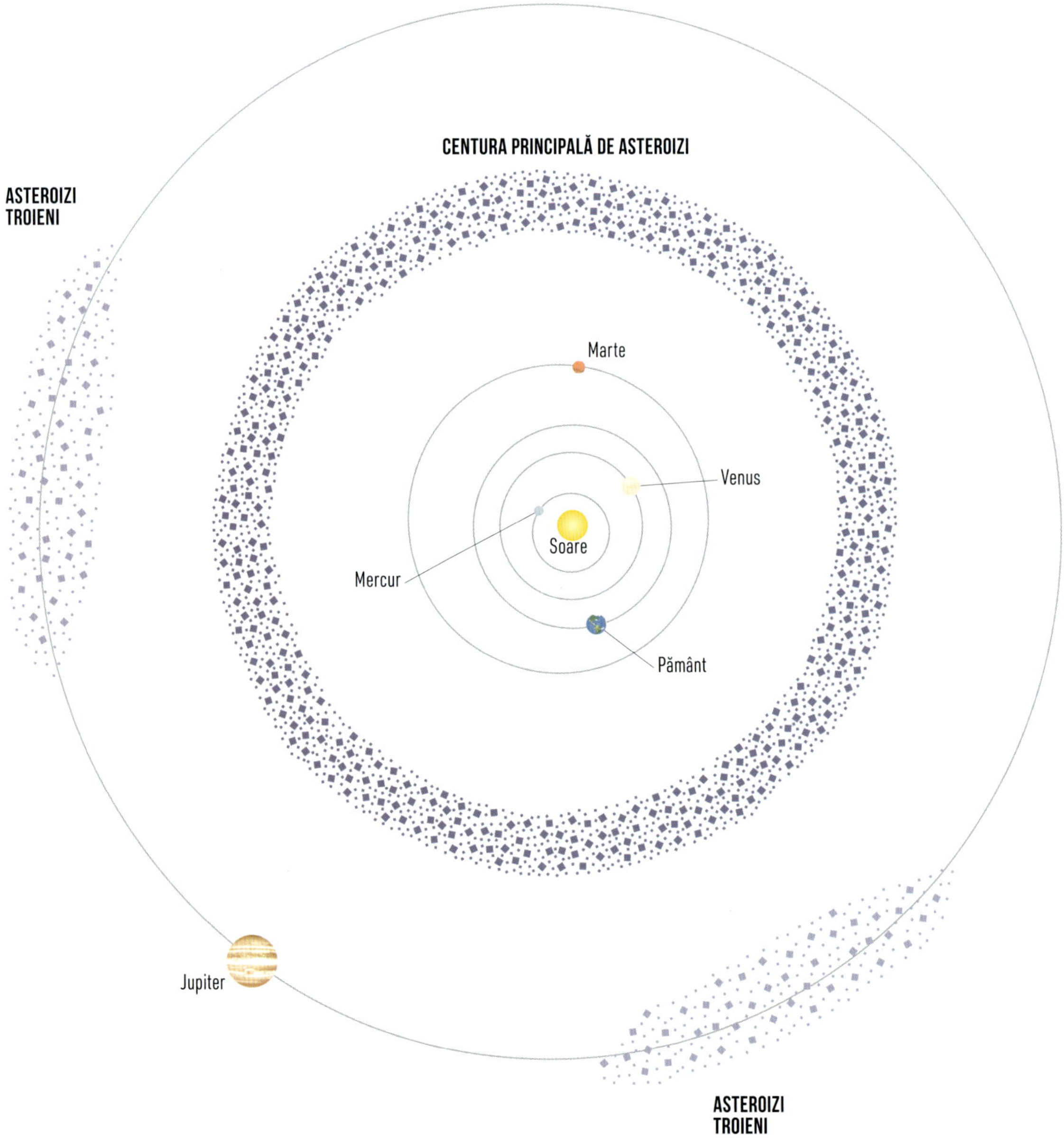

CEI MAI MARI ASTEROIZI

Gravitația lui Ceres (cel mai mare corp din centura de asteroizi) e destul de puternică pentru a-i fi dat o formă sferică, plasându-l în categoria planetelor pitice. Asteroizii tind să devină rotunzi sub acțiunea propriei lor gravitații la un diametru de aproximativ 600 km, dar aceasta variază în funcție de compoziția lor.

EVOLUȚIA ASTEROIZILOR

În termeni astronomici, ciocnirile în centura de asteroizi se produc frecvent, cu mai multe consecințe posibile.

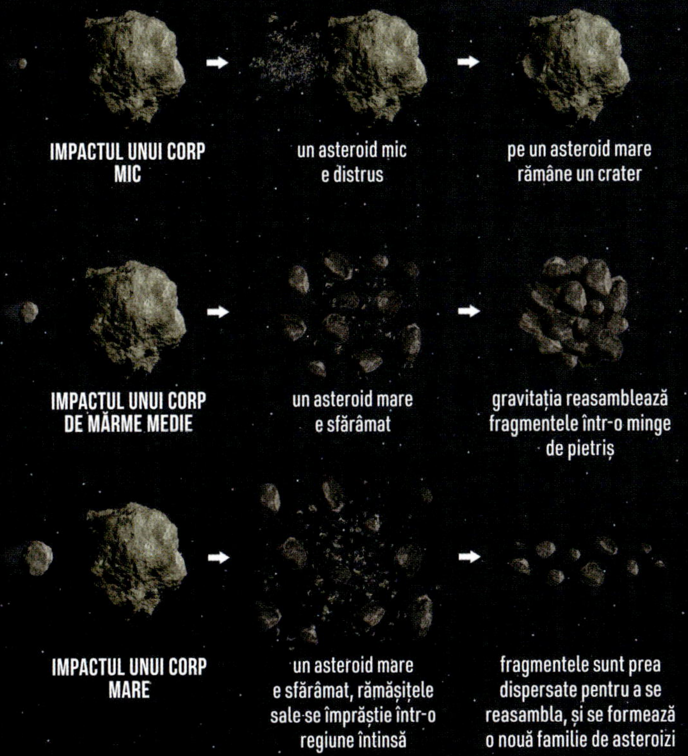

Când un asteroid ajunge suficient de mare, elementele radioactive din interiorul său îl vor încălzi până la punctul de topire. Elementele grele se vor scufunda spre centru, iar cele ușoare vor rămâne deasupra, pentru a forma mantaua și crusta.

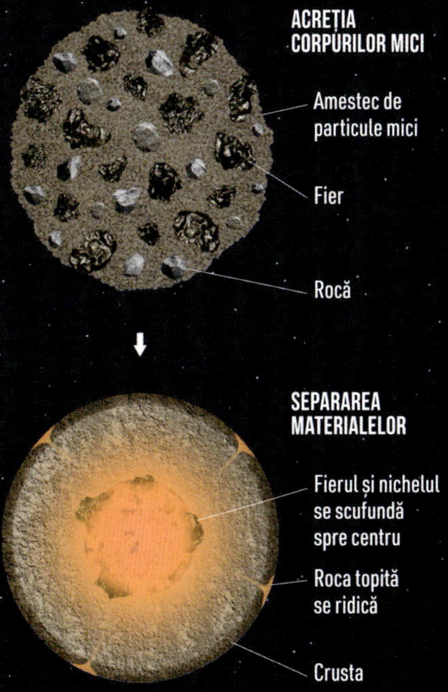

Jupiter

Lăsând în urmă centura de asteroizi, pătrundem în sistemul solar exterior și ne îndreptăm spre puternicul Jupiter. Această planetă este de departe cea mai grandioasă dintre lumile învecinate; masa sa o depășește de aproape două ori și jumătate pe cea a tuturor celorlalte planete la un loc, și este atât de mare, încât 1.300 de Pământuri ar încăpea în ea. Așa cum omonimul planetei era mai marele zeilor romani, la fel și Jupiter este regele planetelor.

La strălucirea sa maximă, Jupiter e cel mai luminos obiect de pe cerul nopții după Lună și Venus, și prin urmare le era cunoscut oamenilor înaintea istoriei consemnate. Știm acum că planeta mamut are numeroși sateliți, în prezent cunoaștem 79, dar mulți dintre aceștia sunt foarte mici - 63 au un diametru de sub 10 kilometri. Pe de altă parte, cei mai mari sateliți ai lui Jupiter, așa-numiții sateliți galileeni, sunt printre cei mai mari din sistemul solar, și au fost primele obiecte descoperite orbitând un alt corp decât Soarele.

Părăsind orbitele sateliților și apropiindu-ne de planetă, devine clar că Jupiter, asemenea celorlalți giganți gazoși pe care-i vom vizita, nu are o suprafață solidă. Ajungem mai întâi la benzile învolburate de nori care înconjoară planeta. Alcătuit mai ales din hidrogen și heliu, dar îmbogățit cu o combinație de gaze mai complexe, stratul de nori e relativ subțire, adânc de aproximativ 50 km. Dedesubtul norilor, atmosfera în care predomină hidrogenul devine tot mai densă odată cu apropierea de nucleu și cu creșterea presiunii, până când e mai mult lichidă decât gazoasă. Deși faptul nu e dovedit, se crede că în nucleul planetei există un miez solid de rocă, metal și compuși ai hidrogenului. Lăsând deoparte nucleul solid, temperatura și presiunea în apropierea acestei regiuni sunt atât de mari, încât atomii de hidrogen sunt despuiați de electronii lor și se comportă ca un metal lichid. Conductibilitatea electrică a hidrogenului metalic și mișcările sale în jurul nucleului generează un câmp magnetic de 14 ori mai intens decât cel terestru.

În ciuda căldurii teribile din apropierea nucleului, temperatura la „suprafața" planetei este sub - 100°C. La distanța aceasta față de Soare, corpurile care orbitează primesc doar o fracțiune infimă din

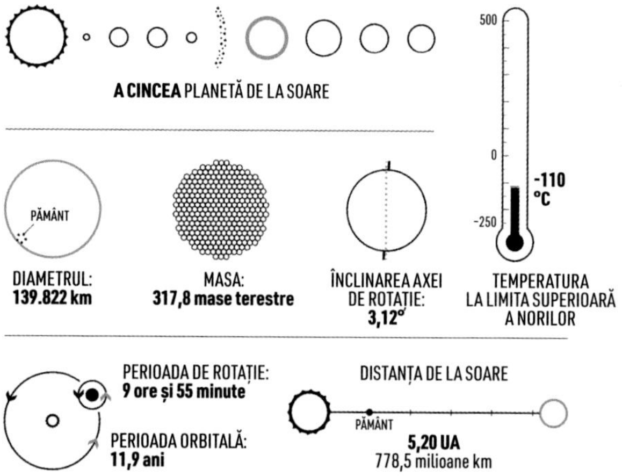

radiația sa. De fapt, Jupiter radiază de 1,7 ori mai multă căldură decât primește de la Soare, ceea ce duce la răcirea treptată a planetei. Răcirea provoacă totodată o contracție lentă a planetei, într-un ritm de aproximativ 2 cm pe an.

O altă caracteristică remarcabilă a lui Jupiter e viteza cu care se rotește în jurul axei sale; efectuând o rotație completă în numai 9 ore și 56 de minute, el are cea mai scurtă zi din sistemul solar. Din cauza rotației sale atât de rapide, planeta are o umflătură distinctă în jurul ecuatorului, care se proiectează spre exterior. Întrucât axa de rotație e aproape perpendiculară pe planul orbitei, nu există anotimpuri sesizabile, iar datorită căldurii interne temperatura e aproape uniformă pe tot cuprinsul planetei.

Deși Jupiter este o planetă foarte mare, e încă departe de a deveni o stea; ar trebui să aibă o masă de 80 de ori mai mare pentru a deveni o pitică roșie, cea mai rece și mai palidă dintre stele. Cu masa aceasta, presiunea și temperatura din centru ar crește până în punctul în care se pot declanșa reacțiile de fuziune nucleară.

SATELIŢII GALILEENI

În 1610 Galileo Galilei a devenit primul om care a observat sateliţii lui Jupiter, ca urmare a îmbunătăţirilor pe care le-a adus telescopului. Deşi planeta are atât de mulţi sateliţi, următorii vor fi descoperiţi de abia după 1892. Sateliţii galileeni sunt printre cele mai mari obiecte din sistemul solar (cu excepţia Soarelui şi a planetelor).

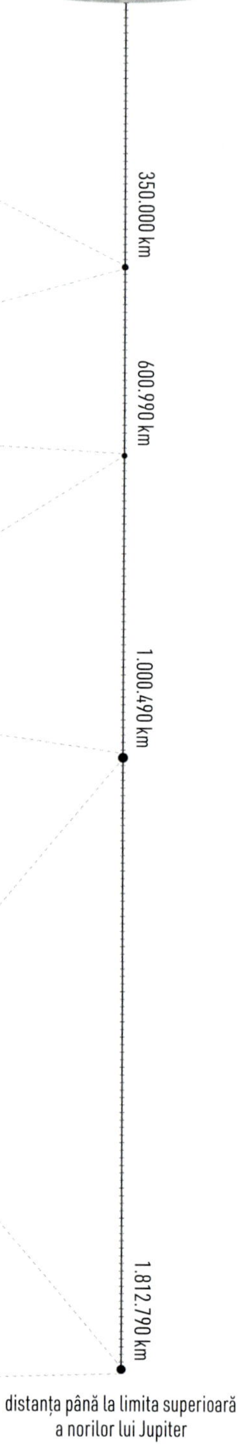

IO

Fiind cel mai apropiat de Jupiter dintre sateliţii galileeni, e atras din toate părţile de planeta mamă şi de ceilalţi sateliţi mari. Fricţiunea, căldura şi tensiunile care se acumulează în interiorul satelitului fac ca el să fie corpul cel mai activ geologic din sistemul solar – Io are peste 400 de vulcani.

EUROPA

Europa are suprafaţa cea mai netedă dintre toate corpurile mari din sistemul solar. Crusta e alcătuită din gheaţă (regiunile mai întunecate au un conţinut mai ridicat de minerale) sub care s-ar putea afla un ocean de apă lichidă, datorită căldurii interne a satelitului.

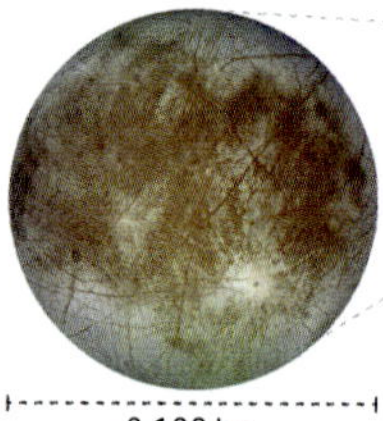

GANYMEDE

Cel mai mare satelit din sistemul solar, mai mare chiar şi decât planeta Mercur. Este singurul satelit cunoscut care posedă propria sa magnetosferă, creată probabil de un nucleu de fier lichid, la fel ca în cazul Pământului.

CALLISTO

Fără nici un semn de vulcanism, suprafaţa lui Callisto este printre cele mai vechi şi mai brăzdate de cratere din sistemul solar. Nu există formaţiuni geologice precum munţi sau câmpii de lavă, doar cratere peste cratere.

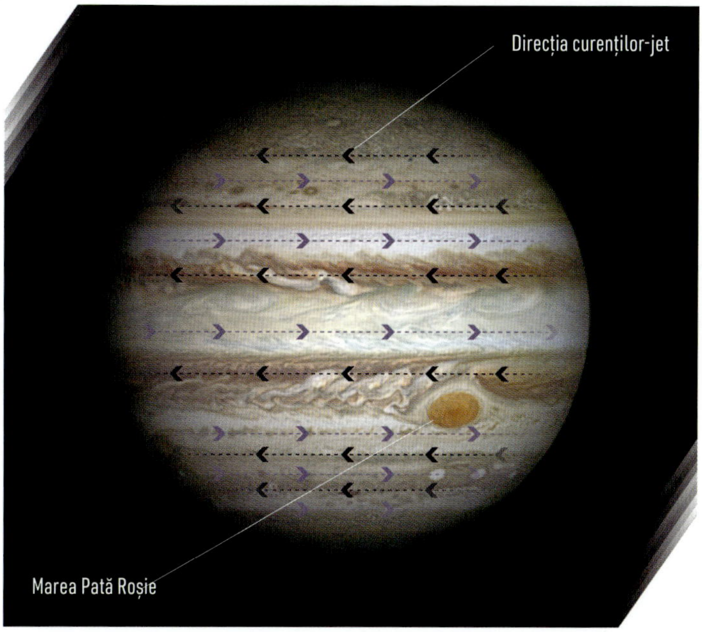

CURENȚII-JET

Norii turbulenți care învăluie în permanență planeta gonesc cu viteze de până la 360 km/h. Benzile de culoare mai deschisă se numesc zone, iar regiunile mai întunecate poartă numele de centuri. Culorile mai deschise sunt create prin cristalizarea norilor ascendenți, care împiedică vederea straturilor de dedesubt.

MAREA PATĂ ROȘIE

Furtuna care bântuie continuu pe suprafața lui Jupiter este, la fel ca planeta însăși, gigantică. Marea Pată Roșie este de două ori mai mare decât Pământul, dar în prezent lungimea sa scade cu peste 900 km pe an. Astronomii nu știu dacă ea va continua să se micșoreze până la dispariție, sau e vorba de o fluctuație naturală.

SISTEMUL JUPITER-SOARE

Jupiter e atât de masiv încât baricentrul său în raport cu Soarele se află deasupra suprafeței Soarelui, la o distanță de aproape 50.000 km.

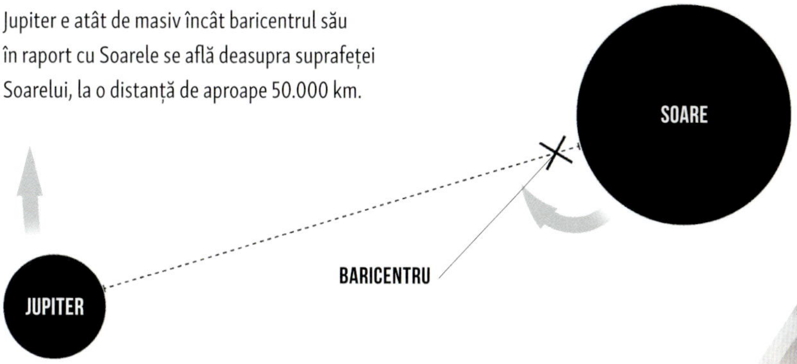

FOTOGRAFIE DE APROAPE

Imaginea aceasta a fost surprinsă de sonda spațială Juno, lansată de NASA pe 29 octombrie 2018, în timpul celui de al șaisprezecelea survol al planetei. Fotografia arată Centura Temperată Nordică, centura cea mai apropiată de polul nord al planetei. La puțin peste 7.000 km deasupra atmosferei, norii învolburați pot fi văzuți în detaliu.

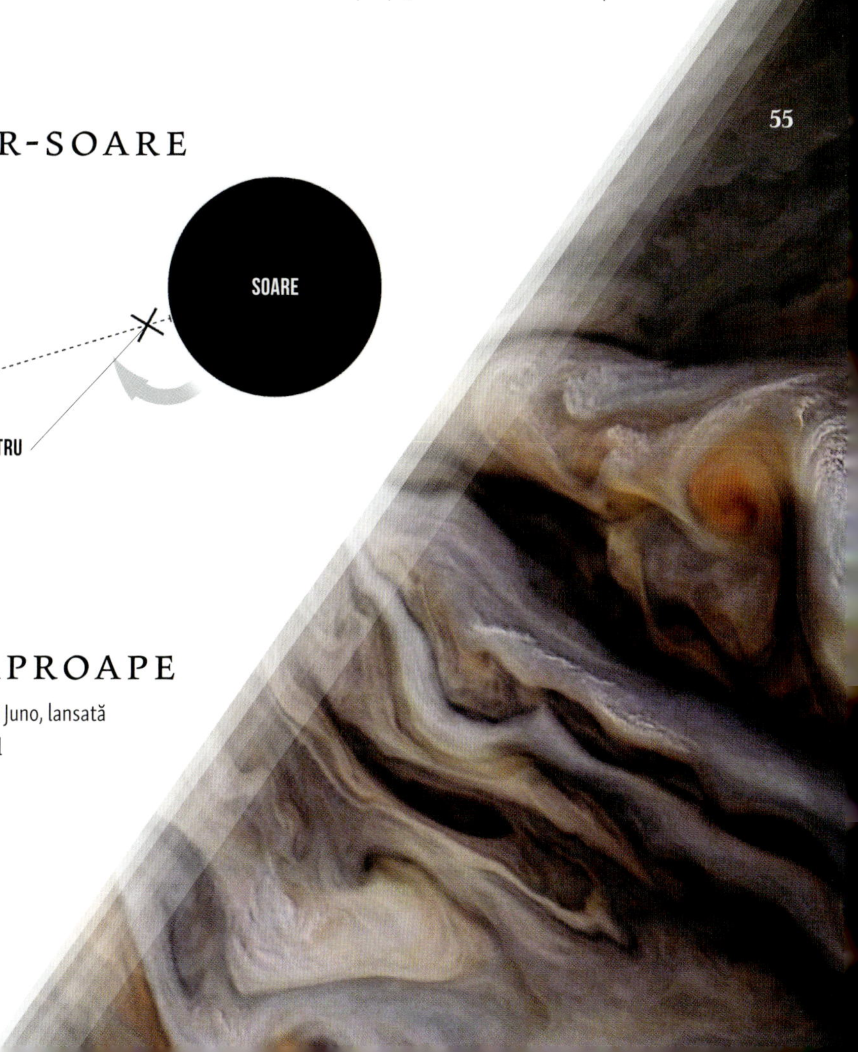

Saturn

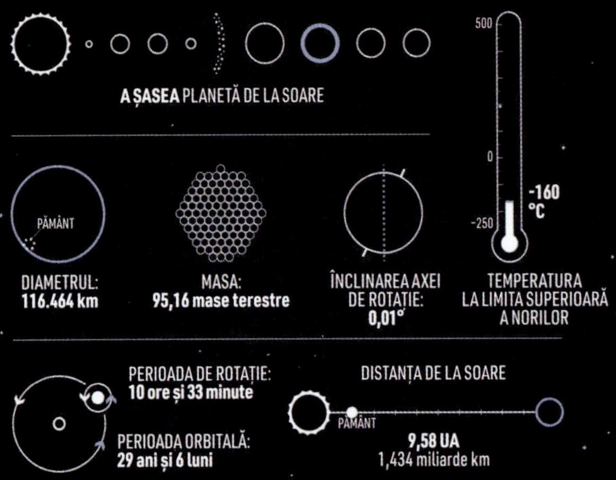

A ȘASEA PLANETĂ DE LA SOARE
500
0
-250
-160 °C
PĂMÂNT
DIAMETRUL:
116.464 km
MASA:
95,16 mase terestre
ÎNCLINAREA AXEI DE ROTAȚIE:
0,01°
TEMPERATURA LA LIMITA SUPERIOARĂ A NORILOR
PERIOADA DE ROTAȚIE:
10 ore și 33 minute
PERIOADA ORBITALĂ:
29 ani și 6 luni
DISTANȚA DE LA SOARE
PĂMÂNT
9,58 UA
1,434 miliarde km

Al doilea gigant gazos la care ajungem, Saturn, este bijuteria sistemului solar. Inelele spectaculoase care-l împodobesc îl disting clar de celelalte planete. Dar aura lui maiestuoasă nu se limitează la înfățișare; deși volumul său este de 764 de ori mai mare decât al Pământului, masa sa este de numai 95 de ori mai mare. Alunecând pe nesimțite prin spațiu, densitatea redusă a planetei îi conferă o senzație de lejeritate care se potrivește foarte bine cu delicatele sale inele.

Planeta cea mai îndepărtată de Pământ cunoscută în Antichitate, Saturn își parcurge drumul pe cer mult mai lent decât celelalte. Probabil că de aceea a fost numită după Saturn, zeul roman al timpului. Romanii înșiși îl considerau pe Saturn, divinitatea lor, drept echivalentul zeului grec Cronos, de la care provin cuvinte precum „cronologie" sau „cronometru".

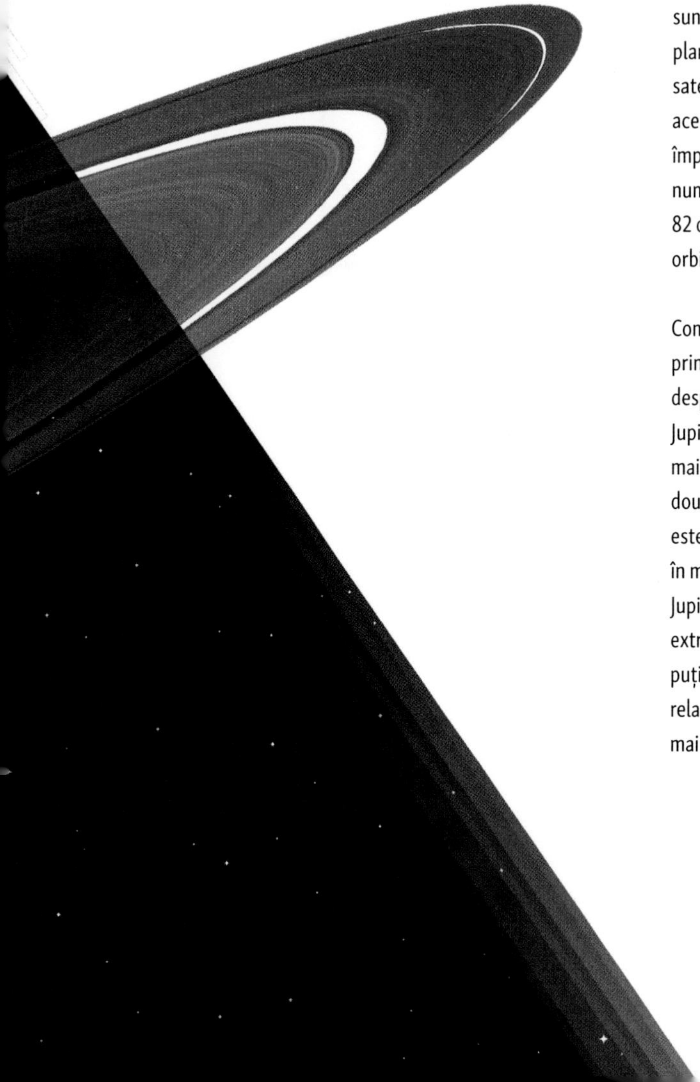

Faimoasele inele ale lui Saturn au fost observate pentru prima oară în 1610 de Galilei, care le-a numit *ansae*, „mânere", asemenea toartelor unui vas. El a presupus că ar putea fi vorba de un corp cu doi sateliți, de o parte și de alta a planetei, orbitând la foarte mică distanță. Cu capacitățile limitate ale telescopului său primitiv, orice alte predicții ar fi fost greu de făcut. Abia în 1656, astronomul olandez Christiaan Huygens, beneficiind de un echipament îmbunătățit, a identificat trăsăturile ca fiind un inel planetar. După încă douăzeci de ani, alte progrese în construcția telescoapelor vor duce la revelația că inelul lui Saturn nu era unitar, ci format din inele multiple. Inițial s-a speculat că inelele ar fi benzi de materie solide, rigide, dar în 1848 Édouard Roche a dovedit că lucrul acesta nu e posibil. Astronomii nu au confirmat *exact* cum s-au format inelele lui Saturn, dar există două teorii principale. Prima sugerează că inelele sunt rămășițele unui satelit distrus al lui Saturn, care poate s-a apropiat prea mult și a fost sfărâmat de forțele mareice. Conform celeilalte ipoteze, inelele sunt resturile norului de gaz și particule din care s-a format planeta. În interiorul inelelor există câțiva sateliți mici, numiți sateliți-păstori, care orbitează aproape de planetă. Gravitația acestor mici sateliți contribuie la crearea unor benzi în inele și le împiedică să se răspândească prea departe în spațiu – de unde numele de *păstori*. Aceștia reprezintă numai o mică parte din cei 82 de sateliți ai lui Saturn (cunoscuți în prezent), majoritatea orbitând dincolo de sistemul inelelor vizibile.

Compoziția lui Saturn e foarte asemănătoare cu a lui Jupiter: în principal hidrogen, plus ceva heliu, cu un nucleu solid de rocă despre care teoria prevede că ar exista în centru. Ca și în cazul lui Jupiter, hidrogenul metalic curge în jurul nucleului, dar la o scară mai redusă – câmpul magnetic pe care-l generează este de douăzeci de ori mai slab decât al gigantului gazos superior. Saturn este, însă, considerabil mai puțin dens decât Jupiter, deși e format în mare parte din aceeași substanță. Datorită masei imense a lui Jupiter, gravitația este acolo cu mult mai puternică, comprimând extrem de mult materia din care e alcătuit. Pe Saturn, unde e mai puțină masă și, prin urmare, gravitație mai slabă, planeta se poate relaxa și expanda într-o oarecare măsură, cu rezultatul că e cea mai puțin densă din sistemul solar.

NU E SINGURA

Saturn nu e singura planetă din sistemul nostru solar care are un sistem de inele – toți cei patru giganți gazoși exteriori posedă inele. Ale lui Saturn sunt însă cele mai proeminente, și de aceea au fost primele observate la începutul secolului XVII. De abia în 1977 au fost descoperite inelele lui Uranus, cele ale lui Jupiter și Neptun fiind confirmate în 1979 și respectiv 1989.

Inelele lui Saturn sunt foarte subțiri, de la numai 10 metri în unele locuri până la o grosime maximă de 1 km. Sunt formate din particule a căror mărime variază de la minuscule granule la obiecte cu diametrul de ordinul metrilor și sunt alcătuite din apă înghețată ce conține urme de rocă. Pe măsură ce inelele au fost observate mai în detaliu, a devenit clar că „inelul" din jurul lui Saturn nu e distribuit uniform, ci materia se acumulează în unele zone și lasă intervale în altele, formând benzi identificabile distincte. Inelele A și B sunt cele mai dense și mai vizibile, pe când celelalte sunt mai greu de detectat.

MISTERIOSUL POL NORD

În 1981, misiunile Voyager au descoperit un tipar hexagonal pe polul nord al lui Saturn, format din nori de gaze atmosferice. Fiecare latură a hexagonului are o lungime de aproximativ 15.000 km – mai mare decât diametrul Pământului. Există câteva teorii privind motivul pentru care acest tipar meteorologic se comportă astfel, cu unele succese în reproducerea acestui tip de curgere fluidă în condiții de laborator. O altă caracteristică stranie a hexagonului care nu a fost complet explicată e faptul că își schimbă culoarea. Între 2012 și 2016, sonda Cassini a observat o schimbare de la albastru-verzui la o nuanță mai aurie.

Fotografie făcută de sonda spațială Cassini pe 25 aprilie 2016

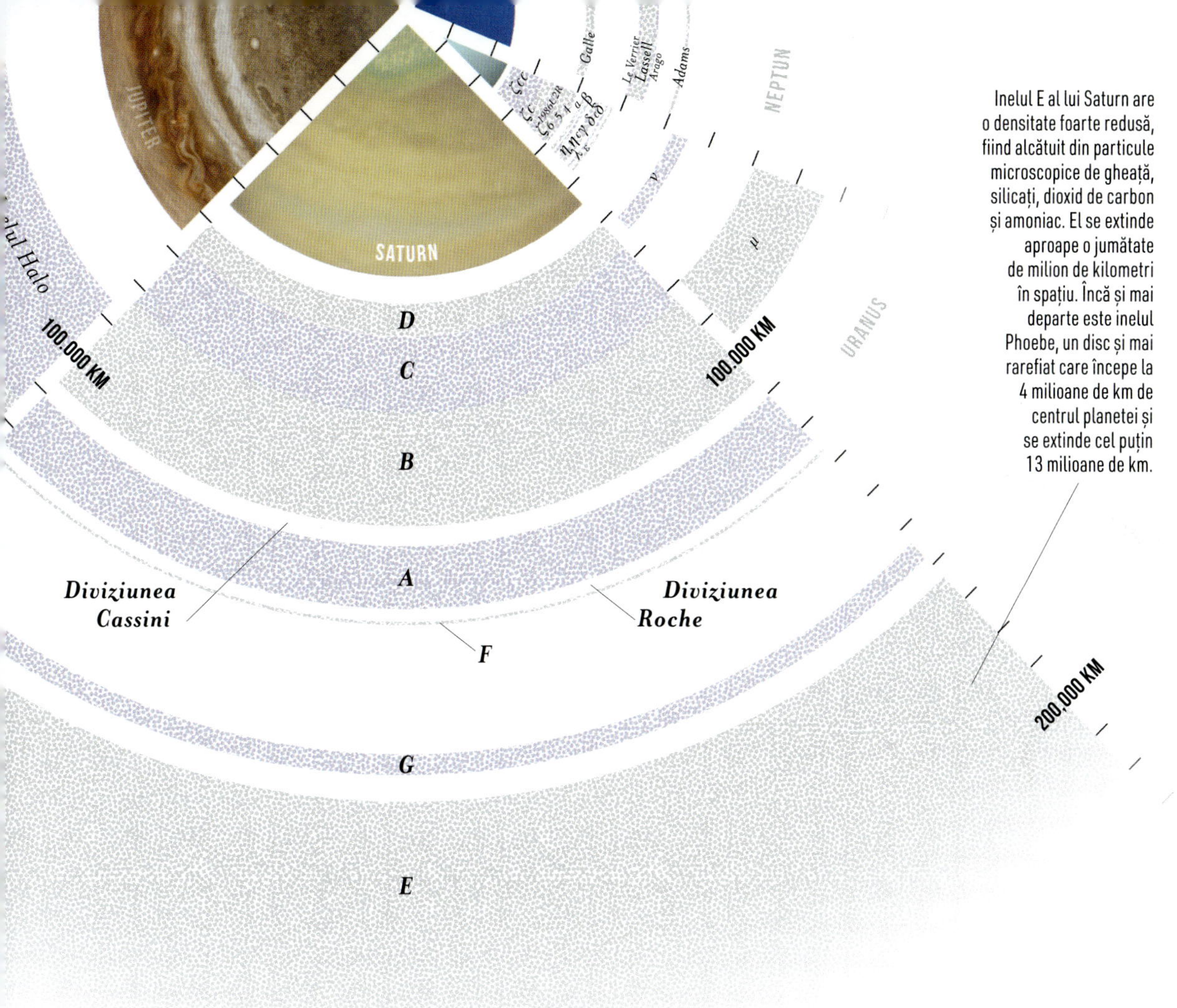

PLUTIND PE APĂ

Cea mai puțin densă dintre toate planetele – densitatea medie a lui Saturn e de numai 0,69 grame pe centimetru cub – este singura planetă cu o densitate mai mică decât a apei, de 1 gram pe centimetru cub. Asta înseamnă că dacă Saturn ar fi plasat într-un ocean, presupunând că ar exista unul atât de mare, el ar pluti la suprafață.

Uranus

Pătrunzând în regiuni tot mai întunecoase și mai reci ale sistemului solar, ajungem la Uranus. Lumea aceasta de un albastru glacial, inexpresivă, poate părea la prima vedere blândă și lipsită de vreo caracteristică discernabilă, dar aparențele sunt înșelătoare. Ceea ce îl distinge pe Uranus de celelalte planete, este rotația în jurul axei sale. Spre deosebire de celelalte corpuri mari din sistemul solar, care se învârt asemenea unor titireze în timpul mișcării lor în jurul Soarelui, axa de rotație a lui Uranus e orizontală, ceea ce înseamnă că planeta *se rostogolește* pe orbită. Uranus pare a fi bizareria sistemului solar.

Deși în principiu planeta poate fi văzută cu ochiul liber, când condițiile meteo sunt perfecte, ea a fost identificată abia în 1781. Descoperită de savantul englez sir William Herschel, a fost prima planetă găsită cu ajutorul unui telescop. După oarecari dezbateri s-a decis ca, păstrând tradiția, planeta să fie numită după o divinitate mitologică. Numele ales, Uranus, este singurul provenit de la un zeu grec, toate celelalte planete purtând numele unor divinități romane. Descoperirea lui Herschel a dublat dimensiunea sistemului solar cunoscut.

Din cauza distanțelor implicate, lumile aflate atât de departe sunt mult mai puțin studiate decât planetele cu orbite mai mici. Uranus și Neptun au fost vizitate o singură dată, atunci când sonda spațială interplanetară Voyager 2 a survolat ambele planete la finele anilor 1980. Trecând pe lângă Uranus, ea ne-a oferit pentru prima oară șansa de a măsura magnetosfera planetei, care s-a dovedit a fi surprinzătoare. Originea câmpului magnetic nu este în centrul planetei, iar axa sa nu coincide nici pe departe cu axa de rotație a planetei. Poate că era de așteptat de la o planetă care se rostogolește ca și cum ar fi beată.

La fel ca Jupiter și Saturn, Uranus e format în mare parte din hidrogen și heliu, dar ghețurile din apă, amoniac și metan sunt de asemenea prezente - micile cantități de metan din stratul superior de nori sunt cele care conferă planetei nuanța sa albastră odihnitoare. Pe măsură ce sondăm mai în profunzime, norii reci de hidrogen și heliu devin mai denși și mai mocirloși până când atingem mantaua planetei, compusă din ghețurile menționate mai înainte. Prezența acestor ghețuri a făcut ca termenul de „gigant de gheață" să fie aplicat acestui tip de planetă, pentru a o distinge de alți giganți gazoși. Câmpul magnetic „șubred" al lui Uranus se crede că este generat la adâncimi relativ mici, prin descompunerea moleculelor de apă în ioni de hidrogen și oxigen - fluxurile de particule încărcate produse în felul acesta fiind sursa magnetosferei. Dacă lucrul acesta e adevărat, el ar putea contribui la explicarea naturii neuniforme a câmpului magnetic al lui Uranus, dat fiind că celelalte planete își generează câmpurile magnetice mai aproape de nucleu. În sfârșit, chiar în centrul lui Uranus se află un mic nucleu de rocă, mai puțin masiv decât Pământul.

Deși nu este planeta cea mai îndepărtată de Soare, Uranus e cea mai rece; nu este pe deplin înțeles de ce căldura sa internă e atât de redusă în comparație cu cea a celorlalte planete. Uranus primește numai 0,25% din căldura solară pe care o primește Pământul, ceea ce este aproximativ echivalent cu căldura pe care o radiază în spațiu, astfel încât în stadiul acesta al existenței sale planeta nici nu se răcește, nici nu se încălzește. Există o teorie care sugerează că atunci când planeta era tânără, a fost lovită de un alt obiect de mărime planetară, explicând astfel de ce axa de rotație e răsturnată. Totodată, acest gigantic corp de impact ar fi expulzat o mare parte din materia fierbinte a tinerei planete, explicând de ce acum e atât de frig acolo.

A ȘAPTEA PLANETĂ DE LA SOARE
PĂMÂNT
DIAMETRUL:
50.724 km
MASA:
14,54 mase terestre
ÎNCLINAREA AXEI DE ROTAȚIE:
82,23°
500
0
-250
-225 °C
TEMPERATURA LA LIMITA SUPERIOARĂ A NORILOR
PERIOADA DE ROTAȚIE:
17 ore și 14 minute
PERIOADA ORBITALĂ
84 ani și 0 luni
DISTANȚA DE LA SOARE
PĂMÂNT
19,2 UA
2,871 miliarde km

Dimensiunile planetei și ale sateliților sunt reprezentate la scară, nu și distanțele dintre obiecte.

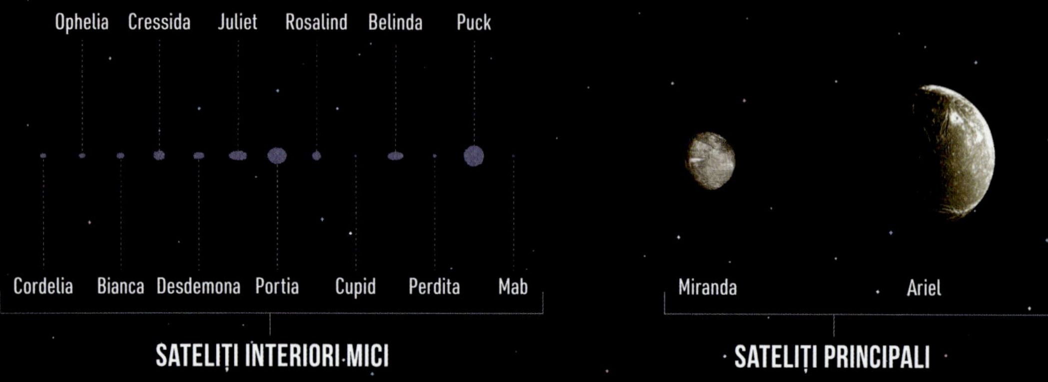

SATELIȚI

Primele imagini ale sateliților lui Uranus arătau că ei înconjoară planeta în plan vertical, nu în planul orbitei, ca în cazul celorlalte planete – un prim indiciu că axa de rotație a planetei e puternic înclinată. Cunoaștem în prezent 27 de sateliți uranieni, și e de așteptat să mai fie descoperiți și alții. În comparație cu ceilalți giganți gazoși, are cantitatea cea mai mică de sateliți naturali în termenii masei lor totale. Alcătuiți în proporții egale din rocă și gheață, sateliții lui Uranus se împart în trei grupe distincte. Începând cu cei mai apropiați de

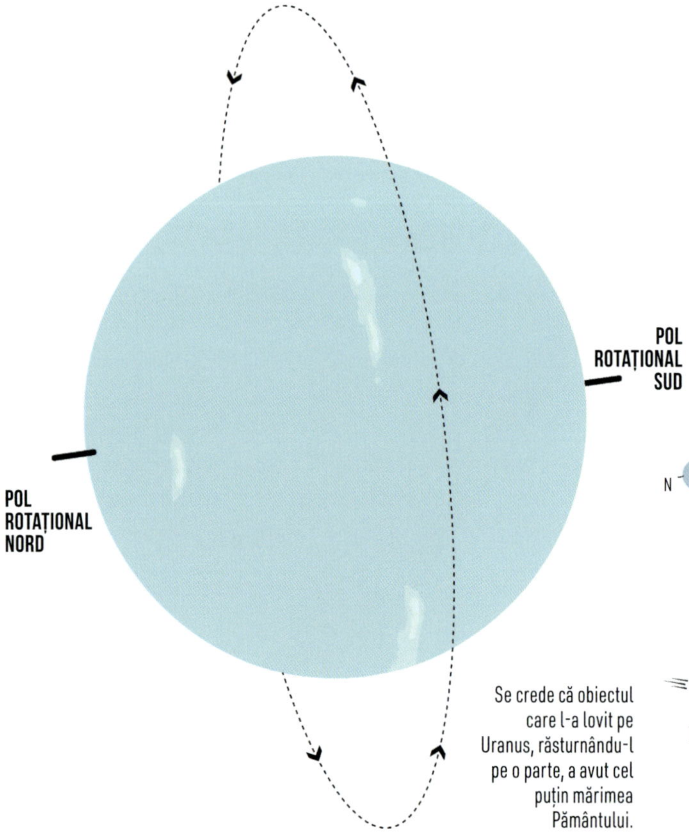

AXA DE ROTAȚIE

Axa în jurul căreia se rotește Uranus e aproape perpendiculară în raport cu cea a majorității celorlalte planete. Prin urmare, polii nord și sud sunt aproape în planul ecuatorial al unei planete tipice. Datorită înclinației neobișnuite, zilele sunt lungi la poli; fiecare e îndreptat spre Soare timp de 42 de ani, apoi în sens opus, în întuneric, alți 42 de ani.

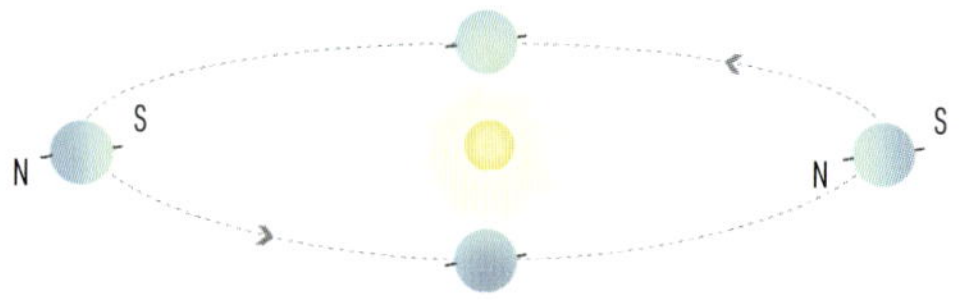

Se crede că obiectul care l-a lovit pe Uranus, răsturnându-l pe o parte, a avut cel puțin mărimea Pământului.

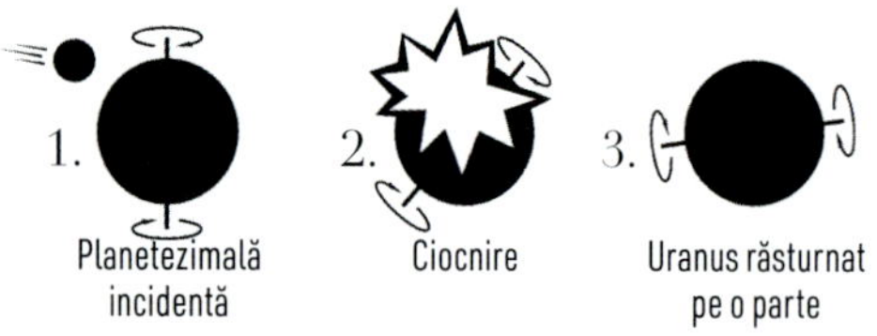

planetă, primul grup constă în treisprezece sateliți mici care toți orbitează planeta în mai puțin de o zi. Următorii cinci sateliți sunt mult mai mari și sunt singurii sateliți uranieni suficient de masivi pentru a fi devenit sferici. Dincolo de aceștia se află ultimul grup: alți cinci sateliți mici, cu forme neregulate, ale căror orbite se extind la milioane de kilometri în spațiu.

Majoritatea sateliților lui Uranus sunt numiți după personaje din operele lui William Shakespeare și Alexander Pope.

CÂMPUL MAGNETIC

Mai jos se poate vedea cum câmpul magnetic al planetei nu e aliniat în raport cu axa ei de rotație, iar linia centrală a câmpului magnetic nu trece prin centrul planetei.

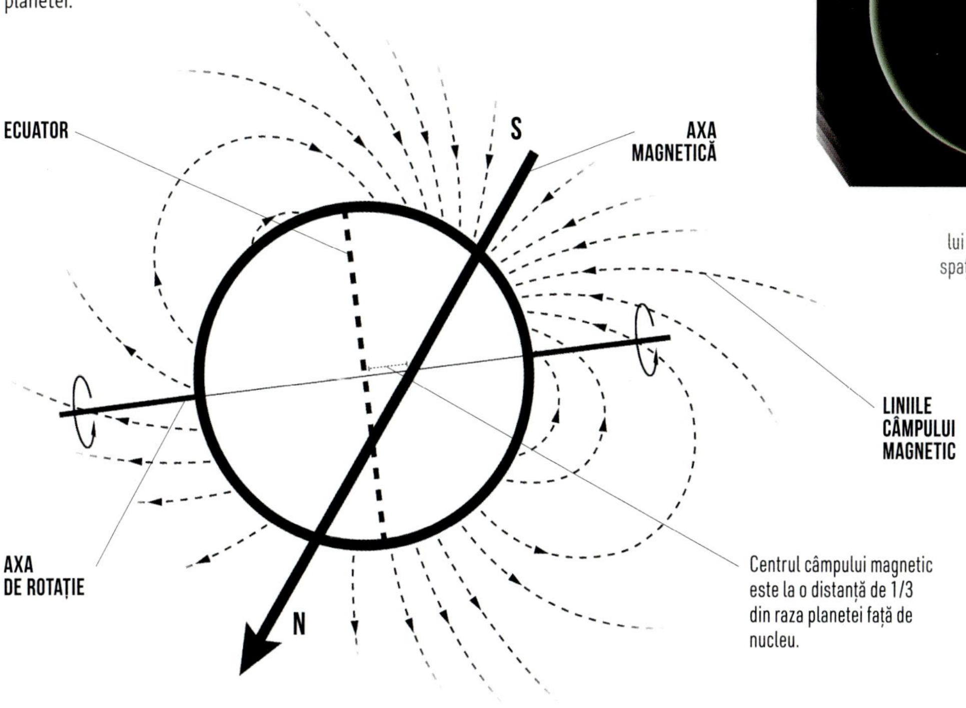

Imagine a semilunei lui Uranus luată de sonda spațială Voyager 2 a NASA în timp ce se îndrepta spre Neptun.

Neptun

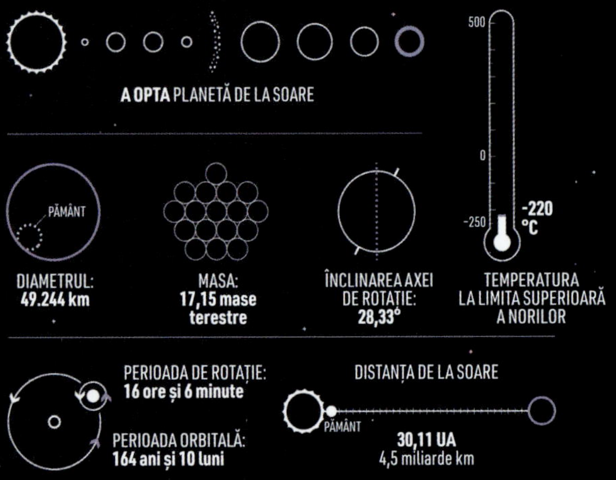
A OPTA PLANETĂ DE LA SOARE
500
0
-250
-220 °C
PĂMÂNT
DIAMETRUL: 49.244 km
MASA: 17,15 mase terestre
ÎNCLINAREA AXEI DE ROTAȚIE: 28,33°
TEMPERATURA LA LIMITA SUPERIOARĂ A NORILOR
PERIOADA DE ROTAȚIE: 16 ore și 6 minute
PERIOADA ORBITALĂ: 164 ani și 10 luni
DISTANȚA DE LA SOARE
PĂMÂNT
30,11 UA
4,5 miliarde km

Deși nu e destinația noastră finală, Neptun este ultima planetă cu care ne întâlnim în sistemul solar. La fel ca Uranus, e tot un gigant de gheață, și prin urmare împărtășește multe dintre caracteristicile sale; ambele planete sunt alcătuite din materiale asemănătoare, au aproape aceeași mărime și sălășluiesc în obscuritatea sistemului solar exterior. Fiind planeta cea mai îndepărtată de Soare, s-ar putea presupune că e și cea mai calmă. Totuși, așa cum a confirmat sonda spațială Voyager 2, Neptun e surprinzător de vijelios.

Neptun e singura planetă din sistemul solar care nu a fost descoperită prin observație directă, ci prin deducție. După descoperirea lui Uranus de către Herschel, astronomii și-au dat seama că planeta se abătea de la orbita prezisă. Deducând că este atrasă de un alt corp, ceva la fel de masiv ca o planetă, mulți s-au pus pe treabă pentru a găsi acel corp ceresc. Calculele astronomului francez Urbain Le Verrier, în 1846, au prezis corect poziția misterioasei planete. Încrezător în munca sa, și dornic să devină descoperitorul noii planete, Le Verrier s-a grăbit să-și trimită rezultatele la Observatorul din Berlin pentru confirmare. Datorită acurateței predicțiilor lui Le Verrier, astronomii de la observator au localizat planeta chiar în ziua în care au primit scrisoarea. Din păcate pentru Le Verrier, care cu modestie voia să numească planeta „Le Verrier", comunitatea astronomică a optat pentru Neptun, zeul mării.

Până la sfârșitul secolului XX, știam puține lucruri despre Neptun. La fel ca în cazul lui Uranus, survolul lui Voyager 2, împreună cu recentele progrese în tehnicile observaționale, ne-au ajutat să înțelegem mai bine planeta. Știm acum că vânturile de aici sunt cele mai rapide din sistemul solar. Vitezele sunt maxime în regiunile ecuatoriale și, ocazional, formațiuni enorme cu aspectul unor furtuni apar pe suprafață, iar apoi dispar. Neptun e atât de departe de Soare, încât primește numai aproximativ o miime din căldura pe care o primim pe Pământ, insuficient pentru a-i alimenta sistemele meteorologice. În schimb, energia vânturilor neptuniene provine din căldura internă a planetei, care e cu mult mai mare decât cea a lui Uranus.

Ca dimensiune, Neptun e cel mai mic dintre cei doi giganți de gheață, deși masa lui este mai mare. Acest lucru poate părea ciudat, deoarece știm că sunt alcătuiți din același material. Motivul este că gravitația mai puternică de pe Neptun reușește să comprime gazele din atmosfera sa, reducând dimensiunea totală a planetei. Ambele planete au magnetosfere care nu sunt aliniate cu axele de rotație ale planetei lor, făcându-i pe oamenii de știință să creadă că aceasta ar putea fi o condiție a *tuturor* giganților de gheață.

Știm de existența lui Neptun de mai bine de 175 de ani, mult mai mult decât durata unei vieți de om. Totuși, aflată de peste treizeci de ori mai departe de Soare decât noi, planeta are nevoie de aproape 165 de ani pentru a-și parcurge orbita. Prin urmare, în timpul trecut de la descoperirea lui Neptun, acesta și-a aniversat o singură dată ziua de naștere.

ALBASTRU INTENS

La fel ca Uranus, Neptun conține în atmosfera superioară metan, care absoarbe lumina vizibilă la capătul roșu al spectrului și conferă planetei un colorit albastru. Atmosferele ambelor planete au concentrații similare de metan, făcându-i pe oamenii de știință să creadă că un ingredient neidentificat prezent pe Neptun e responsabil de culoarea sa mai intensă.

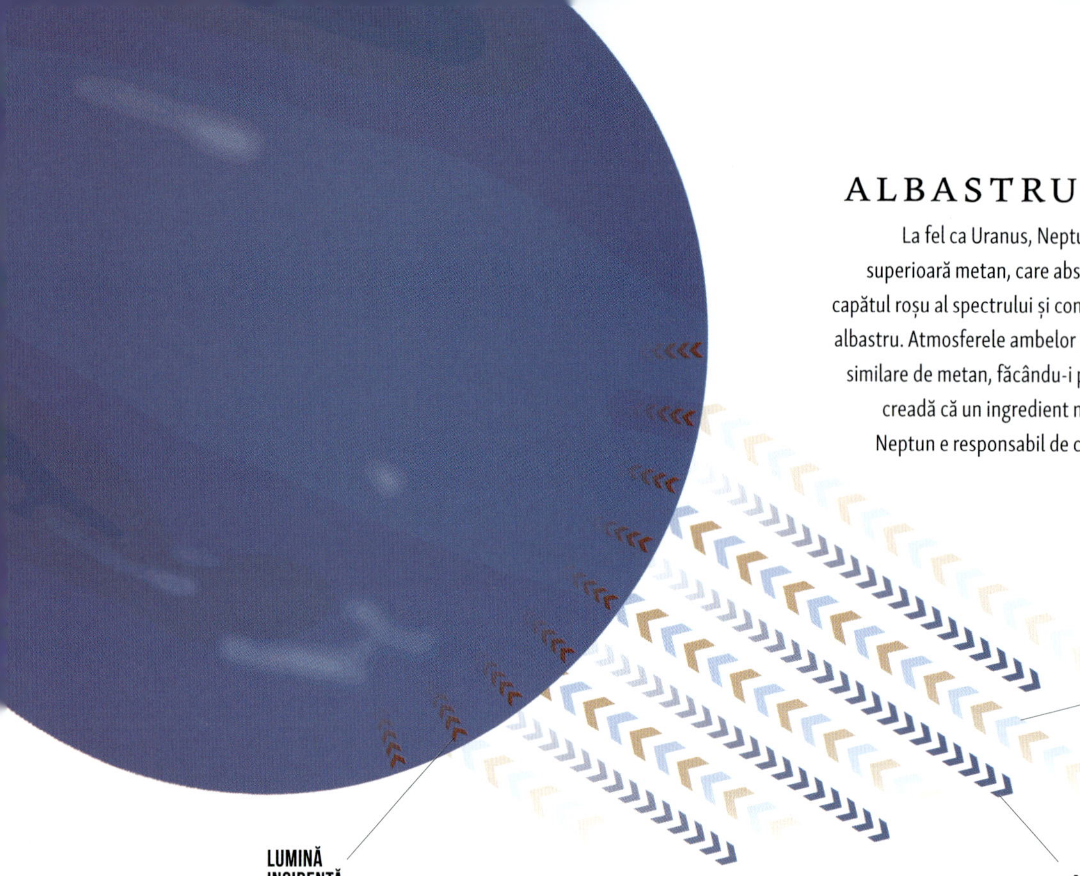

Luată de sonda spațială NASA Voyager 2, această imagine prezintă benzi de nori de mare altitudine aruncând umbre pe stratul de nori dedesubtul lor.

CĂLDURA INTERNĂ

Neptun radiază de aproximativ 2,6 ori mai multă energie decât primește de la Soare, de aceea, chiar dacă e semnificativ mai departe decât Uranus, este puțin mai cald.

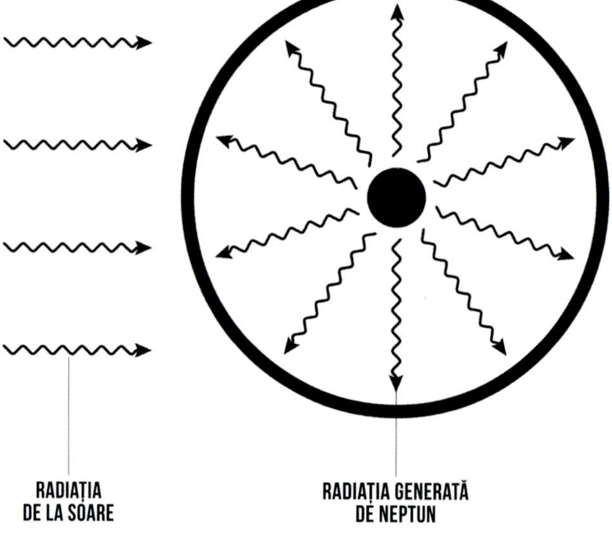

FURTUNI

Când Voyager 2 a trecut pe lângă Neptun în 1989, a asistat la o enormă furtună pe o suprafață de 13.000 pe 6.600 km, similară cu Marea Pată Roșie a lui Jupiter. Peste numai cinci ani, Telescopul Spațial Hubble a încercat să observe furtuna, dar nu a putut s-o localizeze. Așa-numita Marea Pată Întunecată de pe Neptun dispăruse, spre deosebire de furtunile de pe Jupiter care pot dura sute de ani.

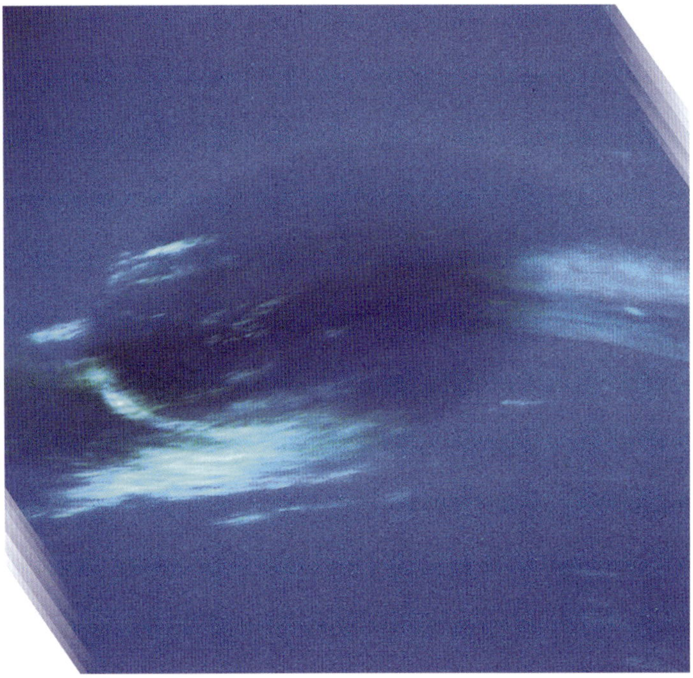

VÂNTURI

Neptun e cea mai vântoasă planetă din sistemul solar – aici vânturile pot ating viteze aproape supersonice. În general, vânturile suflă în sens contrar celui în care se rotește planeta, așa cum o dovedește mișcarea firavilor nori albi de metan înghețat.

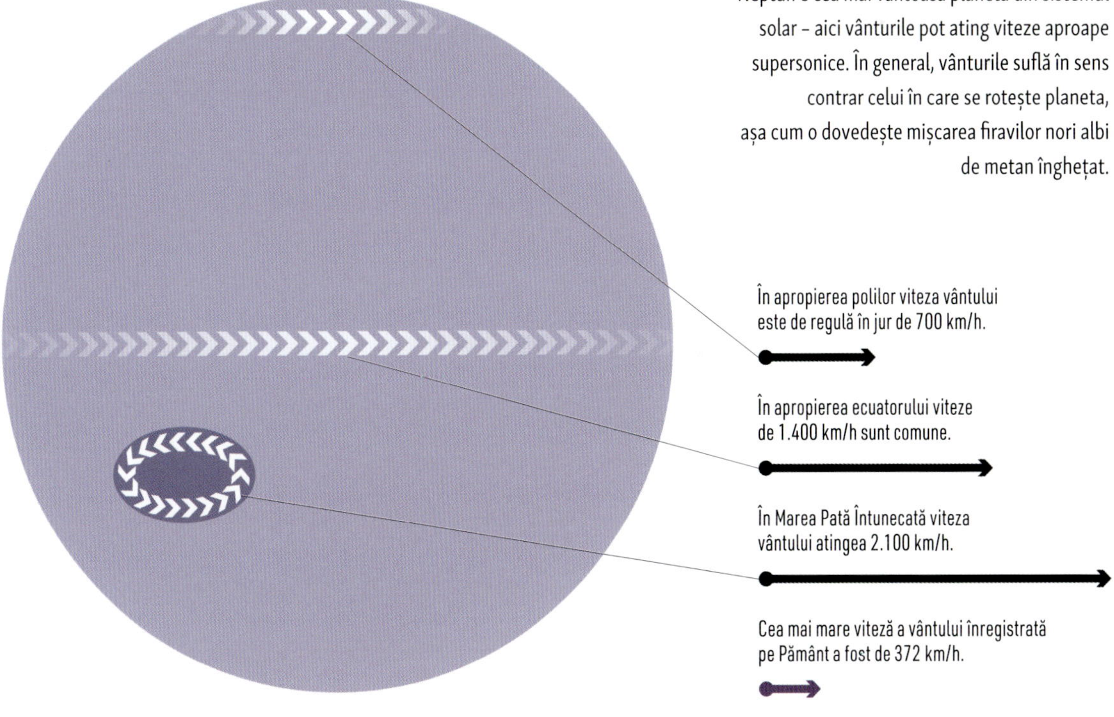

În apropierea polilor viteza vântului este de regulă în jur de 700 km/h.

În apropierea ecuatorului viteze de 1.400 km/h sunt comune.

În Marea Pată Întunecată viteza vântului atingea 2.100 km/h.

Cea mai mare viteză a vântului înregistrată pe Pământ a fost de 372 km/h.

Centura Kuiper și Norul Oort

Dincolo de ultima planetă a sistemului solar, există nenumărate corpuri mai mici ale căror orbite sunt influențate de Soare. Bilioanele de obiecte care populează aceste regiuni îndepărtate sunt resturi rămase de la formarea sistemului solar. Variind ca mărime de la fragmente de gheață la planete pitice, corpurile de acolo sunt numite corect, chiar dacă fără imaginație, Obiecte Trans-Neptuniene (OTN).

Prima regiune cu OTN pe care o întâlnim este centura Kuiper, care se întinde de la orbita lui Neptun (30 UA) până la 7,5 miliarde de kilometri (50 UA) de centrul sistemului solar. În 1930 a fost descoperit primul dintre aceste obiecte, Pluton, o mică lume de rocă și piatră clasificată inițial drept a noua planetă. În anii 1990, însă, faptul acesta a fost pus în discuție, când alte corpuri comparabile au fost observate orbitând la distanțe similare de Soare. Cum în mod evident Pluton nu era singurul corp influent din vecinătate, comunitatea astronomică s-a simțit obligată să redefinească noțiunea de planetă. Rezultatul a fost retrogradarea lui Pluton în noua categorie a „planetelor pitice". Deși sunt destul de mari pentru a deveni aproape sferice sub acțiunea gravitației, și nu sunt sateliți ai unei alte planete, planetele pitice nu sunt considerate planete deoarece n-au reușit să-și curețe orbita de alte corpuri. În prezent, în centura Kuiper există trei planete pitice recunoscute oficial, deși foarte probabil că și altele vor fi confirmate în curând. Pe lângă aceste corpuri „mari", zona e populată în majoritate de fragmente mai mici. Spre deosebire de centura de asteroizi, alcătuită mai ales din corpuri pietroase și metalice, materia din centura Kuiper constă preponderent în metan, amoniac și apă sub formă de ghețuri.

OTN care populează centura Kuiper se mențin în general pe orbite circulare stabile. Mai există însă și un alt grup de corpuri care trec prin această vecinătate și ale căror orbite sunt mai puțin conformiste. Numite Obiecte din Discul Dispersat (ODD), aceste corpuri orbitează Soarele pe orbite înclinate și extrem de eliptice – traiectoriile lor alungite le pot duce la o distanță de Soare mai mult decât dublă față de alte obiecte din centura Kuiper. Se crede că ODD s-au format mai aproape de centrul sistemului solar, dar între timp au fost ejectate spre exterior de gravitația planetelor gigant. Cel mai mare ODD cunoscut, Eris, are o mărime similară cu Pluton și este singura planetă pitică din discul dispersat care a fost catalogată. Din când în când, traiectoriile eliptice ale ODD trec suficient de aproape de Neptun pentru a fi atrase în mod perceptibil de gravitația sa. Odată deviate, dacă sunt lansate spre Soare, aceste ODD pot deveni comete.

Deși sistemul solar este fără doar și poate mare, e corect să spunem că scara norului Oort depășește de departe tot ce am văzut până acum. La limitele exterioare ale norului, la o distanță de peste un an-lumină de Soare, obiectele înghețate aflate aici sunt doar slab reținute de gravitația Soarelui. Corpurile din această regiune sunt prin urmare cu ușurință smulse de pe orbitele lor de gravitația stelelor învecinate sau de atracția Căii Lactee înseși. Deși e imposibil să observăm direct norul Oort, traiectoriile cometelor care trec prin sistemul solar interior sunt o dovadă puternică a existenței sale.

NORUL OORT
CENTURA KUIPER
DIAMETRUL CENTURII KUIPER
100 UA
14.960.000.000 km
DIAMETRUL NORULUI OORT
200.000 UA
3,16 ani-lumină

CENTURA KUIPER ȘI DISCUL ÎMPRĂȘTIAT

Obiectele aflate pe orbite stabile în interiorul centurii Kuiper aparțin centurii clasice – orbitele lor sunt aproape circulare. Obiectele care aparțin discului împrăștiat au orbite mult mai eliptice, deseori foarte înclinate.

PERSPECTIVĂ POLARĂ
(de sus în jos)

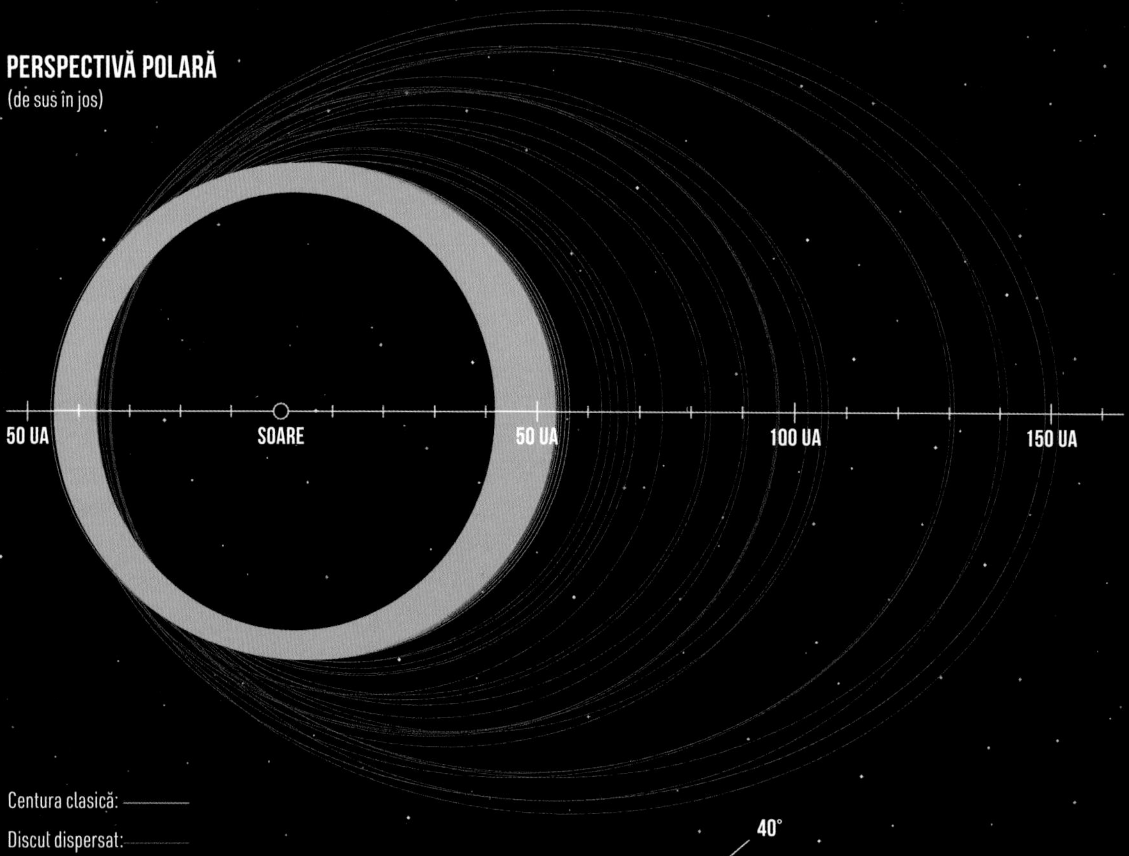

PERSPECTIVĂ ECLIPTICĂ
(lateral)

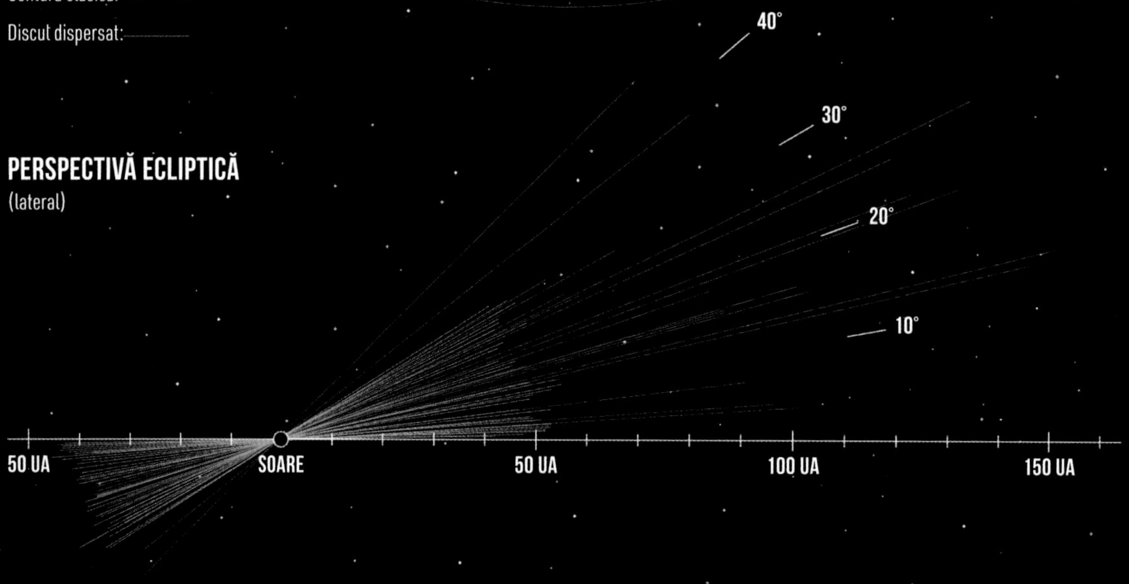

CORPURILE CELE MAI MARI DIN CENTURA KUIPER CLASICĂ

PLUTON

2.377 km

Recunoscut inițial ca „a noua planetă", Pluton a fost retrogradat la statutul de planetă pitică în 2006, când termenul de „planetă" a fost definit în mod oficial.

HAUMEA

1.595 km

Haumea se rotește în jurul axei sale în mai puțin de patru ore – din cauza rotației sale rapide a devenit atât de alungită.

MAKEMAKE

1.430 km

CHARON

1.212 km

Satelit al lui Pluton

QUAOAR

1.070 km

PĂMÂNTUL (PENTRU COMPARAȚIE)
Diametru: 12.742 km

NORUL OORT

Limitele exterioare ale norului Oort marchează marginea sistemului nostru solar, dincolo de care Soarele nu mai este forța gravitațională dominantă. Norul Oort interior, cunoscut și sub numele de norul Hills, are forma unui disc ale cărui margini se lărgesc când întâlnesc norul Oort exterior sferic. Datorită perturbațiilor gravitaționale, corpurile de gheață din norul Oort pot să vireze către centrul sistemului solar. Atrase de gravitația Soarelui, ele devin comete cu perioadă lungă, care trec prin dreptul Soarelui la intervale cuprinse între 200 și mii de ani.

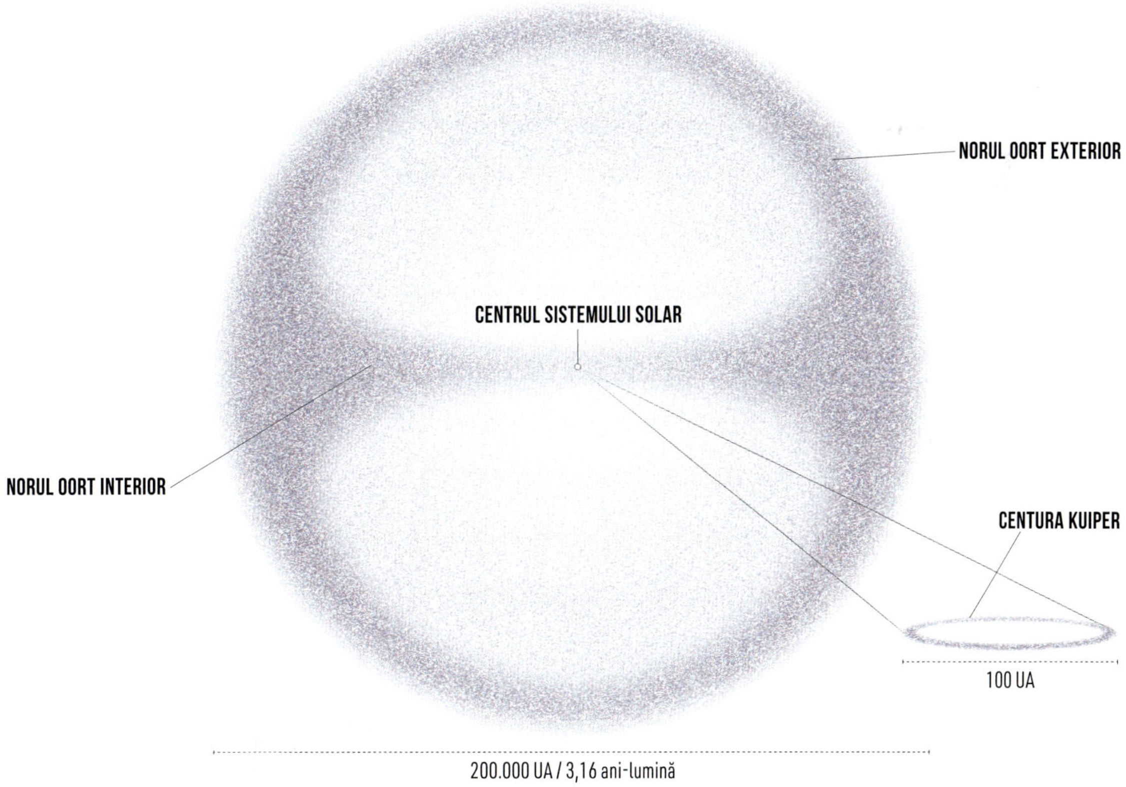

MISIUNI INTERPLANETARE

Primul obiect creat de om care a ajuns la o altă planetă a fost sonda spațială rusească Venera 1, care în 1961 a efectuat un survol al vecinei noastre celei mai apropiate, Venus. Programele spațiale rusești și americane au format marea majoritate a misiunilor interplanetare din secolul XX, dar, de atunci încoace, organizații din alte câteva țări au devenit mai implicate.

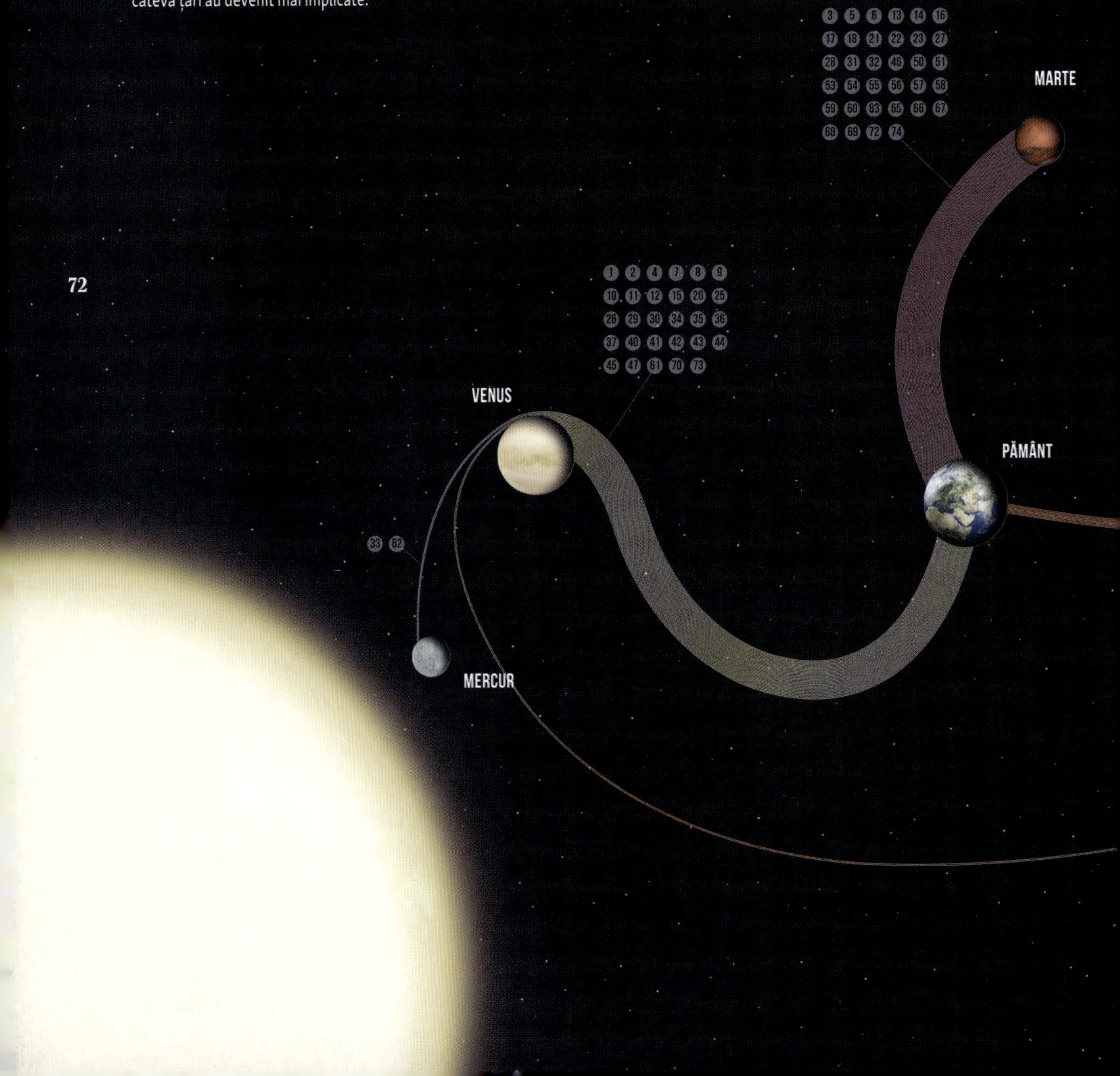

Sunt prezentate aici toate misiunile spre alte planete care au reușit să-și atingă obiectivele integral, sau măcar în parte. Pe lângă voiajele descrise aici, au mai existat o serie de misiuni spre alte corpuri din sistemul solar, precum asteroizi, comete și sateliți ai planetelor.

SONDELE SPAȚIALE SUNT ENUMERATE PE PAGINA URMĂTOARE

SONDA SPAȚIALĂ	DATA	DESTINAȚIA	LA SOSIRE
1 VENERA 1	19.05.1961	VENUS	S
2 MARINER 2	14.12.1962	VENUS	S
3 MARS 1	19.06.1963	MARTE	S
4 ZOND 1	14.07.1964	VENUS	S
5 MARINER 4	15.07.1965	MARTE	S
6 ZOND 2	06.08.1965	MARTE	S
7 VENERA 2	27.02.1966	VENUS	S
8 VENERA 3	01.03.1966	VENUS	SI
9 VENERA 4	18.10.1967	VENUS	SA
10 MARINER 5	19.10.1967	VENUS	S
11 VENERA 5	16.05.1969	VENUS	SA
12 VENERA 6	17.05.1969	VENUS	SA
13 MARINER 6	31.07.1969	MARTE	S
14 MARINER 7	05.08.1969	MARTE	S
15 VENERA 7	17.08.1970	VENUS	SC
16 MARS 2	27.11.1971	MARTE	SI
17 MARINER 9	14.11.1971	MARTE	SO
18 MARS 3	02.12.1971	MARTE	SC
19 PIONEER 10	03.03.1972	JUPITER	S
20 VENERA 8	27.03.1972	VENUS	SC
21 MARS 5	25.07.1973	MARTE	SO
22 MARS 6	05.08.1973	MARTE	SI
23 MARS 4	10.02.1974	MARTE	S
24 PIONEER 11	04.12.1974	JUPITER	S
24 PIONEER 11	01.09.1979	SATURN	S
25 VENERA 9	22.10.1975	VENUS	SC
26 VENERA 10	25.10.1975	VENUS	SC
27 VIKING 1	20.07.1976	MARTE	SC
28 VIKING 2	03.09.1976	MARTE	SC
29 VENERA 12	19.12.1978	VENUS	S
30 VENERA 11	25.12.1978	VENUS	S
31 MARS 7	09.03.1974	MARTE	S
32 MARS 6	12.03.1974	MARTE	S
33 MARINER 10	05.02.1974	VENUS	S
33 MARINER 10	29.03.1974	MERCUR	S
34 PIONEER VENUS ORBITER	04.12.1978	VENUS	SO
35 PIONEER VENUS MULTIPROBE	09.12.1978	VENUS	SA
36 VENERA 12	21.12.1978	VENUS	SC
37 VENERA 11	25.12.1978	VENUS	SC
38 VOYAGER 1	05.03.1979	JUPITER	S
38 VOYAGER 1	12.11.1980	SATURN	S
39 VOYAGER 2	09.07.1979	JUPITER	S
39 VOYAGER 2	05.08.1981	SATURN	S
39 VOYAGER 2	24.01.1986	URANUS	S
39 VOYAGER 2	25.08.1989	NEPTUNE	S
40 VENERA 13	01.03.1982	VENUS	SC
41 VENERA 14	05.03.1982	VENUS	SC
42 VENERA 15	10.10.1983	VENUS	SO
43 VENERA 16	14.10.1983	VENUS	SO
44 VEGA 1	11.06.1985	VENUS	SC
45 VEGA 2	15.06.1985	VENUS	SC
46 PHOBOS 2	29.01.1989	MARTE	SO
47 MAGELLAN	10.08.1990	VENUS	SO
48 GALILEO	10.02.1990	VENUS	S
48 GALILEO	07.12.1995	JUPITER	SO
49 ULYSSES	08.02.1992	JUPITER	S
50 MARS PATHFINDER	04.07.1997	MARTE	SC
51 MARS GLOBAL SURVEYOR	11.09.1997	MARTE	SO
52 CASSINI	26.04.1998	VENUS	S
52 CASSINI	30.12.2000	JUPITER	S
52 CASSINI	01.07.2004	SATURN	SO
53 MARS CLIMATE ORBITER	23.09.1999	MARTE	SA
54 MARS POLAR LANDER	23.12.1999	MARTE	SA
55 MARS ODYSSEY	24.20.2001	MARTE	SO
56 NOZOMI	14.12.2003	MARTE	S
57 MARS EXPRESS	25.12.2003	MARTE	SO
58 MER-A SPIRIT	04.01.2004	MARTE	SC
59 MER-B OPPORTUNITY	25.01.2004	MARTE	SC
60 MARS RECON. ORBITER	10.03.2006	MARTE	SO
61 VENUS EXPRESS	11.04.2006	VENUS	SO
62 MESSENGER	24.10.2006	VENUS	S
62 MESSENGER	17.03.2011	MERCUR	SO
63 ROSETTA	25.02.2007	MARTE	S
64 NEW HORIZONS	28.02.2007	JUPITER	S
64 NEW HORIZONS	14.07.2015	PLUTON	S
65 PHOENIX	25.05.2008	MARTE	SC
66 DAWN	17.02.2009	MARTE	S
67 MARS SCIENCE LABORATORY	06.08.2012	MARTE	SC
68 MAVEN	22.09.2014	MARTE	SO
69 MARS ORBITER MISSION	24.09.2014	MARTE	SO
70 AKATSUKI	07.12.2015	VENUS	SO
71 JUNO	04.07.2016	JUPITER	SO
72 EXOMARS TRACE GAS ORBITER	16.10.2016	MARTE	SI
73 PARKER SOLAR PROBE	03.10.2018	VENUS	S
74 INSIGHT	26.11.2018	MARTE	SC

Ultima coloană, „la sosire", precizează ce manevră a efectuat sonda spațială la planeta de destinație: „S" - survol; „SC" - sosire, coborâre; „SI" - sosire, impact; „SO" - sosire, intrare pe orbită; „SA" - sosire, intrare în atmosferă. Datele sunt cele la care sonda spațială a ajuns pe planetă, sau, în cazul survolurilor, a trecut la distanța minimă.

VENERA 1

Aceasta a fost prima sondă spațială care a survolat o altă planetă. Pe 5 mai 1961, sonda a trecut la 100.000 km de Venus, dar cum contactul prin radio s-a pierdut, nici un fel de date referitoare la planeta învecinată n-au fost recuperate. Totuși, înainte de întreruperea comunicațiilor s-au colectat informații despre vântul solar și razele cosmice.

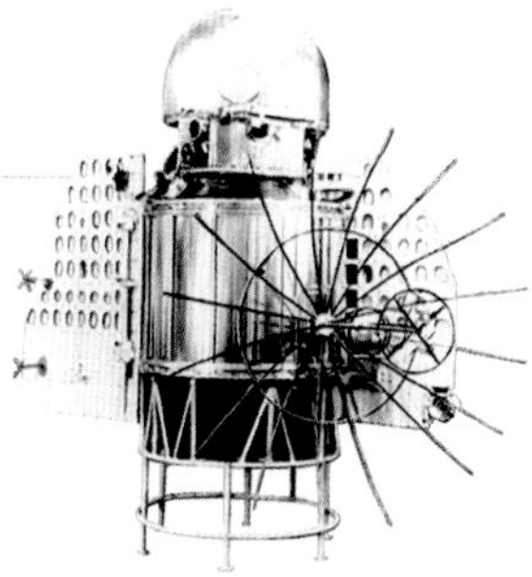

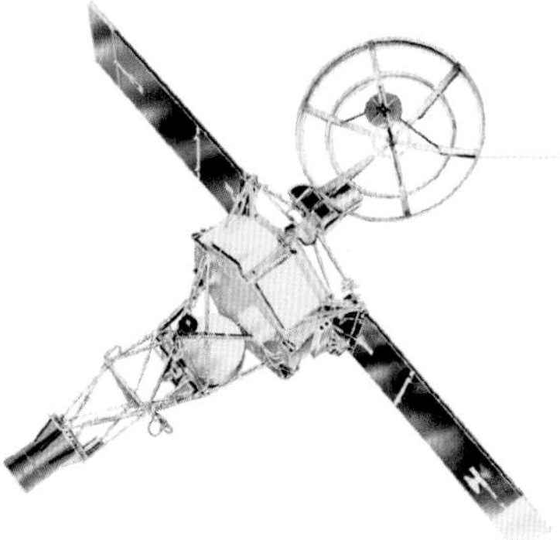

MARINER 2

Mariner 2 a trecut la 35.000 km de Venus pe 14 decembrie 1962, sistemele sale de comunicație și majoritatea instrumentelor fiind funcționale. Ca urmare, a fost prima sondă spațială care a ajuns la o altă planetă și a transmis datele colectate. Obiectivele sale au fost să înregistreze temperatura atmosferei și a suprafeței venusiene și să măsoare câmpurile magnetice interplanetare și fluxurile de particule încărcate. Mariner 2 a dezvăluit că dedesubtul norilor lui Venus temperaturile sunt extrem de ridicate.

PIONEER 11

În 1979, Pioneer 11 a devenit primul obiect construit de om care a ajuns la Saturn, trecând la 21.000 km de planetă. Printre numeroasele sale obiective de investigare a spațiului interplanetar, a atmosferei lui Saturn și a câmpului său magnetic, Pioneer 11 a fost trimis și ca să traverseze planul inelelor lui Saturn. Inițial, proiectanții misiunii n-au fost siguri dacă particulele mărunte din inel ar putea să avarieze sonda, dar întrucât aceasta a străbătut zona cu succes, ei au considerat că și viitoarele sonde o pot traversa în siguranță.

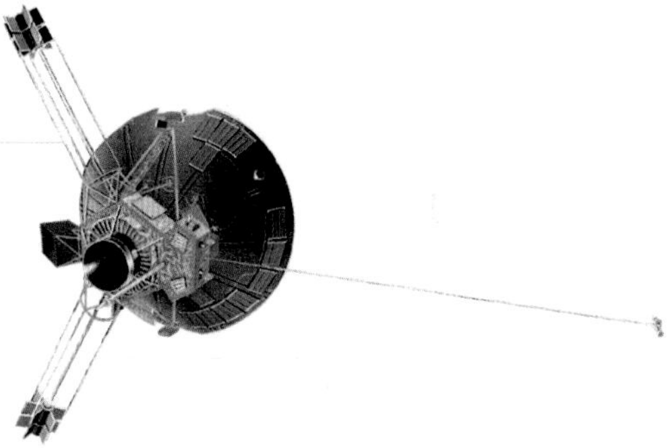

VOYAGER 2

Voyager 2 a vizitat planetele Jupiter și Saturn, și este singura sondă spațială care a vizitat giganții de gheață Uranus și Neptun. În călătoriile sale, sonda a descoperit mai mulți sateliți, a luat imagini detaliate ale planetelor exterioare și ale multora dintre sateliții lor și a descoperit inele necunoscute până atunci ale planetelor Uranus și Neptun.

CASSINI

Numit de regulă Cassini, programul Cassini-Huygens a fost cel dintâi care a reușit să plaseze o sondă spațială pe orbită în jurul lui Saturn. Nava era alcătuită din două module: sonda Cassini și modulul de asolizare Huygens. Huygens a descins pe cel mai mare dintre sateliții lui Saturn, Titan, marcând prima coborâre pe un corp din sistemul solar exterior, și prima pe un alt satelit decât Luna. Cassini a orbitat timp de 13 ani în jurul lui Saturn înainte de a face câteva treceri riscante între planetă și inelele sale, pentru ca la sfârșitul misiunii să plonjeze în gigantul gazos.

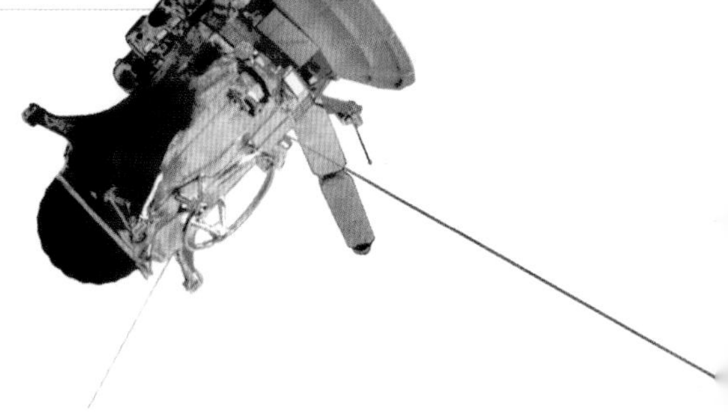

NEW HORIZONS

Principalul obiectiv al sondei New Horizons a fost să efectueze un survol al planetei pitice Pluton. Pe drum, în timp ce traversa centura de asteroizi, sonda spațială a transmis imagini ale asteroidului 132524 APL, apoi a trecut pe lângă Jupiter pentru a primi sprijinul gravitațional care s-o propulseze spre Pluton. Când a ajuns la Pluton, trecând la numai 12.500 km de suprafața sa, a devenit prima sondă spațială care a vizitat această planetă. New Horizons și-a continuat apoi drumul spre centura Kuiper, de unde va transmite imagini ale altui OTN, un corp cu diametrul de aproximativ 36 km numit 486958 Arrokoth.

STRUCTURILE PLANETELOR

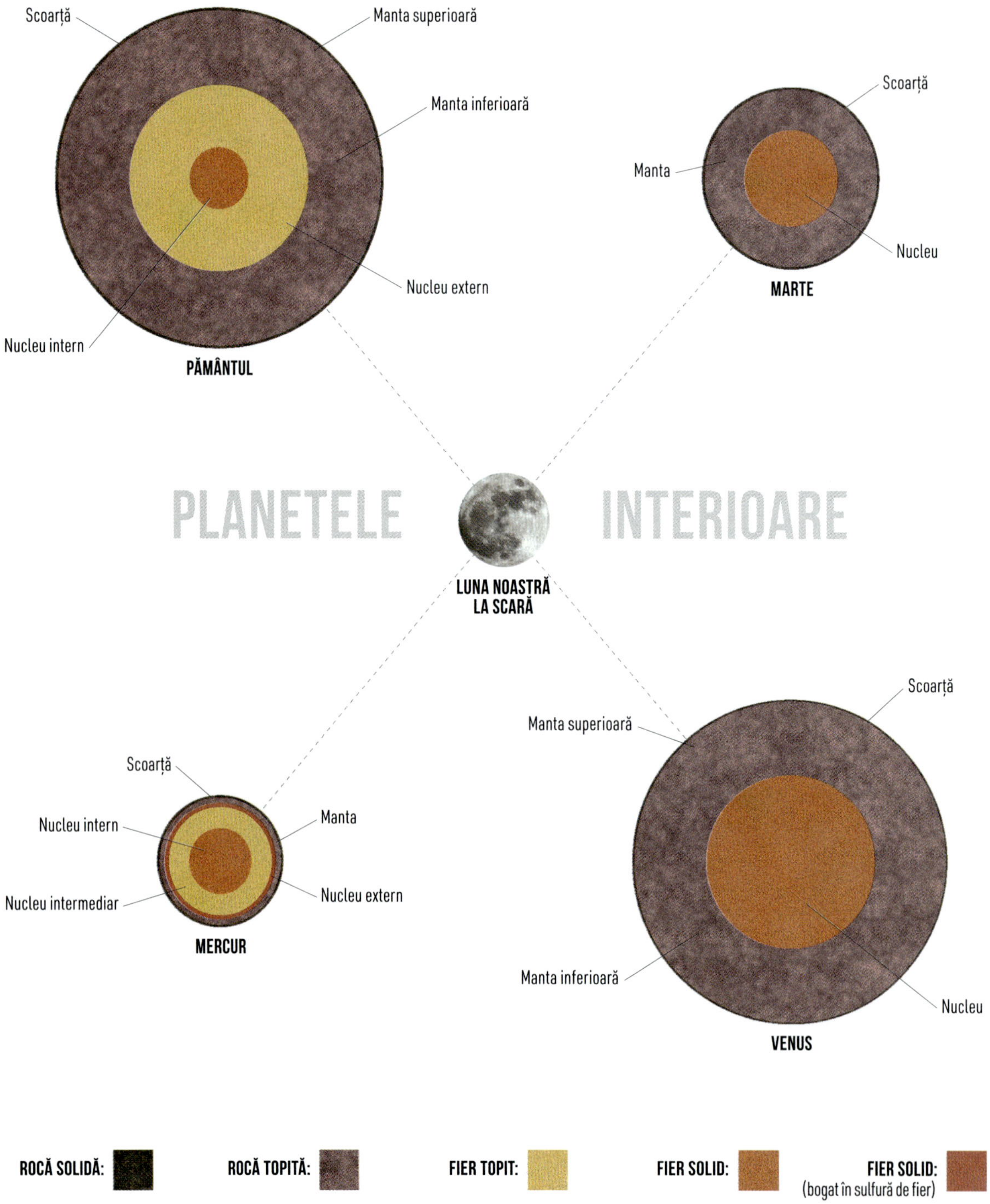

PLANETELE EXTERIOARE

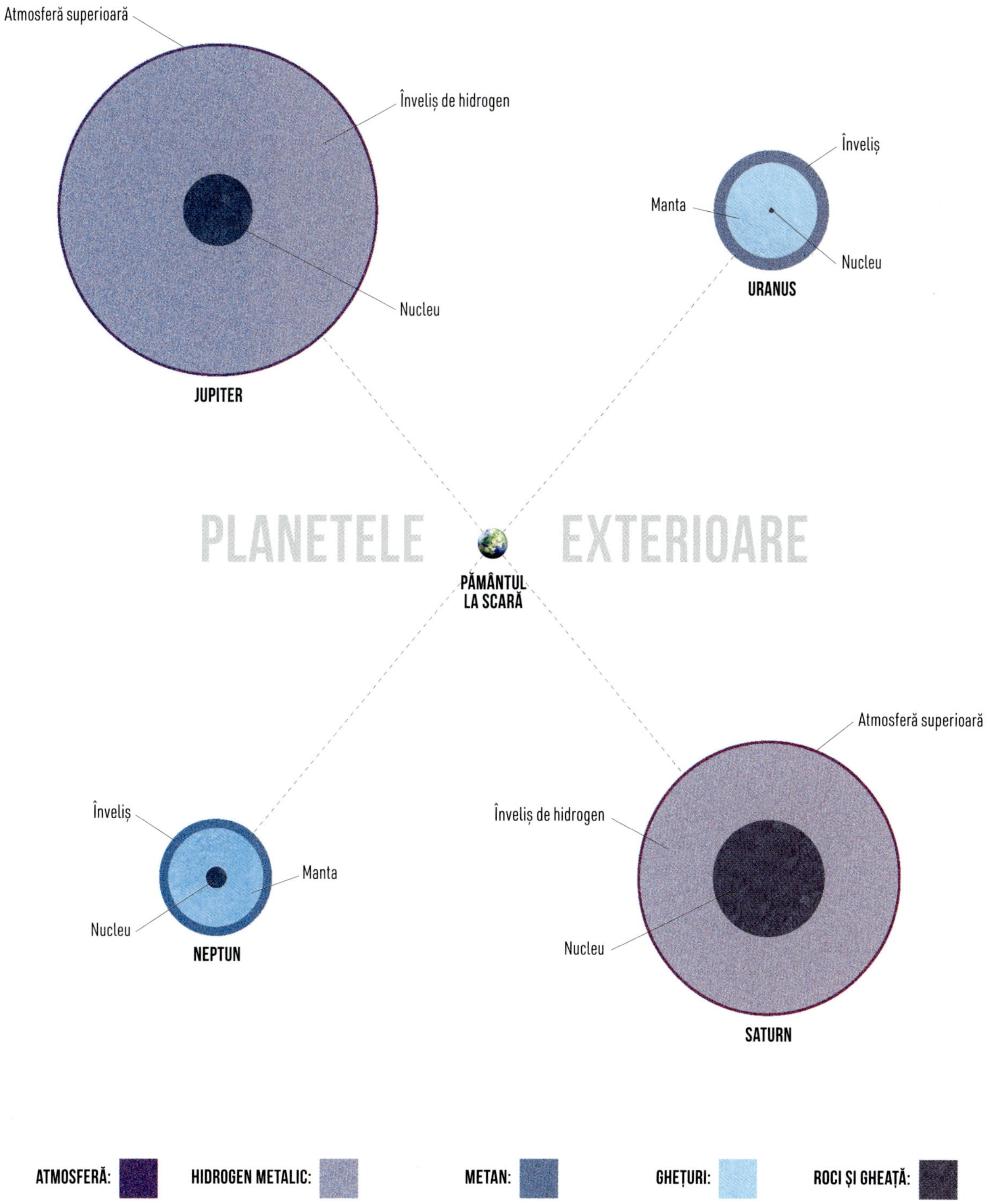

ORBITELE PLANETELOR LA SCARĂ

PLANETELE INTERIOARE

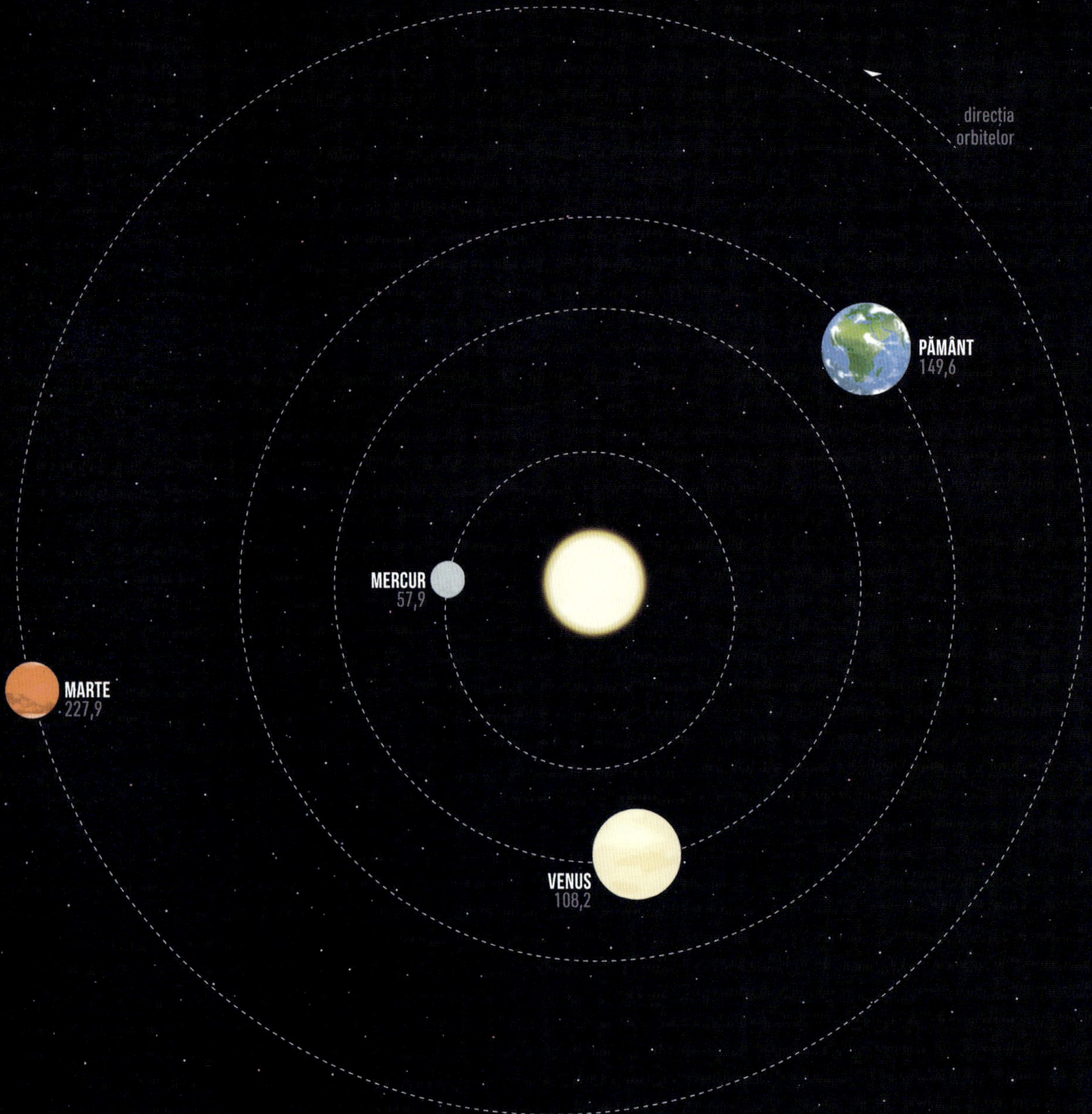

Deoarece distanțele dintre Soare și planete sunt greu de pus în perspectivă, uneori e mai ușor să le reprezentăm în termenii unor obiecte uzuale. Dacă ne imaginăm că Soarele are mărimea unei mingi de baschet, aflată cel mai în interior, Mercur, ar fi un grăunte de zahăr la o distanță de 11 metri. La această scară, Venus și Pământul ar fi ceva mai mici decât boabele de mazăre, la 20 și respectiv 29 metri de Soare; la o distanță de aproximativ 43 metri ar fi Marte, de mărimea unei gămălii de ac.

PLANETELE EXTERIOARE

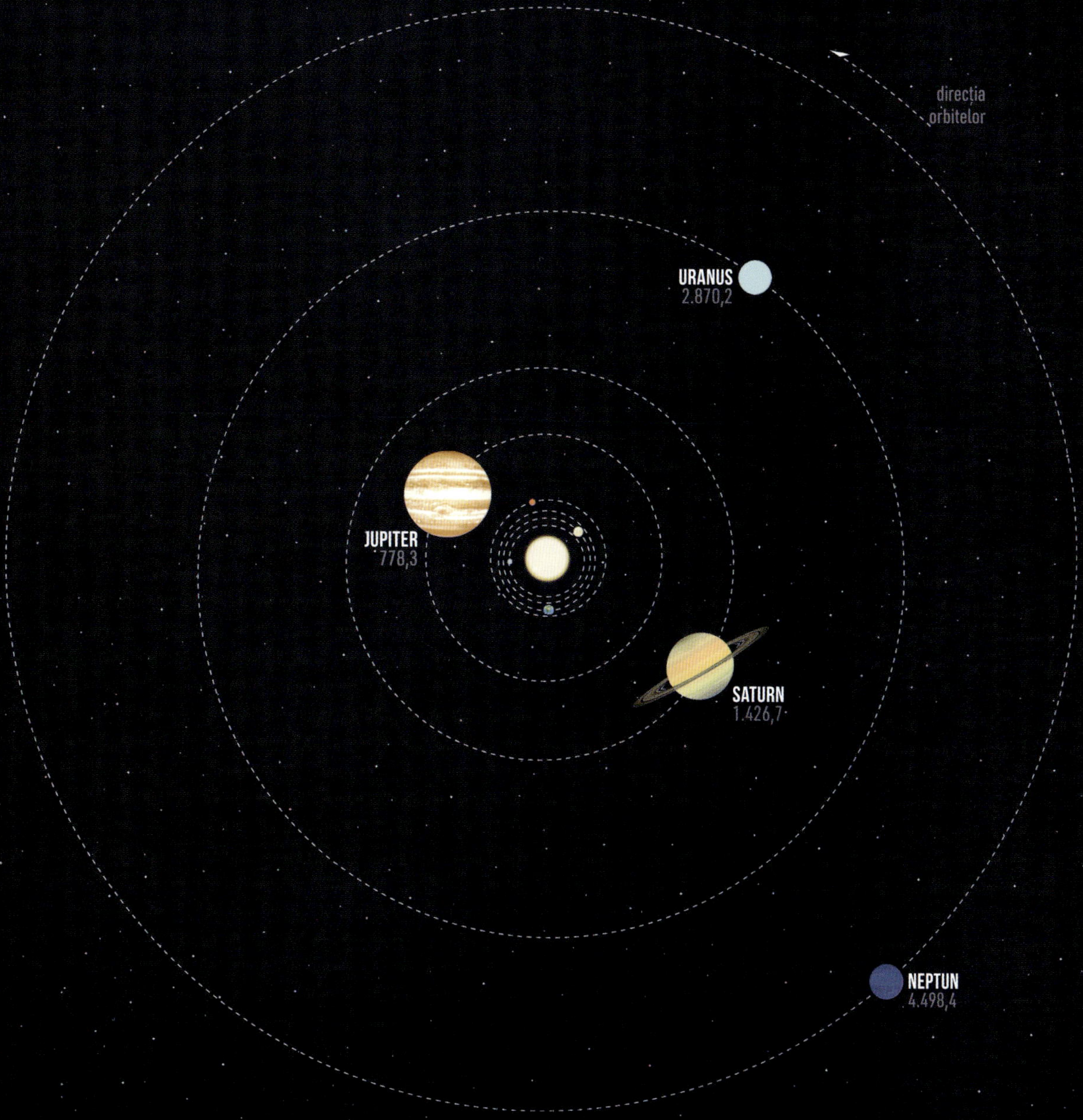

Folosind aceeași scară ca mai înainte, Jupiter este o minge de ping-pong aflată de 149 metri de Soare (minge de baschet), iar Saturn ar fi o minge ceva mai mică situată la 271 metri depărtare. Uranus și Neptun, de mărimea unor boabe de strugure, s-ar găsi la 550 și respectiv 850 metri distanță. Dincolo de Neptun, centura Kuiper s-ar extinde până la 1,3 km de Soare, iar în interiorul său Pluton ar fi doar un firicel de nisip.

Distanțele orbitale sunt reprezentate la scară, nu și dimensiunile planetelor. Valorile date sunt distanțele orbitale medii în milioane de kilometri.

ÎNCLINAȚIILE ORBITELOR

Pentru planetele din sistemul nostru solar, modul cel mai obișnuit de a măsura unghiul sub care ele orbitează în jurul Soarelui este de a folosi orbita Pământului ca referință. Planul determinat de mișcarea Pământului în jurul Soarelui se numește ecliptică, și în raport cu aceasta sunt măsurate unghiurile orbitelor celorlalte planete.

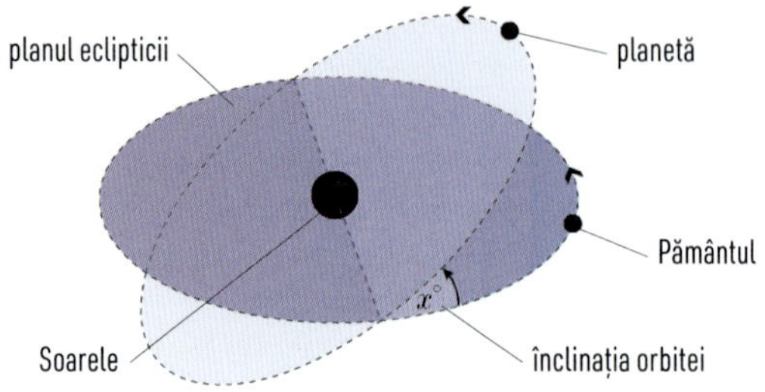

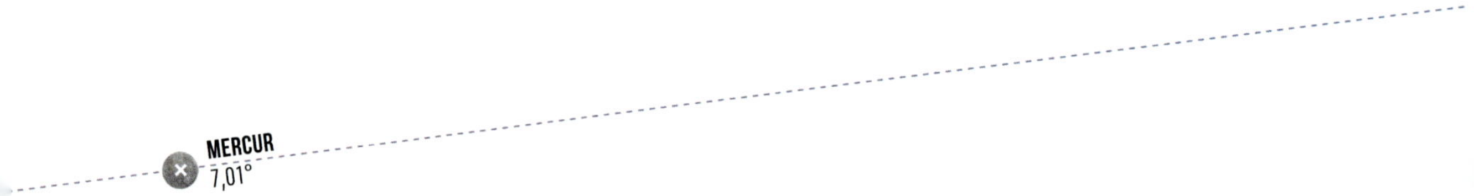

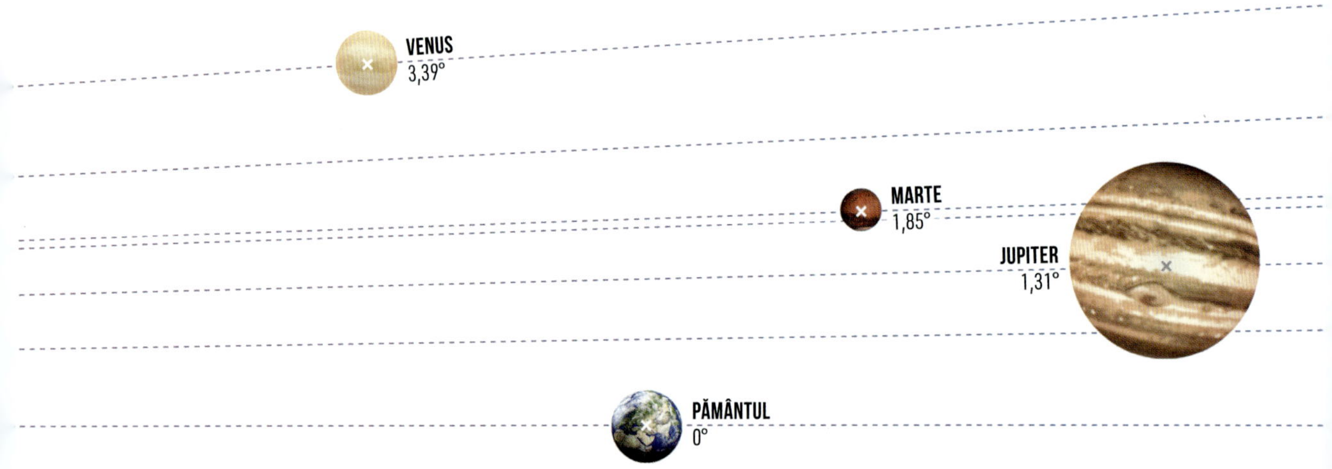

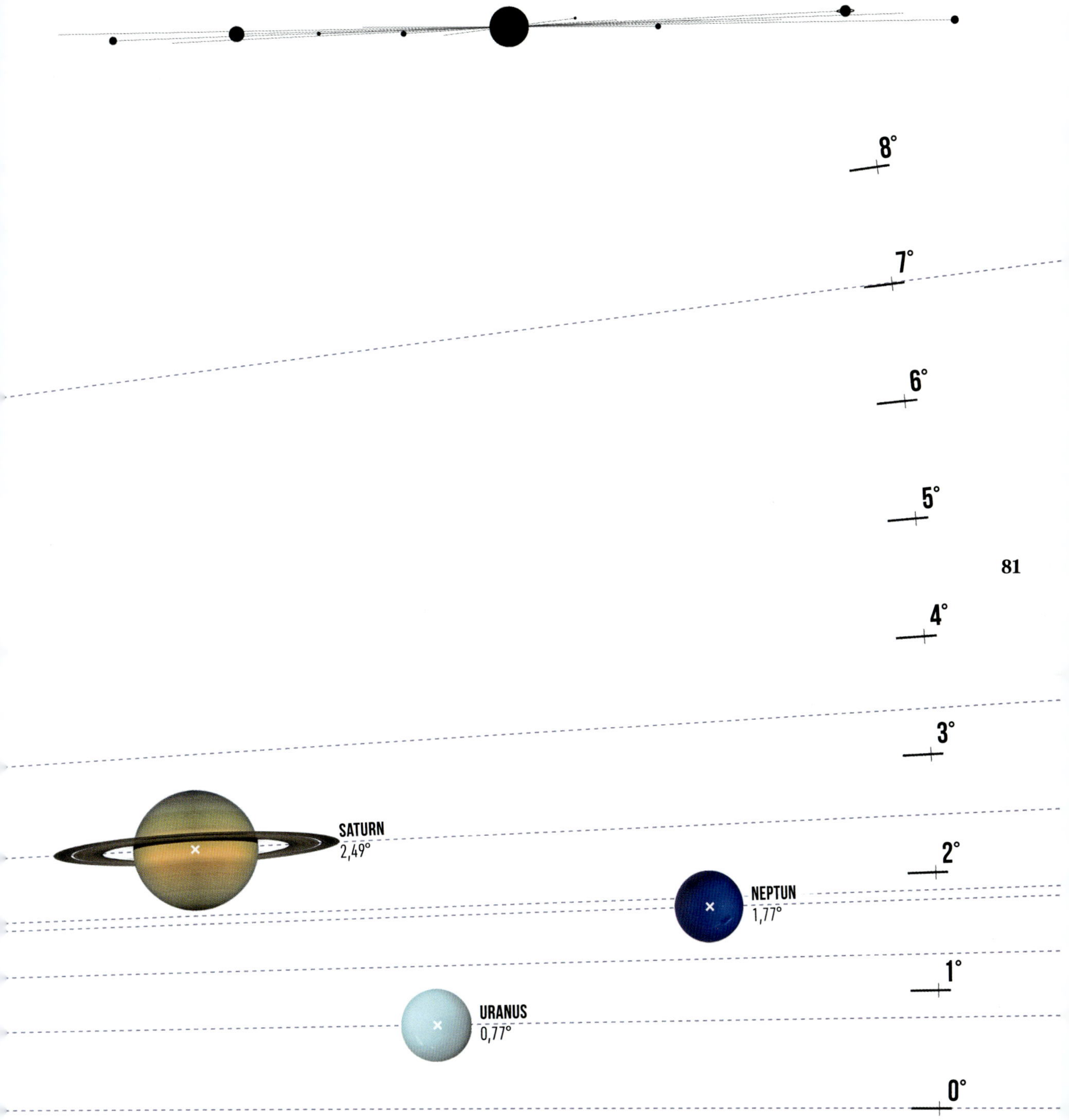
8°
7°
6°
5°
4°
3°
SATURN
2,49°
2°
NEPTUN
1,77°
1°
URANUS
0,77°
0°

Soarele

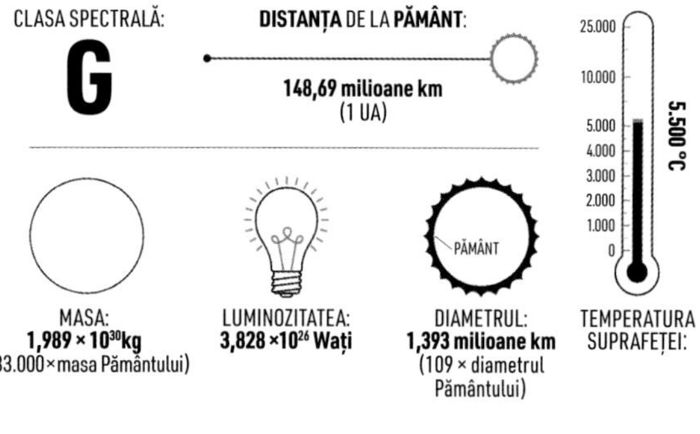

În centrul a tot ce am văzut până acum se află Soarele. Cârmuitorul tuturor corpurilor din sistemul solar și cel care ne furnizează lumină și căldură. De la planetele telurice care se rotesc frenetic pe orbitele lor strânse la giganții gazoși masivi și îndepărtatele firicele de gheață din centura Kuiper – totul e menținut laolaltă de puterea Soarelui.

Deși Soarele e suficient de masiv pentru a domina orbitele tuturor corpurilor din sistemul nostru solar, pentru o stea, mărimea lui e mai degrabă modestă. E adevărat că există stele de mii de ori mai mari decât a noastră, dar și foarte multe care au doar o fracțiune din mărimea sa, de aceea în privința asta Soarele nu se distinge prin nimic. Acestea fiind spuse, el e un colos în comparație cu planetele care-l înconjoară; pentru a ne forma o imagine, în interiorul său ar încăpea 1,3 milioane de Pământuri! Masa Soarelui este de 750 de ori mai mare decât a tuturor planetelor din sistemul solar la un loc – masă care joacă un rol crucial în două moduri. În primul rând, fără masa lui imensă nu ar exista gravitația care să mențină planetele pe orbită; în al doilea rând, masa Soarelui creează suficientă presiune în nucleul său pentru a permite fuziunii nucleare să aibă loc. Procesul de fuziune nucleară este cel care face Soarele să strălucească, scăldându-ne în lumină și căldură, și totodată împrăștie particule încărcate în tot sistemul solar.

Puterea Soarelui a fost recunoscută încă din vremuri preistorice, multe culturi antice din întreaga lume adorându-l ca pe un zeu. Chiar și fără o înțelegere științifică, era limpede că Soarele are o importanță vitală pentru existența noastră; discul strălucitor de pe cer ne oferă căldură și lumina zilei când e prezent, iar în lipsa lui suntem lăsați în frig și întuneric. Ca urmare, aceste culturi au construit monumente, piramide și tumuli care nu numai că celebrau Soarele, dar totodată marcau evenimente din calendarul solar, ca de pildă solstițiile. Aceste construcții sunt împrăștiate pe toate continentele până în ziua de azi, amintindu-ne că Soarele e una din cele mai semnificative entități în viețile noastre – acum la fel ca și atunci.

În termenii clasificării stelelor, Soarele nostru este o *pitică galbenă*, un termen oarecum înșelător; de fapt, majoritatea piticelor galbene emit lumină albă, doar cele mai puțin masive dintre ele emit lumină galbenă. De pe Pământ, Soarele ne apare într-o gamă de culori, de la alb și galben la portocaliu și roșu, dar asta se datorează atmosferei și depinde de înălțimea Soarelui pe cer. Privit din spațiu, fără nici o interferență atmosferică, el apare aproape alb.

Piticele galbene formează aproximativ 10% dintre stele, astfel încât în galaxia noastră, care conține un număr de stele estimat la 200 miliarde, ne putem aștepta să găsim aproximativ 20 miliarde de stele asemănătoare Soarelui. Stelele de acest tip au o durată a vieții estimată la 10 miliarde ani, de când încep să fuzioneze hidrogenul în nucleele lor și până când își epuizează combustibilul. Nașterea Soarelui a survenit cu aproape 4,6 miliarde de ani în urmă, prin colapsul unui nor de molecule la o scară cosmică, astfel încât el se apropie de jumătatea vieții sale ca pitică galbenă. Când timpul lui se va sfârși, va suferi o perioadă de expansiune masivă, devenind o gigantă roșie. Diametrul său va crește de cel puțin 200 de ori, înghițindu-le pe Marte și Venus. Pământul ar putea fi cruțat de această soartă, dar până atunci planeta va fi devenit de mult timp nelocuibilă din cauza creșterii luminozității și a căldurii Soarelui.

CUM LUMINEAZĂ SOARELE

Soarele emite căldură și lumină ca rezultat al reacțiilor de fuziune nucleară care au loc în nucleul său. Mai târziu (p. 116) vom examina aceste reacții mai amănunțit, deocamdată trebuie precizat doar că fuziunea nucleară e un proces prin care două nuclee atomice se combină într-un singur nucleu atomic nou, cu eliberare de energie. În primul rând, vom arunca o privire asupra comportamentului materiei la temperaturi prea mari pentru formarea atomilor, așa cum sunt condițiile din nucleul Soarelui.

HIDROGEN – TEMPERATURI MAI SCĂZUTE

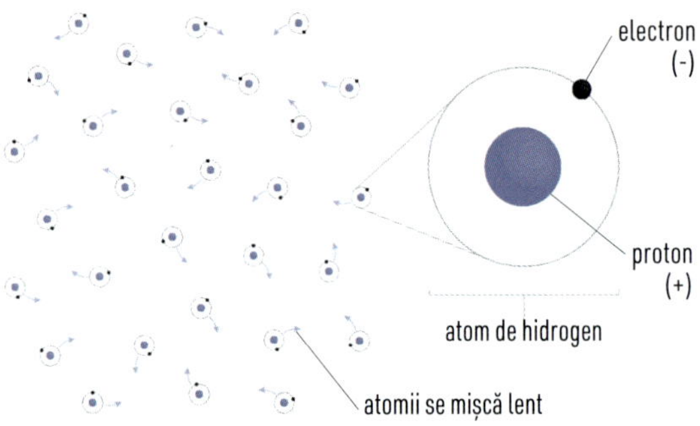

Nucleul unui atom de hidrogen, miezul central care conține cea mai mare parte a masei sale, constă într-un singur proton. La temperaturi „normale", un proton se va asocia cu un electron, formând un atom de hidrogen cu sarcină electrică totală nulă. Atomi de acest fel se pot comporta ca în cele trei stări de agregare cu care suntem familiarizați – solidă, lichidă sau gazoasă – în funcție de temperatură și presiune.

HIDROGEN – TEMPERATURI EXTREME

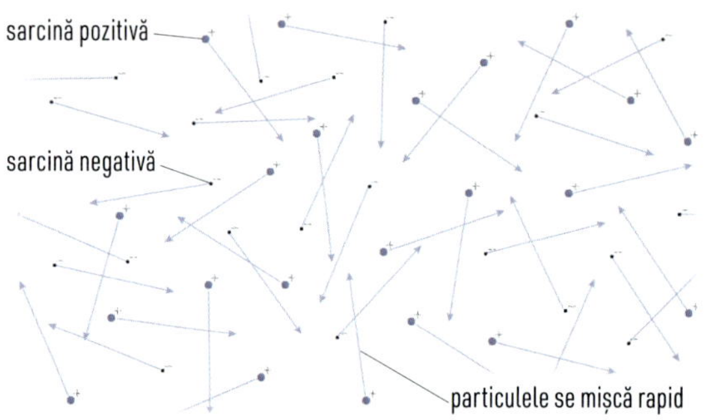

Temperaturile extreme fac ca particulele să se miște rapid, iar ciocnirile dintre ele devin frecvente și violente. Hidrogenul nu mai există sub formă de atomi, fiindcă nucleele sunt despuiate de electroni. Materia în această stare se numește plasmă – o mare de particule încărcate electric formată din nuclee atomice de sarcină electrică pozitivă (ioni) și electroni liberi de sarcină electrică negativă.

Aproape trei sferturi din masa Soarelui este hidrogen (H), combustibilul reacțiilor sale de fuziune. Aceste reacții au loc numai la temperaturi și presiuni extreme, de aceea ele se produc în nucleu, unde condițiile sunt adecvate. Acolo nucleele de H se ciocnesc din când în când cu asemenea precizie și viteză, încât „fuzionează", creându-se elementul heliu (He). Un produs secundar al acestor reacții e cantitatea enormă de energie eliberată, energie pe care voi și eu o percepem în mod obișnuit ca lumină sau căldură. Această energie rezultă din procesul de fuziune, în care o mică parte din masa subatomică e transformată în energie – energie în cantități imense.

Căldura se îndepărtează de nucleul Soarelui prin radiație, nu prin convecție. Aceasta înseamnă că produsul reacțiilor de fuziune din Soare, He, rămâne acolo unde a fost creat, fiindcă nu există curenți de convecție care să-l poarte spre suprafață. Prin urmare, datorită reacțiilor continue, în centrul Soarelui există un nucleu format din He care crește constant în timp. În jurul nucleului, căldura radiază spre exterior, până când ajunge în zone unde presiunea și densitatea sunt suficient de reduse pentru a permite formarea curenților de convecție, care apoi devin metoda dominantă de transport al căldurii spre suprafață. Numai ionii care ajung la suprafața Soarelui luminează și încălzesc sistemul solar; ei fac asta emițând fotoni (particule de lumină) care scapă în spațiu.

STRUCTURA SOARELUI

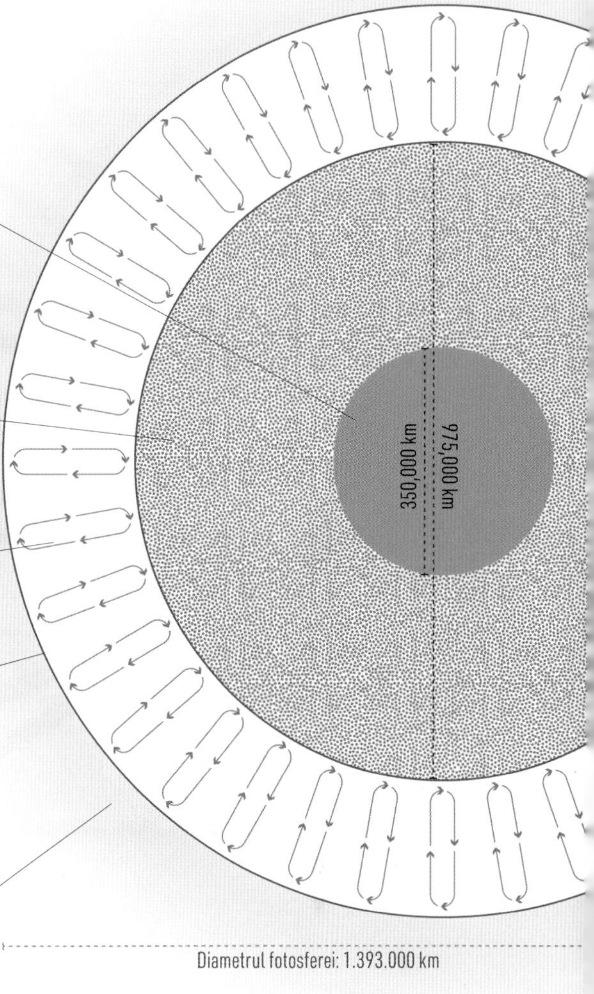

NUCLEUL

Presiunea aici este de peste 100 miliarde de ori mai mare decât presiunea atmosferică la suprafața Pământului. În fiecare secundă, aproximativ 550 de milioane de tone de hidrogen fuzionează în heliu, cu aproximativ 3,5 milioane tone de materie convertite în energie.

ZONA RADIATIVĂ

Deși nu este la fel de densă ca în nucleu, și în această zonă materia e prea comprimată pentru a permite formarea curenților de convecție. Căldura își croiește drum pe aici doar prin radiație.

ZONA CONVECTIVĂ

Pungi de plasmă fierbinte se extind și se ridică la suprafață prin curenți de convecție. Energia e transferată prin această regiune mult mai repede decât prin zona radiativă.

FOTOSFERA

Aceasta e „suprafața" aparentă a Soarelui, deși, fiind un corp gazos, el nu are o limită solidă. Lumina pe care o vedem provine din acest strat, cu o adâncime de aproximativ 100 km.

ATMOSFERA

Atmosfera Soarelui ne este de obicei ascunsă de însăși strălucirea sa. În timpul eclipselor, însă, putem vedea că gazele și particulele încărcate se extind într-un „halo" mult dincolo de fotosferă. Atmosfera e divizată în patru părți: cromosfera, regiunea de tranziție, coroana și heliosfera. Cromosfera se întinde până la 2.000 km deasupra fotosferei - în regiunea aceasta temperatura crește constant cu altitudinea. Deasupra acestui strat se află o regiune de tranziție, asemănătoare unei napolitane, groasă de numai 200 km, în care temperatura crește rapid de la 20.000°C în partea superioară a cromosferei, până la aproape 1 milion °C. Ajungem apoi la coroană, care se extinde aproximativ 8 milioane km în spațiu. Deși aici temperatura medie este de aproximativ 1-2 milioane °C, în regiunile sale cele mai fierbinți ea se apropie de 20 de milioane °C. Nu este încă pe deplin înțeles de ce aceste prime trei regiuni ale atmosferei sunt mai fierbinți decât fotosfera de dedesubt, dar se pare că puternicul câmp magnetic al Soarelui este cel puțin în parte răspunzător de creșterea energiei lor termice. Ultimul strat al atmosferei, heliosfera, se extinde mai mult de 50 UA în spațiu și este regiunea influențată de fluxul de particule încărcate care emană din Soare.

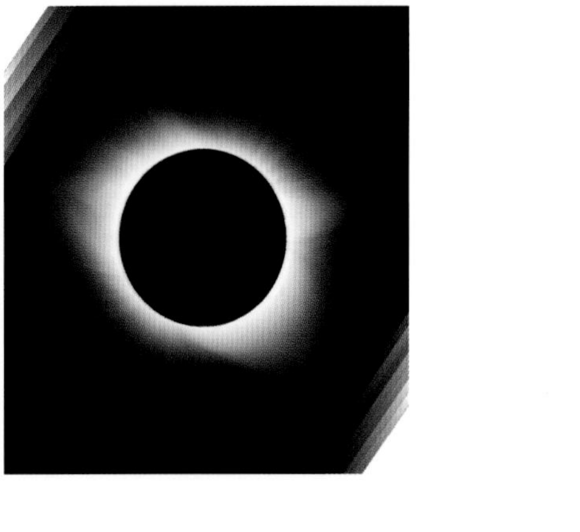

În scurtul răstimp în care Luna se aliniază perfect cu Soarele pe durata unei eclipse solare, coroana poate fi văzută cu ochiul liber.

PRODUCȚIA DE ENERGIE

Într-o secundă, Soarele generează o energie de 500.000 ori mai mare decât cantitatea pe care o produce și o folosește în prezent specia umană într-un an.

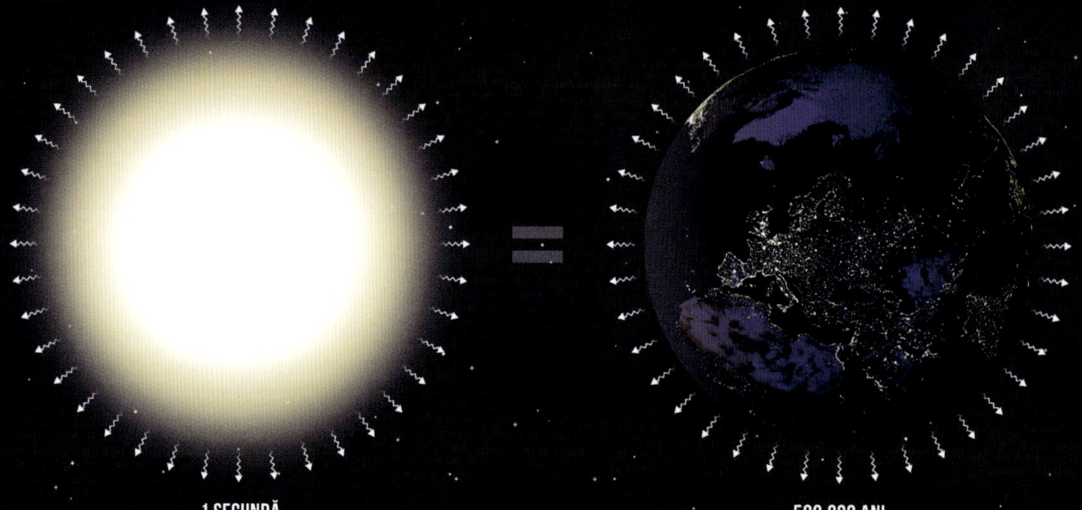

CĂLĂTORIE SPRE PĂMÂNT

Energia eliberată în nucleu are nevoie de circa 170.000 ani pentru a străbate zona radiativă. Aceasta se datorează compactării materiei din apropierea nucleului – fotonii eliberați din nucleu nu se pot deplasa departe fără să interacționeze cu alte particule. Acești fotoni sunt absorbiți și re-emiși, în direcții aleatorii, iar și iar, până reușesc să-și croiască drum prin zona convectivă.

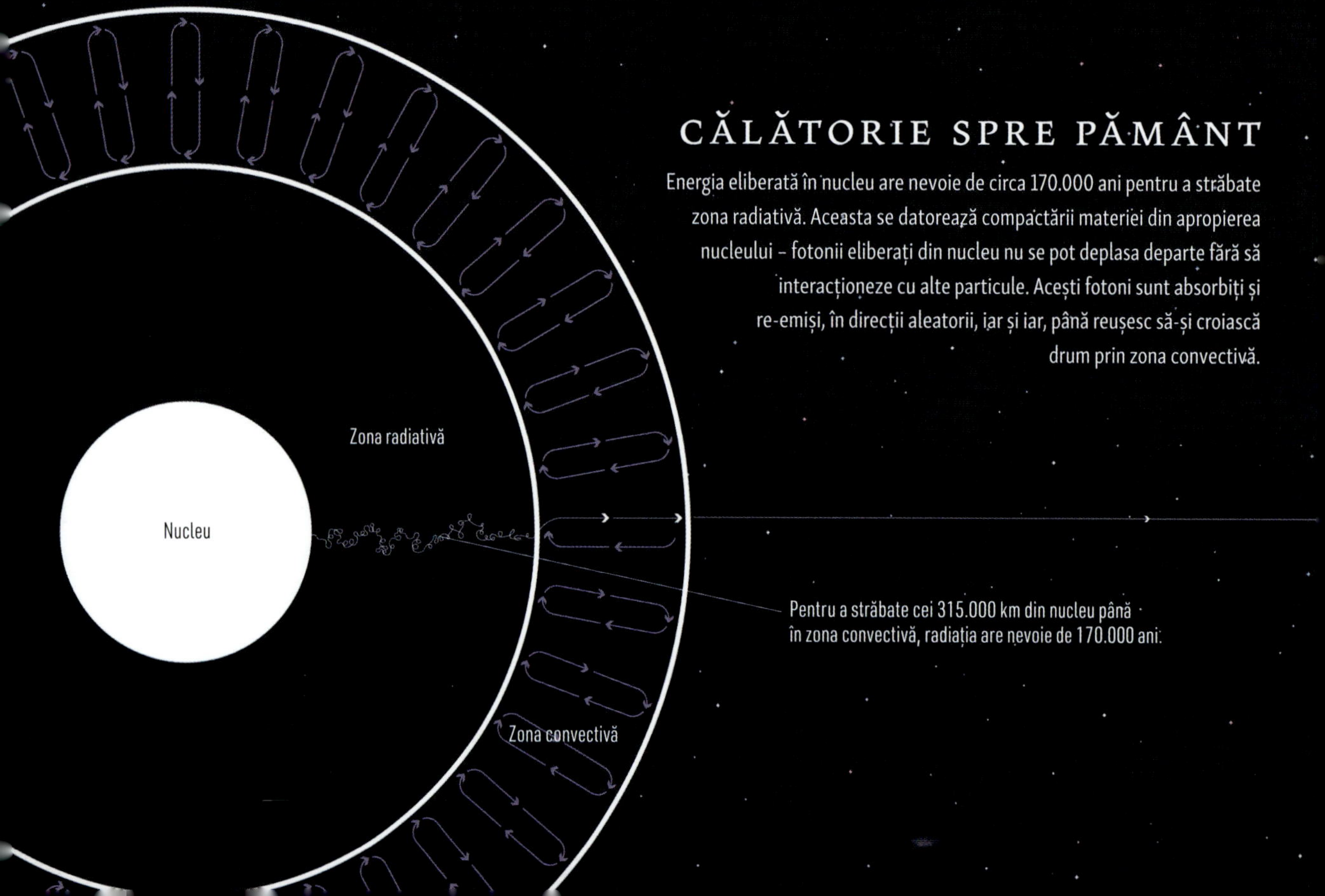

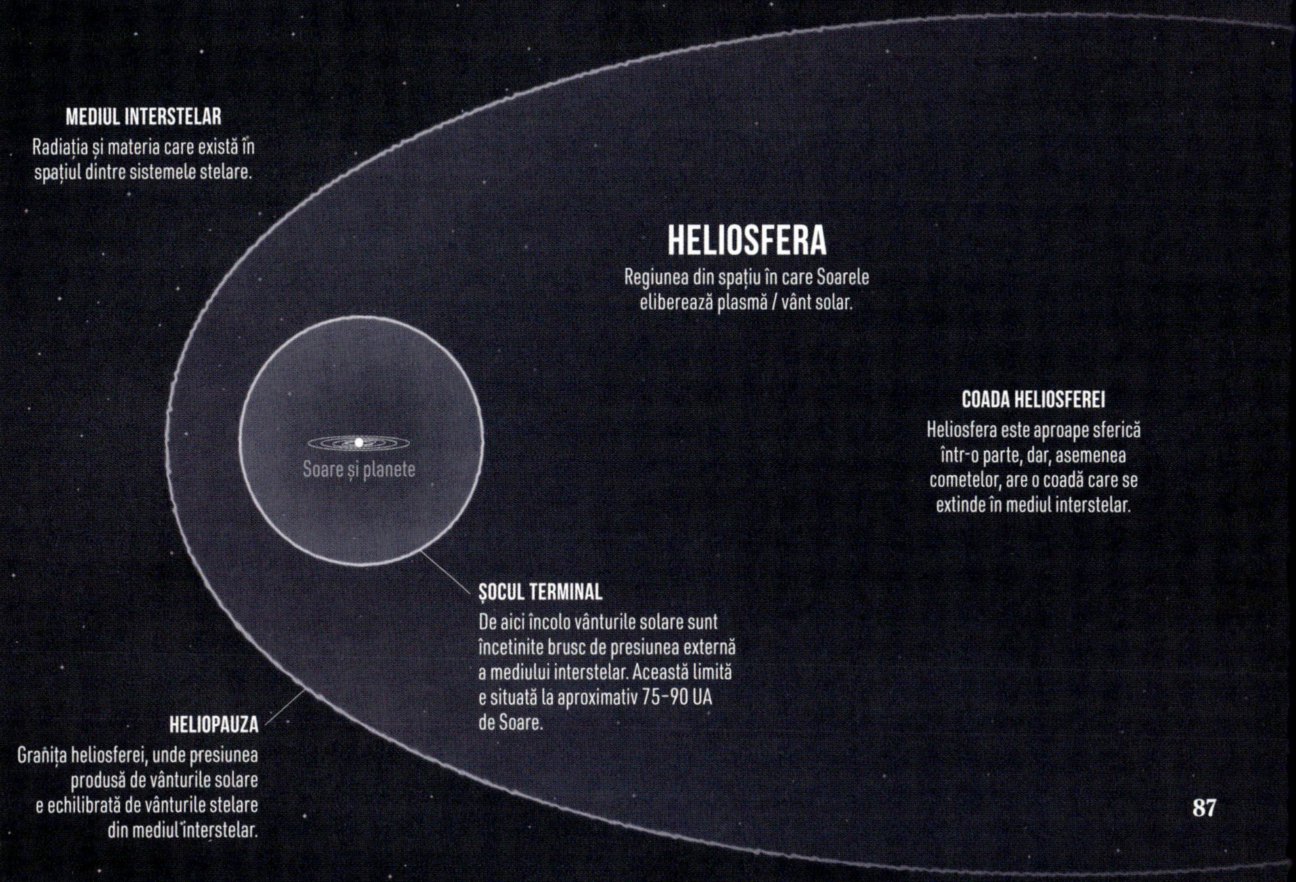

INFLUENȚA SOARELUI

Punctul în care se termină sistemul solar și începe spațiul interstelar nu e precis definit, deoarece Soarele influențează spațiul din jurul său în două moduri: prin radiație și prin gravitație. Heliosfera este „bula" din jurul Soarelui în care el radiază vânt solar. Punctul în care acesta se termină este heliopauza, unde vântul solar întâlnește mediul interstelar. Regiunea în care un corp astronomic este dominant gravitațional se numește sferă Hill; obiectele aflate dincolo de aceasta nu vor fi capturate pe orbită. Sfera Hill a Soarelui se extinde de o mie de ori mai departe decât heliosfera și include norul Oort.

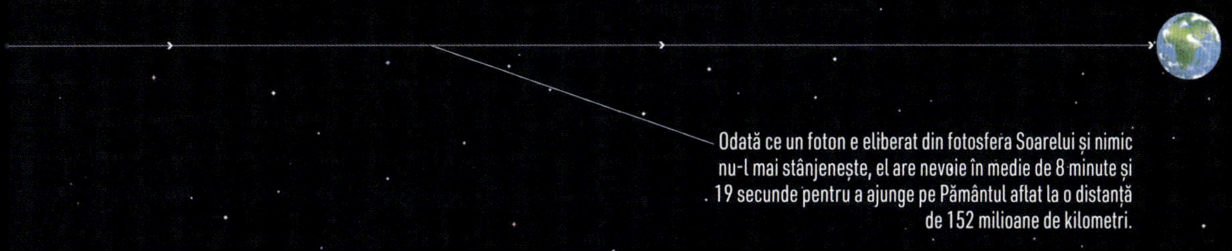

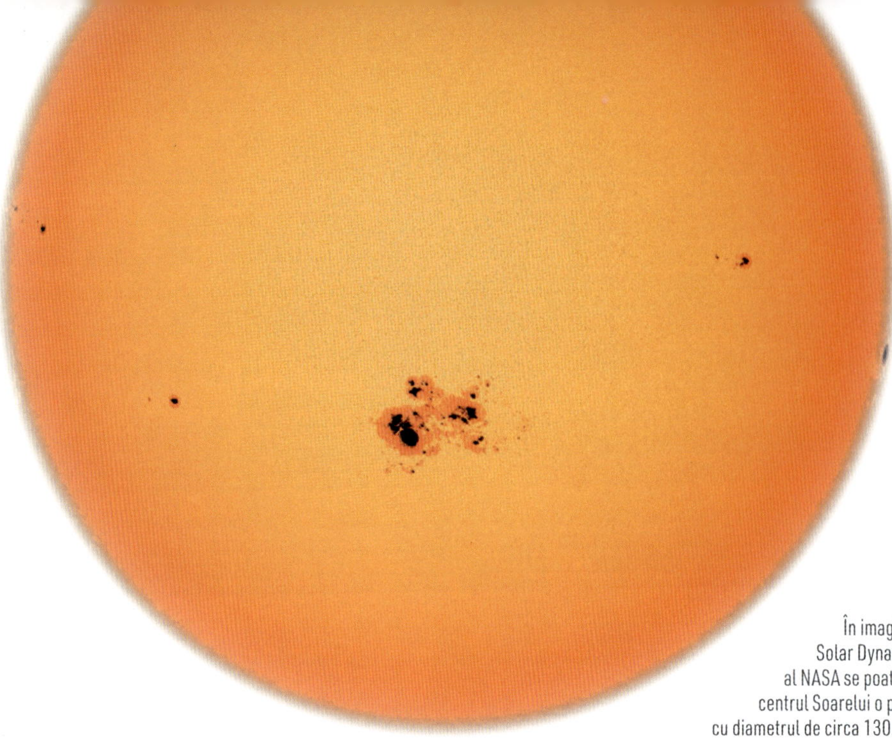

În imaginea surprinsă de Solar Dynamics Observatory al NASA se poate vedea chiar sub centrul Soarelui o pată solară uriașă, cu diametrul de circa 130.000 de kilometri.

PETELE SOLARE

Soarele este adesea marcat de stigmate de diferite mărimi care se deplasează pe suprafața sa. Inițial s-a presupus că aceste pete solare sunt furtuni în atmosfera stelei, dar știm acum că ele sunt zone mai reci ale exteriorului Soarelui.

Deoarece temperatura și presiunea enormă din interiorul Soarelui au despuiat atomii de electronii lor, H și He nu se mai comportă ca gaze obișnuite, ele formează o *plasmă*. În loc să fie preponderent neutre electric, plasmele sunt alcătuite dintr-un gaz dens de particule încărcate: nuclee cu sarcină pozitivă și electroni negativi. Datorită curenților de plasmă în veșnică schimbare din interiorul Soarelui, câmpurile magnetice pe care le creează sunt întotdeauna în mișcare, crescând sau scăzând, și interacționează între ele. Aceasta poate duce la regiuni în care câmpurile magnetice sunt destul de puternice pentru a interfera cu curenții de convecție din interiorul Soarelui. Dacă plasma fierbinte e împiedicată să se ridice, pe suprafață se formează pete mai reci decât zonele înconjurătoare, care devin vizibile pentru noi ca pete solare. Petele solare pot dura de la câteva zile la câteva luni, și de regulă apar în perechi sau în grupuri mai mari.

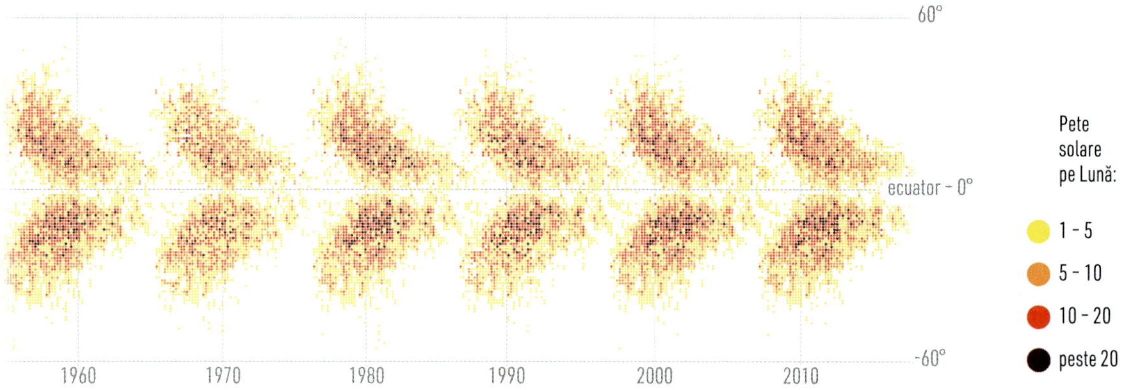

CICLUL SOLAR

Activitatea Soarelui variază cu timpul, perioade regulate de activitate intensă fiind urmate de perioade de activitate redusă. Dacă reprezentăm latitudinile petelor solare în funcție de anul în care au apărut, ca în graficul de mai sus, vedem că tiparul se repetă la intervale de 11 ani. Datorită formelor pe care le generează punctele reprezentate, aceasta e numită adesea diagrama-fluture.

Erupția solară vizibilă aici a fost surprinsă tot de Solar Dynamics Observatory al NASA. Explozia are loc în zona strălucitoare, iar alături poate fi văzută materie solară împrăștiată în spațiu.

ERUPȚIILE SOLARE

Fără nici un avertisment, explozii puternice au loc la suprafața Soarelui, lansând în spațiu rafale concentrate de radiație. Aceste evenimente sunt atât de violente, încât radiațiile X și UV emise pot perturba radarele și comunicațiile radio de pe Pământ. Aceste izbucniri de energie se produc adesea în vecinătatea petelor solare în perioadele de activitate solară intensă și, la fel ca petele solare, sunt legate de câmpurile magnetice ale Soarelui.

Erupțiile solare se produc atunci când liniile torsionate ale câmpului magnetic din apropierea suprafeței Soarelui ating limita de rupere, moment în care eliberează o ploaie de radiații în toate direcțiile. În timpul eliberării acestei energii acumulate, liniile câmpului magnetic se reconectează într-un mod mai uniform – gata să fie din nou răsucite și să repete procesul. Erupțiile cele mai mari sunt urmate adesea, dar nu întotdeauna, de ejectări de masă din coroană, în care Soarele expulzează cantități enorme de plasmă supraîncălzită sub forma unor bule gigantice. Acestea poartă în jur de 10 miliarde de tone de materie solară și, spre deosebire de erupțiile solare, nu sunt îndreptate în toate direcțiile, ci într-una singură.

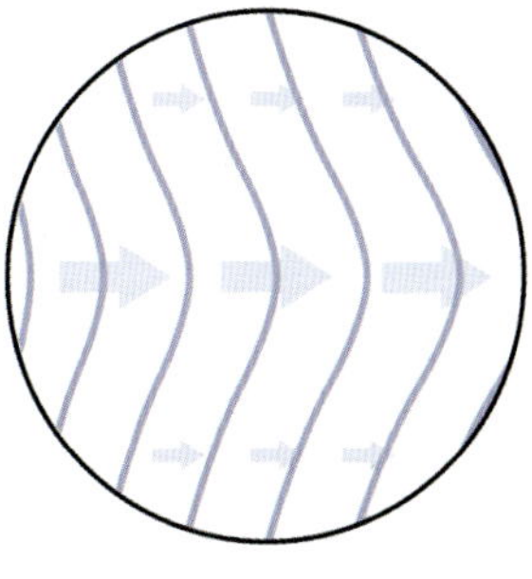

Rotația Soarelui în jurul axei sale e mai rapidă la ecuator.

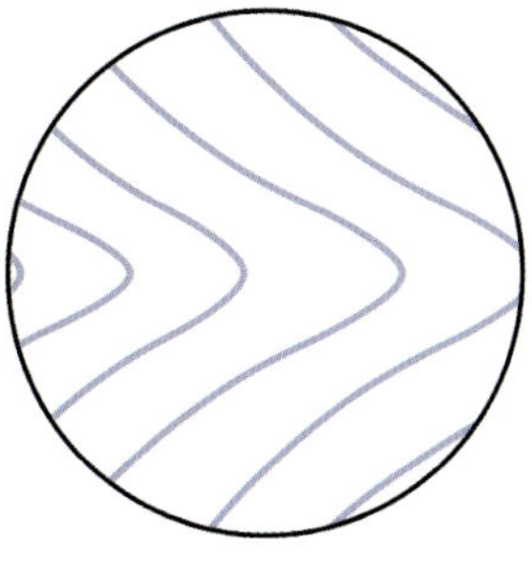

Cu trecerea timpului, liniile câmpului magnetic devin mai torsionate.

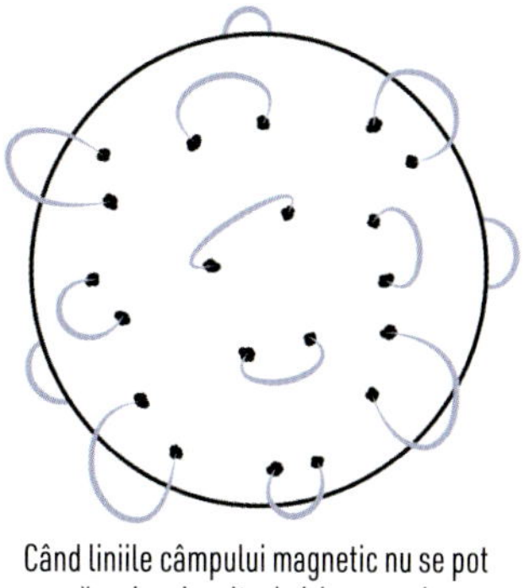

Când liniile câmpului magnetic nu se pot răsuci mai mult, ele izbucnesc la suprafață, formând pete solare la capătul fiecărei bucle.

LINIILE CÂMPULUI MAGNETIC

Spre deosebire de o planetă solidă, nu toate regiunile Soarelui se rotesc cu aceeași viteză unghiulară – ecuatorul se rotește cu 20% mai repede decât regiunea din apropierea polilor. Aceasta face ca liniile câmpului magnetic să devină alungite și încâlcite, înmagazinând energie ca o bandă de cauciuc. În cele din urmă, ele „pocnesc", eliberându-și energia magnetică și revenind la starea lor inițială.

CORPURILE DIN SISTEMUL SOLAR REPREZENTATE LA SCARĂ

Numerele reprezintă diametrele planetelor.

PĂRĂSIND SISTEMUL SOLAR

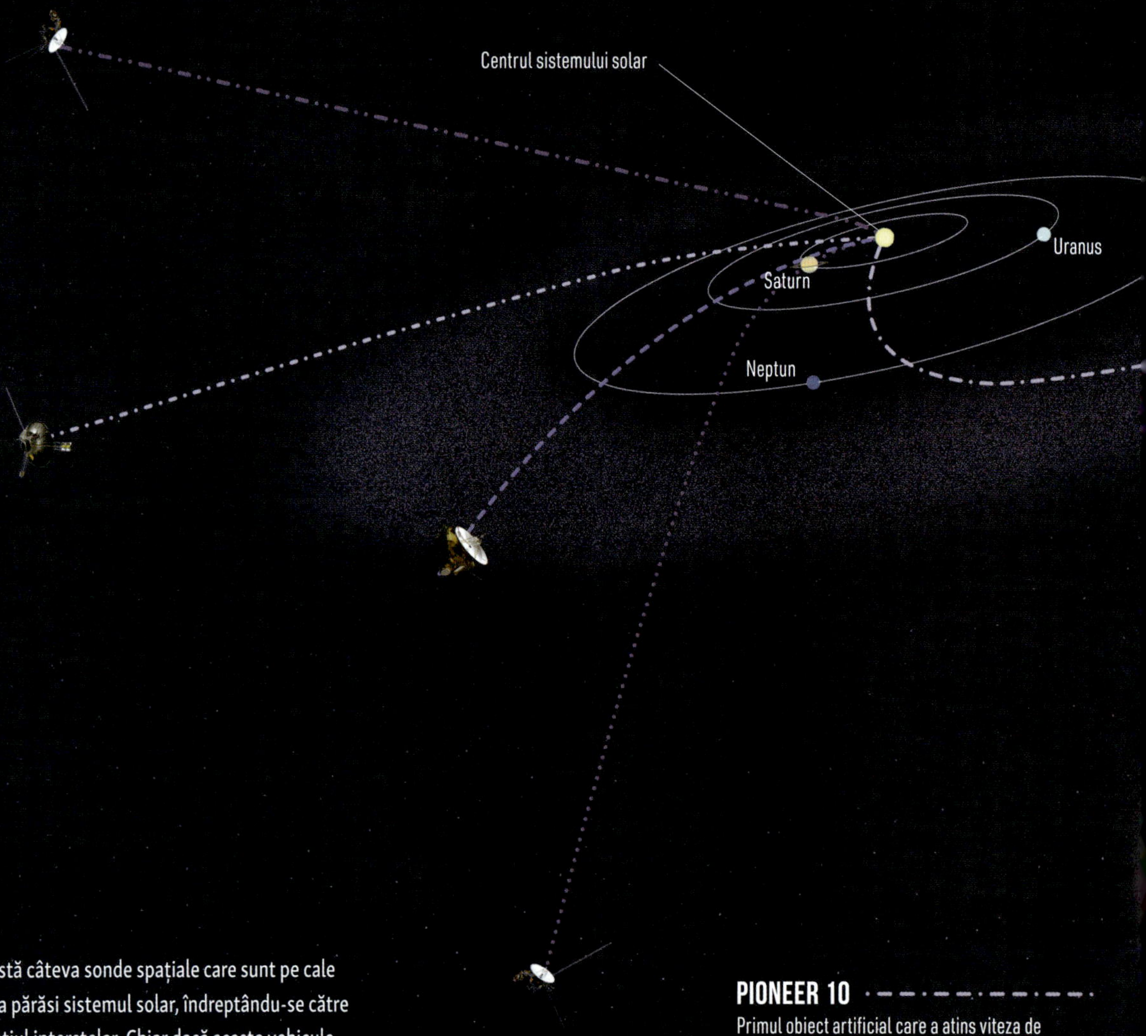

Există câteva sonde spațiale care sunt pe cale de a părăsi sistemul solar, îndreptându-se către spațiul interstelar. Chiar dacă aceste vehicule încă nu au ieșit complet din sfera influenței gravitaționale a Soarelui, viteza și direcția lor garantează că nu vor fi reținute pe orbită. Deși nu sunt proiectate să funcționeze indefinit, aceste mici sonde ar putea rătăci prin vastitatea spațiului interstelar timp de milioane, dacă nu chiar miliarde de ani după ce sistemele lor s-au decuplat.

PIONEER 10

Primul obiect artificial care a atins viteza de evadare necesară pentru a părăsi sistemul solar. Contactul radio cu sonda s-a pierdut în 2003, la o distanță de 80 UA.

PIONEER 11

Prima sondă spațială care a vizitat planeta Saturn. A încetat să mai transmită date în 1995 din cauza epuizării sursei de energie

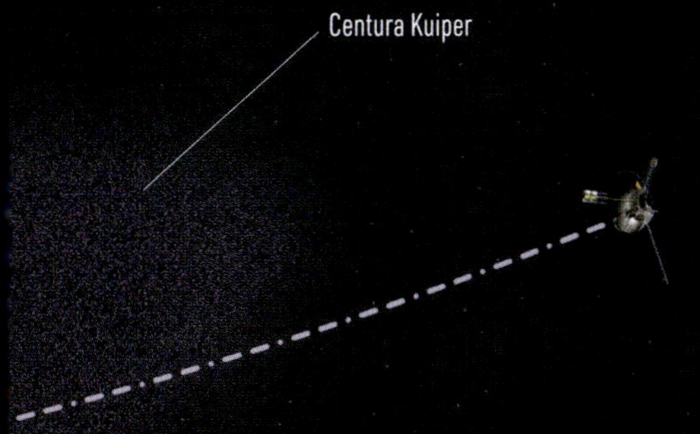

TRAIECTORIILE SONDELOR SPAȚIALE, VEDERE POLARĂ
(măsurate în UA)

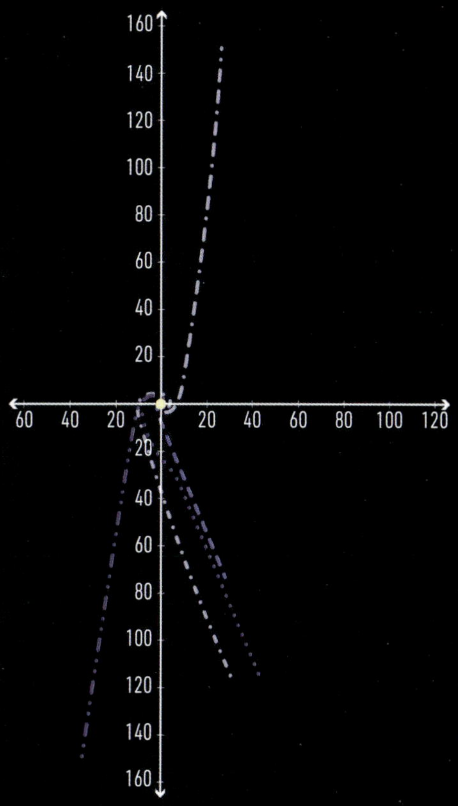

VOYAGER 1

A survolat planetele Jupiter, Saturn și Titan, satelitul lui Saturn. Prima sondă spațială care a traversat heliopauza și a pătruns în spațiul interstelar.

TRAIECTORIILE SONDELOR SPAȚIALE, VEDERE ECUATORIALĂ
(măsurate în UA)

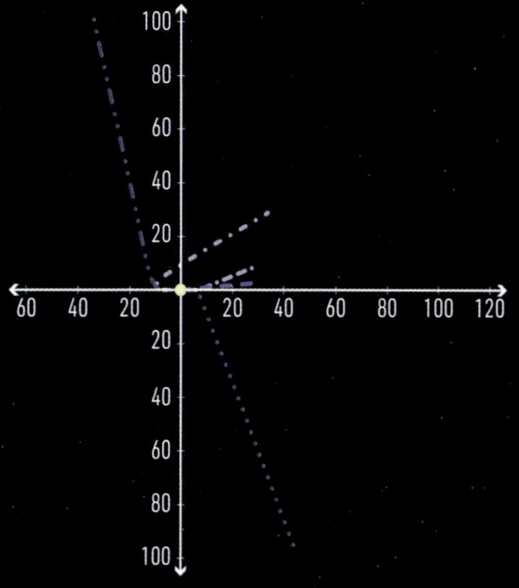

VOYAGER 2

A survolat planetele Jupiter, Saturn, Uranus și Neptun. Singura sondă spațială care a vizitat Uranus și Neptun.

NEW HORIZONS

A trecut la mică distanță de un asteroid și a efectuat un survol al lui Jupiter în drum spre Pluton, devenind prima sondă spațială care a explorat planeta pitică.

”

Măsoară ce e măsurabil, și fă măsurabil ceea ce nu e măsurabil.

“

Galileo Galilei, 1564 – 1642

Stelele

ALȚI SORI

După ce am inspectat tot ce se află în interiorul sistemului solar – steaua noastră locală, planetele, sateliții lor și alte rămășițe – e timpul să pornim în căutarea altor sori.

Punctele de lumină care străpung cerul nopții ni se par pașnice, licărind blând pe fondul de catifea neagră al bolții. Totuși, la fel ca Soarele nostru, fiecare dintre ele este o sferă zbuciumată de materie supraîncălzită înconjurând un nucleu dens în care fuziunea nucleară eliberează cantități inimaginabile de energie. Stelele numai pașnice nu sunt. Prin fuziune nucleară ele pot transforma hidrogenul în elemente mai grele, fără de care n-ar exista asteroizi și planete telurice, și cu certitudine n-ar exista viață. Materia din care suntem alcătuiți a fost cândva făurită în interiorul unei stele... suntem literalmente făcuți din pulbere de stele.

Natura stelelor e extrem de diversă; de la stele mici, reci, care ard liniștit timp de bilioane de ani înainte de a se stinge lent, la coloși stelari fierbinți ce-și consumă combustibilul cu o grabă frenetică. Cei mai masivi dintre aceștia își sfârșesc viața în explozii atotputernice, revărsând în cosmos elementele pe care le-au creat și lăsând în urmă unele dintre cele mai stranii obiecte pe

care le oferă universul: stele neutronice și găuri negre.

Înainte de a intra în detaliile caracteristicilor bizare și minunate ale stelelor și ale ciclurilor lor de viață, vom examina cum am ajuns să știm atât de mult despre ele. În definitiv, cea mai apropiată stea, excluzând Soarele, se află la o distanță de 4 ani-lumină; pretenția de a ști ceva despre niște corpuri atât de îndepărtate poate părea absurdă. Totuși, diversele tehnici care au fost dezvoltate, cuplate cu observațiile făcute, ne-au permis să înțelegem bine comportamentul stelelor și funcționarea lor internă.

Analiza luminii

Până la revoluția științifică, observațiile asupra bolții cerești se mărgineau la ce putea fi văzut cu ochiul liber. Limitați să urmărească pozițiile lor pe cer și să facă predicții despre mișcările lor, strămoșii noștri știau prea puțin despre adevărata natură a stelelor. Zorii erei științifice au adus invenția telescopului, permițându-le astronomilor să vadă mai departe și mai limpede decât înainte. Alături de descoperiri importante în interiorul sistemului solar, ca de pildă noi sateliți, inelele lui Saturn și cele mai îndepărtate două planete, telescopul a făcut vizibile o mulțime de stele nevăzute până atunci de ochi omenești. În scurt timp, mii dintre ele au fost catalogate de marii astronomi ai vremii. Pe la jumătatea secolului XIX, astronomul german Friedrich Bessel a fost primul care a calculat distanța până la o stea, măsurându-i paralaxa (p. 104). Folosind doar un telescop, observații precise și matematică, Bessel a obținut un fel de scară spațiului din jurul nostru și stelelor din el.

Abia în 1859 s-a produs o revoluție în înțelegerea noastră privind natura stelelor. Fizicianul german Gustav Kirchhoff a folosit în premieră spectroscopia (p. 101) pentru a determina ce elemente sunt prezente în Soare. El a observat că, dacă un fascicul de lumină e descompus cu ajutorul unei prisme (ca în imaginea alăturată), în spectrul astfel produs există semne distinctive care indică ce elemente a întâlnit lumina. Tehnica aceasta ne permite să dezvăluim nu doar din ce sunt alcătuite stelele, ci și cât de abundente sunt diferitele lor elemente. Spectroscopia permite de asemenea măsurarea precisă a temperaturii unei stele, din care i se poate determina masa, și ne ajută să stabilim dacă steaua se îndepărtează sau se apropie de noi, și cu ce viteză. Analizând lumina stelelor, aflăm mult mai multe decât am fi putut spera privind pur și simplu marele necunoscut – chiar și cu cele mai bune telescoape.

LUMINĂ ȘI RADIAȚIE

Înainte de a examina în ce mod folosim lumina pentru a analiza caracteristicile stelelor, ar fi util să revedem câteva dintre proprietățile luminii.

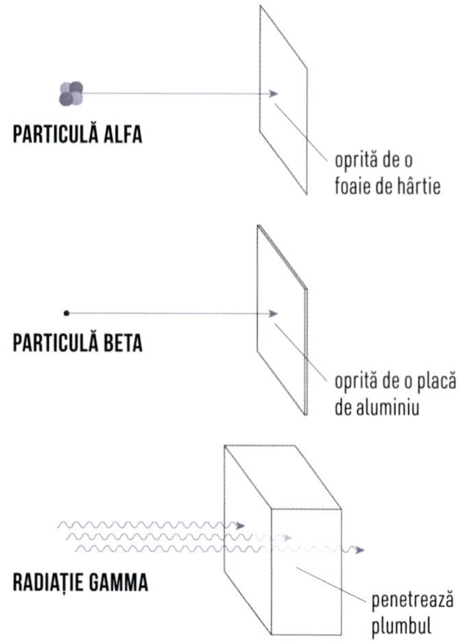

În primul rând, vom folosi termenul radiație, nu lumină, atunci când ne referim la energia emisă de stele. Lumina e doar ceea ce poate detecta ochiul omenesc, pe când prin radiație se înțelege tot ce nu putem vedea direct. Așadar, ce este radiația? Ei bine, există diferite tipuri de radiație, dar toate implică transmiterea energiei sub formă de unde sau particule. Alfa și beta sunt tipuri de radiație care implică particule ce se deplasează cu mare viteză, dar, fiindcă au masă, ele sunt oprite cu ușurință de altă materie. Radiația electromagnetică (REM), pe de altă parte, e alcătuită din fotoni care nu au masă și se deplasează cu viteza luminii. În timp ce se deplasează, fotonii oscilează la fel ca undele, lungimea de undă determinând natura radiației. La anumite lungimi de undă, de exemplu, ochii noștri detectează fotonii ca pe diversele culori ale luminii vizibile, dar la lungimi de undă puțin mai mari sau mai mici ei devin invizibili pentru noi. REM cu cele mai mici lungimi de undă poartă numele de raze gama, iar acestea pot penetra materiale dense precum plumbul.

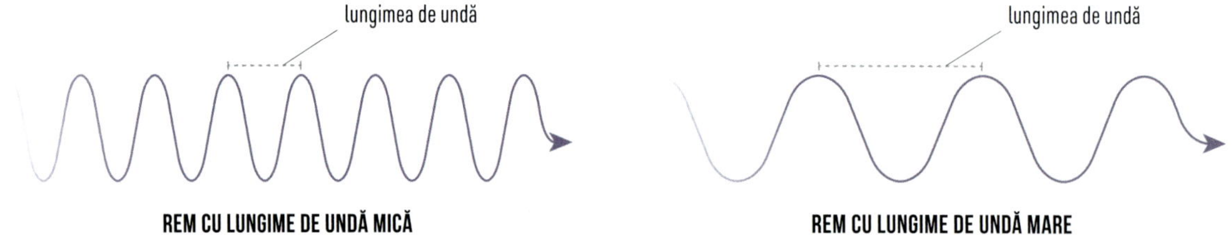

SPECTRUL ELECTROMAGNETIC

Întregul domeniu al REM se numește spectru electromagnetic și este reprezentat mai jos. E remarcabil cât de puțin din spectrul electromagnetic pot vedea ochii noștri – în pofida paletei largi de culori vii care ne îmbogățesc viața de zi cu zi, putem vedea doar o fracțiune din tot ce există în realitate.

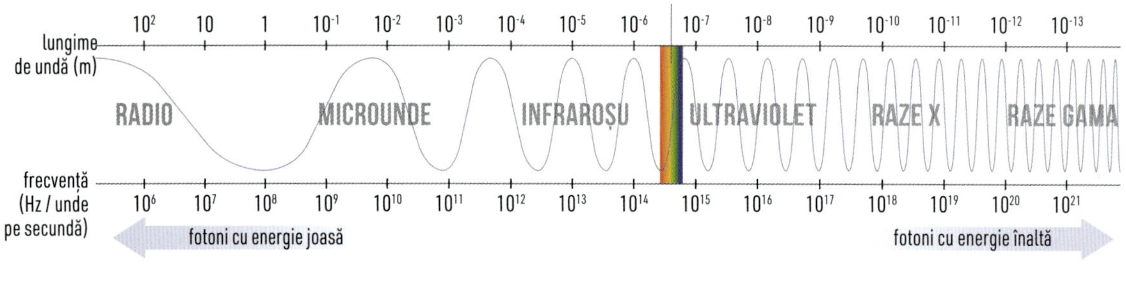

Așa cum am explicat mai sus, REM poate fi descrisă în termenii lungimii de undă, dar frecvența și energia fotonului sunt de asemenea folosite. Energia fotonului este cantitatea de energie a unui singur foton, fotonii cu energie înaltă corespunzând unei REM cu lungime de undă mică. Termenul „frecvență" se referă la numărul de lungimi de undă parcurse într-o secundă. Deoarece toate REM se deplasează cu viteza luminii, cu cât lungimea de undă e mai mare, cu atât numărul lungimilor de undă parcurse într-o secundă e mai mic.

SPECTROSCOPIA

Pe paginile precedente e reprezentată o prismă lovită de un fascicul de lumină albă – în timp ce lumina trece prin prismă, ea se descompune în benzi de culoare separate. Aceasta se datorează *refracției*, fenomen prin care lumina își schimbă direcția de deplasare la trecerea dintr-un mediu în altul. Unghiul de refracție depinde de lungimea de undă a fotonilor. Ca urmare, putem vedea că lumina albă e compusă din toate culorile curcubeului.

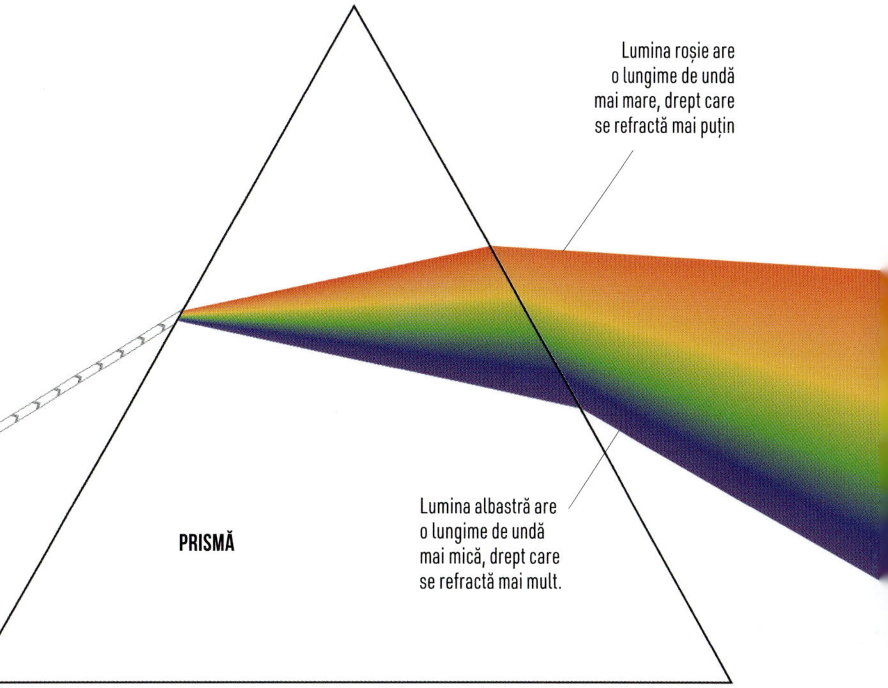

SPECTRU CONTINUU

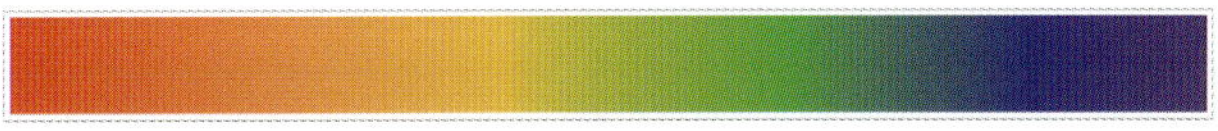

Lumină albă pură, fără linii de absorbție

LINII DE ABSORBȚIE – CONCENTRAȚIA ELEMENTELOR

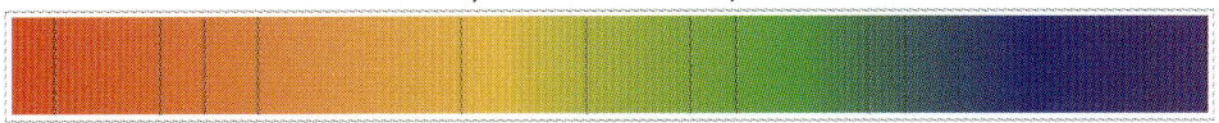

Când elementele sunt mai puțin abundente, liniile de absorbție pe care le creează sunt mai slabe.

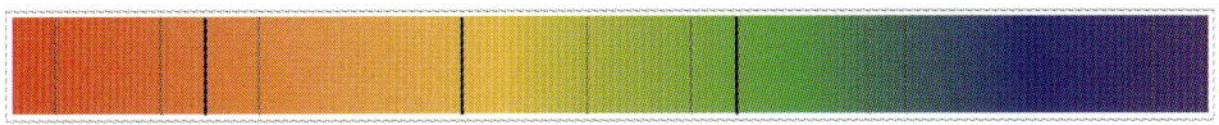

Când un element e mai abundent, liniile de absorbție pe care le creează sunt mai pronunțate.

LINII DE ABSORBȚIE – TEMPERATURA ATMOSFEREI

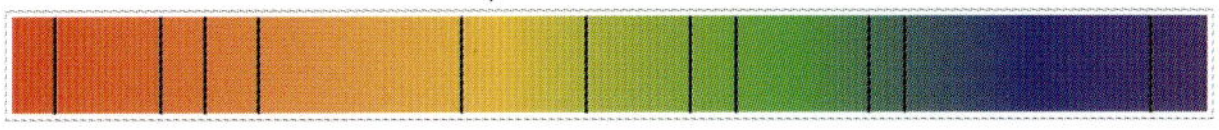

La temperaturi mai joase, liniile de absorbție sunt mai înguste.

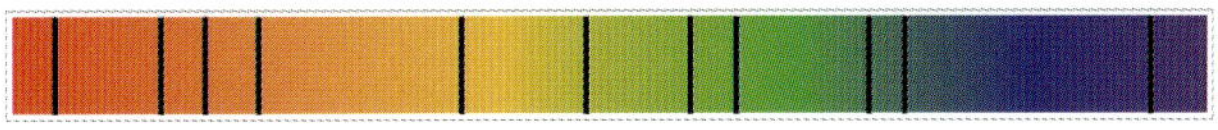

La temperaturi mai înalte, liniile de absorbție sunt mai groase.

Folosind principiile schițate mai sus, astronomii pot analiza radiația de la o stea în același mod – descompunând-o în părțile componente. Când procedează astfel, în loc să obțină un spectru continuu, ei găsesc linii verticale negre răspândite printre culori. Aceste *linii de absorbție* arată că fotonii cu anumite lungimi de undă sunt absorbiți în atmosfera stelei, iar poziția liniilor indică elementele chimice răspunzătoare. Liniile nu ne spun doar ce elemente sunt prezente, ci și concentrația lor, liniile mai pronunțate și mai întunecate indicând o abundență mai mare. Folosind informația adunată în felul acesta, oamenii de știință sunt în măsură să determine și temperatura fotosferei unei stele, care E indicată de grosimea liniilor, liniile mai largi indicând atmosfere mai fierbinți. Această tehnică, numită spectroscopie, e utilizată la clasificarea stelelor și a jucat un rol crucial în înțelegerea compoziției universului.

LUMINOZITATEA

Luminozitatea unei stele se referă la strălucirea sa *reală*, și nu la cât de strălucitoare ne apare ea văzută de pe Pământ. În definitiv, o stea poate să pară foarte strălucitoare, dar de fapt să fie de multe ori mai puțin luminoasă decât una aflată mult mai departe. În viața de zi cu zi măsurăm strălucirea becurilor electrice în wați, dar în astronomie luminozitatea se măsoară în raport cu Soarele. Folosind strălucirea aparentă a unei stele, luminozitatea sa poate fi calculată odată ce s-a determinat distanța până la ea - știind cât de departe e o stea, putem afla de câte ori i-a scăzut luminozitatea.

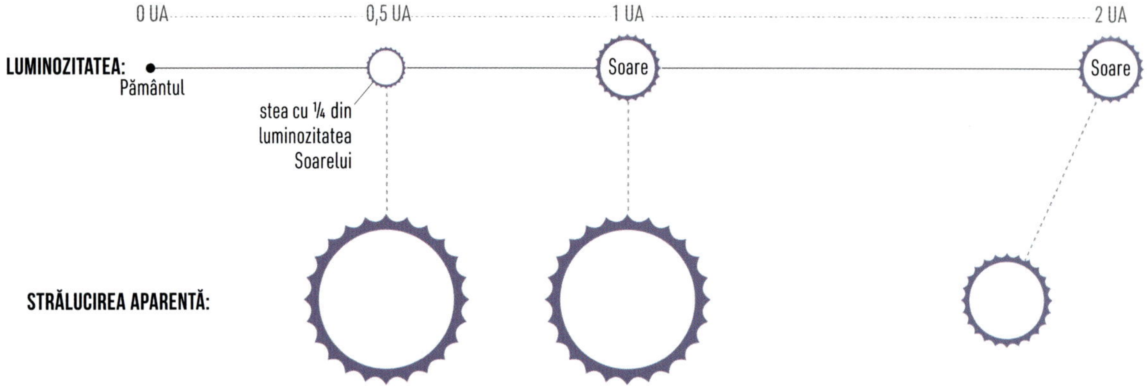

O stea cu un sfert din luminozitatea Soarelui, dar situată de două ori mai aproape, ar avea aceeași strălucire aparentă.

Soarele așa cum îl vedem de pe Pământ.

Soarele așa cum l-am vedea dacă ar fi de două ori mai departe de Pământ. Luminozitatea sa e neschimbată, dar strălucirea sa aparentă e acum numai un sfert din valoarea ei originară.

CULOAREA STELELOR

Stelele strălucesc într-o diversitate de culori, de la strălucirea roșie a lui Aldebaran, la Soarele nostru galben și la Vega alb-albastră. Culorile lor oferă un indiciu despre temperatura fotosferei unei stele - cu cât steaua e mai roșie, cu atât e mai rece, și cu atât va fi mai puțin luminoasă prin comparație. De exemplu, dacă două stele au aceeași mărime, dar una este roșie și una albastră, atunci steaua albastră e mai luminoasă. Stelele excepțional de fierbinți emit cea mai mare parte a radiației sub formă de lumină ultravioletă care, deși invizibilă ochilor noștri, face ca steaua să fie încă și mai luminoasă.

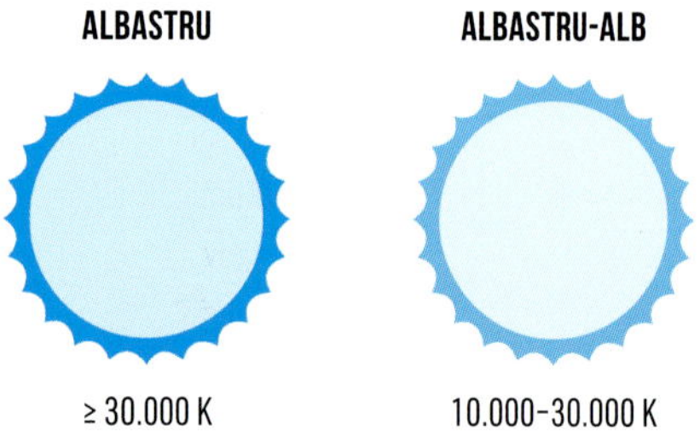

DEPLASARE SPRE ROȘU / DEPLASARE SPRE ALBASTRU

Când un obiect care emite lumină se deplasează, aceasta poate avea un efect asupra culorii sale percepute datorită naturii ondulatorii a luminii și radiației.

Un obiect care se deplasează spre noi comprimă undele dinaintea sa, micșorând lungimile de undă. În lumina vizibilă, lungimile de undă mai mici creează culorile de la capătul albastru al spectrului, de aceea cu cât lungimile de undă sunt mai mici, cu atât obiectul pare mai albastru – fenomen cunoscut ca deplasare spre albastru. Deplasarea spre roșu e contrariul: dacă obiectul se îndepărtează de noi, lungimile de undă vor crește, iar obiectul va apărea mai roșu. Aceasta se mai numește și efectul Doppler.

E improbabil ca aici, pe Pământ, să observăm că obiectele își schimbă culoarea în timp ce se apropie sau se îndepărtează de noi. Efectul devine perceptibil la viteze de peste 5.200 km/s, de aproximativ 75 de ori mai mare decât a celor mai rapide sonde spațiale create de om. Totuși, cu siguranță ați perceput același fenomen cu sunete în loc de lumină, întrucât ambele se propagă sub formă de unde. Un exemplu în acest sens e sirena unei mașini de poliție care se deplasează rapid; când gonește către tine, undele sunt comprimate, rezultatul fiind un sunet mai înalt, iar când se îndepărtează, sunetul are o înălțime mai joasă, deoarece lungimile de undă cresc.

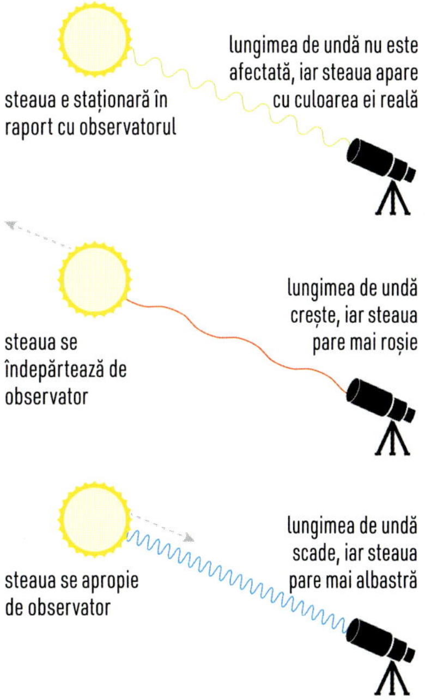

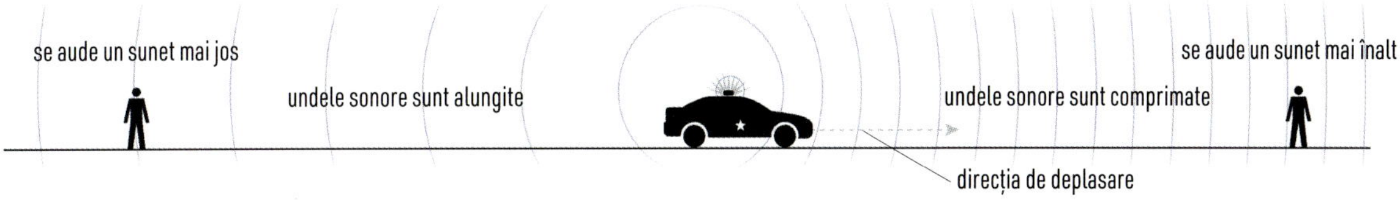

PRAFUL COSMIC

Spațiul cosmic nu este un vid perfect, pretutindeni în univers există un praf fin format din tot felul de substanțe și minerale. Dacă spațiul e plin cu aceste particule minuscule, cum de putem vedea atât de departe în Univers, cum poate lumina să răzbată? Motivul este că particulele sunt incredibil de mici, cu un diametru de aproximativ o milionime de metru – aceeași mărime ca particulele din fumul de țigară. La această dimensiune, ele nu blochează lumina, ci o absorb și o împrăștie puțin, ceea ce înseamnă că spațiul nu e complet transparent. Praful cosmic tinde să absoarbă lumina de la capătul albastru al spectrului, deci cu cât un obiect ceresc e mai îndepărtat, cu atât el va părea mai roșu. Prin urmare, când mai auziți pe cineva spunând „negru precum cerul nopții", informați-l că de fapt cerul are o ușoară tentă roșie.

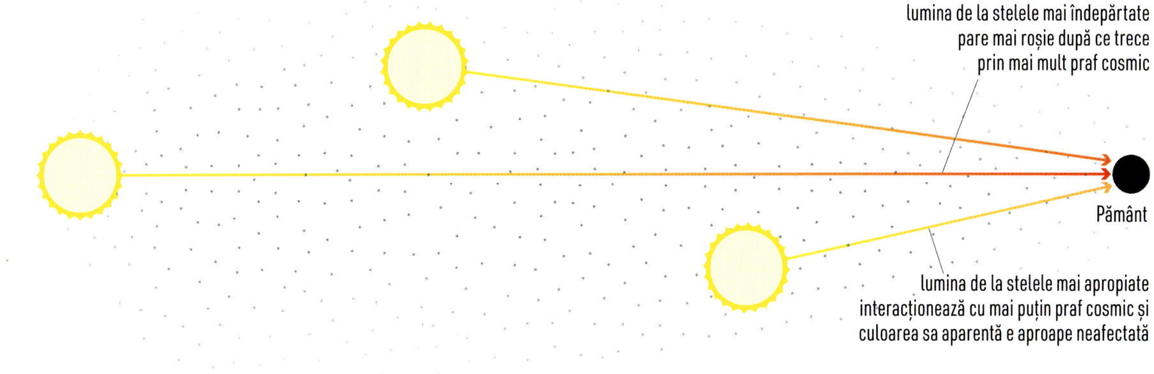

MĂSURAREA DIMENSIUNILOR STELARE

DISTANȚELE PÂNĂ LA STELE

Pentru un observator de pe Pământ, stelele arată ca niște mici puncte luminoase care străpung pătura neagră a nopții. Cât de departe sunt ele, nu se știe... un an-lumină? Zece ani-lumină? De o sută de ori mai mult? Dacă găsim distanțele până la stele putem să știm unde ne situăm în marea schemă a lucrurilor și să construim un model tridimensional al cosmosului.

Astronomii pot calcula distanța până la o stea măsurându-i paralaxa - termen care desemnează cât de mult pare un obiect să se miște privindu-l din diferite poziții. Ca exemplu de paralaxă a unui obiect, încercați să țineți degetul mare al mâinii la lungimea brațului și închideți un ochi. Pe urmă priviți obiectul cu celălalt ochi. Veți vedea că, în raport cu fundalul, degetul mare și-a schimbat poziția. Repetând aceasta cu degetul mare mult mai aproape, veți observa că obiectele mai apropiate au o paralaxă mai mare.

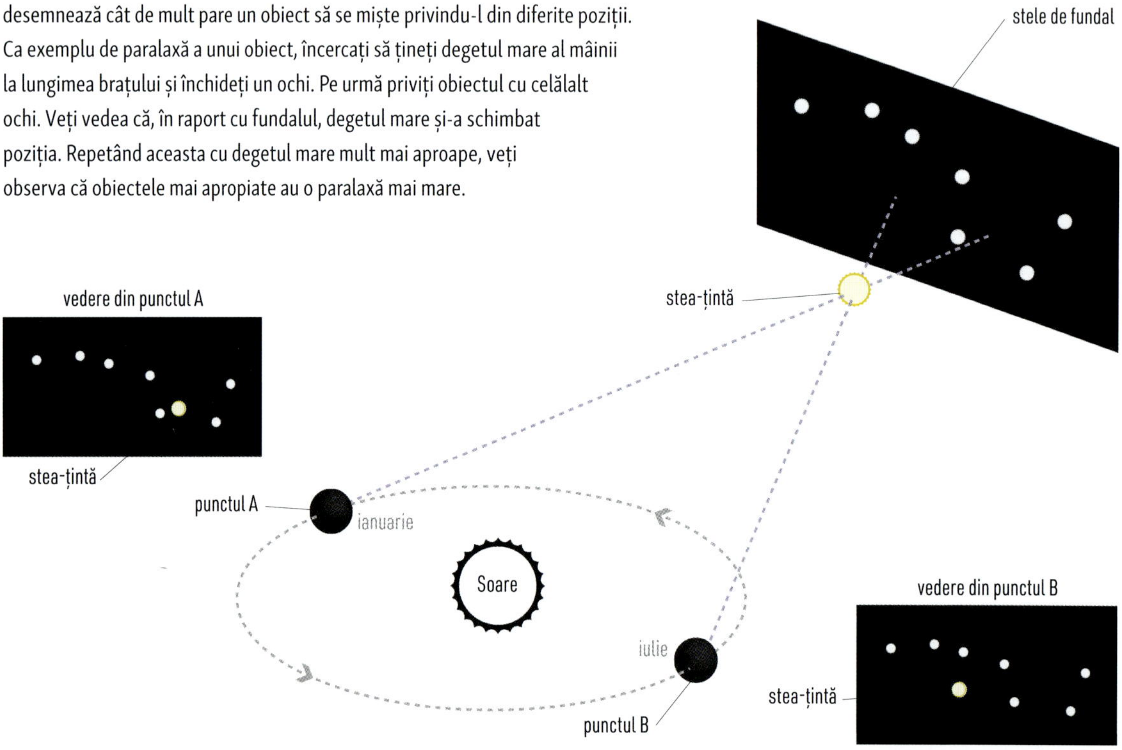

Când se măsoară paralaxe stelare, e bine ca cele două poziții de observație să fie cât mai departe una de alta. În acest scop, astronomii observă steaua aleasă, după care așteaptă șase luni ca Pământul să ajungă în partea opusă a orbitei sale, cât mai departe posibil de poziția observațiilor inițiale. De aici ei observă din nou steaua pentru a vedea cu cât pare că s-a deplasat. Având această informație, și folosind trigonometria, se poate calcula distanța până la stea. Stelele sunt atât de departe, încât nu e convenabil ca distanțele să fie măsurate în kilometri (fiindcă numerele ar fi enorme), ci în timpul necesar luminii pentru a străbate o distanță dată. Lumina are nevoie de 8,3 minute ca să ajungă pe Pământ de la Soare, de aceea spunem că Soarele se află la o depărtare de 8,3 minute-lumină. Cea mai apropiată stea, alta decât Soarele, este la o depărtare de 4,2 ani-lumină.

Pentru a măsura paralaxa unei stele sunt necesare măsurători foarte precise, de aceea telescoapele de la sol au o utilizare limitată. Din cauza interferențelor atmosferice, telescoapele de la sol au rezoluții mai joase și sunt eficiente numai în măsurarea paralaxelor stelelor aflate la mai puțin de 65 de ani-lumină. Telescoapele aflate pe orbită circumterestră sunt mult mai precise și pot fi folosite pentru a găsi pozițiile stelelor aflate la distanțe de mii de ani-lumină.

MĂRIMEA STELELOR

Dacă vrem să aflăm mărimea Soarelui, îi putem măsura pur și simplu diametrul unghiular (mărimea sa aparentă pe cer) și, cunoscând distanța până la el, putem folosi trigonometria pentru a-i calcula diametrul real. Putem face asta fiindcă Soarele e relativ aproape și îi putem măsura, destul de precis, diametrul aparent. Celelalte stele sunt însă atât de departe, încât chiar dacă folosim cele mai puternice telescoape aflate la sol ele apar mici - și pe deasupra oarecum neclare. Pentru a putea efectua măsurători, astronomii folosesc interferometria, în care cel puțin două telescoape vizează aceeași poziție de pe cer. Combinând imagini multiple din surse multiple, se poate obține o imagine finală mult mai precisă - suficient de clară pentru a efectua măsurătorile necesare cu care să-i calculăm diametrul real.

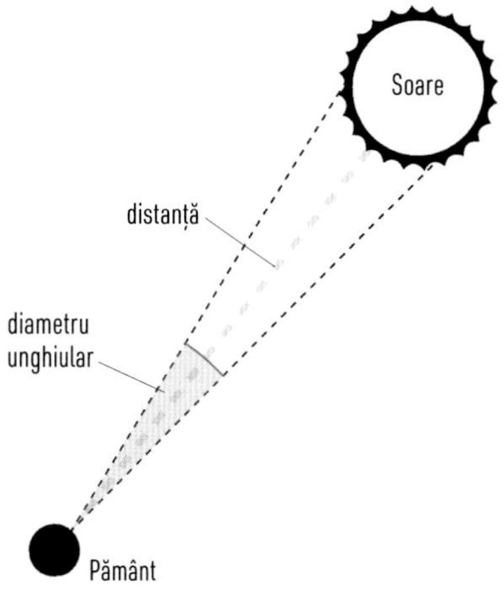

MASA STELELOR

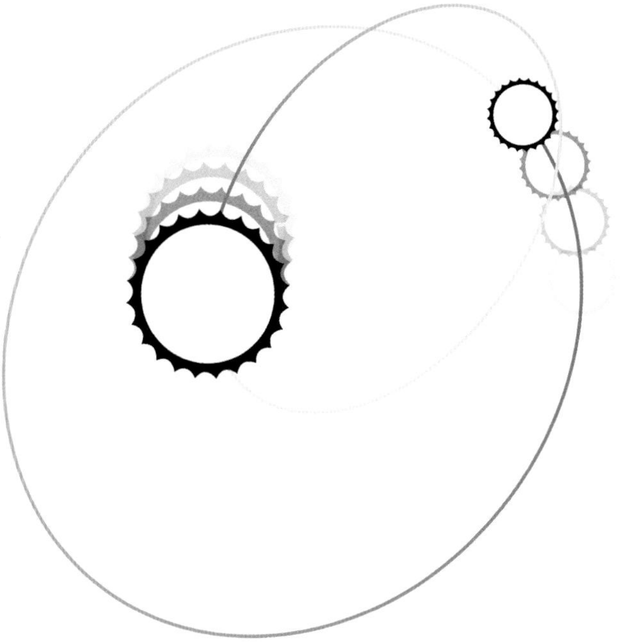

Masa unei stele poate fi determinată observând cum orbitează alte corpuri în jurul său. Putem calcula masa Soarelui, de exemplu, știind de cât timp are nevoie Pământul pentru a se roti în jurul său și distanța planetei noastre până la el. De regulă însă, în cazul altor stele, masa lor se deduce din interacțiunile lor cu alte stele. Multe stele se găsesc în perechi care orbitează una în jurul celeilalte, și masele lor se pot deduce măsurând distanțele și vitezele lor relative.

După ce masele multor stele au fost determinate folosind această metodă, a devenit evident că între masele și luminozitățile stelelor există o legătură directă, o ușoară creștere a masei având ca rezultat o creștere rapidă a luminozității. Din acest motiv luminozitatea e de asemenea utilă în măsurarea masei stelelor.

Nebuloase

Universul este într-adevăr enorm, și cea mai mare parte a sa pare a fi spațiu gol. Risipite ici și colo în vidul acesta vedem aglomerări organizate de materie, ca de pildă stele și sisteme planetare, dar materia există și sub formă de nori gigantici, eterici, nestructurați, cunoscuți sub numele de nebuloase. Acești nori magnifici pot avea un diametru de mii de ani-lumină, și cu toate că densitatea lor e doar puțin mai mare decât a spațiului înconjurător, ei sunt primul pas în crearea unor corpuri cerești mai palpabile.

Există diferite tipuri de nebuloase, create în diferite moduri; unele se formează prin aglomerarea treptată a particulelor care populează spațiul cosmic, pe când altele sunt rămășițe ale unor stele muribunde. În primul caz, nebuloasele apar din *mediul interstelar* – ionii, moleculele și radiația care umplu* spațiul dintre stele. În mod normal, mediul interstelar e atât de rarefiat, încât particulele nu se atrag între ele, dar, datorită perturbațiilor, unele regiuni pot deveni mai condensate decât altele, și se formează o nebuloasă. Ca urmare, nebuloasele de acest tip sunt alcătuite din elementele care se găsesc în mediul interstelar: aproximativ trei sferturi hidrogen, restul fiind heliu și urme de alte elemente. Regiunile în care se formează stele, numite și pepiniere stelare, se pot dezvolta dacă părți ale nebuloasei colapsează mai mult și materia se condensează până când temperatura și presiunea permit declanșarea fuziunii nucleare.

Alte nebuloase se formează în urma exploziilor de supernovă – unele din cele mai violente evenimente din univers. Supernovele apar atunci când stele excepțional de masive ajung la capătul vieții lor, moment în care explodează, expulzându-și materia în spațiu. Cum în stelele mai masive fuzionează elemente mai grele, nebuloasele care provin din supernove conțin o gamă mai largă de elemente decât cele formate din mediul interstelar. Nebuloasele de acest tip, pe lângă faptul că pot da naștere unei noi generații de stele, conțin materiale care pot forma planete telurice. Stelele mai mici, precum Soarele, vor crea și ele o nebuloasă la sfârșitul vieții lor. De regulă, nebuloasele formate de stele având între 1 și 8 mase solare sunt aproape sferice, și, datorită formei lor rotunde asemănătoare unei planete, ele sunt numite *nebuloase planetare*. În termeni astronomici, nebuloasele planetare au o viață relativ scurtă, durând doar zeci de mii de ani.

Uneori, nebuloasele apar ca pete întunecate pe cer, atunci când gazul și praful pe care-l conțin ascund lumina stelelor din spatele lor. Alteori, ele sunt iluminate de alte surse de lumină, iar în anumite împrejurări emit ele însele lumină. Aceasta se datorează noilor stele născute în pepinierele stelare, sau unor stele masive și fierbinți localizate în apropierea nebuloasei; în ambele cazuri, fotoni cu energie înaltă emiși de stele interacționează cu gazul nebuloasei, care re-emite radiația la anumite lungimi de undă în acord cu temperatura și compoziția sa. Deși multe nebuloase emit și ceva lumină vizibilă, ele sunt detectate folosind filtre speciale și timpi de expunere lungi. Folosind asemenea tehnici, putem crea imagini care arată nebuloasele în toată gloria lor – nu numai ce percep ochii noștri.

* „Umplu" poate părea o exagerare, dat fiind că mediul interstelar are o densitate medie de numai un atom pe centimetru cub, dar nu e mai puțin adevărat că el e răspândit în întreaga galaxie. Pentru a pune lucrul acesta în context, există 25×10^{21} [sau 25.000.000.000.000.000.000.000] molecule în fiecare centimetru cub de aer la nivelul mării.

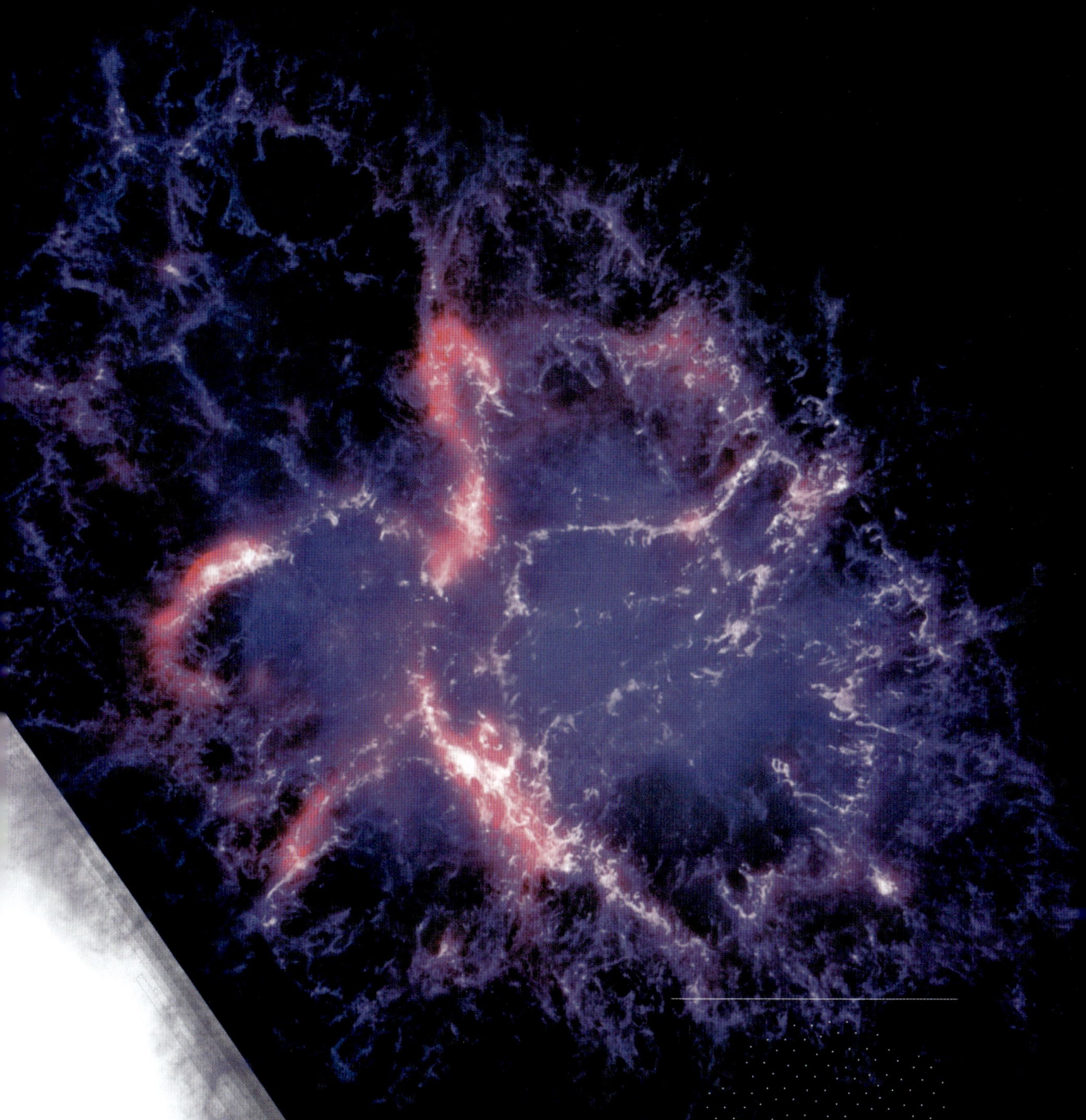

NOR INTERSTELAR

ANALIZA NEBULOASELOR

Așa cum analizăm lumina emisă de stele pentru a afla compoziția atmosferelor lor, putem analiza și lumina care traversează nebuloasele. Folosind spectroscopia (p. 101), astronomii pot să determine compoziția unei nebuloase studiind radiația care a traversat-o. Examinând liniile de absorbție prezente, ei pot apoi să stabilească din ce elemente e alcătuită și ce temperatură are.

În cazul nebuloaselor care emit radiație, și nu doar absorb radiația care trece prin ele, folosim o abordare puțin diferită. Materia nebuloaselor care au fost bombardate cu fotoni de energii înalte din pepinierele stelare, sau dintr-o altă sursă puternică din apropiere, este ionizată. În aceste condiții, elementele din care sunt alcătuite emit REM cu anumite lungimi de undă pe care le putem determina. Spectrul acestui tip de nebuloasă e în cea mai mare parte gol, cu benzi de culoare, numite *linii de emisie*, care indică ce elemente sunt prezente.

Pentru simplitate, spectrele prezentate aici sunt clar definite, pe când în realitate ele sunt mult mai greu de interpretat. Când există mai multe elemente, spectrele de emisie au linii suprapuse, corespunzând acelor elemente.

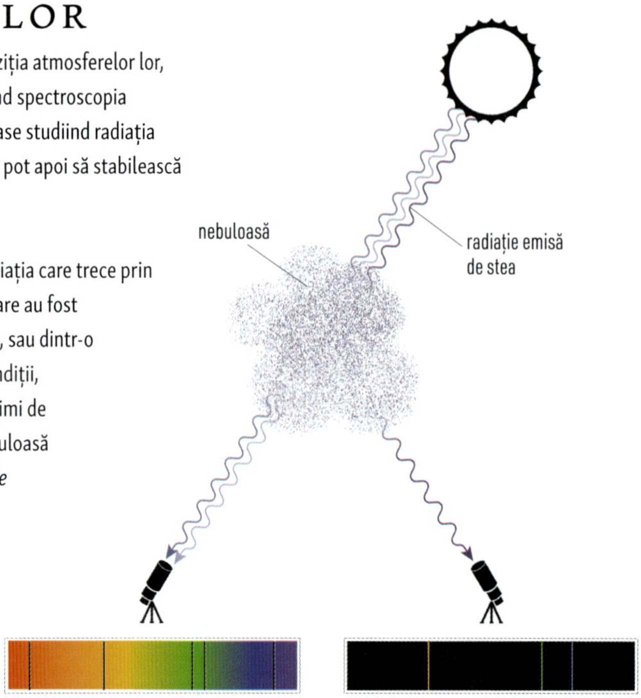

Radiația care traversează o nebuloasă creează un spectru cu linii de absorbție. La fel ca în cazul atmosferei unei stele, aceste linii sunt produse de atomii diverselor elemente care absorb fotoni la anumite lungimi de undă.

În acest caz, nebuloasa a fost încălzită de o stea locală sau de o formațiune de stele din interiorul său. Gazele din care e alcătuită re-emit fotoni la lungimi de undă specifice, creând linii de emisie pe spectru.

DENSITATE SCĂZUTĂ

În pofida dimensiunii lor enorme, nebuloasele conțin uimitor de puțină masă. Un volum din materia nebuloasei de mărimea Pământului ar avea o masă totală de numai câteva kilograme. Doar datorită dimensiunii lor inimaginabile, nebuloasele conțin suficientă materie pentru a crea stele și planete.

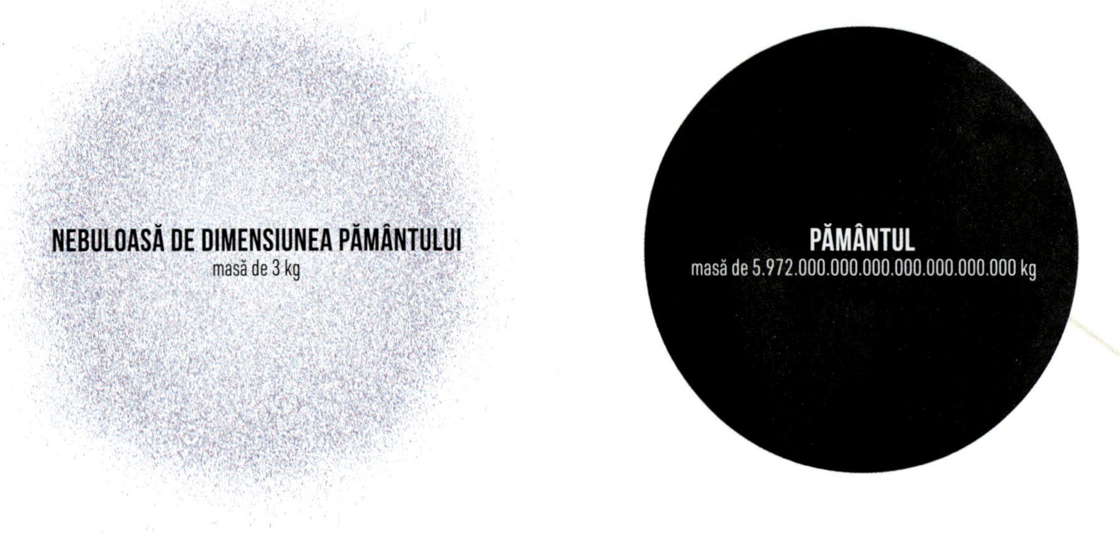

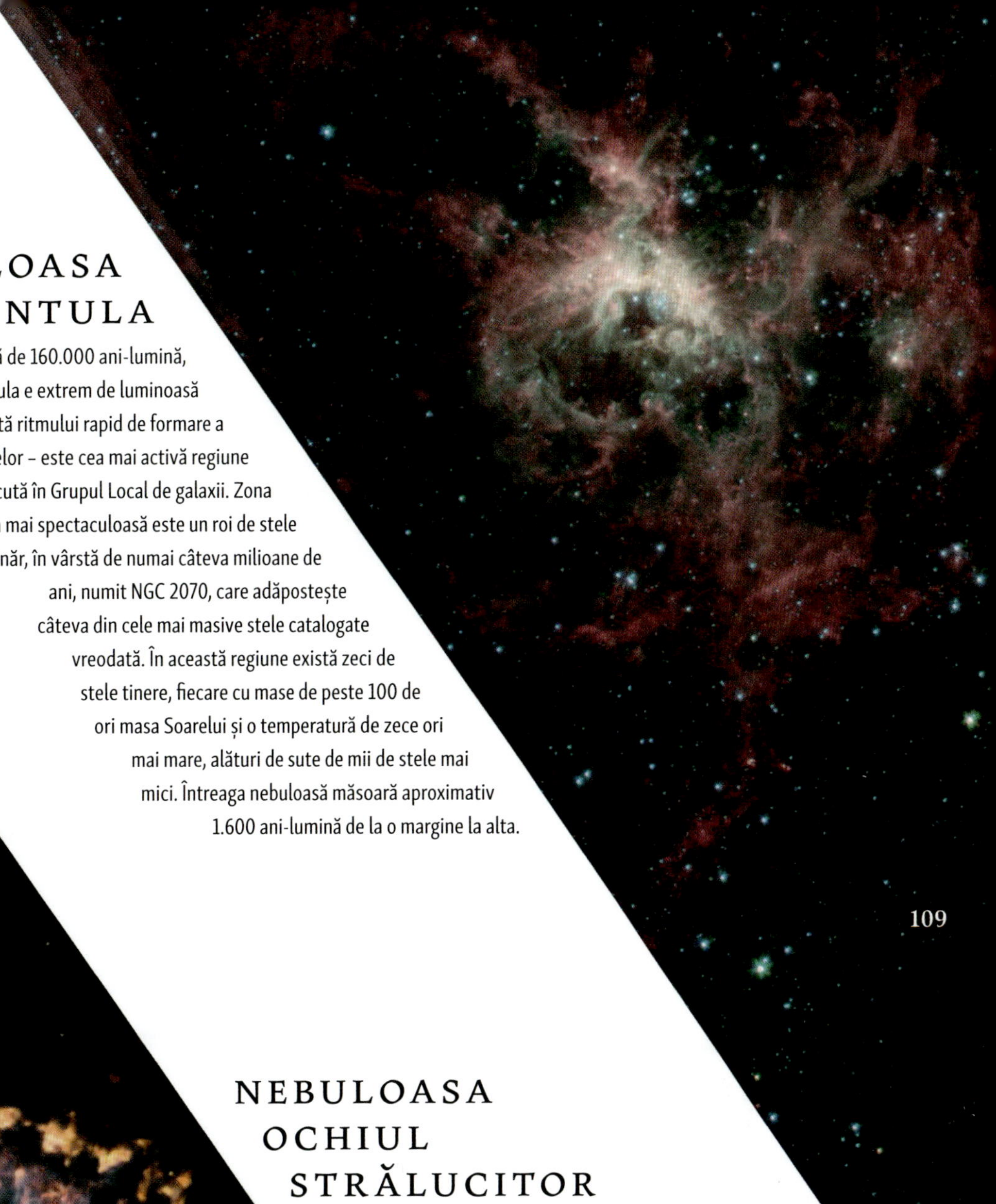

NEBULOASA TARANTULA

Aflată la o distanță de 160.000 ani-lumină, Nebuloasa Tarantula e extrem de luminoasă datorită ritmului rapid de formare a stelelor – este cea mai activă regiune cunoscută în Grupul Local de galaxii. Zona cea mai spectaculoasă este un roi de stele tânăr, în vârstă de numai câteva milioane de ani, numit NGC 2070, care adăpostește câteva din cele mai masive stele catalogate vreodată. În această regiune există zeci de stele tinere, fiecare cu mase de peste 100 de ori masa Soarelui și o temperatură de zece ori mai mare, alături de sute de mii de stele mai mici. Întreaga nebuloasă măsoară aproximativ 1.600 ani-lumină de la o margine la alta.

NEBULOASA OCHIUL STRĂLUCITOR

„Nebuloasa Ochiul Strălucitor", denumită mai formal NGC 6751, este o nebuloasă planetară aflată la 6.500 de ani-lumină de Pământ. A fost creată în urmă cu câteva mii de ani când o stea a colapsat, expulzându-și straturile exterioare de gaz în spațiu. Steaua (care se vede în centrul nebuloasei) este acum foarte luminoasă, cu o temperatură la suprafața ei de aproximativ 140.000 °C; fluorescența gazului înconjurător se datorează radiației intense pe care o emite. Nebuloasa are un diametru de 0,8 ani-lumină, de aproximativ 600 de ori diametrul sistemului solar.

Protostele

Prima fază din viața unei stele începe odată cu formarea sa prin colapsul unui nor de gaz din nebuloasă. Încă insuficient de masive pentru ca hidrogenul din nucleu să fuzioneze, aceste stele tinere luminează doar foarte palid în timp ce acumulează masă din nebuloasa înconjurătoare.

Protostelele se nasc în momentul în care au captat suficientă materie pentru a forma un nucleu destul de dens pentru a fi opac. În timp ce materia din jur e atrasă spre stelele embrionare, particulele în cădere se încălzesc datorită frecărilor dintre ele, iar astfel emit radiație electromagnetică infraroșie. Astronomii folosesc aceste semnături infraroșii, care se văd ca niște surse punctiforme pe cer, pentru a identifica micile stele în devenire, care altminteri ar fi greu de reperat. Protostelele își măresc continuu masa aspirând gazele înconjurătoare, până când le epuizează.

Deși poate că protostelele nu ating presiunea și temperatura internă necesare fuziunii hidrogenului, s-a sugerat că în nucleul lor au loc totuși anumite reacții de fuziune. E posibil ca deuteriul (un izotop al hidrogenului) să fuzioneze în centrul protostelelor, dar cum abundența deuteriului e considerabil mai mică decât a hidrogenului, au loc mult mai puține reacții. Se crede că toți fotonii produși prin fuziune sunt apoi complet absorbiți și re-emiși de praful stelar acumulat de protostea.

O protostea încetează să mai fie protostea în momentul în care începe să fuzioneze hidrogenul din nucleul său. De cât timp e nevoie? Se estimează că Soarele nostru, de exemplu, a petrecut 1 milion de ani ca protostea, doar o mică fracțiune din cei 10 miliarde de ani cât se prezice a fi durata sa de viață. Alte stele vor fi diferite: cu cât sunt mai masive, cu atât mai repede vor colapsa și vor începe fuziunea hidrogenului, și deci cu atât mai puțin timp vor petrece ca protostele.

Pitice brune

Nu toate protostelele își continuă evoluția pentru a deveni stele; multe dintre ele nu izbutesc să acumuleze suficientă materie ca să genereze temperatura și presiunea necesare fuziunii hidrogenului. Dacă reușesc să adune o masă egală cu de 13 ori masa lui Jupiter sau mai puțin, ele vor deveni gigante gazoase asemenea celor din sistemul nostru solar. Obiectele cu masa între 13 și 80 de mase jupiteriene sunt numite pitice brune, fiind categorisite ca obiecte *substelare* deoarece hidrogenul nu fuzionează.

Piticele brune, așa cum sugerează numele lor, nu sunt foarte luminoase, dar, contrar numelui, ele nu sunt brune, ci au o gamă variată de culori, de la magenta la portocaliu și roșu. La fel ca în cazul protostelelor, probabil că în nucleul piticelor brune fuzionează deuteriul, dar ele rămân palide și reci – temperatura la suprafața celor mai reci pitice brune e adesea mai mică decât temperatura camerei. Cu timpul, ele își vor consuma rezervele utile de deuteriu și vor radia în spațiu și restul de căldură.

Diagrama Hertzsprung-Russell

Când o protostea atinge o masă critică și temperatura din interior crește suficient, în nucleul său începe fuziunea nucleară, făcând-o să strălucească - protosteaua este acum o stea matură. Odată ce emite lumină, astronomii își pot folosi diversele metode pentru a-i determina proprietățile fundamentale; luminozitatea poate fi stabilită cunoscând strălucirea aparentă și distanța până la ea, iar temperatura se obține din culoarea sa cu ajutorul spectroscopiei. La sfârșitul secolului XIX, zeci de mii de stele au fost examinate în felul acesta, obținându-se o cantitate enormă de informații. De aceea, așa cum le place adesea oamenilor de știință să procedeze, pentru a înțelege datele și a vedea dacă există anumite tipare, ei le-au reprezentat grafic. Graficul rezultat, diagrama Hertzsprung-Russell (H-R), este cel mai cunoscut; el a fost creat în mod independent pe la 1910 de astronomul american Henry Russell și astronomul danez Ejnar Hertzsprung. Diagrama H-R va deveni unul din cele mai importante instrumente folosite de astrofizicieni în studierea vieții stelelor.

Pe axa verticală a diagramei H-R e reprezentată luminozitatea, așa încât stelele cele mai luminoase sunt în partea de sus, iar pe axa orizontală e reprezentată temperatura superficială - pe graficul alăturat, temperatura scade spre dreapta, așa încât stelele cele mai reci se găsesc în dreapta. Procedând astfel, diagrama arată că relația dintre temperatură și luminozitate nu e aleatorie, iar stelele tind să formeze grupuri distincte. Majoritatea stelelor sunt pe secvența principală, fâșia care se întinde din partea din stânga-sus până în partea din dreapta-jos a diagramei. O nouă stea va apărea aici atunci când va începe să fuzioneze hidrogenul; masa pe care a reușit s-o acumuleze dictează locul de pe secvența principală unde va apărea. Stelele care au acumulat foarte multă masă vor arde luminoase și fierbinți, și se vor găsi în partea din stânga-sus a secvenței principale; stelele cu masă mică sunt reci și palide și se găsesc în partea din dreapta-jos. Odată ajunse pe secvența principală, stelele își petrec cea mai mare parte a existenței într-o stare în general stabilă, menținându-și temperatura și luminozitatea constante, până când își epuizează combustibilul.

Inițial, informațiile de pe diagramele H-R se refereau doar la temperatură și luminozitate, dar au fost create și versiuni care prezintă dimensiunile relative ale stelelor. Aceasta s-a realizat cu o selecție de stele în diagrama alăturată și, după cum se vede, apare un alt tipar. În partea din dreapta-sus a graficului, unde se găsesc stelele foarte luminoase dar reci, dimensiunile sunt extrem de mari, pe când în colțul din stânga-jos găsim stelele cele mai mici.

Concomitent cu temperatura, pe axa orizontală sunt reprezentate și clasele spectrale. Clasa spectrală a unei stele ne spune ce fel de REM emite, corespunzător culorii sale. Stelele de tip „O" din stânga sunt cele mai fierbinți și mai albastre, cele de tip „M" din dreapta sunt cele mai reci și mai roșii.

Magnitudinea absolută e o altă metodă de a descrie luminozitatea unei stele, și este de asemenea folosită pe axa verticală. Cu cât valoarea sa e mai mică, cu atât steaua e mai luminoasă.

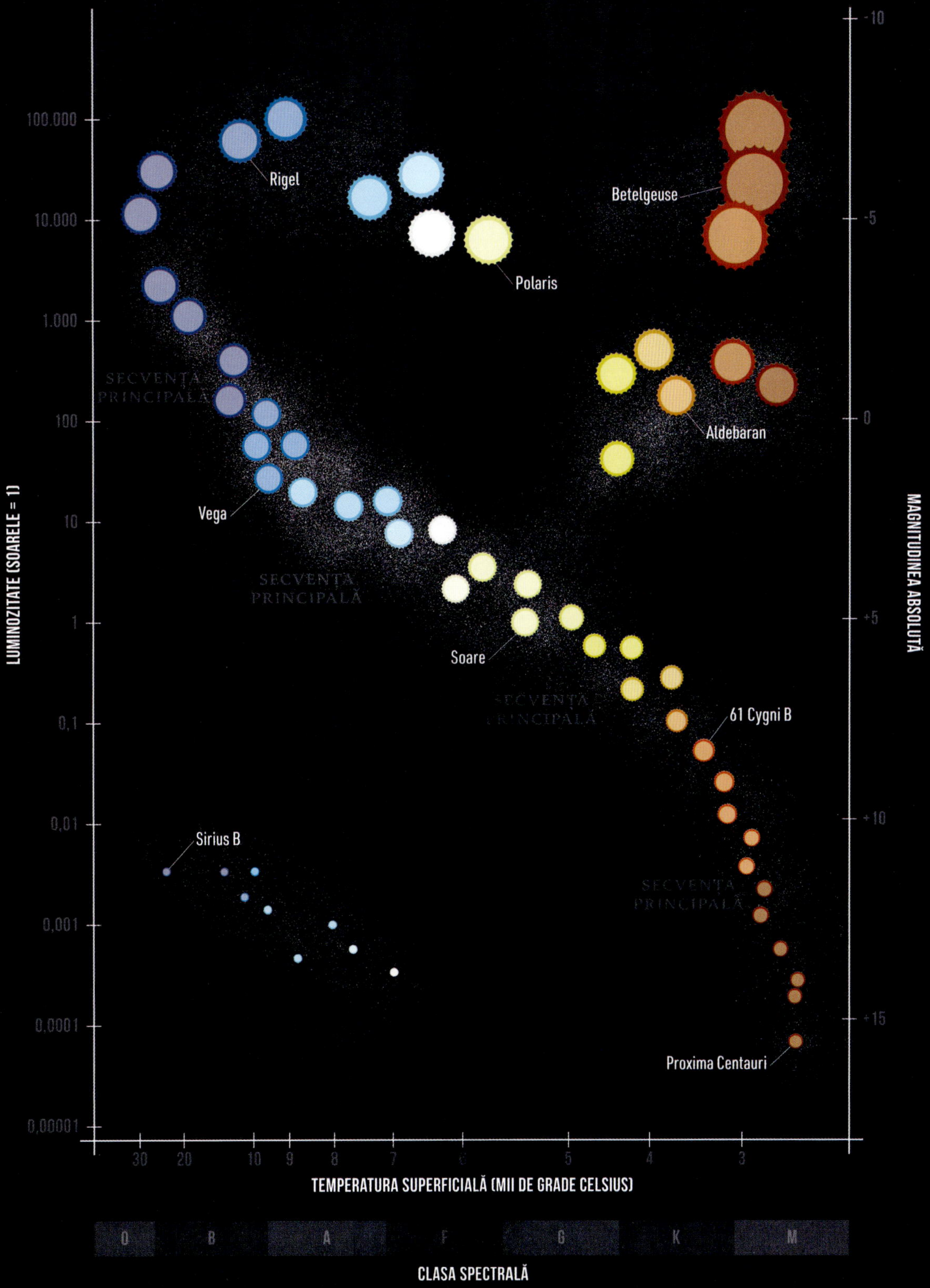

100.000
10.000
1.000
100
10
1
0,1
0,01
0,001
0,0001
0,00001
LUMINOZITATE (SOARELE = 1)
-10
-5
0
+5
+10
+15
MAGNITUDINEA ABSOLUTĂ
Rigel
Betelgeuse
Polaris
Aldebaran
SECVENȚA PRINCIPALĂ
SECVENȚA PRINCIPALĂ
SECVENȚA PRINCIPALĂ
SECVENȚA PRINCIPALĂ
Vega
Soare
61 Cygni B
Sirius B
Proxima Centauri
30
20
10
9
8
7
5
4
3
TEMPERATURA SUPERFICIALĂ (MII DE GRADE CELSIUS)
O
B
A
F
G
K
M
CLASA SPECTRALĂ

Stelele de pe secvența principală

Stelele de pe secvența principală sunt cele mai numeroase din univers, iar printre ele se află și Soarele nostru. Stelele aflate pe secvența principală sunt în cel mai stabil, mai echilibrat și mai durabil stadiu al existenței lor – după ce au început să fuzioneze hidrogenul, dar înainte de moartea lor odată cu epuizarea combustibilului.

Când o protostea crește, acumulând materie din nebuloasa înconjurătoare, ea suferă o contracție gravitațională – proces în care se eliberează energie prin comprimarea materiei. Când atinge o masă echivalentă cu 0,08 mase solare, în nucleu sunt întrunite condițiile adecvate pentru fuziunea hidrogenului – un alt proces care eliberează energie. Numai când fuziunea nucleară devine mijlocul dominant de producere a energiei, iar steaua a pierdut toată energia dobândită prin contracție gravitațională, ea este oficial recunoscută ca stea de pe secvența principală.

Între momentul când începe să emită lumină și cel în care încetează să mai producă energie prin contracție gravitațională, ea se numește pur și simplu *stea în pre-secvența principală*, și se găsește imediat deasupra benzii stelelor de pe secvența principală din diagrama H-R. Pierzându-și energia obținută prin contracție gravitațională, steaua din pre-secvența principală se deplasează spre banda secvenței principale de pe diagrama H-R; când toată această energie e epuizată, steaua se stabilizează pe secvența principală. Uneori evoluția stelei omite stadiul de pre-secvență-principală – stelele cele mai masive colapsează atât de rapid (în termeni astronomici), încât fuziunea începe aproape imediat.

Odată ajunse pe secvența principală, stelele ating o stare de echilibru, în care forța îndreptată spre exterior produsă de reacțiile de fuziune din nucleu este în echilibru cu forța zdrobitoare a gravitației. În aceste condiții, luminozitatea și temperatura lor cresc doar foarte lent în timp, așa încât ele nu se îndepărtează mult de poziția lor inițială în diagrama H-R. Stelele ies de pe secvența principală după ce au consumat o cantitate semnificativă din hidrogenul lor, iar atunci devin mai luminoase, evoluând către alte tipuri de stele de care ne vom ocupa mai târziu. Stelele mai masive petrec mai puțin timp pe secvența principală, deoarece își epuizează rezervele de hidrogen într-un ritm mult mai rapid. Soarele nostru, de exemplu, va petrece aproximativ 10 miliarde de ani pe secvența principală, dar o stea de cinci ori mai masivă își va consuma hidrogenul în doar 70 de milioane de ani.

Aproximativ 90% dintre stelele din univers sunt pe secvența principală – de ce sunt atât de numeroase? Pur și simplu fiindcă aici își petrec stelele cea mai mare parte a vieții, iar atunci când le zărim cel mai probabil e să le vedem în acest stadiu al existenței lor. Este echivalentul astronomic cu a lua un eșantion de oameni cu vârste între 8 luni și 80 de ani – doar cei mai tineri și cei mai bătrâni sunt excluși.

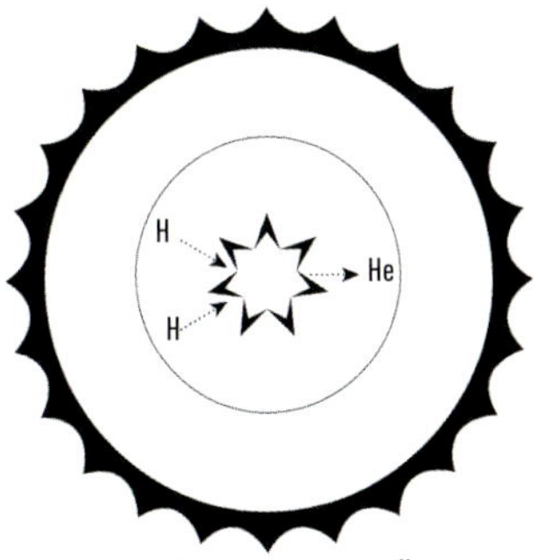

PRIN FUZIUNE NUCLEARĂ HIDROGENUL E CONVERTIT ÎN HELIU

Fuziunea nucleară în interiorul stelelor

REACȚII ÎN LANȚ

Stelele își încep viața pe secvența principală fuzionând hidrogen, sau *arzând* hidrogen, cum se spune adesea. Am văzut pe scurt cum funcționează fuziunea în cazul Soarelui (p. 84) și cum ciocnirile dintre nucleele atomice pot transforma hidrogenul în heliu. Există câteva combinații de ciocniri care au drept rezultat producerea de heliu - diagrama de mai jos prezintă cea mai simplă metodă.

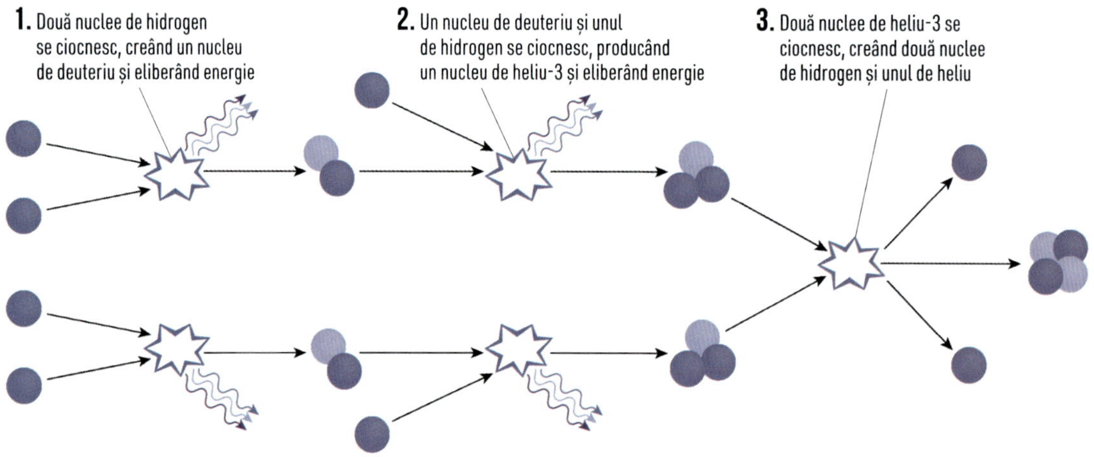

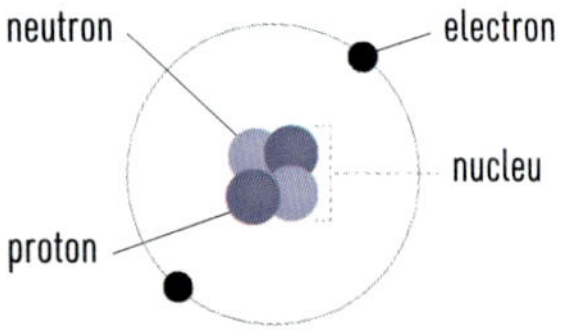

ATOMUL

Atomul e cea mai mică unitate de materie a unui element chimic. Numărul protonilor din nucleu dictează cărui element îi aparține atomul, care poate avea variante numite izotopi. Izotopul e determinat de numărul neutronilor din nucleu.

ATOM DE HIDROGEN
Cel mai răspândit izotop al hidrogenului

NUCLEU DE HIDROGEN
Un singur proton

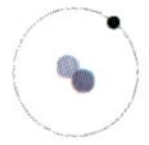

ATOM DE DEUTERIU
Un izotop al hidrogenului care are un neutron în nucleu

NUCLEU DE DEUTERIU
Un proton și un neutron

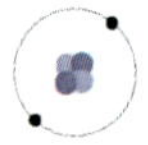

ATOM DE HELIU-4
Cel mai răspândit izotop al heliului

NUCLEU DE HELIU-4
Doi protoni și doi neutroni

ATOM DE HELIU-3
Un izotop al heliului care are un singur neutron

NUCLEU DE HELIU-3
Doi protoni și un neutron

Deși întreaga serie de reacții are loc numai la temperaturi de aproximativ 10 milioane de grade, e bine de știut că al doilea pas, fuziunea deuteriului și a hidrogenului, poate avea loc la temperaturi mai joase. Acesta e motivul pentru care piticele brune emit mici cantități de radiație; ele nu sunt destul de fierbinți pentru a fuziona nucleele de hidrogen, dar sunt destul de fierbinți pentru a-și epuiza lent rezervele naturale de deuteriu. Întrucât deuteriul reprezintă numai 0,002% din cantitatea de hidrogen din univers și din stele, ciocnirile dintre nucleele de deuteriu sunt excepțional de rare, ceea ce explică emisia redusă de energie a piticelor brune.

ECHILIBRUL

Energia eliberată prin reacțiile nucleare exercită o presiune spre exterior, care se opune forței gravitaționale ce tinde să comprime steaua spre centru. În lipsa acestor reacții nucleare, steaua ar colapsa datorită propriei mase – situație cu care toate stelele se vor confrunta atunci când își vor epuiza combustibilul. Modul cum se vor comporta depinde de masa lor. Stelele cele mai mici își ard lent hidrogenul, iar, odată ce acesta se termină, fuziunea încetează și steaua colapsează. Stelele mai masive generează în interiorul lor temperaturile și presiunile necesare pentru a arde alte elemente. În timp ce stelele ard pe secvența principală, forța îndreptată spre exterior produsă de reacțiile nucleare e echilibrată de forța gravitațională îndreptată spre interior, așa încât ele rămân într-o stare de echilibru stabil – nici nu se dilată, nici nu se contractă.

STRATURI STELARE

În diagrama de mai jos, steaua nr. 1 se află pe secvența principală; ea e alcătuită îndeosebi din hidrogen, dar, pe măsură ce arde, convertește o parte din hidrogen în heliu. Heliul e generat în centrul nucleului, unde se acumulează treptat. Pe măsură ce nucleul central crește, hidrogenul continuă să ardă într-un strat înconjurător, producând și mai mult heliu. În cazul celor mai masive stele, procesul nu se încheie aici; presiunile și temperaturile mai înalte din nucleele lor pot fuziona elemente mai grele. Astfel, în centrul nucleului format din heliu reacțiile de fuziune vor produce elementul mai greu carbon, și ca urmare se va forma un nucleu de carbon în interiorul unui strat de heliu arzând, aflat la rândul său în interiorul stratului de hidrogen arzând. Procesul acesta se repetă, fiecare nucleu succesiv fiind alcătuit dintr-un element mai greu decât cel precedent, până când se formează elementul fier.

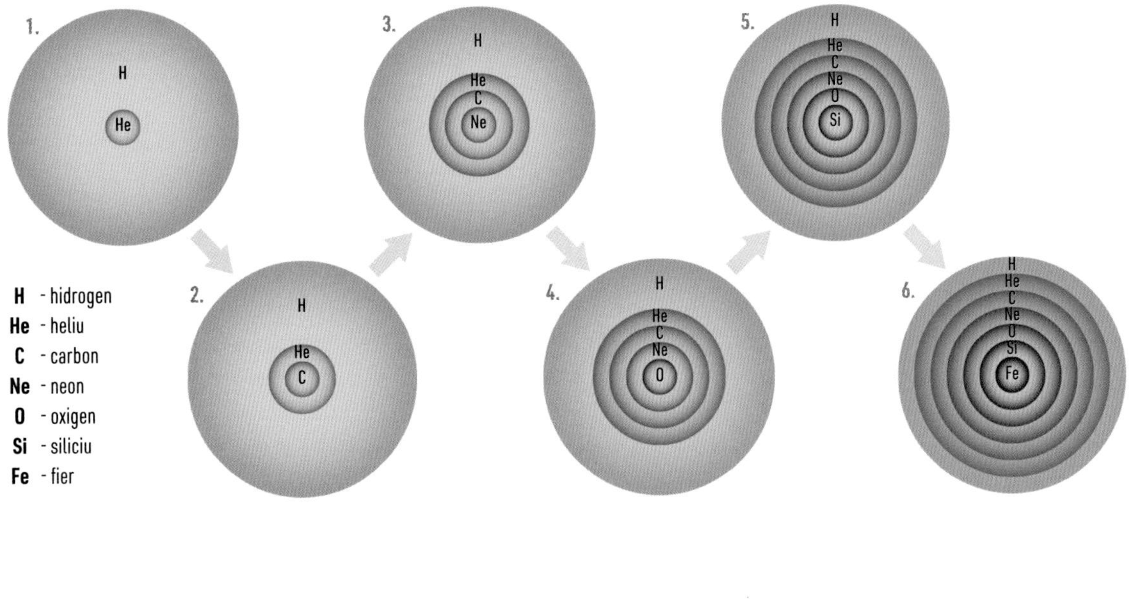

Stelele cu mase mai mici decât jumătate din masa Soarelui își ard hidrogenul într-un ritm mult mai lent, datorită temperaturilor și presiunilor mai scăzute din interiorul lor. Mici și relativ reci, aceste *pitice roșii* vor lumina mai mult timp decât oricare alt obiect din univers, înainte de a se stinge și ele cu încetul.

1. Steaua debutează pe secvența principală atunci când începe să ardă lent hidrogen; cu cât pitica roșie are o masă mai mică, cu atât va arde mai mult timp. În piticele roșii mai ușoare, condițiile moderate permit curenților de convecție să prevaleze peste tot în interiorul stelei. Heliul produs e distribuit în restul stelei, astfel încât nu se acumulează în centru pentru a forma un nucleu. **2**. Cu trecerea timpului, datorită fuziunii nucleare, raportul dintre heliu și hidrogen crește extrem de lent. O stea având o zecime din masa Soarelui va arde hidrogenul pe durata de 10 bilioane (o mie de miliarde) de ani. **3**. Ciocnirile dintre nucleele de hidrogen devin tot mai rare datorită creșterii conținutului de heliu, și ca urmare reacțiile de fuziune sunt mai puțin frecvente. În consecință, forțele îndreptate spre exterior create de reacțiile nucleare scad lent, și steaua se contractă încetul cu încetul sub acțiunea propriei sale greutăți. **4**. Pe măsură ce reacțiile nucleare devin tot mai rare, steaua continuă să se contracte și concomitent pierde din luminozitate. **5**. Când steaua e alcătuită aproape complet din heliu, toate reacțiile nucleare încetează și nu mai există o presiune a radiației care să echilibreze gravitația, iar steaua colapsează într-o *pitică albă*. Aceste corpuri mici sunt foarte dense; o imagine sugestivă ar fi o masă comparabilă cu a Soarelui comprimată la dimensiunea Pământului. Datorită contracției gravitaționale imense pe care au suferit-o, piticele albe sunt foarte fierbinți atunci când se formează, dar, nemaiavând nici o sursă de energie, ele se răcesc treptat cu trecerea timpului pe măsură ce radiază căldura. Luminozitatea redusă a piticelor albe se datorează prin urmare exclusiv emisiei energiei termice acumulate, întrucât nu mai au loc reacții nucleare. **6**. În cele din urmă, o pitică albă se va răci până în punctul în care nu mai radiază deloc lumină sau căldură, devenind foarte greu de detectat. Aceste obiecte teoretice sunt numite *pitice negre*. Cuvântul „teoretic" trebuie folosit în acest caz fiindcă astronomii nu au identificat niciodată vreo pitică neagră; de fapt, se crede că în prezent nici nu există vreuna, având în vedere timpul necesar pentru formarea lor. Fizicienii au prezis că va fi nevoie de bilioane de ani pentru ca dintr-o stea de pe secvența principală să se formeze o pitică neagră – cu mult mai mult decât vârsta actuală a universului de 13,8 miliarde de ani.

Proxima Centauri

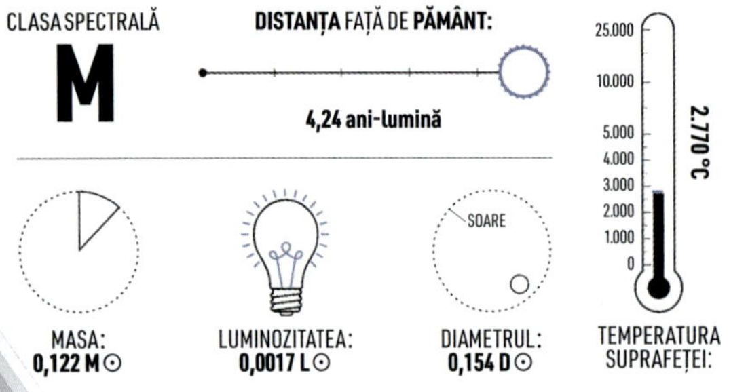

La 4,4 ani-lumină depărtare, sistemul stelar Alfa Centauri este cel mai apropiat de al nostru. Este alcătuit din trei stele, două foarte asemănătoare cu Soarele, numite Alfa Centauri A și B, iar a treia, Proxima Centauri, o pitică roșie. Cele două stele principale orbitează una în jurul celeilalte în ceva mai puțin de 80 de ani, dar Proxima Centauri, situată la 12.950 UA de acest cuplu, are nevoie de 550.000 ani pentru a-și parcurge orbita.

Fiind o pitică roșie, Proxima Centauri e considerabil mai mică și mai puțin luminoasă decât celelalte stele din sistemul său și nu e vizibilă cu ochiul liber. În vreme ce Alfa Centauri A și B au fost menționate încă în secolul II de savantul grec Ptolemeu, Proxima a fost descoperită abia în 1915.

Masa lui Proxima Centauri e aproximativ o optime din cea a Soarelui, dar, așa cum e de așteptat din partea unei stele cu masă mică, este mult mai densă. Deoarece reacțiile nucleare au loc cu o rată mult mai modestă în stele mai puțin masive precum aceasta, presiunea radiației e prea mică pentru a contracara forța zdrobitoare a gravitației – în prezent, gravitația lui Proxima a compactat steaua la o densitate de 33 de ori mai mare decât a Soarelui. Dimensiunea redusă e însă compensată de longevitate. Arzând cu nonșalanță, e de așteptat ca hidrogenul lui Proxima Centauri să dureze încă vreo 4 bilioane de ani.

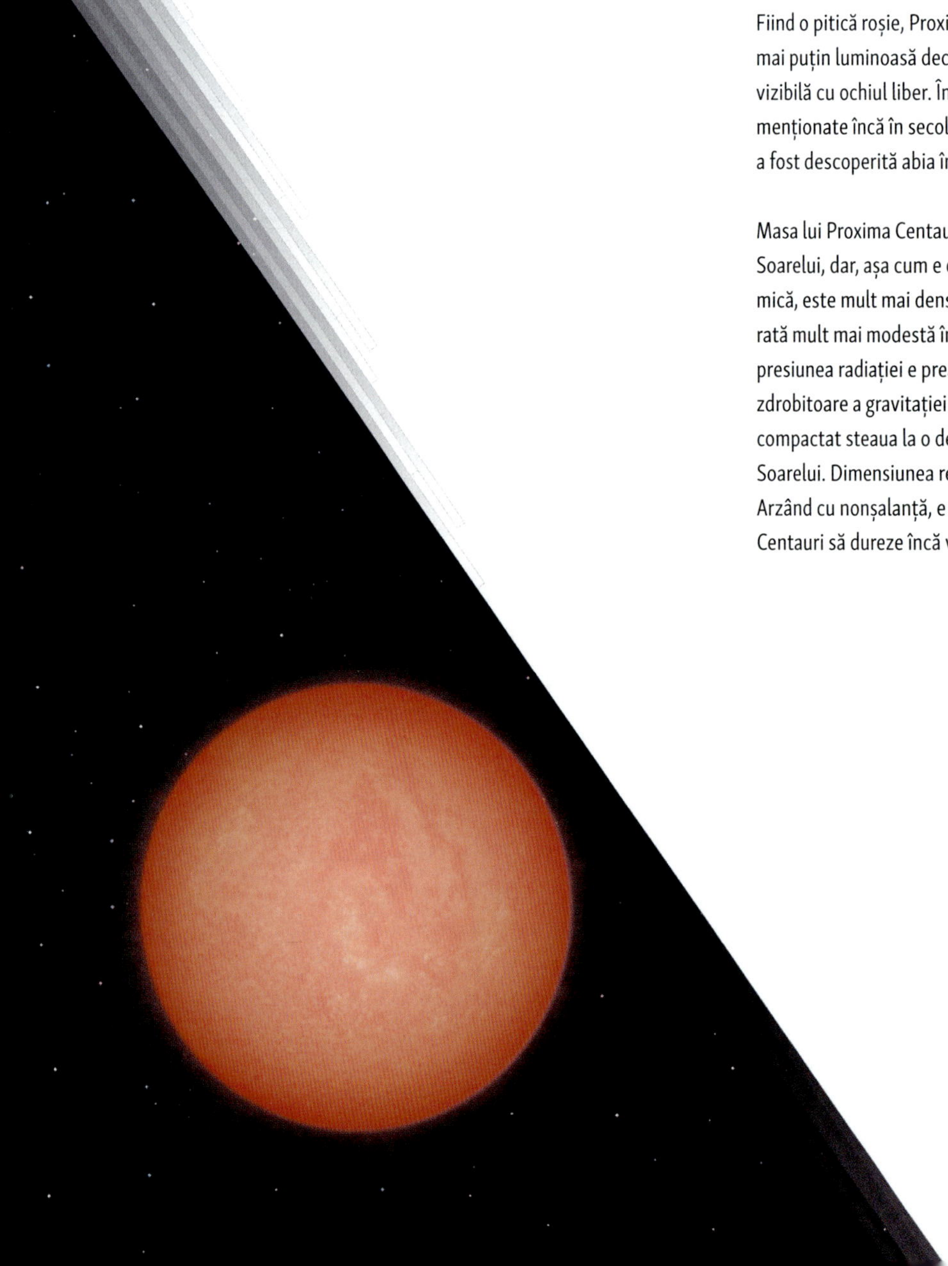

Fotografie luată de Telescopul Spațial Hubble în 2013

Pitice roșii

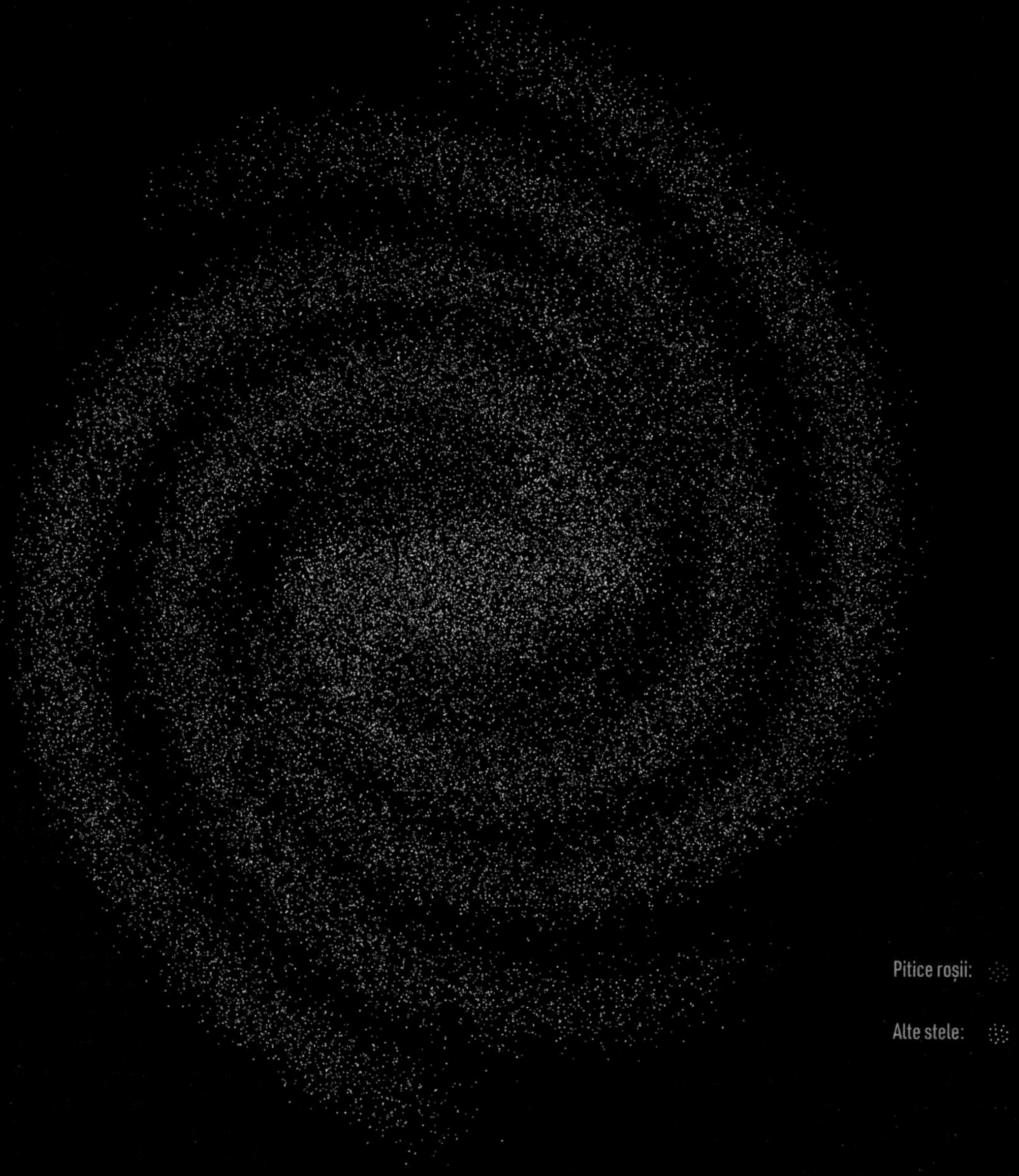

Se estimează că piticele roșii formează trei sferturi din stelele galaxiei noastre, Calea Lactee. Datorită longevității lor, raportul dintre numărul piticelor roșii și al celorlalte stele îi poate ajuta pe astronomi să calculeze vârsta galaxiilor, precum și a roiurilor de stele. Cum stelele mai masive și mai luminoase își consumă combustibilul și mor mult mai repede decât piticele roșii, roiurile de stele mai bătrâne vor conține un procentaj mai mare de pitice roșii longevive.

Stelele cu mase între 0,5 și 8 mase solare vor arde hidrogenul pe durate cuprinse între zeci de milioane și zeci de miliarde de ani, în funcție de masa lor. Când combustibilul se epuizează, stelele de mărime medie sunt sortite a se dilata considerabil, petrecându-și amurgul vieții ca *gigante roșii*. Aceste stele mari și luminoase devin curând instabile, moment în care explodează, aruncându-și o mare parte din materie în spațiu și lăsând în urmă un nucleu dens și fierbinte.

1. Stelele de mărime medie își încep viața arzând hidrogen în nucleu. Soarele e una dintre acestea, fiind clasificat ca o pitică galbenă, dar în domeniul „mărimilor medii" există și alte tipuri de stele de pe secvența principală. **2**. Ca rezultat al fuziunii nucleare, heliul e depozitat în nucleu, după care hidrogenul începe să ardă într-un strat din afara nucleului. Pe măsură ce nucleul de heliu crește, regiunile în care fuzionează hidrogenul trebuie să se apropie de suprafața stelei, în centru locul său fiind ocupat de heliu. Astfel, steaua se dilată treptat (fiindcă regiunile în care are loc fuziunea se deplasează spre exterior și încălzesc regiunile exterioare ale stelei) și se răcește (fiindcă reacțiile de fuziune slăbesc în intensitate, hidrogenul neputând ocupa zonele cele mai fierbinți ale stelei, cele din apropierea nucleului). **3**. Când reacțiile nucleare ating un nivel minim critic, nucleul stelei colapsează. Colapsul nucleului antrenează hidrogenul din regiunile exterioare către centrul dens și fierbinte, unde se poate reaprinde. Cea mai mare parte din energia produsă de hidrogenul reaprins e absorbită de straturile exterioare, care se dilată

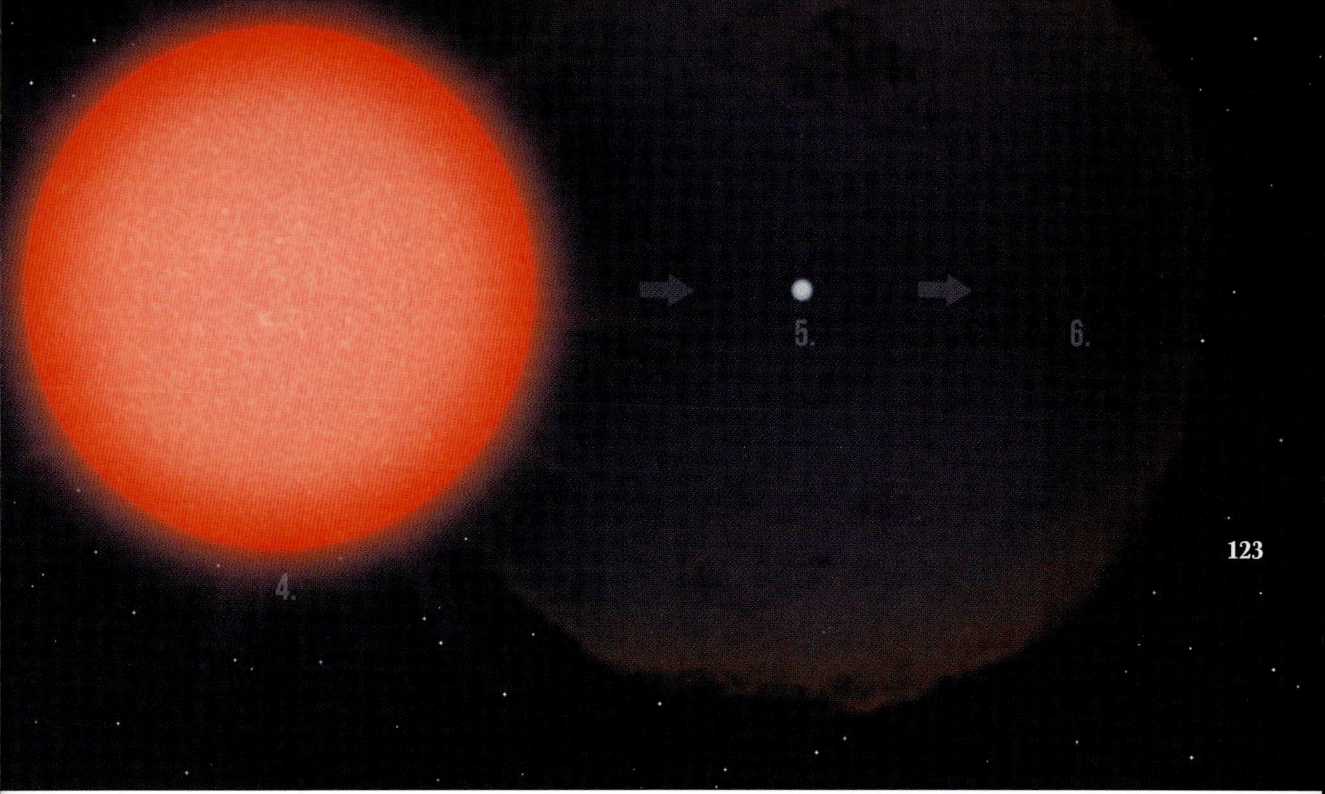

enorm, mărind totodată luminozitatea stelei. **4**. Când expansiunea se oprește, iar steaua ajunge la echilibru, ea devine o gigantă roșie. Deși temperaturile superficiale sunt mai scăzute decât cea a Soarelui, gigantele roșii pot să fie de mii de ori mai luminoase și să aibă un diametru de sute de ori mai mare. Stele precum Soarele e de așteptat să petreacă în jur de un miliard de ani ca gigante roșii, timp în care nucleul lor de heliu continuă să crească, concomitent cu temperatura din interiorul său. Odată ce nucleul de heliu atinge o anumită temperatură, și el va începe să fuzioneze, la fel cum hidrogenul a ars inițial în nucleul stelei. Fuziunea heliului produce elementele mai grele carbon și oxigen, care încep să se acumuleze în centrul nucleului. O stea cu masa mai mică de 8 mase solare nu va produce niciodată temperatura necesară pentru a fuziona carbonul sau oxigenul, de aceea, atunci când nu mai poate arde straturile de hidrogen și heliu, gravitația va învinge forța radiativă îndreptată spre exterior. Urmează o serie de pulsații, prin care materia ce colapsează e atrasă în regiunile din interior unde are loc fuziunea, și ea se reaprinde, eliberând căldură și energie. Aceasta împinge straturile exterioare și mai spre exterior, ele devenind mai reci și mai puțin dense, înainte ca gravitația să le atragă înapoi într-un fel de efect de revenire. **5**. Concomitent cu pulsațiile în luminozitate și temperatură, vânturile stelare transportă în spațiu o mare parte din masa stelei, iar tot ce rămâne e un nucleu dens și fierbinte înconjurat de o nebuloasă planetară. Rămășița gigantei roșii, nucleul său, este acum doar o pitică albă în care nu mai au loc reacții nucleare. **6**. În decurs de bilioane de ani, pitica albă se stinge și devine o pitică neagră.

Mira

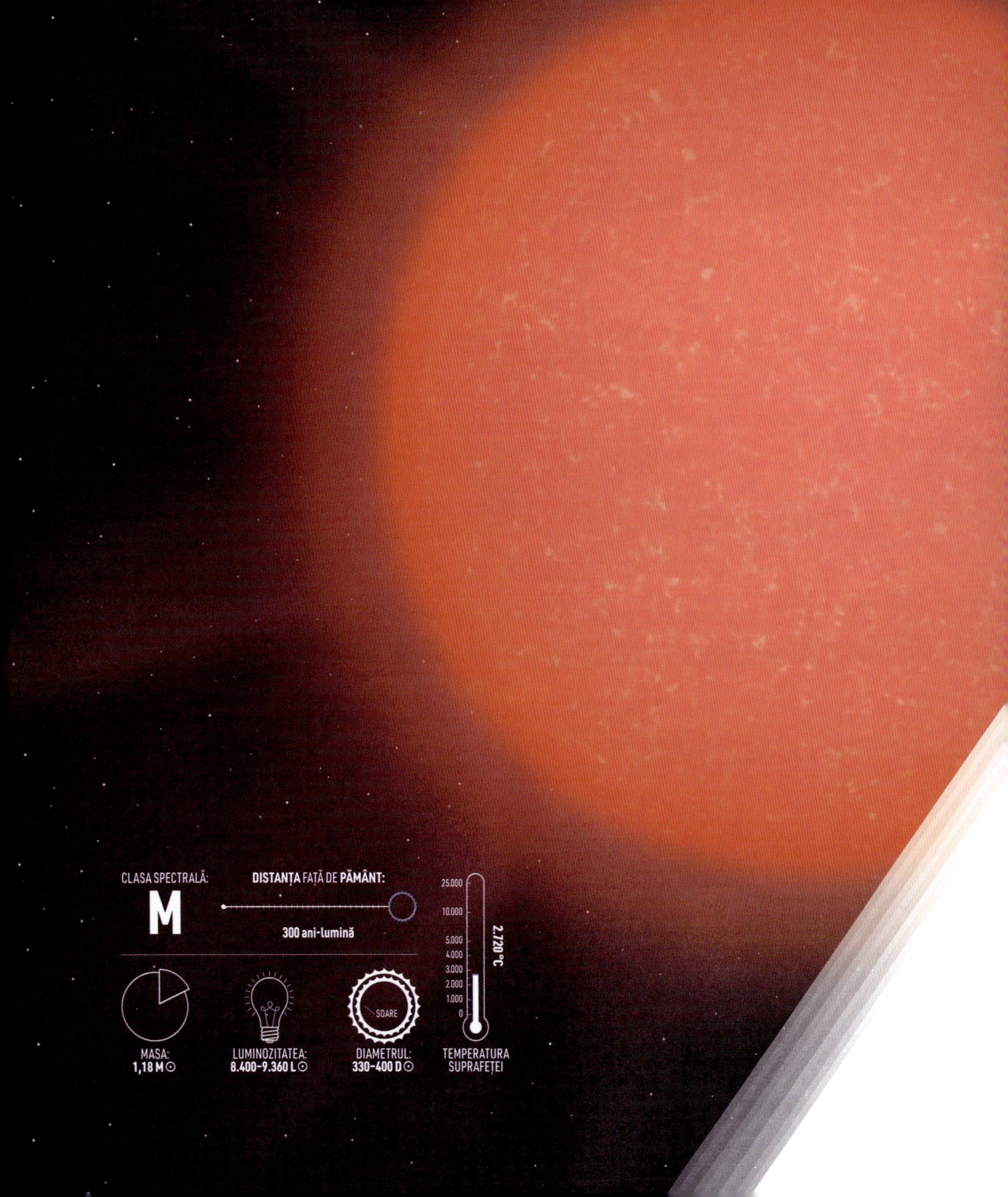
CLASA SPECTRALĂ:
M
DISTANȚA FAȚĂ DE PĂMÂNT:
300 ani-lumină
25.000
10.000
5.000
4.000
3.000
2.000
1.000
0
2.720 °C
SOARE
MASA:
1,18 M☉
LUMINOZITATEA:
8.400-9.360 L☉
DIAMETRUL:
330-400 D☉
TEMPERATURA
SUPRAFEȚEI

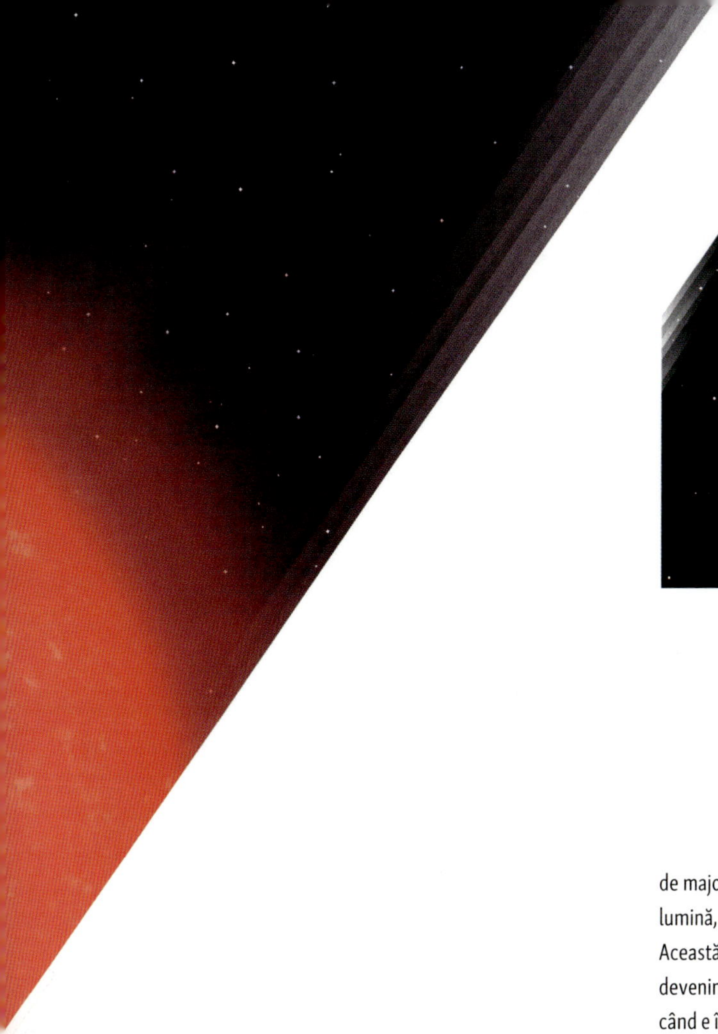

Fotografie luată de Observatorul RAS,
New Mexico, pe 24 ianuarie 2007

Când a fost descoperită Mira, a devenit limpede că aceasta nu semăna cu nici o altă stea cunoscută la acea vreme. Prima observație concludentă a noului tip de obiect stelar datează din 1596 și aparține lui David Fabricius, un pastor german care a făcut descoperirea din întâmplare, în timp ce încerca să studieze alte corpuri astronomice.

Într-o noapte, în timp ce observa planetele, Fabricius a ales o stea oarecare ca referință pentru a urmări mișcările lumilor învecinate. După aproape trei săptămâni, a privit din nou aceeași porțiune de cer și a constatat că punctul său de referință era semnificativ mai strălucitor decât data trecută. O lună mai târziu, steaua a dispărut. Asta l-a făcut pe Fabricius să conchidă că văzuse o novă – o străfulgerare bruscă de lumină care pe atunci era incorect pusă pe seama nașterii unei noi stele. Dar, în mod straniu, după câteva luni steaua a reapărut.

Mai târziu astronomii vor numi steaua Mira, cuvântul latin pentru „minune", datorită naturii sale speciale. Spre deosebire de Soare și de majoritatea stelelor, în loc să producă o cantitate constantă de lumină, ea oscila între palid și strălucitor la fiecare 333 zile. Această gigantă roșie era un fenomen nou la acea vreme, devenind prima stea variabilă descoperită. Văzută de pe Pământ, când e în faza cea mai luminoasă, Mira strălucește la fel ca stelele din Ursa Mare, dar când pălește devine invizibilă cu ochiul liber. Pulsațiile în strălucire sunt însoțite de pulsații în mărime; când steaua e contractată, diametrul său este de 660 de ori mai mare decât al Soarelui, iar când se dilată, de 800 de ori mai mare. Mira strălucește cel mai tare când are dimensiunea minimă, deoarece mai multă materie e comprimată în regiunile unde are loc fuziunea nucleară; în starea aceasta, steaua are o luminozitate impresionantă, de 9.300 de ori mai mare decât a Soarelui. O caracteristică a gigantelor roșii este că, în pofida dimensiunii și luminozității lor enorme, au o masă relativ modestă – Mira este de doar 1,2 ori mai masivă decât Soarele.

Pulsațiile acestei stele enigmatice sunt semne că Mira e pe cale să se transforme dintr-o gigantă roșie într-o pitică albă. Valuri de reacții nucleare împing straturile exterioare ale stelei, înainte ca gravitația să preia controlul și să atragă totul înapoi într-un proces repetitiv. Mira face eforturi să rămână în echilibru, dar într-o zi va colapsa. Pe măsură ce steaua se apropie de sfârșitul vieții, cu fiecare dilatare o parte a materiei sale e ejectată în spațiu, purtată de vântul stelar. Ca un alergător care gâfâie, Mira pare obosită după cursă.

Steaua lui Van Maanen

Cum se întâmplă adesea în știință, astronomii fac în mod frecvent descoperiri în timp ce caută altceva. Așa a găsit astronomul american de origine olandeză Adriaan van Maanen steaua care mai târziu îi va purta numele. În timp ce observa cerul, în căutarea însoțitorului unei stele de tip solar aflată la 24 de ani-lumină, el a dat de o stea mică și palidă, situată între noi și ținta lui.

Van Maanen a făcut descoperirea, numită și van Maanen 2, în 1917, deși obiectul a fost identificat ca o pitică albă de abia în 1923. El găsise cea de-a treia pitică albă detectată și cea mai apropiată de sistemul nostru solar. Totuși, spre deosebire de celelalte pitice albe cunoscute, aceasta nu făcea parte dintr-un sistem binar, ci era un călător singuratic. Prezența celorlalte pitice albe fusese dedusă din tracțiunea exercitată asupra stelei partenere, pe care o făceau să se „clatine", de aceea descoperirea acestei steluțe palide în imensitatea spațiului a fost într-adevăr o lovitură norocoasă. Pentru a vă forma o idee cât de palidă este steaua lui van Maanen: Soarele emite într-o singură zi mai multă lumină decât steluța aceasta în 15 ani. Ca pitică albă, steaua este în mod natural foarte densă; masa sa este aproximativ 68% din cea a Soarelui, în vreme ce diametrul său este doar 1% din cel al Soarelui.

Mai târziu, steaua lui van Maanen a atras din nou atenția. În mod ciudat, nu ca rezultat al unor noi observații; dimpotrivă, dovezile care au stârnit imaginația astronomilor sunt vechi de peste o sută de ani. În 1917, la scurt timp după descoperirea stelei, lumina sa a fost înregistrată pe o placă spectrografică și depozitată în colecția Observatoarelor Carnegie. Spectrul stelei prezenta un mister: liniile de absorbție indicau clar prezența unor elemente grele precum calciu, magneziu și chiar fier. Aceste materii dense trebuiau să se fi scufundat de mult în nucleul stelei, și să nu se mai găsească acum în atmosfera sa superioară. Plăcile au ieșit din nou la iveală în 2016, și după ce le-au examinat, astronomii au început să suspecteze că aceste elemente mai grele există într-un inel din resturi de rocă în jurul stelei, dând naștere la ceea ce numim acum pitice albe impurificate. Cele mai bune teorii de care dispunem sugerează că aceste materii pietroase au fost cândva planete, distruse atunci când steaua s-a dilatat pentru a deveni o gigantă roșie. Odată ce și-a epuizat combustibilul, Steaua lui van Maanen a colapsat într-o pitică albă, lăsând în urmă planetele transformate în grohotiș. Dacă scenariul acesta e adevărat, atunci soarta planetelor interioare din sistemul nostru solar ar putea fi înfricoșător de asemănătoare.

CLASA SPECTRALĂ:
D
DISTANȚA FAȚĂ DE PĂMÂNT:
14,07 ani-lumină
25.000
10.000
5.000
4.000
3.000
2.000
1.000
0
5.840 °C
SOARE
MASA:
0,67 M☉
LUMINOZITATEA:
0,00017 L☉
DIAMETRUL:
0,011 D☉
TEMPERATURA SUPRAFEȚEI

Viața Soarelui nostru

Odată ce am discutat despre stelele de mărime medie, să analizăm etapele din viața Soarelui nostru. Fazele sunt numerotate pe diagrama H-R de alături, așa încât putem urmări traiectoria Soarelui de la prima sa rază de lumină și până la sfârșitu-i mohorât, stabilind legătura dintre traiectorie și procesele din interiorul său.

1. În urmă cu vreo 4,6 miliarde de ani, un nor de gaz constând mai ales în hidrogen, plus o cantitate de heliu, a început să colapseze sub acțiunea propriei gravitații. Sunt de asemenea prezente urme de elemente mai grele ca rezultat al unei explozii de supernovă în apropiere - probabil evenimentul care a declanșat colapsul norului de gaz. În timp ce materia cade spre centru, ea începe să se rotească; cea mai mare parte a masei se adună într-o sferă, iar restul se aplatizează într-un disc din care se vor forma planetele. Când în centru s-a acumulat suficientă materie, începe fuziunea nucleară. **2.** Soarele a ajuns pe secvența principală după ce a început să ardă hidrogen în nucleu și a atins starea de echilibru. Când forțele îndreptate spre exterior produse de reacțiile nucleare au fost compensate de greutatea materiei din stea, Soarele a început să emită energie în ritm constant. Cu timpul, presiunea în nucleu crește, mărind rata reacțiilor de fuziune, de aceea în realitate Soarele devine puțin mai strălucitor în timp ce se află pe secvența principală. În prezent, rata e de aproximativ 1% la fiecare 100 milioane de ani. Steaua noastră va petrece aproximativ 10 miliarde de ani în această stare, din care am parcurs deja aproape jumătate. **3.** Pe măsură ce arde, Soarele produce heliu în nucleul său, așa încât începe să ardă hidrogen într-un strat din jurul heliului în permanentă acumulare - în această fază a încetat să fie o stea de pe secvența principală. În jumătate de miliard de ani, își va dubla mărimea, înainte ca rata expansiunii să crească enorm. În următoarea jumătate de miliard de ani, steaua își va mări diametrul actual de aproximativ 200 de ori, iar luminozitatea de 2.000 de ori. În acest moment, Soarele va fi devenit o gigantă roșie, înghițind planetele Mercur și Venus, posibil și Pământul. El va rămâne o gigantă roșie vreme de aproximativ un miliard de ani, timp în care va pierde circa o treime din masă prin vânt stelar. **4.** Când condițiile nu mai vor mai fi adecvate pentru ca hidrogenul să ardă în continuare în stratul din jurul nucleului, steaua va încerca să colapseze, mărindu-și temperatura și presiunea din nucleu. În procesul denumit „aprinderea heliului", heliul din nucleu se va aprinde brusc și violent. Se estimează că 6% din cantitatea de heliu din nucleu va fi convertită în carbon în răstimp de câteva minute. Odată ce heliul va începe să fuzioneze în nucleu, Soarele se va contracta până la aproximativ de 10 ori diametrul său actual, iar luminozitatea va crește de 50 de ori. **5.** Când heliul va fi obligat să înceapă să ardă într-un strat din jurul nucleului de carbon care se acumulează, hidrogenul arzând într-un strat înconjurător, steaua noastră va începe din nou să se dilate - fenomen asemănător cu expansiunea pe care a suferit-o când a devenit gigantă roșie, dar acum totul se va petrece mult mai rapid. La aproximativ 20 de milioane de ani după începutul acestei perioade de creștere, Soarele va deveni tot mai instabil, pe măsură ce rezervele sale de combustibil scad. El va pulsa deopotrivă în luminozitate și mărime, fiindcă periodic va încerca să colapseze, ceea ce va duce la reaprinderea reacțiilor nucleare și la o nouă dilatare. **6.** Pulsațiile Soarelui vor fi tot mai puternice, până la un heirup final, în care colapsurile și expansiunile ulterioare devin atât de violente, încât expulzează în spațiu regiunile exterioare ale stelei, formând o nebuloasă planetară. Nucleul rămas va fi dens și fierbinte, având aproximativ o jumătate din masa actuală a Soarelui. **7.** Nebuloasa planetară se va dispersa în numai 10.000 de ani, dar nucleul rămas va supraviețui indefinit. Pentru o perioadă foarte scurtă, vreo 200 de ani, luminozitatea sa va rămâne aproape constantă. În acest timp, lipsind reacțiile nucleare care să se opună gravitației, steaua se va contracta și se va încălzi - emițând o mare cantitate de radiație termică ce îi susține pentru moment luminozitatea. **8.** După contracție, luminozitatea Soarelui va scădea, dar nucleul rămas va avea o temperatură de peste 100.000 grade. Nucleul rezidual al Soarelui, format din carbon și hidrogen extrem de comprimate, va fi acum o pitică albă. El va rămâne în această stare timp de bilioane de ani, radiindu-și treptat căldura. Când va înceta complet să emită căldură sau lumină, va dispărea din diagrama H-R, resemnat cu soarta de pitică neagră.

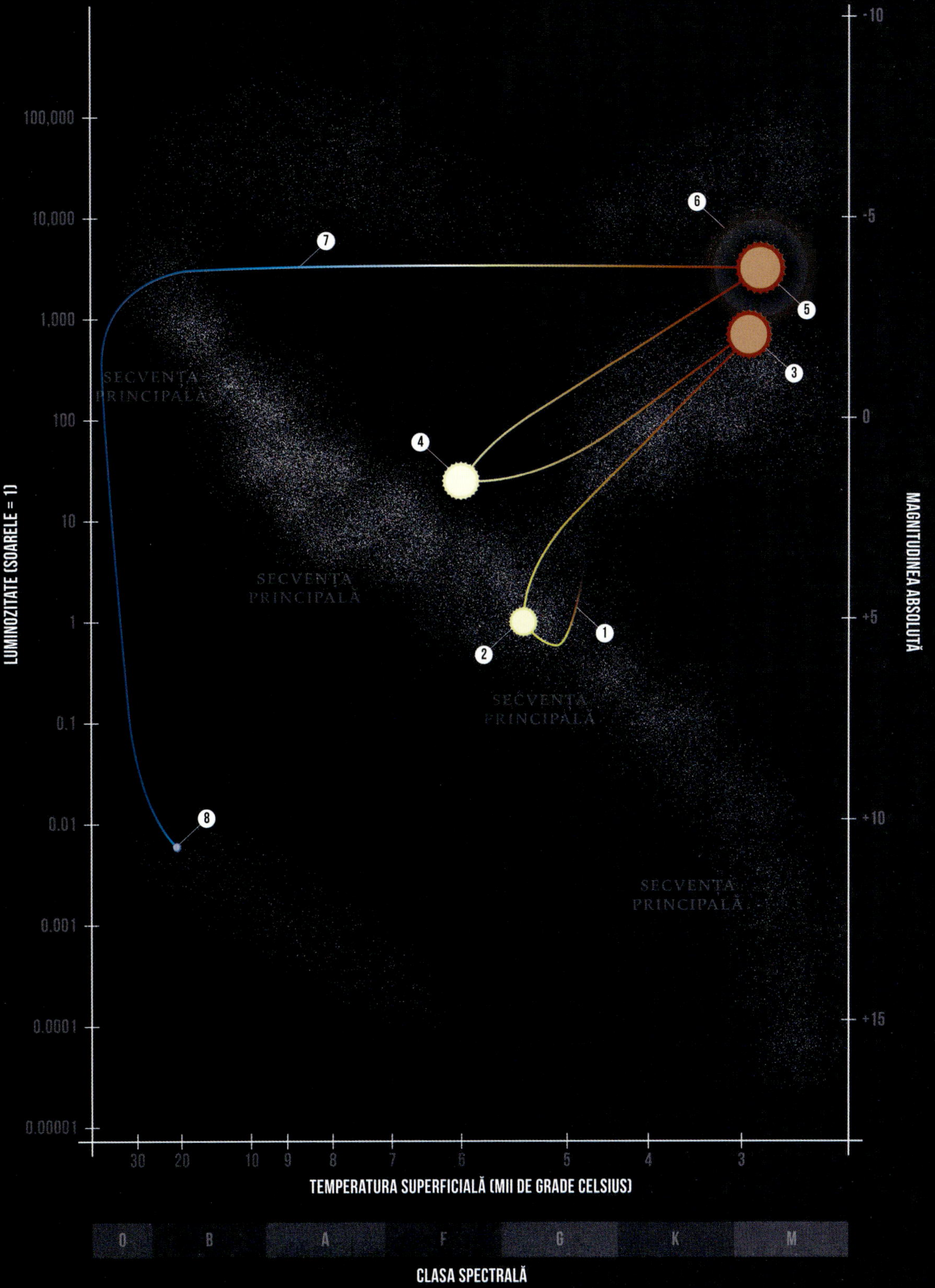
LUMINOZITATE (SOARELE = 1)
100,000
10,000
1,000
100
10
1
0.1
0.01
0.001
0.0001
0.00001
MAGNITUDINEA ABSOLUTĂ
-10
-5
0
+5
+10
+15
SECVENȚA PRINCIPALĂ
SECVENȚA PRINCIPALĂ
SECVENȚA PRINCIPALĂ
SECVENȚA PRINCIPALĂ
1
2
3
4
5
6
7
8
30
20
10
9
8
7
6
5
4
3
TEMPERATURA SUPERFICIALĂ (MII DE GRADE CELSIUS)
O
B
A
F
G
K
M
CLASA SPECTRALĂ

Stele masive

Cele mai mari stele din univers sunt și cele mai luminoase, dar strălucirea lor are un preț: cu cât luminează mai intens, cu atât au o viață mai scurtă. Temperaturile și presiunile extreme din interiorul lor fac ca reacțiile de fuziune să se producă mai frecvent decât în stelele cu masă mică, așa încât ele își consumă rapid combustibilul. În timpul scurtei lor vieți, stelele cu masa de peste 8 ori mai mare decât a Soarelui produc în interiorul lor unele elemente mai grele, dar cele mai grele sunt create abia la sfârșitul existenței lor. Când acești coloși stelari colapsează, exploziile rezultate sunt inimaginabil de violente, dând naștere celor mai exotice elemente din univers și împrăștiindu-le în cosmos.

1. Asemenea celorlalte stele, stelele masive încep să lumineze pe secvența principală arzându-și hidrogenul. Având o masă mai mare, ele ard mai strălucitor și la o temperatură mai înaltă decât stelele cu masă mică. Dacă stelele mai puțin masive vor lumina constant miliarde de ani pe secvența principală, cele cu masă mare vor arde hidrogen în nucleu doar timp de milioane de ani.

2. Asemenea stelelor cu masă mai mică, cele de peste 8 ori mai masive decât Soarele încep prin a-și forma un nucleu de heliu. Hidrogenul începe atunci să ardă într-un strat din jurul nucleului și steaua se dilată, posibil la peste 1.000 de ori diametrul Soarelui. Părăsind secvența principală, ea devine o supergigantă roșie. Fiindcă sunt atât de masive, în nucleul acestor stele sunt întrunite condițiile pentru fuziunea heliului. Spre deosebire de stelele cu masă mai mică, fuziunea heliului începe lin, nefiind nevoie ca steaua să colapseze pentru a crea temperaturile necesare. **3**. Fuziunea heliului continuă, producând elementul mai greu carbon; se formează un nucleu de carbon în interiorul straturilor de heliu și hidrogen care ard. Cu fiecare nou element produs, nucleul alcătuit din acel element se contractă puțin, deoarece noile nuclee atomice sunt mult mai dense decât cele care le-au creat. Contracția absoarbe regiunile înconjurătoare, crescând temperatura și presiunea din nucleu. În stelele masive carbonul va putea fuziona, spre deosebire de stelele cu masă mai redusă (care în această fază se vor transforma în pitice albe).

Fuziunea carbonului produce elementul mai greu neon, care se scufundă spre centru, formând un alt nucleu în interiorul nucleului de carbon. Procesul se repetă, fiecare nou element fuzionând la rândul său într-unul mai greu care se scufundă spre centru, până când interiorul stelei seamănă cu o ceapă: straturi concentrice, fiecare format din alt element. Cel mai greu element care poate fi creat de stele în acest mod e fierul, care va fi și ultimul element produs în nucleul stelei. Fiecare stadiu de fuzionare a unui nou element decurge mai repede decât cel anterior, în numai o fracțiune din timp. Intervalul din momentul în care steaua generează un nucleu de carbon și până când se formează fier este, la scară cosmologică, doar o clipă; în stelele cele mai masive, durata poate fi de numai câteva sute de ani. **4**. Pentru stea, apariția fierului înseamnă sfârșitul. Până acum, toate elementele create prin fuziune nucleară au eliberat energia care susține steaua, presând spre exterior contra gravitației. Dimpotrivă, pentru a fuziona, fierul consumă mai multă energie decât eliberează în proces. Rezultatul e că în stelele supergigante lucrurile scapă de sub control; când nucleul lor de fier atinge o anumită masă, se produce un dezechilibru care le face să colapseze. Colapsul brusc declanșează o explozie numită supernovă, atât de violentă încât poate fi văzută de la o distanță egală cu jumătate din dimensiunea universului. Supernovele pot genera elemente mai grele decât fierul datorită temperaturii și presiunii inimaginabile pe care le creează, elemente expulzate apoi în cosmos. **5**. Dacă pe secvența principală steaua are o masă mai mică de 20 mase solare, nucleul rămas va înceta să colapseze la o rază de aproximativ 20 km, formând o stea neutronică. Acestea sunt obiecte incredibil de dense, cu temperaturi superficiale enorme. În interiorul stelelor neutronice nu au loc reacții de fuziune nucleară, așa încât ele se răcesc foarte lent. **6**. Dacă masa inițială a unei stele e de peste 20 de ori mai mare decât a Soarelui, nimic nu poate opri colapsul. Toată materia ei e comprimată într-un singur punct, unde gravitația e atât de intensă, încât nici lumina nu poate scăpa atrcației sale. A fost creată o gaură neagră.

Betelgeuse

Una dintre cele mai mari stele vizibile cu ochiul liber, Betelgeuse, este o supergigantă ce nu mai are mult de trăit. Activitatea recentă sugerează că colapsul acestei stele foarte luminoase, și explozia de supernovă care urmează, sunt probabil iminente. Dar nu e cazul să ne speriem: în termeni astronomici, „iminent" înseamnă cândva în următorii 100.000 de ani - iar la o distanță de 550 ani-lumină, suntem cu mult în afara zonei de pericol.

Datorită strălucirii sale pe cer, steaua era cunoscută încă din Antichitate. Numele său modern, Betelgeuse, derivă din vechiul termen arab *Yad al-Jauza*, care înseamnă „mâna lui Orion", referire la poziția sa în constelația Orion. Există mărturii despre culoarea roșie a stelei care datează din Grecia antică, dar numai în secolul al XIX-lea a fost descoperită o altă caracteristică majoră a sa. Între 1836 și 1840, sir John Herschel a efectuat observații sistematice ale lui Betelgeuse și a remarcat că uneori ea depășea în strălucire stele în mod normal mai luminoase. De-a lungul acestor ani, el a observat două cazuri în care luminozitatea a atins un maxim după care a scăzut, urmând o perioadă de stabilitate. Aproape un deceniu mai târziu, în 1849, Herschel a observat începutul unui alt ciclu de activitate, în timpul căruia luminozitatea stelei a variat din nou, culminând în 1852. Aceste reprize de activitate au continuat de-a lungul anilor și au fost consemnate de astronomi din întreaga lume, care au observat că deși perioadele de activitate survin regulat, intensitatea lor variază. Aceste tipuri de stele sunt numite variabile semiregulate: gigante sau supergigante care se străduiesc să rămână în echilibru în vreme ce rezervele lor de combustibil se diminuează.

În comparație cu Soarele, Betelgeuse e colosală: diametrul său e de 500 de ori mai mare. Dacă ar fi să schimbe locul cu steaua noastră în centrul sistemului solar, ea ar înghiți toate planetele telurice, centura de asteroizi, poate chiar și pe Jupiter. Datorită mărimii sale, ea este incredibil de luminoasă, de 100.000 de ori luminozitatea Soarelui, fiind una din cele mai strălucitoare stele de pe cerul nopții în pofida distanței care ne desparte. La fel ca și alte supergigante roșii, Betelgeuse are o temperatură superficială scăzută datorită compoziției sale. Deși masivă, cea mai mare parte a masei e concentrată în centrul stelei unde sunt fuzionate elementele mai grele, iar straturile exterioare mai puțin dense s-au dilatat și răcit.

Se crede că Betelgeuse a părăsit secvența principală în urmă cu aproximativ un milion de ani și a fost o supergigantă roșie în ultimii 40.000 de ani. Când în cele din urmă nucleul său va colapsa, viitorii pământeni vor avea parte de un spectacol de lumini orbitor pe cer. Timp de cel puțin câteva săptămâni, noaptea ea va fi mai strălucitoare decât Luna plină și va putea fi văzută clar și pe timpul zilei.

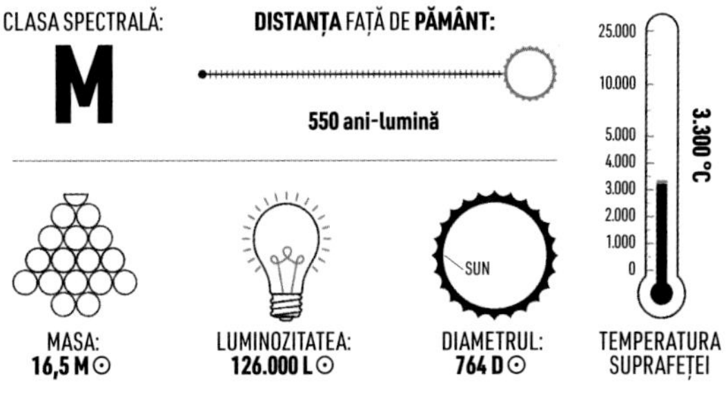

Supernove

Cele mai violente evenimente din univers sunt supernovele. Provocate doar de stelele cele mai masive, supernovele au loc atunci când cei mai puternici locuitori ai cosmosului se zdrobesc la sfârșitul vieții lor. Aceste explozii sunt atât de intense și de luminoase încât o singură supernovă poate întrece în strălucire 100 miliarde de stele – o întreagă galaxie.

După ce am văzut cum creează stelele elemente în interiorul lor, fiecare element fuzionând într-unul mai greu care apoi se scufundă spre nucleu, s-ar părea că acest proces poate continua la nesfârșit – atâta timp cât steaua e suficient de masivă. Proprietățile fierului fac însă ca procesul să aibă un punct final, iar din momentul în care e produs acest element, zilele stelei sunt numărate. Nucleele de fier, la fel ca ale celorlalte elemente dintr-o stea, sunt mai dense decât nucleele elementului care l-a precedat, așa cum nucleele de heliu sunt mai dense decât nucleele de hidrogen care au existat înaintea lor. Fiind mai dens, fiecare nou element ocupă mai puțin spațiu decât cel anterior, așa încât nucleul stelei se contractă. Aceste contracții sunt necesare pentru a crește temperatura și presiunea în centrul nucleului până la valorile necesare fuziunii următorului element din șir. Prin urmare, pe măsură ce fierul se acumulează în centrul nucleului, la fel ca celelalte elemente, el are tendința naturală de a contracta nucleul.

Fierul diferă însă de celelalte elemente prin aceea că absoarbe mai multă energie pentru a fuziona decât eliberează în cursul procesului, așa încât în nucleul central de fier nu au loc reacții nucleare. Concomitent cu diminuarea reacțiilor din apropierea nucleului stelei, se reduce și forța spre exterior pe care ele o produc în mod normal, ceea ce accentuează micșorarea nucleului care deja se contractă. Nucleul va colapsa, crescând și mai mult temperatura... dar asta nu e tot. Pentru a complica și mai mult problema, la aceste temperaturi și presiuni demențiale, nucleele de fier absorb electronii liberi care zboară în jur. Acești electroni contribuie și ei la susținerea nucleului, iar, în lipsa presiunii lor spre exterior, nimic nu-l mai oprește să sucombe gravitației.

Gravitația în nucleu e atât de puternică încât, fără să i se opună ceva, particulele se prăbușesc cu o fracțiune semnificativă din viteza luminii. Totul se petrece incredibil de repede: din momentul în care fierul începe să fuzioneze din siliciu, și până la implozia nucleului, trece doar o fracțiune de secundă. În acest scurt răstimp diametrul nucleului scade de la câteva sute de kilometri la numai câteva zeci, rezultând o căldură mistuitoare și o undă de șoc care se propagă spre exterior, izbind materia absorbită din regiunile exterioare ale stelei și încetinindu-i căderea. În timp ce se petrec toate acestea, fizica stranie din interiorul nucleului eliberează un număr incalculabil de neutrini – particule subatomice care în mod normal nu interacționează aproape deloc cu materia. Aceste particule minuscule poartă o cantitate uimitoare de energie: într-o clipă ele eliberează de peste 100 de ori mai multă energie decât va produce Soarele în întreaga lui viață. Atunci se produce explozia. Când neutrinii țâșnesc din nucleu, ei se ciocnesc violent cu materia densă, aflată în cădere, care e imediat întoarsă din drum și expulzată în spațiu cu 10% din viteza luminii. În cursul acestei imense explozii de energie sunt făurite elemente mai grele decât fierul, care, împreună cu celelalte elemente, sunt dispersate în spațiu. Tot ce mai rămâne în nucleu e un obiect stelar incredibil de compact, mult mai dens decât o pitică albă, cu proprietăți deosebite. În funcție de masa nucleului care colapsează, acesta va fi o stea neutronică sau o gaură neagră – două dintre cele mai bizare creații ale naturii.

Doar foarte puține dintre stele au masa necesară pentru a deveni supernove, așa încât aceste evenimente sunt destul de rare în orice galaxie. În Calea Lactee, de exemplu, frecvența lor e de aproximativ trei pe secol, de aceea pentru a obține un eșantion decent în vederea studierii lor privim adesea către alte galaxii.

ELEMENTE GRELE EJECTATE ÎN SPAȚIU

TIPURI DE SUPERNOVE

În paginile precedente am văzut că o stea masivă își va sfârși viața ca supernovă. Examinând lumina provenită de la aceste evenimente cataclismice putem determina ce elemente sunt prezente, ajutându-ne să descoperim istoria stelelor care le-au creat. Pe lângă variațiile în lumina emisă, există și un alt mod în care poate fi declanșată o supernovă, ducând la clasificarea în patru tipuri folosită în prezent.

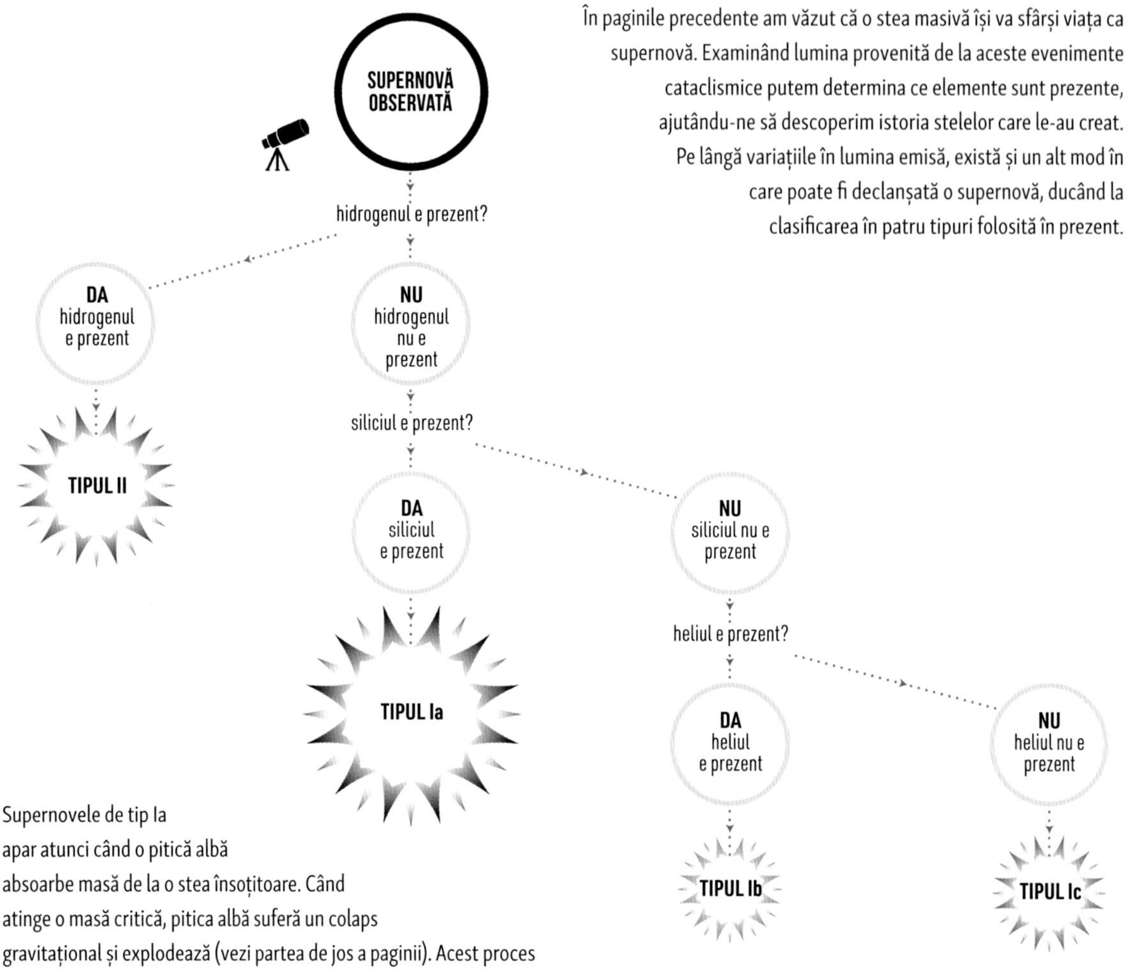

Supernovele de tip Ia apar atunci când o pitică albă absoarbe masă de la o stea însoțitoare. Când atinge o masă critică, pitica albă suferă un colaps gravitațional și explodează (vezi partea de jos a paginii). Acest proces creează adesea cele mai strălucitoare supernove, astfel încât le putem vedea de la mare distanță. Drept urmare, au fost observate mai multe supernove de tip Ia decât oricare altele. Supernovele de tip Ib, Ic și II se produc atunci când stelele masive colapsează sub acțiunea gravitației odată cu încetarea reacțiilor de fuziune. Tipurile Ib și Ic sunt rezultatul stelelor care și-au pierdut stratul exterior de hidrogen mai târziu în decursul vieții din cauza unui vânt stelar intens sau fiindcă o stea însoțitoare le-a „jefuit" materia.

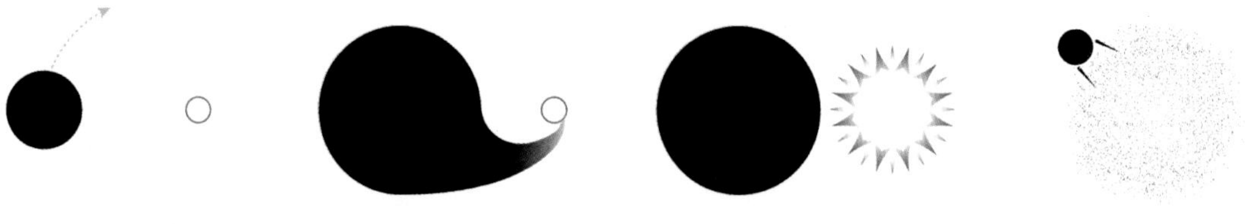

Stea de pe secvența principală orbitând o pitică albă masivă, dar mică.

Steaua de pe secvență principală se dilată aproape de sfârșitul vieții, devenind o gigantă roșie. Când straturile sale exterioare rarefiate se apropie de pitica albă, gazele cad în spirală pe pitica albă densă și cu o gravitație mai puternică.

Masa piticei albe crește până atinge o valoare critică, moment în care ea colapsează și explodează ca o supernovă.

Forța supernovei expulzează cealaltă stea în spațiu.

SUPERNOVA LUI KEPLER

Numită și Steaua lui Kepler, aceasta a fost ultima supernovă din galaxia noastră observată cu certitudine cu ochiul liber. A apărut în 1604; la maximumul luminozității era cea mai strălucitoare stea de pe cerul nopții, iar timp de peste trei săptămâni a fost vizibilă și ziua. Consemnări europene, chineze, coreene și arabe confirmă această explozie petrecută la 20.000 de ani-lumină de Pământ.

Putem vedea aici consecințele Supernovei lui Kepler. Folosind diverse telescoape pentru a capta radiația optică și infraroșie și razele X, această imagine compozită ne prezintă rămășițele supernovei în toată splendoarea lor. Abia cu tehnologia modernă putem vedea frumusețea particulelor microscopice de praf, a plasmei supraîncălzite și a gazelor pe care aceste explozii le-au azvârlit în spațiu.

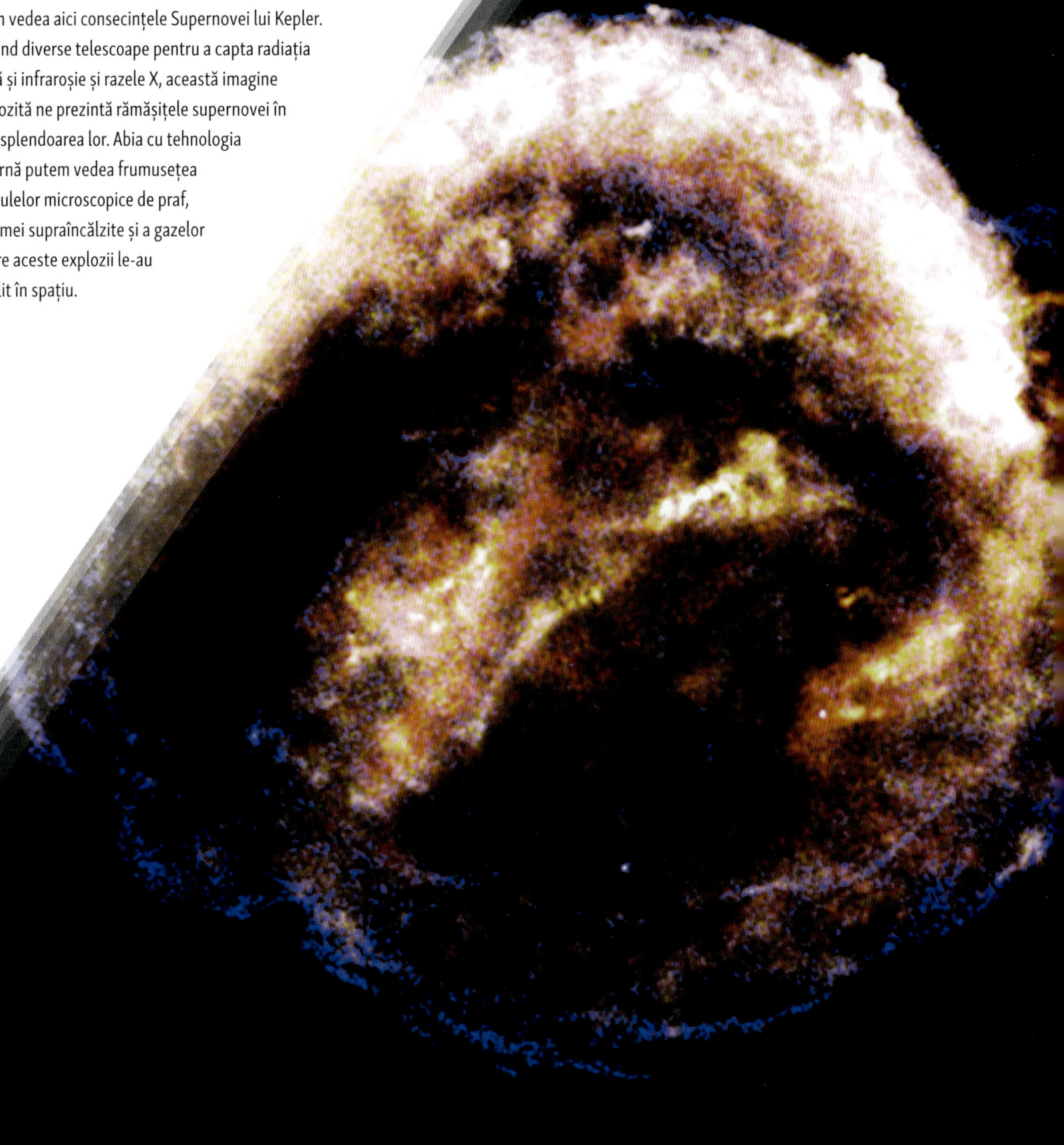

Stele neutronice

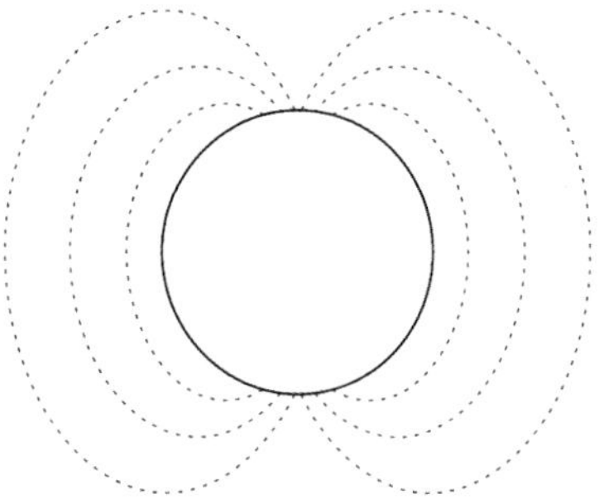

CÂMPURI MAGNERICE INTENSE

Unele dintre cele mai stranii obiecte cerești sunt micile stele neutronice. Dimensiunea lor modestă e compensată de câmpurile magnetice intense și de gravitația suficient de puternică pentru a curba lumina. Pentru ca o stea de pe secvența principală să colapseze într-o stea neutronică după ce explodează ca supernovă, ea trebuie să aibă o masă de cel puțin 8 ori mai mare decât a Soarelui.

Pe lângă forța îndreptată spre exterior generată de reacțiile nucleare, nucleele stelelor sunt susținute de un fenomen numit presiune de degenerare a electronilor - intervine aici regula mecanicii cuantice care spune că electronii se opun comprimării laolaltă. Totuși, dacă nucleul rămas de pe urma unei supernove are o masă mai mare decât 1,4 mase solare, nici chiar această forță nu se va putea opune gravitației extreme a unui obiect atât de dens. Nucleul va continua să colapseze, iar presiunea va continua să crească - creând ceva uluitor. În interiorul său, materia nu mai e așa cum o știm, nu mai există elemente, ci doar particule subatomice forțate să se deplaseze din ce în ce mai rapid pentru a se evita unele pe altele în timp ce spațiul disponibil se reduce. Ciocnirile dintre protoni și electroni au ca rezultat contopirea lor pentru a forma neutroni, ceea ce se întâmplă în aproape *toată* materia stelei. Acesta nu mai e un obiect care fuzionează nuclee atomice, ca în cazul stelelor, fiindcă imensa sa gravitație a sfărâmat nucleele și a fuzionat componentele lor. Când nucleul a colapsat până la un diametru de aproximativ 20 km, el este în esență doar o sferă de neutroni, cu o brumă de electroni și protoni care au supraviețuit. Exteriorul acestui glob dens e alcătuit din materie obișnuită, dar extrem de comprimată, care formează o crustă cu o grosime de aproximativ 1,5 km. Aici, gravitația superficială este de 100 de miliarde de ori mai intensă decât pe Pământ. Un om care pe Pământ cântărește 70 kg, pe o stea neutronică ar cântări 7 miliarde de tone - și ar fi strivit până la o grosime de câțiva atomi.

Marea majoritate a stelelor neutronice sunt greu de reperat, mai ales când îmbătrânesc. Odată formate, ele încetează să genereze căldură și, cu trecerea timpului, foarte lent, o pierd prin radiație, devenind treptat tot mai palide. Aceste stele neutronice bătrâne sunt detectabile doar prin radiația infraroșie foarte slabă pe care o emit și prin efectul gravitațional asupra unor eventuale stele aflate în trecere. Când sunt tinere, stelele neutronice se comportă diferit; ele se rotesc rapid și emit fascicule de radiație, care ne ajută să le localizăm. Primele stele neutronice descoperite au stârnit senzație datorită pulsurilor regulate de unde radio pe care le emiteau în direcția noastră. La acea dată, era ceva complet neobișnuit și, deoarece se credea că semnalele seamănă cu un far extraterestru, steaua a fost supranumită în glumă LGM-1, de la „Little Green Men" (Micii Omuleți Verzi). În scurt timp, pulsurile de unde radio care se repetau la fiecare 1,4 secunde au fost identificate ca provenind de la un pulsar, un tip de stea neutronică în rotație rapidă capabil să genereze asemenea fascicule de energie. Câțiva ani mai târziu, astrofiziciana nord-irlandeză Jocelyn Bell Burnell, care făcuse descoperirea în 1967, va fi creditată cu „una din cele mai semnificative realizări științifice ale secolului XX".

DENSITATE

Materia așa cum o cunoaștem e în cea mai mare parte spațiu vid, aproape toată masa atomului fiind conținută în nucleu. Dacă am putea mări un atom până la dimensiunea unui teren de fotbal, plasând nucleul pe linia de centru, el ar avea mărimea unei bile, în vreme ce electronii, al căror diametru nu este nici o miime din cel al unui proton, vâjâie în jur undeva în apropierea liniei de poartă.

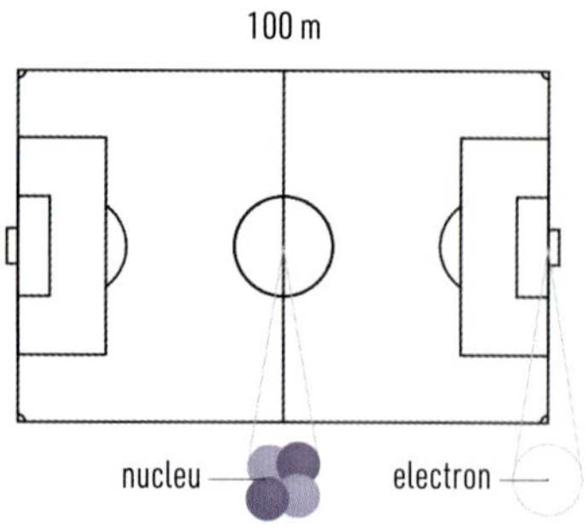

Stelele neutronice pot să devină mult mai dense decât materia obișnuită, deoarece nu sunt compuse din atomi care ocupă spațiu. Imaginați-vă acum că terenul de forbal e plin cu bile – atât de densă poate deveni o stea neutronică. O cutie de chibrituri obișnuită plină cu materie dintr-o stea neutronică, sau *neutronium*, ar cântări aproximativ 3 miliarde de tone, echivalent cu o jumătate de kilometru cub din materia Pământului.

DEVIEREA GRAVITAȚIONALĂ A LUMINII

În apropierea unei stele neutronice gravitația e atât de intensă, încât modifică traiectoria radiației din jur, curbând lumina – ceea ce nu numai că distorsionează aspectul obiectelor aflate dincolo de stelele neutronice, dar modifică și felul în care apar ele însele. Când privești un obiect sferic dintr-o anumită poziție, în mod normal te aștepți să vezi jumătate din suprafața sa totală. Dacă obiectul e la fel de masiv ca o stea neutronică, curbarea luminii în jurul său face ca să poți vedea ambii poli, precum și regiuni din partea opusă.

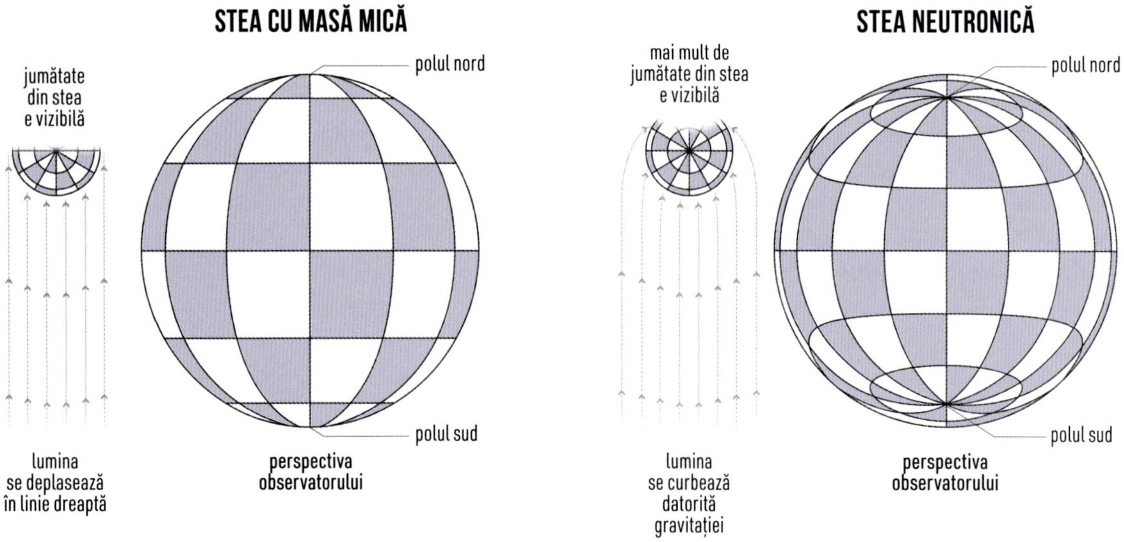

PULSARI

Stelele neutronice tind să se rotească rapid datorită masei lor mari și diametrului mic, dar de ce se întâmplă astfel? Ei bine, teoria momentului cinetic spune că așa trebuie să fie, dar, în loc să explicăm lucrurile matematic, vom apela la analogia cu patinatorul: dacă un patinator care se învârte pe loc își apropie brațele de corp, el se rotește mai repede, iar dacă întinde brațele, rotația e încetinită. Cum stelele neutronice sunt incomparabil mai masive decât patinatorii, și fiind relativ mici pentru o stea, efectul e și mai spectaculos. Poate că înainte să devină supernovă o stea a avut o rotație lentă, dar după ce a colapsat într-o stea neutronică ea se poate roti de sute de ori pe secundă. Această viteză de rotație incredibilă creează puternicul câmp magnetic al stelelor neutronice.

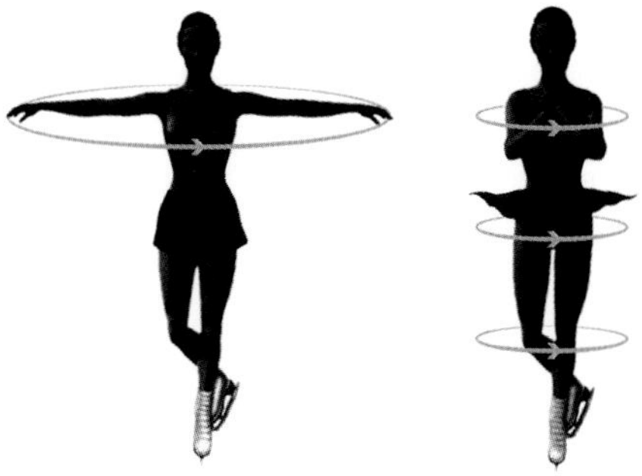

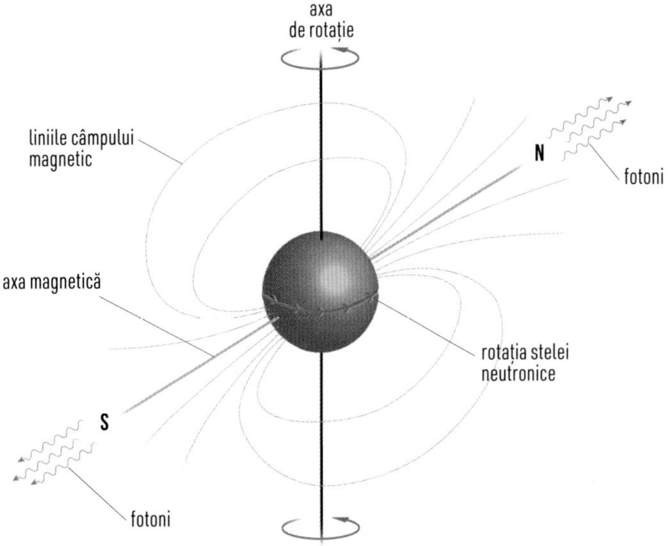

Câmpul magnetic intens și rotația rapidă fac ca două fascicule gemene de energie în domeniul undelor radio să fie lansate în spațiu. Un fascicul e emis din polul magnetic nord al stelei, celălalt din polul sud, și datorită rotației stelei aceste fascicule mătură cosmosul asemenea razelor de lumină proiectate de un far. De pe Pământ, dacă se întâmplă să ne aflăm în calea acestor fascicule, le observăm ca niște pulsuri regulate de lumină și le catalogăm drept *pulsari*.

Rotația stelelor neutronice/pulsarilor e încetinită treptat, deoarece radiația emisă exercită o ușoară forță de frânare. Când rotația e suficient de lentă ca pulsurile să dispară, aceste obiecte stelare devin greu de localizat.

PULSARI BINARI

Un pulsar aflat pe orbită împreună cu o stea însoțitoare se numește pulsar binar. Dacă cele două corpuri sunt suficient de aproape unul de altul, gravitația puternică a stelei neutronice va putea smulge materie din steaua însoțitoare mai puțin masivă. Pe măsură ce steaua neutronică primește un aflux suplimentar de masă, viteza sa de rotație crește, rezultatul fiind un câmp magnetic mai puternic și intensificarea fasciculelor de radiație.

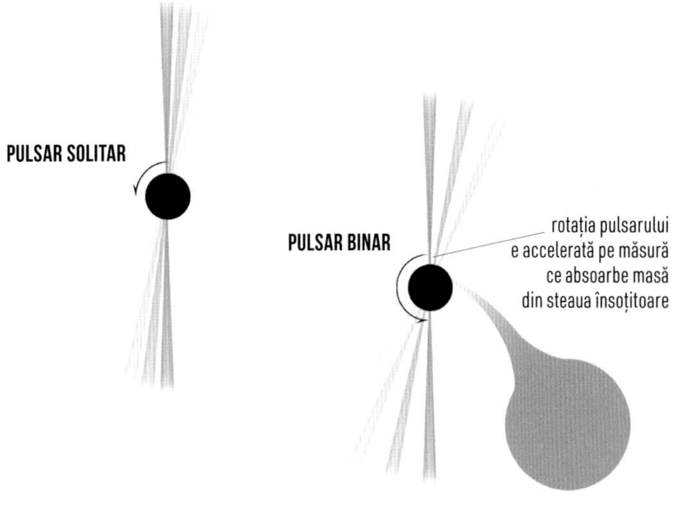

Găuri negre

Găurile negre sunt fără îndoială cele mai șocante entități din câte oferă universul; doar cele mai masive stele sunt sortite să colapseze în aceste curiozități. Incredibil de dense, gravitația lor e atât de puternică, încât nici un fel de materie, nici chiar lumina, nu poate scăpa din ele. Teoria relativității generale a lui Einstein a furnizat în 1915 matematica din care rezultă posibilitatea existenței acestor entități. Asemenea corpuri întunecate sunt greu de observat, dar prezența lor a fost confirmată prin efectul asupra altor obiecte cerești. Abia în 2019 a fost captată prima imagine directă a unei găuri negre, folosind o rețea globală de radio-telescoape.

Dacă nucleul rămas în urma unei supernove are o masă de peste 3 ori mai mare decât a Soarelui, nimic nu poate opri colapsul materiei. După ce a învins presiunea de degenerare a electronilor și a strivit toate particulele subatomice laolaltă, transformând totul în neutroni (la fel ca într-o stea neutronică), nucleele cu această masă vor continua să colapseze. Gravitația e atât de puternică, încât acum nici neutronii dens împachetați nu i se mai pot opune, iar ei se prăbușesc și colapsează. Odată ce obiectul devine mai dens decât o stea neutronică, se întâmplă ceva deosebit: când nucleul ajunge la un diametru de aproximativ 18 km, gravitația superficială devine atât de puternică, încât nici chiar lumina nu are o viteză destul de mare pentru a scăpa de atracția sa. Așadar, avem acum o regiune a spațiului în care materia poate cădea la fel ca într-o gaură, și, cum nici lumina nu poate evada, ea e neagră – avem de-a face cu o gaură neagră.

Odată ce gravitația a crescut până în punctul în care viteza de evadare e egală cu cea a luminii, avem un *orizont al evenimentelor*, un strat întunecat în jurul unei găuri negre care o învăluie în mister. Explicația numelui e simplă: orice eveniment care se petrece dincolo de el e incognoscibil, fiindcă lumina emisă de acel eveniment nu poate ajunge până la noi – el se află dincolo de orizont. În imediata apropiere a orizontului, lumina va fi cu certitudine curbată, dar dacă se deplasează într-o direcție adecvată, ea poate evita să fie atrasă în gaura neagră. Drept urmare, vedem un halo în jurul orizontului evenimentelor, format de lumina stelelor îndepărtate care se curbează în jurul masei conținute în interior. Dacă gaura neagră absoarbe masă din jurul ei, materia în cădere se va aplatiza și va forma un disc în timp ce se rotește. Pe măsură ce materia se apropie de gaura neagră viteza sa crește, ceea ce creează forțe de frecare enorme și eliberează radiație termică. Datorită devierii luminii în jurul orizontului evenimentelor este posibil să vedem părți din discul de acreție care altminteri ar fi ascunse chiar de gaura neagră. Acest fenomen e exemplificat în imaginea alăturată: banda strălucitoare mai groasă care înfășoară partea de sus a orizontului evenimentelor este de fapt modul în care am percepe fața opusă a discului de acreție.

Odată cu stabilirea unui orizont al evenimentelor, tot ce se află în interiorul său sucombă imediat gravitației, zdrobind întreaga materie până la un punct infinitezimal numit singularitate. Acesta e un punct teoretic adimensional și infinit de dens, unde distorsiunea spațiului și a timpului a devenit infinită. Pe măsură ce materia cade într-o gaură neagră, ea ajunge invariabil în singularitate și e comprimată la o densitate infinită. Deși singularitatea va rămâne infinitezinmală, masa suplimentară va contribui la masa de ansamblu a găurii negre, găurile negre mai masive având orizonturi ale evenimentelor mai extinse. Chiar și așa, o gaură neagră cu o masă de zece ori mai mare decât a Soarelui va avea un orizont al evenimentelor cu raza de numai 60 km.

Matematica și fizica necesare pentru a înțelege găurile negre sunt extrem de complicate, iar după mai multe decenii de studiu oamenii de știință încă mai dezbat natura exactă a acestor obiecte remarcabile. S-a crezut că ele pot dura la nesfârșit, dar s-a dovedit că până și aceste rămășițe stelare dense emit particule, deși numai foarte slab. Încet, foarte încet, găurile negre vor sfârși prin a se evapora, dar ele vor fi ultimii supraviețuitori într-un univers îmbătrânit.

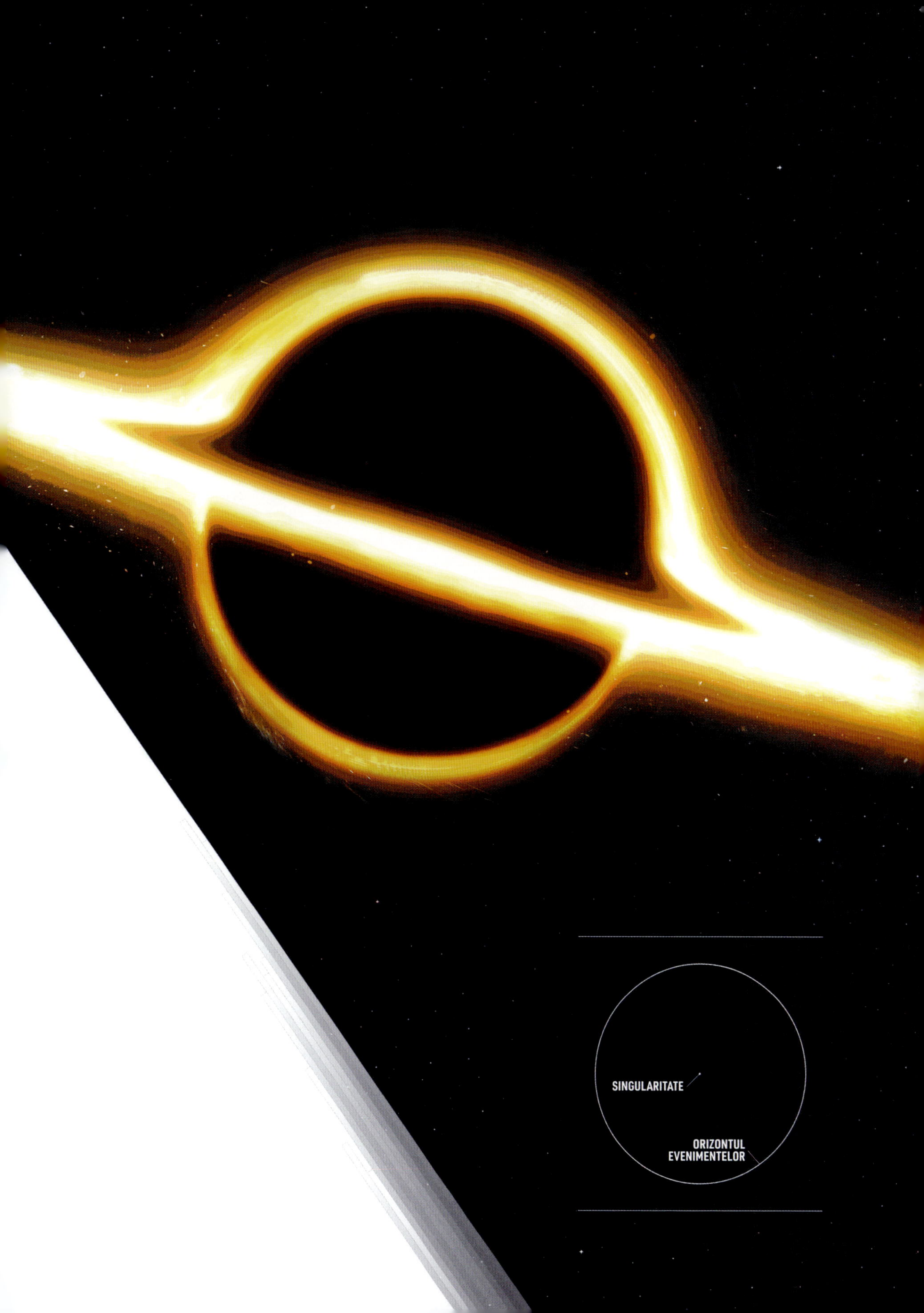
SINGULARITATE
ORIZONTUL EVENIMENTELOR

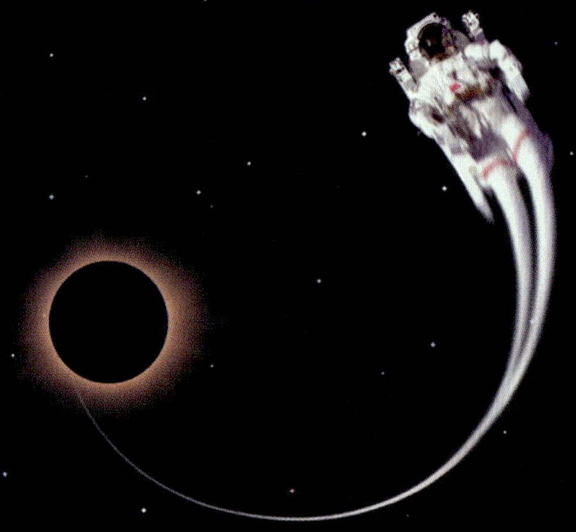

SPAGHETIFICARE

În descrierea forțelor mareice (p. 14) am arătat că gravitația atrage mai puternic părțile apropiate ale corpurilor care orbitează, și mai slab părțile lor îndepărtate. Gravitația în jurul unei găuri negre acționează pe baza acelorași principii, doar că mult mai violent. Dacă ai cădea într-o gaură neagră cu picioarele înainte, gravitația care acționează asupra picioarelor ar putea fi de milioane de ori mai puternică decât cea care acționează asupra capului. Ai fi alungit, picioarele îndepărtându-se rapid de corp, care, la rândul său, se deplasează mai repede decât capul. Înainte de a te scufunda în gaura neagră vei fi lung de kilometri, dar mai subțire decât un fir de păr. Numit de astronomi *spaghetificare*, acest proces are loc aproape de singularitate. În găurile negre stelare (până la zeci de mase solare) asta se întâmplă imediat în afara orizontului evenimentelor, așa încât ai fi ucis înainte de a atinge mitica frontieră.

ASPIRATOARE COSMICE?

O foarte răspândită idee greșită legată de găurile negre este că ele acționează ca niște enorme aspiratoare care absorb totul în jurul lor, ceea ce nu e chiar adevărat. Deși gravitația lor e excepțional de puternică, ele atrag doar corpurile care trec foarte aproape de ele.

Intensitatea forței gravitaționale a unui obiect depinde de masa lui și de distanța până la centrul său. De exemplu, cum Soarele are o rază de circa 700.000 km, ne putem apropia doar până la 700.000 km de centrul său înainte de a „atinge" Soarele.

Dacă Soarele ar fi comprimat până la o rază de 6 km, el ar deveni o gaură neagră. La această mărime, ne-am putea apropia mult mai mult de centrul său și am simți că gravitația devine din ce în ce mai puternică.

Prin urmare, găurile negre au același efect gravitațional asupra obiectelor îndepărtate ca și stelele. Dacă am putea transforma Soarele într-o gaură neagră cu aceeași masă, Pământul ar continua să orbiteze în jurul său la fel ca înainte.

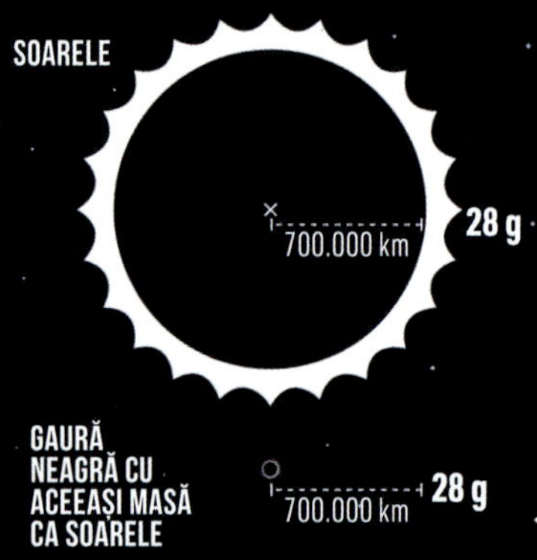

Gravitația la suprafața Soarelui este de 28 de ori mai intensă decât la suprafața Pământului, adică 28g. Dacă Soarele ar fi comprimat până la dimensiunea unei găuri negre, gravitația ar rămâne la fel de intensă la distanța unde înainte era suprafața lui.

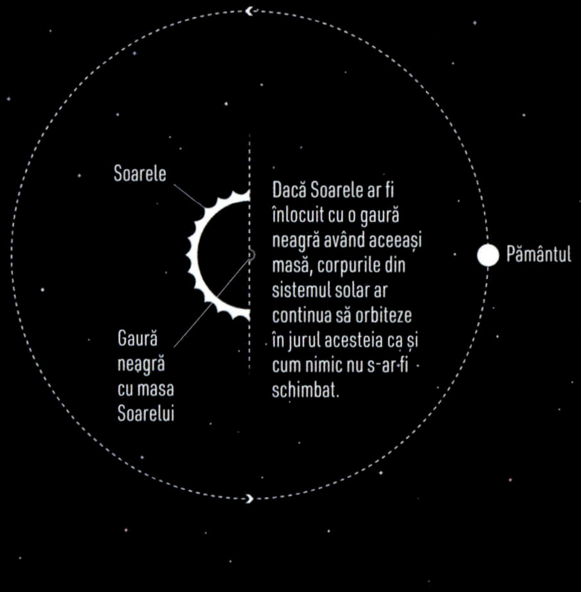

SPAȚIUL-TIMP

Teoria relativității a lui Einstein (p. 15) a stabilit că spațiul nu e tocmai gol, ci seamănă cu o țesătură invizibilă în care materia și energia sunt înglobate. Ceea ce percepem drept gravitație nu e în realitate decât curbura acestui spațiu: masele mari curbează spațiul din jurul lor și obligă corpurile mai mici să orbiteze în jurul lor pe traiectorii curbe. Teoria lui Einstein afirmă de asemenea că spațiul-timp e o entitate unică - spațiul și timpul nu pot fi influențate fără a se influența reciproc. Masele mari deformează deci nu numai spațiul din jurul lor, ci și timpul.

Pentru cineva aflat lângă un obiect masiv cu gravitație puternică timpul se scurge mai încet decât pentru cineva aflat departe în spațiu. Acest fapt a fost confirmat experimental pe Pământ cu ajutorul unor ceasuri atomice extrem de precise plasate la diferite altitudini - ceasurile aflate la altitudine mare merg mai repede decât cele de la nivelul solului.

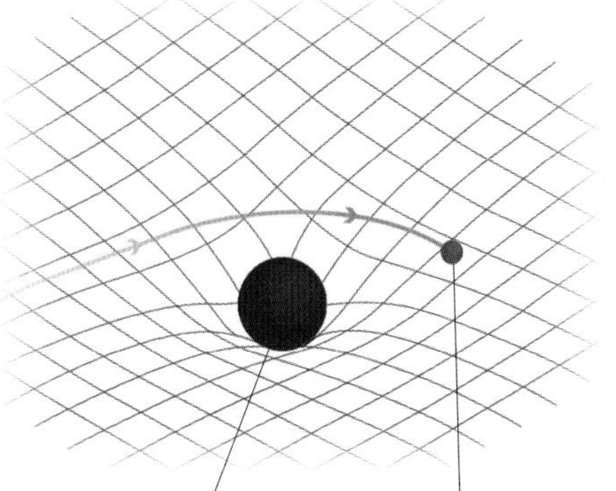

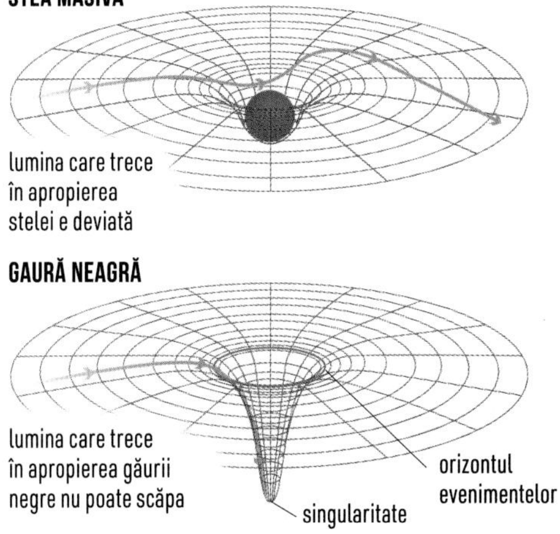

Datorită gravitației lor extreme, găurile negre deformează spațiul-timp atât de mult, încât la orizontul evenimentelor timpul practic se oprește. Dacă ai cădea într-o gaură neagră, pentru tine timpul s-ar scurge normal, pur și simplu ai cădea și ai fi înghițit. Să presupunem acum că ai luat cu tine un ceas care poate fi văzut de un observator îndepărtat; el l-ar vedea ticăind tot mai lent pe măsură ce cazi. Pentru el, căderea ta ar dura literalmente o veșnicie, atâta doar că ai dispărea din vedere atunci când lumina pe care o emiți nu mai poate învinge gravitația.

Și mai ciudat e ce se întâmplă din perspectiva ta. Privind spre exterior în timp ce cazi în gaura neagră, ai avea parte de efectul opus - ai vedea universul accelerând. În momentul când atingi orizontul evenimentelor, întreg timpul va trece. Eternitatea se va desfășura în fața ochilor tăi într-o clipă, într-o străfulgerare de radiație de energie înaltă care te va anihila.

RADIAȚIA HAWKING

Celebrul fizician Stephen Hawking a fost primul care a înțeles că, în realitate, găurile negre emit o cantitate foarte mică de radiație. Aceasta se datorează faptului că în spațiul vid apar în permanență perechi particulă-antiparticulă, doar pentru a se anihila reciproc. Dacă acest lucru se întâmplă la marginea orizontului evenimentelor, e posibil ca un membru al perechii să fie înghițit de gaura neagră, iar celălalt să fie expulzat luând cu sine o anumită energie de la gaura neagră. Chiar dacă efectul e minuscul, el duce la evaporarea găurilor negre, deși durează practic o veșnicie. O gaură neagră cu masa Soarelui va dispărea în 10^{64} ani.

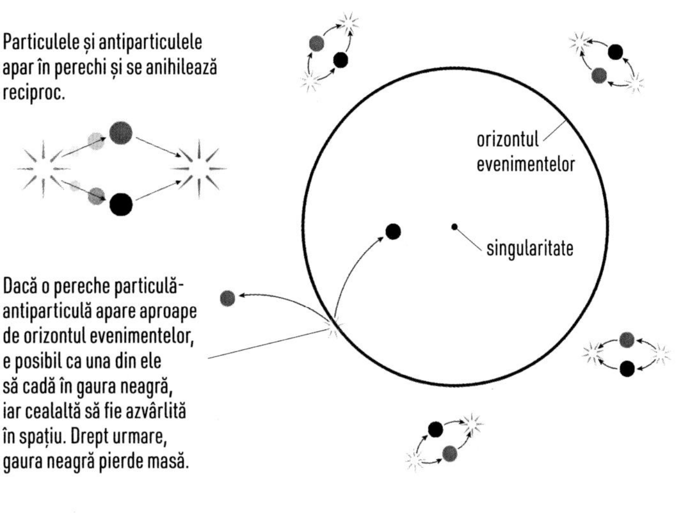

Ciclul de viață al stelelor

Toate stelele își încep viața în același mod, prin colapsarea unor nori rarefiați de gaz. Destinul lor depinde însă de cantitatea de materie pe care reușesc s-o acumuleze pe durata procesului. Iată în rezumat ciclul de viață al stelelor, prezentând soarta stelelor de toate mărimile.

STEA MASIVĂ DE PE SECVENȚA PRINCIPALĂ

PESTE 8 MASE SOLARE

Stelele masive sunt strălucitoare, dar ard hidrogen în nucleele lor timp de doar câteva milioane de ani.

NEBULOASĂ

O regiune densă a nebuloasei începe să se contracte.

PROTOSTEA

Gravitația adună materie laolaltă formând o protostea. Temperatura crește, dar fuziunea nucleară încă nu are loc.

STEA DE MĂRIME MEDIE DE PE SECVENȚA PRINCIPALĂ

MASA CUPRINSĂ ÎNTRE 0,5 ȘI 8 MASE SOLARE

Stelele cu masă medie vor arde hidrogen în nucleele lor timp de zeci de milioane până la zeci de miliarde de ani.

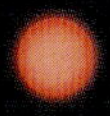

STEA CU MASĂ MICĂ DE PE SECVENȚA PRINCIPALĂ

MAI PUȚIN DE 0,5 MASE SOLARE

Stelele cu masă mică fuzionează hidrogenul foarte lent, luminând palid timp de bilioane de ani.

GAURĂ NEAGRĂ

Dacă nucleul rămas are o masă de peste 3 ori mai mare decât a Soarelui, se formează o gaură neagră.

SUPERGIGANTĂ ROȘIE

Când începe arderea hidrogenului într-un strat din afara nucleului, steaua se dilată și devine o supergigantă roșie și începe să fuzioneze elemente mai grele.

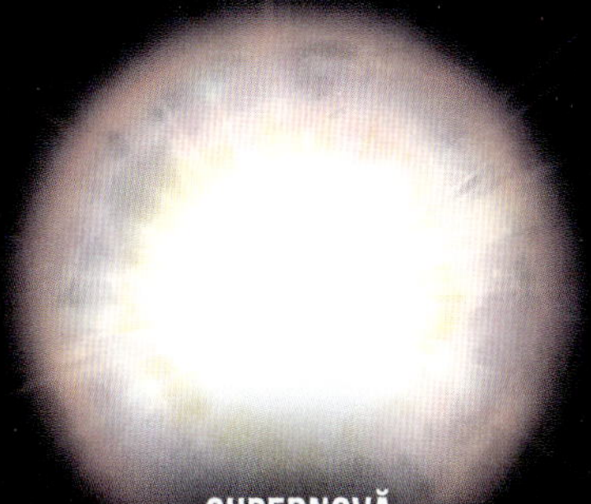

SUPERNOVĂ

Când se produce fier în nucleu, steaua colapsează și explodează ca supernovă, expulzând materie în spațiu.

STEA NEUTRONICĂ

Dacă nucleul rămas are mai puțin de 3 mase solare, el devine o stea neutronică.

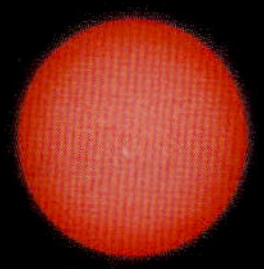

GIGANTĂ ROȘIE

Când hidrogenul începe să ardă într-un strat din jurul nucleului, steaua se dilată și devine o gigantă roșie. Pe măsură ce-și epuizează combustibilul, giganta roșie își îndepărtează straturile exterioare, care formează o nebuloasă planetară.

PITICĂ ALBĂ

După ce fuziunea în straturile de hidrogen și heliu încetează, steaua colapsează într-o pitică albă.

PITICĂ NEAGRĂ

De-a lungul multor bilioane de ani piticele albe radiază toată căldura și devin pitice negre.

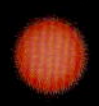

PITICĂ ROȘIE

Piticele roșii se contractă lent pe măsură ce consumă hidrogenul și reacțiile de fuziune încetinesc.

PITICĂ ALBĂ

Când fuziunea încetează, steaua colapsează și devine o pitică albă densă și fierbinte, cu luminozitate scăzută.

PITICĂ NEAGRĂ

Piticele albe radiază treptat toată căldura și devin pitice negre.

Cele mai mari stele

Cele mai mari stele din univers sunt printre cele mai rare; cele care evoluează în supergigante petrec doar un scurt răstimp sub forma acestor coloși umflați înainte de a exploda ca supernove. După ce s-au dilatat atât de mult, temperatura la suprafața acestor stele e mică (pentru o stea), dar, datorită dimensiunii lor enorme, sunt printre cele mai luminoase. Dimensiunile celor mai mari supergigante sunt cu adevărat copleșitoare – prezentăm aici câteva în comparație cu Soarele nostru.

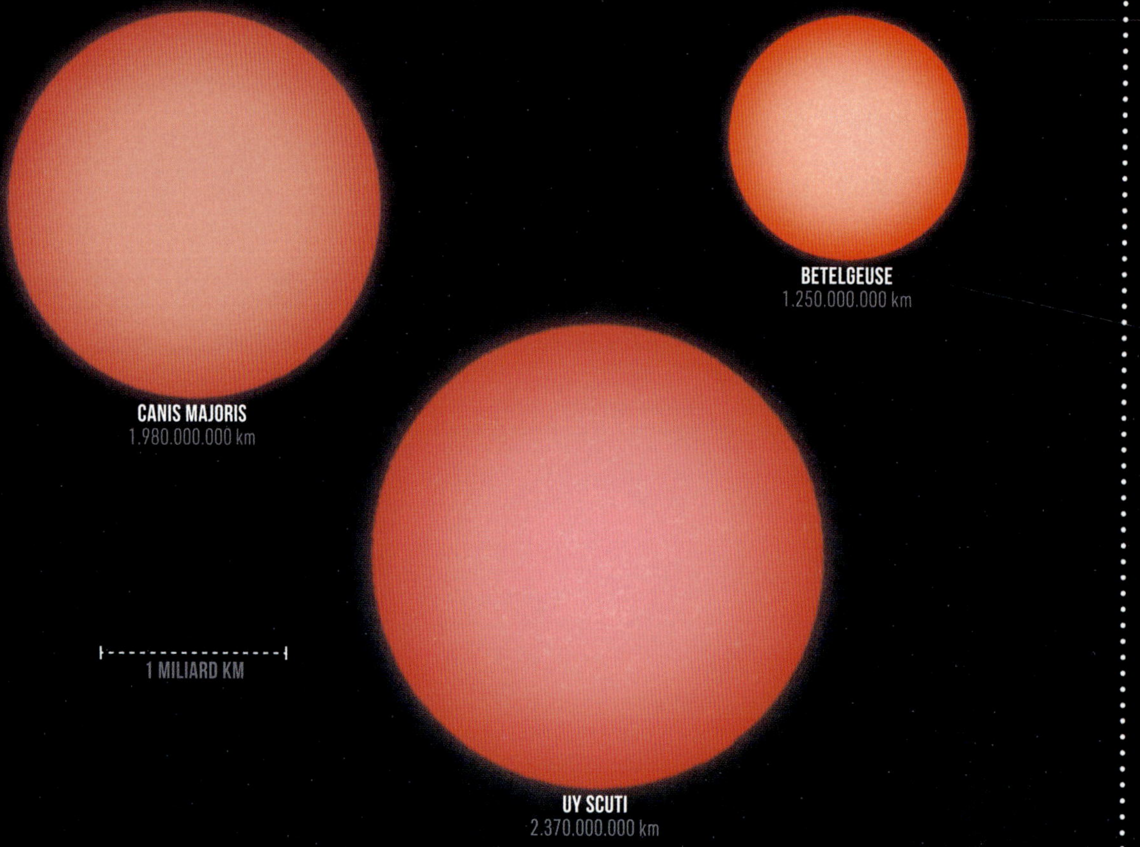

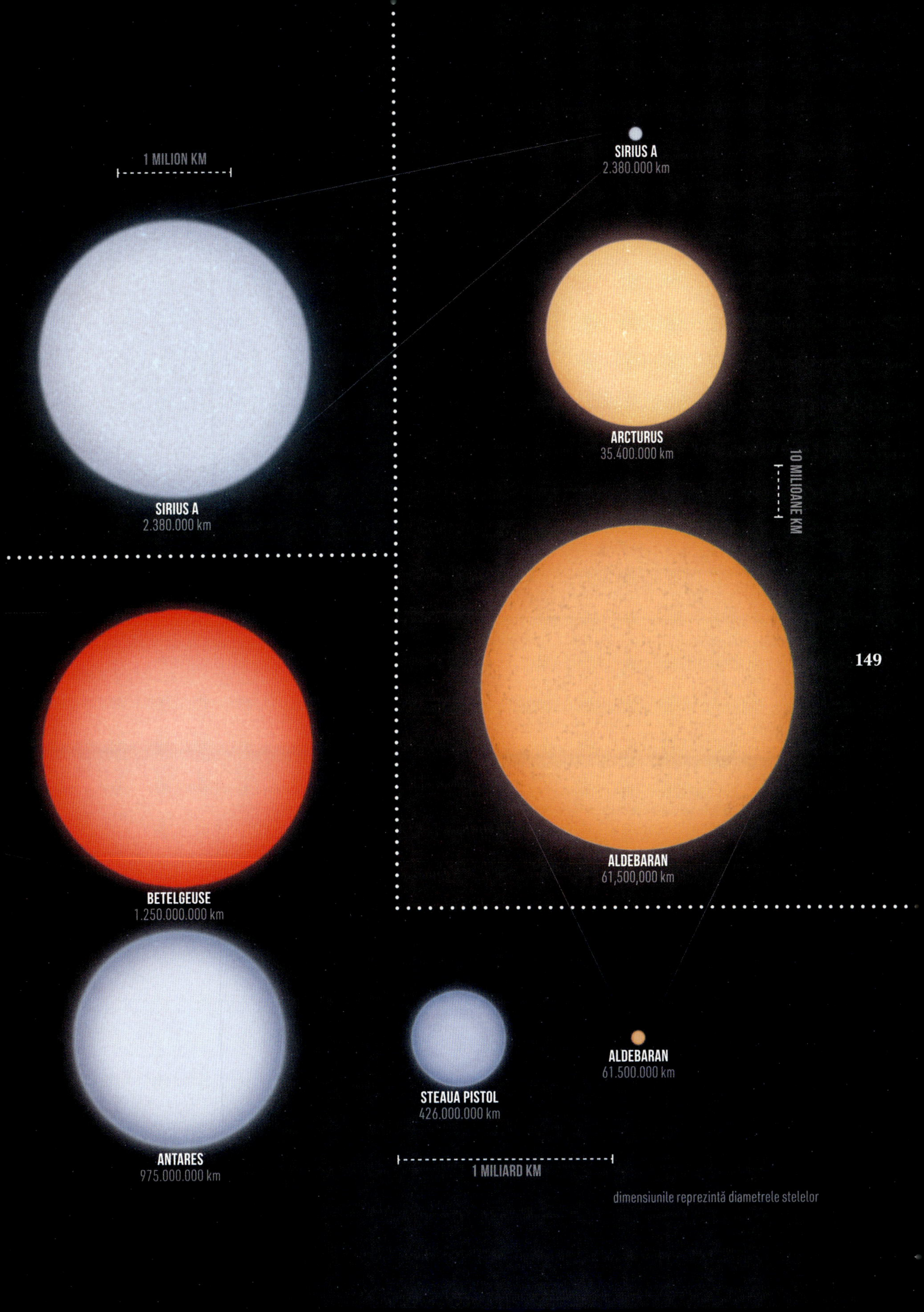
1 MILION KM
SIRIUS A
2.380.000 km
SIRIUS A
2.380.000 km
ARCTURUS
35.400.000 km
10 MILIOANE KM
ALDEBARAN
61,500,000 km
BETELGEUSE
1.250.000.000 km
ANTARES
975.000.000 km
STEAUA PISTOL
426.000.000 km
ALDEBARAN
61.500.000 km
1 MILIARD KM
dimensiunile reprezintă diametrele stelelor

Stelele din afara secvenței principale

Am văzut unde se află stelele secvenței principale pe diagrama H-R, precum și traiectoria pe care o va urma Soarele nostru prin diagramă pe durata diverselor stadii ale vieții sale. Vom mai folosi diagrama o singură dată, concentrându-ne acum asupra stelelor care nu sunt pe secvența principală și a grupurilor din care fac parte.

SUPERGIGANTE

Supergigantele se găsesc pe o bandă orizontală aproape de limita superioară a diagramei H-R, supergigantele albastre în partea stângă, iar cele roșii în dreapta. Acestea au fost cândva stele de pe secvența principală (cu masa de cel puțin opt ori mai mare decât a Soarelui), pe care au părăsit-o atunci când au încetat să fuzioneze hidrogen în nucleele lor. Pe măsură ce reacțiile încep să se producă mai departe de nucleu, straturile exterioare ale stelei se dilată la proporții enorme. Supergigantele albastre vor evolua numai din stele a căror masă o depășește pe a Soarelui de cel puțin 25 de ori; ele sunt excepțional de fierbinți și de luminoase, cu consecința că au o viață foarte scurtă. Supergigantele roșii, deși nu sunt la fel de masive, s-au dilatat la dimensiuni mai mari decât cele albastre, cu rezultatul că temperatura suprafeței e mai scăzută.

GIGANTE

Grupul stelelor gigante e situat deasupra și la dreapta secvenței principale; stelele de aici au fost cândva stele de pe secvența principală cu masă mică sau intermediară (între 0,3 și 8 mase solare). La fel ca supergigantele, o stea gigantă a încetat să ardă hidrogen în nucleu, iar când fuziunea nucleară începe să aibă loc într-un strat din jurul nucleului, regiunile sale exterioare se dilată. Deoarece stelele gigante au o masă mai mică decât supergigantele, ele nu sunt nici la fel de mari, nici la fel de luminoase ca acestea.

PITICE ALBE

În partea din stânga-jos a diagramei sunt piticele albe, mici și dense. Acestea sunt rămășițele unor stele care și-au epuizat combustibilul, și nu au o masă suficientă pentru a declanșa o supernovă. Luminozitatea lor redusă e consecința radiației termice pe care o emit, dat fiind că în interiorul lor nu au loc reacții nucleare.

PITICE BRUNE

Cele mai puțin masive stele ale secvenței principale se găsesc în partea din dreapta-jos a acesteia. Dincolo de ele sunt piticele brune, stele care nu au reușit să acumuleze o masă suficientă pentru a începe să fuzioneze hidrogen. Luminozitatea lor redusă provine din emisia de radiație termică și, poate, din fuziunea lentă a deuteriului și litiului.

Găurile negre și stelele neutronice nu apar pe diagrama H-R fiindcă nu sunt luminoase.

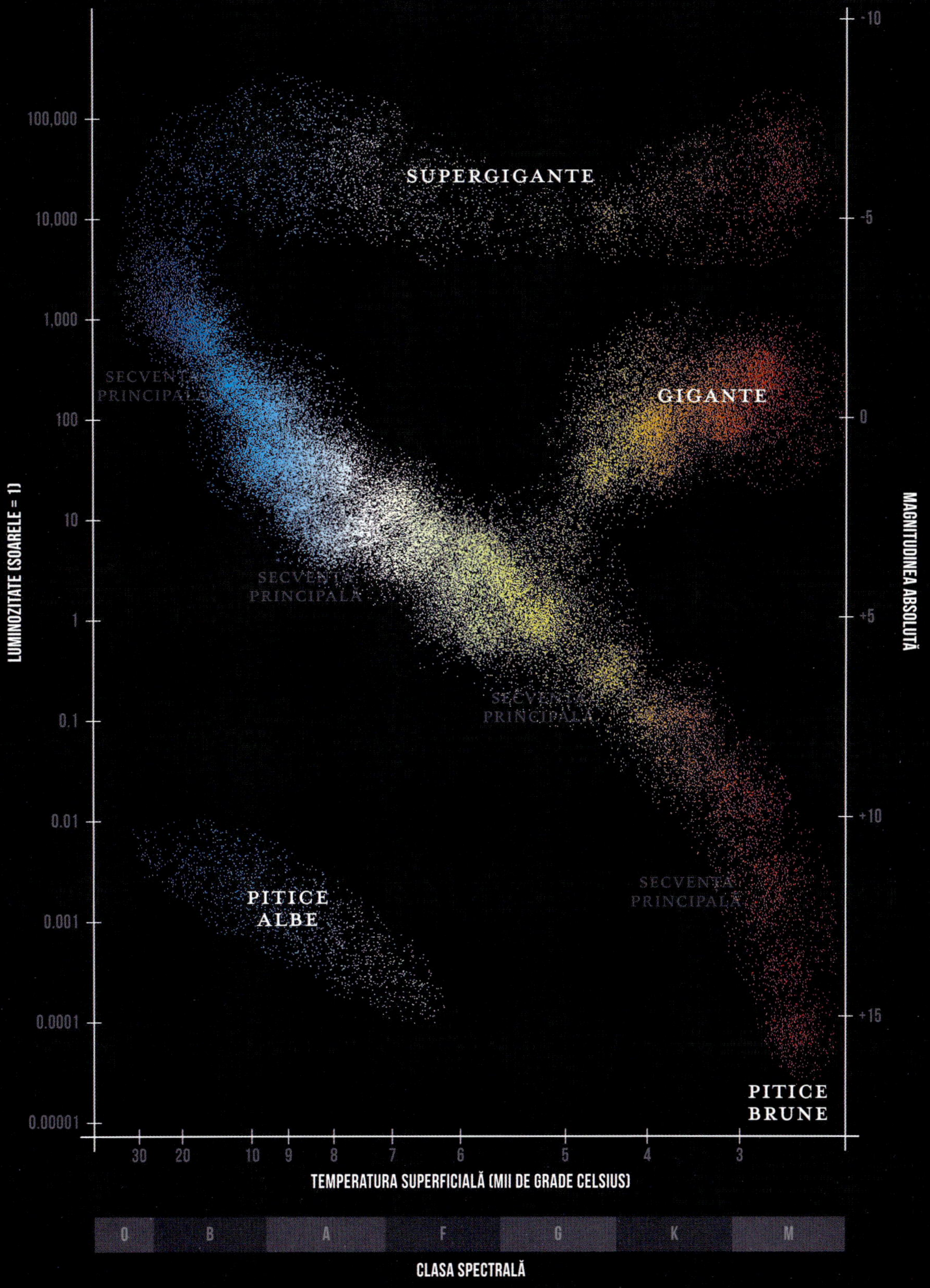

SUPERGIGANTE
GIGANTE
SECVENȚA PRINCIPALĂ
SECVENȚA PRINCIPALĂ
SECVENȚA PRINCIPALĂ
SECVENȚA PRINCIPALĂ
PITICE ALBE
PITICE BRUNE
LUMINOZITATE (SOARELE = 1)
100,000
10,000
1,000
100
10
1
0.1
0.01
0.001
0.0001
0.00001
MAGNITUDINEA ABSOLUTĂ
-10
-5
0
+5
+10
+15
30
20
10
9
8
7
6
5
4
3
TEMPERATURA SUPERFICIALĂ (MII DE GRADE CELSIUS)
O
B
A
F
G
K
M
CLASA SPECTRALĂ

Sisteme stelare multiple

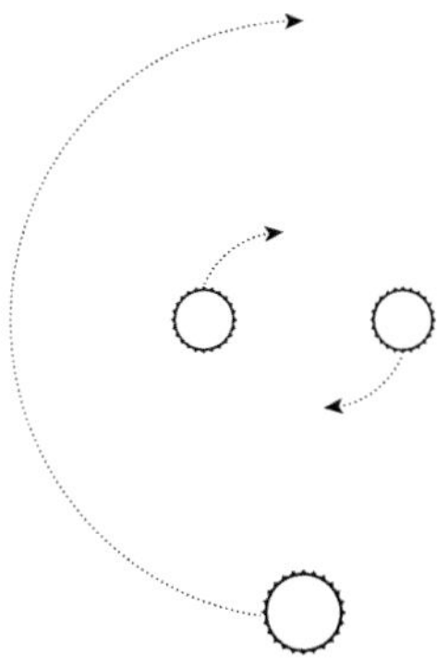

Multe dintre punctele luminoase de pe cerul nopții pe care le percepem ca stele individuale nu sunt de fapt singure precum Soarele, ci fac parte din sisteme stelare multiple. Majoritatea acestor stele orbitează una în jurul celeilalte în perechi numite stele binare, dar altele formează grupuri de trei sau chiar mai multe. Pentru ochii noștri aici, pe Pământ, stelele din sisteme multiple apar adesea ca o singură pată de lumină deoarece nu putem detecta o separare între surse de lumină aflate atât de departe. Nu mai puțin de patru cincimi dintre stele fac parte din sisteme multiple – în privința asta Soarele nu e tocmai tipic.

Deși este posibil ca un sistem stelar multiplu să se formeze prin captura gravitațională reciprocă a unor stele individuale, probabilitatea unui asemenea eveniment e foarte mică. Dat fiind numărul stelelor care fac parte din sisteme multiple, trebuie să existe o modalitate mai simplă de formare a lor. În general, stelele din același sistem se nasc simultan din același nor molecular care, în timp ce se condensează, se descompune în fragmente. Deși aceste stele sunt create și evoluează împreună, e probabil ca ele să fie foarte diferite, în funcție de câtă materie au reușit să acumuleze. După cum știm, masa e cel mai important factor în determinarea caracteristicilor unei stele, influențându-i temperatura, mărimea și durata vieții. Dacă stelele se formează suficient de aproape una de alta, ele interacționează într-o diversitate de moduri pe măsură ce ating diferite stadii ale evoluției lor. De exemplu, deseori spre sfârșitul vieții sale o stea se dilată considerabil. Straturile exterioare ale unei asemenea stele se pot apropia de însoțitoarea sa destul de mult pentru ca aceasta să înceapă să absoarbă materie.

În unele cazuri, componentele unei stele binare pot orbita atât de aproape una de alta încât se ating (acestea probabil că vor fuziona), rotindu-se una în jurul celeilalte incredibil de rapid, posibil în doar câteva minute. În cazul stelelor prea apropiate pentru a putea fi distinse chiar și cu cele mai puternice telescoape, pentru analiza luminii lor se folosesc tehnici precum spectroscopia. Dacă există mai multe surse de lumină, interpretarea datelor obținute prin aceste metode le va pune în evidență prezența. În alte cazuri, componentele stelelor binare se pot afla la zeci de mii de UA una de alta și sunt clar vizibile cu ochiul liber; perioadele lor orbitale vor fi de ordinul secolelor sau al mileniilor.

Așa cum am văzut (p. 141), o stea binară în care una din componente este un pulsar se numește pulsar binar, iar dacă cele două stele sunt destul de aproape una de alta, pulsarul, mai masiv, va începe să absoarbă materie din perechea sa mai puțin substanțială. Recent, în 2016, a fost descoperit primul pulsar binar care conține o pitică albă în locul unei stele neutronice. Acest sistem stelar, AR Scorpii, constă într-o pitică albă și o pitică roșie care orbitează una în jurul celeilalte la o distanță de aproximativ 1,4 milioane km – de numai trei ori distanța de la Pământ la Lună – cu o perioadă puțin mai mare de trei ore și jumătate. Întrucât piticele albe sunt considerabil mai puțin dense decât stelele neutronice, ele se rotesc mult mai lent; în cazul piticei albe din AR Scorpii, perioada de rotație este de aproape două minute. Cu fiecare rotație, câmpul magnetic al piticei albe (de 100.000 de ori mai intens decât al Pământului) generează un curent electric enorm în steaua însoțitoare, producând fluctuații ale luminii pe care le detectăm ca pulsuri regulate.

Au fost detectate planete care orbitează stele binare, deși mai rar decât în jurul stelelor simple. Observații efectuate cu telescopul spațial Kepler au arătat că majoritatea stelelor simple similare cu Soarele au numeroase planete, în vreme ce numai o treime din stelele binare au măcar una. E improbabil ca planetele care orbitează stele binare să poată susține viața, care cere condiții relativ stabile pentru a prinde rădăcini. De asemenea, pe planetele din sistemele binare căldura poate fi mistuitoare sub strălucirea ambilor sori, nopțile pot fi perturbate de apariția celuilalt soare, iar stelele duble, datorită propriei naturi, nu se vor afla la o distanță fixă de planeta în cauză, având drept rezultat fluctuații suplimentare ale temperaturii și radiației.

Sirius A & B

Sirius A

Sirius B

Sirius este cea mai strălucitoare stea de pe cerul nopții, și ca atare a apărut în primele înregistrări astronomice. Încă în Egiptul antic steaua a fost venerată ca o zeiță care veghea asupra fertilității pământului. Asemenea multor stele, Sirius e ascuns periodic de Soare, a cărui traiectorie pe cer variază în funcție de anotimp. Așa încât, pentru un anumit timp, înaintea răsăritului sau după apus, strălucirea Soarelui îl ascunde vederii pe Sirius. Faptul că reapariția lui Sirius pe cer în zori coincidea cu inundația anuală a Nilului a făcut ca steaua să devină sinonimă cu fertilitatea. Pentru vechii greci, ivirea stelei vestea începutul unor veri fierbinți și secetoase, iar vechii romani sacrificau animale pentru a se asigura că steaua le va oferi recolte sănătoase. Pe lângă culturile menționate, Sirius a jucat un rol substanțial în multe altele. E uimitor când te gândești că o stea, doar un punct luminos care licărește pe cer, a influențat viețile și acțiunile atâtor milioane de oameni.

Deși existența lui Sirius era cunoscută din zorii civilizației umane, abia în 1844 s-a descoperit că e o stea binară. În timp ce-i studia mișcarea, astronomul german Friedrich Bessel a observat că ea devia de la traiectoria prezisă. El a prezis corect că steaua trebuie să aibă un însoțitor invizibil care-i influențează traiectoria, dar vor mai trece cincisprezece ani înainte ca secretoasa stea să fie observată direct de constructorul de telescoape și astronomul american Alvan Graham Clark.

Sirius B, cum e numită acum mica stea însoțitoare, este o pitică albă palidă, de 10.000 de ori mai puțin strălucitoare decât Sirius A. Fiind o sursă luminoasă atât de slabă, masa lui Sirius B a putut fi determinată riguros abia în 2005, folosind datele colectate de Telescopul Spațial Hubble. În prezent, steaua e puțin mai masivă decât Soarele, fiind astfel una dintre cele mai substanțiale pitice albe cunoscute, deși ca dimensiune e cu puțin mai mică decât Pământul. Astronomii cred că, atunci când Sirius B a început să lumineze, avea de cinci ori masa Soarelui, cu mult mai mult decât partenerul său care acum îl domină. Când s-a transformat dintr-o gigantă roșie într-o pitică albă, în urmă cu aproximativ 124 milioane de ani, Sirius B și-a expulzat cea mai mare parte a materiei, lăsând în urmă nucleul său dens și fierbinte.

Componenta cea mai mare, mai strălucitoare și mai familiară din cele două, Sirius A, încă mai arde hidrogen în nucleu. Cu o masă de două ori mai mare decât a Soarelui și de aproximativ 25 de ori mai luminoasă, viața sa pe secvența principală e de așteptat să dureze în jur de un miliard de ani, din care s-a scurs deja circa un sfert. E de așteptat ca apoi Sirius A să intre în stadiul de gigantă roșie, înainte de a deveni o pitică albă asemenea partenerului său. În prezent, cele două stele efectuează o rotație una în jurul celeilalte la fiecare 50 de ani.

Imagine obținută de Telescopul Spațial Hubble în 2003. Sirius A se află în centru, iar Sirius B poate fi văzut în colțul din stânga-jos.

CONSTELAȚIILE

EMISFERA NORDICĂ

1. PISCES
2. PEGASUS
3. CETUS*
4. EQUULEUS
5. ARIES
6. TRIANGULUM
7. DELPHINUS
8. LACERTA
9. ANDROMEDA
10. TAURUS
11. AQUILA
12. SAGITA
13. VULPECULA
14. CYGNUS
15. CEPHEUS
16. CASSIOPEIA
17. PERSEUS
18. LYRA
19. CAMELOPARDALIS
20. AURIGA

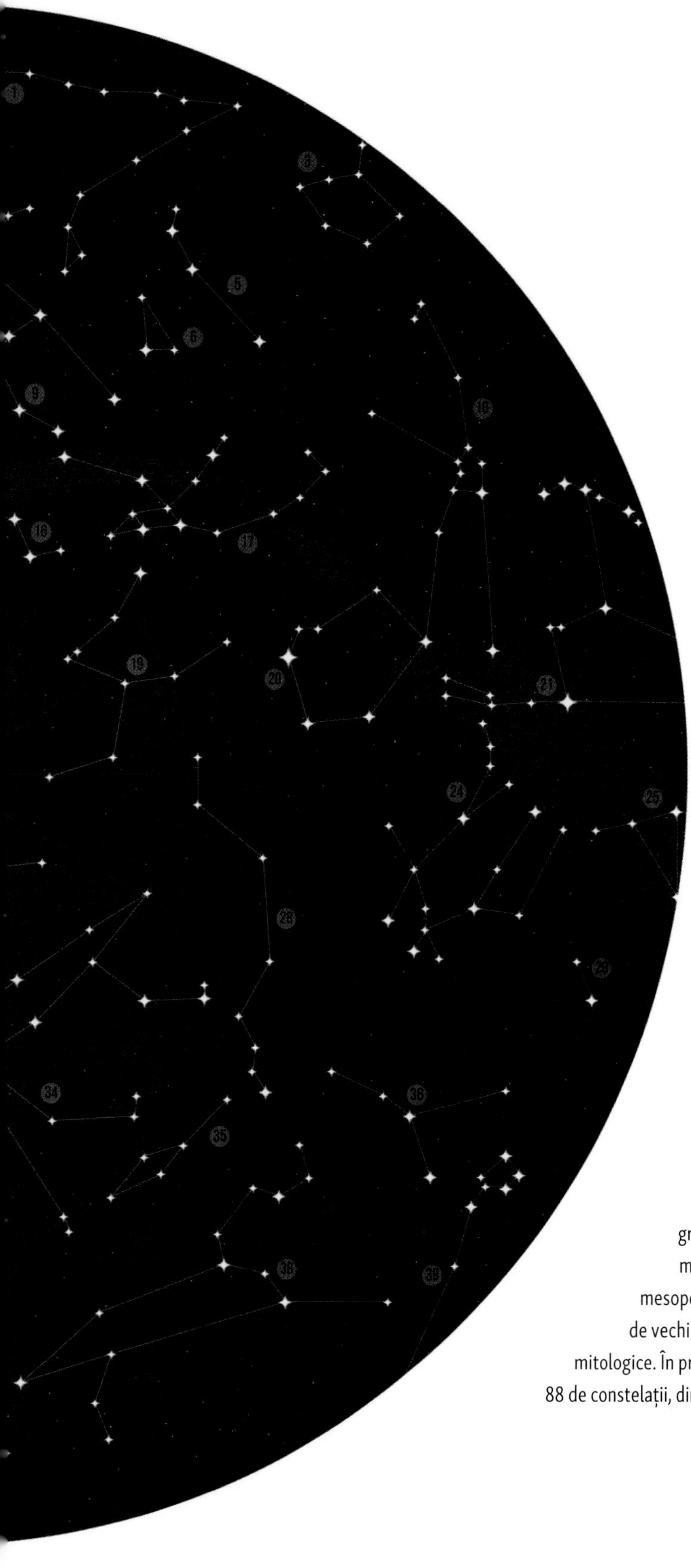

ORION* 21
DRACO 22
URSA MINOR 23
GEMINI 24
MONOCEROS* 25
OPHIUCHUS* 26
HERCULES 27
LYNX 28
CANIS MINOR 29
SERPENS* 30
CORONA BOREALIS 31
BOOTES 32
CANES VENATICI 33
URSA MAJOR 34
LEO MINOR 35
CANCER 36
COMA BERENICES 37
LEO 38
HYDRA* 39
VIRGO 40

Este în firea noastră să recunoaștem tipare în lumea înconjurătoare, inclusiv în stelele de pe cerul nopții. Încă din zorii civilizației am desenat imagini peste grupuri de stele pentru a reprezenta zei, eroi sau animale mitologice. Primele constelații au fost create de culturile mesopotamiene, sumeriană și babiloniană, fiind preluate apoi de vechii greci și romani, care vor adăuga propriile lor personaje mitologice. În prezent, Uniunea Astronomică Internațională recunoaște 88 de constelații, dintre care 36 se găsesc preponderent pe cerul nordic, iar celelalte 52 pe cerul sudic.

* Constelația se extinde și în emisfera sudică

CONSTELAȚIILE

EMISFERA SUDICĂ

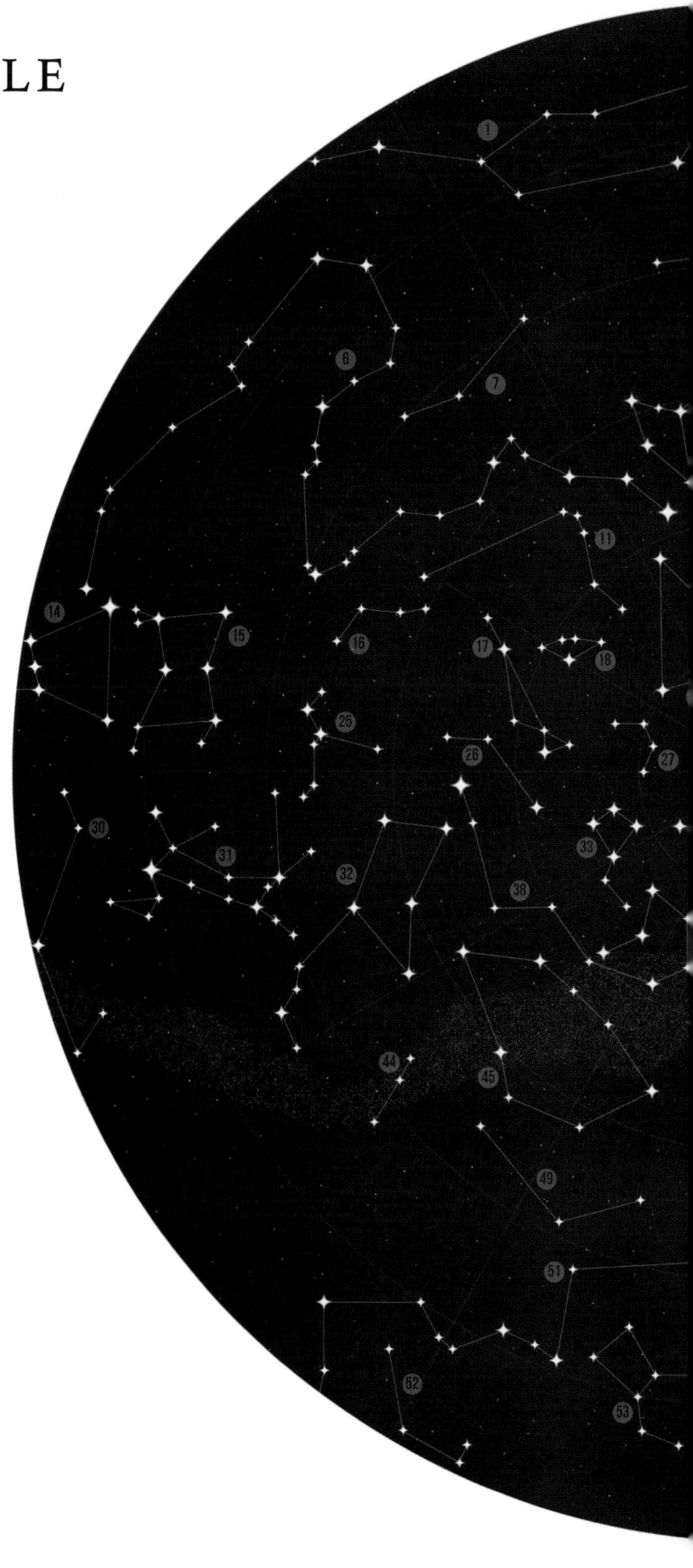

1. CETUS*
2. AQUARIUS
3. SCULPTOR
4. PISCES AUSTRINUS
5. CAPRICORNUS
6. ERIDANUS
7. FORNAX
8. PHOENIX
9. GRUS
10. MICROSCOPIUM
11. HOROLOGIUM
12. TUCANA
13. INDUS
14. ORION*
15. LEPUS
16. CAELUM
17. DORADO
18. RETICULUM
19. HYDRUS
20. PAVO
21. TELESCOPIUM
22. CORONA AUSTRALIS
23. SAGITTARIUS
24. SCUTUM
25. COLUMBA
26. PICTOR
27. MENSA

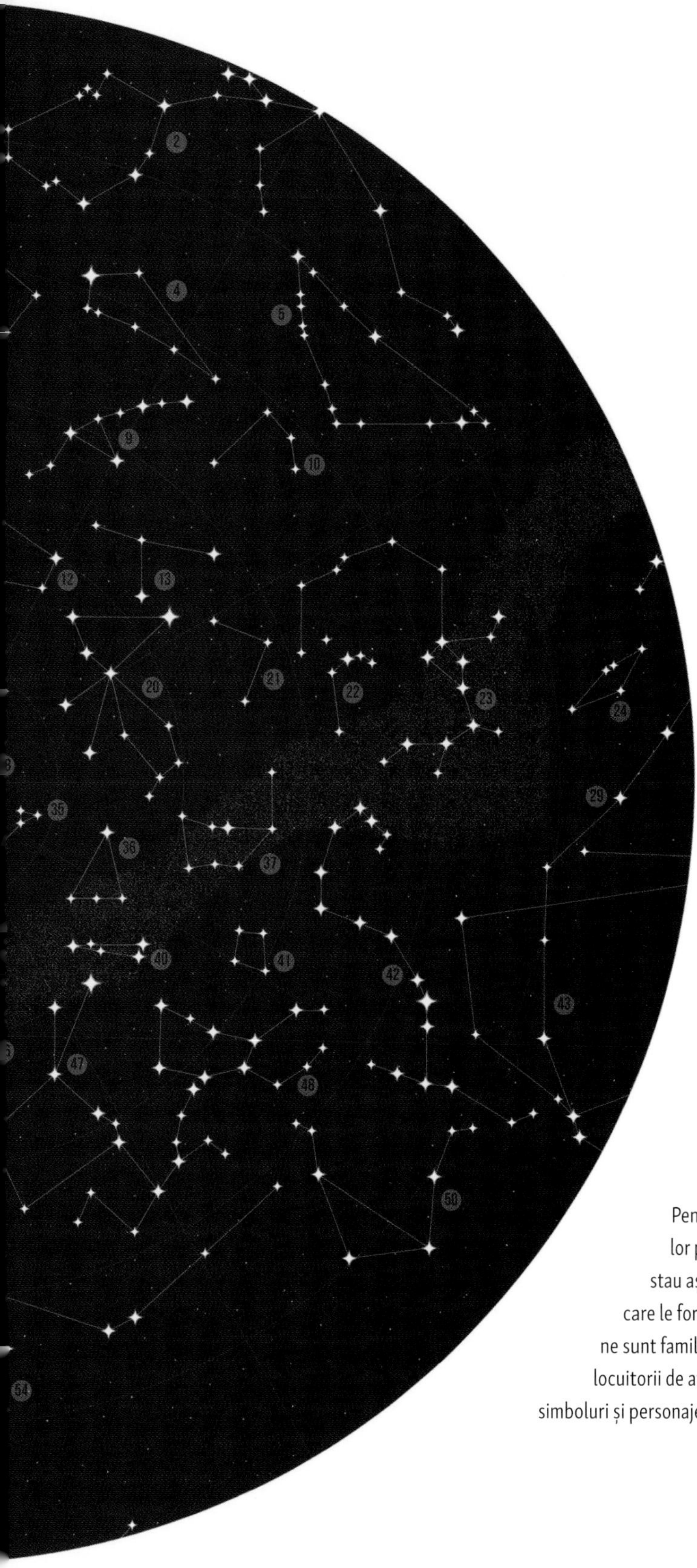

OCTANS 28
SERPENS* 29
MONOCEROS* 30
CANIS MAJOR 31
PUPPIS 32
VOLANS 33
CHAMAELEON 34
APUS 35
TRIANGULUM AUSTRALE 36
ARA 37
CARINA 38
MUSCA 39
CIRCINUS 40
NORMA 41
SCORPIUS 42
OPHIUCHUS* 43
PYXIS 44
VELA 45
CRUX 46
CENTAURUS 47
LUPUS 48
ANTILIA 49
LIBRA 50
HYDRA* 51
SEXTANS 52
CRATER 53
CORVUS 54

Pentru noi, stelele sunt un simbol al permanenței, pozițiile lor pe cerul nopții par invariabile – deși știm că lucrurile nu stau așa. Deoarece toate se mișcă în raport cu noi, tiparele pe care le formează pe cer se modifică foarte lent. Constelațiile care ne sunt familiare acum nu vor exista veșnic. Peste zeci de mii de ani, locuitorii de atunci ai Pământului vor trebui să inventeze propriile lor simboluri și personaje, întrucât ale noastre vor fi prea distorsionate pentru a mai putea fi recunoscute.

* Constelația se extinde și în emisfera nordică

”

Nu vreau
să cred.
Vreau
să știu.

“

Carl Sagan, 1934 – 1996

Exoplanete

ALTE LUMI

De-a lungul vremii, ca specie, ne-am întrebat dacă mai existau și alte lumi printre stelele pe care le vedeam noaptea. Deși în prezent ni se pare oarecum ridicol, cândva aceasta era o idee primejdioasă.

În secolul XVI, filozoful italian Giordano Bruno a încercat să extindă teoria copernicană care plasează Soarele, și nu Pământul, în centrul universului. El a sugerat că stelele, la fel ca Soarele, ar putea avea planete care se rotesc în jurul lor. Pentru aceasta, și pentru o sumedenie de alte crime implicând „opinii contrare credinței catolice", Inchiziția Romană l-a ars pe rug.

Patru sute de ani mai târziu, a fost confirmată existența acestor lumi îndepărtate. Dovezile sunt incontestabile, nu mai există diferențe de opinie și nimeni nu mai trebuie ars. Cunoaștem în prezent mii de exoplanete și sute de sisteme stelare care adăpostesc mai mult de o planetă, demonstrând că sistemul nostru solar multi-planetă nu e o anomalie.

Cu cât aflăm mai multe despre planetele extrasolare, despre stelele și orbitele lor, cu atât știm mai multe despre evoluția și dinamica propriului nostru sistem solar.

Ritmul în care le descoperim crește rapid de la an la an, impulsionat de progresele tehnologiei și de noile metode. Cu afirmația că planetele sunt chiar mai numeroase decât stelele, căutarea unor lumi la fel ca a noastră și a vieții extraterestre se află în topul priorităților astronomiei.

Cum se formează planetele

Sistemele solare, precum cel în care trăim, au apărut din nori moleculari gigantici, de multe ori mai mari decât ele însele. Prin procesul de acreție (p. 14), materia rarefiată din acești nori va deveni cândva un sistem planetar ordonat, cu o nouă stea strălucind în centru. Denumită ipoteza nebulară, această nouă teorie a fost propusă prima oară în secolul XVIII de filozoful german Immanuel Kant. Deși teoria a fost modificată de mai multe ori de-a lungul anilor în acord cu noile observații, principiile sale de bază au rămas intacte.

2. Regiunea centrală a norului devine cea mai densă, iar o protostea (p. 110) începe să strălucească. Pe măsură ce se contractă, norul se rotește tot mai rapid și se aplatizează într-un disc protoplanetar.

1. Un nor molecular, format mai ales din hidrogen și heliu, împreună cu fire de praf conținând elemente mai grele, începe să se contracte sub acțiunea gravitației. În timp ce gazul și praful sunt atrase spre centru, norul se rotește lent.

5. Protosteaua devine o stea matură, iar radiația sa expulzează din noul sistem solar majoritatea gazului și prafului neacretat rămas.

3. Datorită faptului că discul nu e perfect uniform, sub acțiunea gravitației el se condensează în inele. În interiorul inelelor încep să se formeze planetezimale prin acreția unor particule de materie mult mai mici.

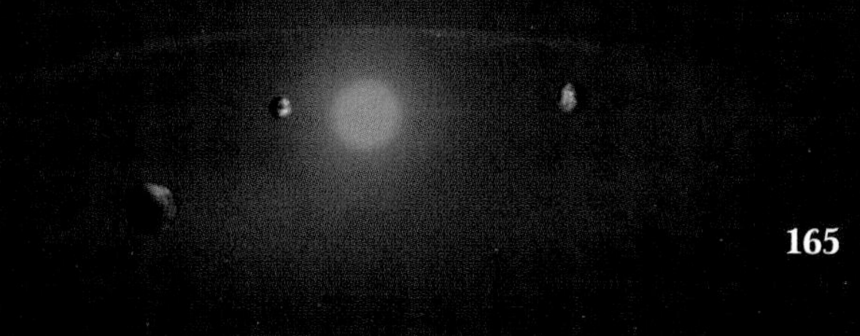

4. Planetezimalele se atrag și se ciocnesc între ele, iar din inele se formează planete.

În timp ce cresc, planetele se încălzesc datorită impactului unor corpuri mai mici. Când o planetă se lichefiază, elementele mai dense se sufundă spre nucleul său.

Dacă o planetă ajunge să aibă o masă puțin mai mare decât Marte, ea poate reține o atmosferă extinsă.

Această teorie explică de ce toate planetele din sistemul nostru solar orbitează în aproape același plan: fiindcă toate s-au materializat din același disc aplatizat. Cu excepția lui Mercur, planele orbitelor tuturor planetelor sunt înclinate cu numai câteva grade unele față de altele și față de planul ecuatorial al Soarelui. Teoria explică și de ce toate planetele orbitează în jurul Soarelui în același sens: fiindcă acesta a fost sensul de rotație al discului protoplanetar. Observații efectuate asupra altor sisteme planetare susțin ipoteza nebulară.

Tipuri de planete

Caracteristicile unei planete pot fi urmărite înapoi în timp până la originile sale în discul protoplanetar. Compoziția chimică, temperatura, perioada orbitală, prezența unei atmosfere sau a câmpului magnetic, toate sunt rezultatul mediului inițial al planetei - lăsând deoparte evenimentele cataclismice. Datorită diversității lor, se recurge la clasificări pentru a grupa laolaltă planetele cu caracteristici generale similare.

SUPER-PĂMÂNT

O planetă cu o masă mai mare decât a Pământului, cu limita superioară de aproximativ 10 mase terestre. De aici nu rezultă că seamănă cu Pământul în privința condițiilor sau a posibilității de apariție a vieții.

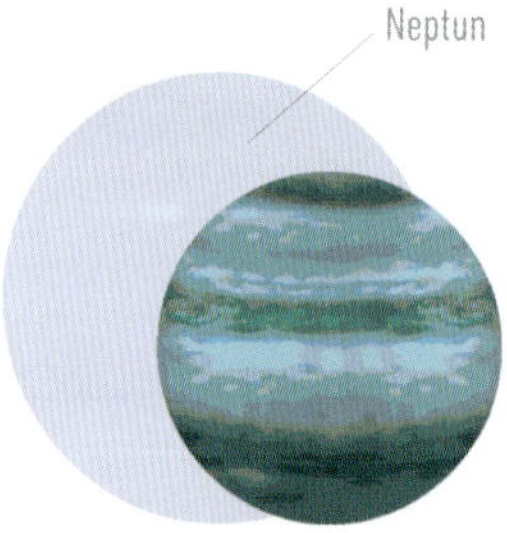

MINI-NEPTUN

Numite și pitice gazoase, aceste planete au atmosfere dense de hidrogen și heliu, și posibil straturi adânci de gheață, rocă sau oceane lichide. Masa lor e mai mică decât a lui Neptun, dar considerabil mai mare decât a Pământului.

PLANETĂ GIGANT

Planetele gigant sunt de obicei formate mai ales din gaze sau gheţuri (gigante gazoase), dar pot fi alcătuite și preponderent din roci (mega-Pământuri). Indiferent de compoziția lor, planetele gigant au de regulă atmosfere dense de hidrogen și heliu.

SUB-PĂMÂNT

Planete cu o masă semnificativ mai mică decât a Pământului.

MEZOPLANETĂ

Un corp planetar mai mic decât Mercur, dar mai mare decât Ceres (cu diametrul între 1.000 și 5.000 de km)

PLANETE PITICE

Acestea sunt suficient de masive pentru a căpăta o formă sferică sub acțiunea propriei gravitații, dar nu și-au curățat orbita de alte obiecte și de rămășițe.

PLANETE TERESTRE

Numite și planete telurice, acestea sunt formate mai ales din silicați sau metale.

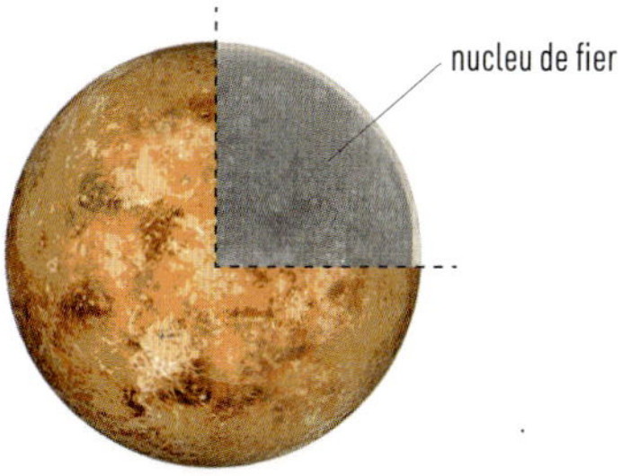

PLANETĂ DE FIER

O planetă de tip terestru care constă în primul rând într-un nucleu bogat în fier, cu o manta subțire sau inexistentă, ca, de pildă, Mercur.

PLANETE DIN SILICAȚI

O planetă de tip terestru formată mai ales din silicați.

PLANETĂ DEȘERTICĂ

O planetă de tip terestru cu puțină apă sau deloc.

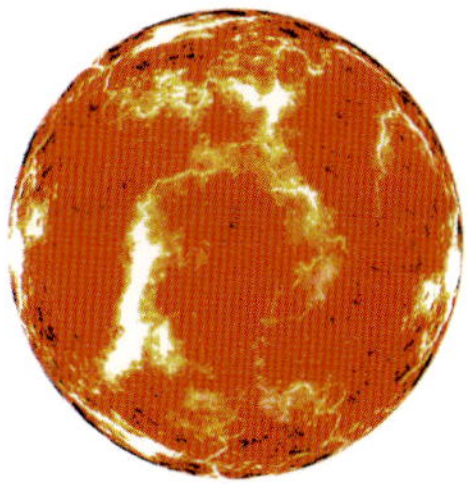

PLANETĂ DE LAVĂ

O planetă de tip terestru cu temperatură înaltă, a cărei suprafață e acoperită de lavă topită.

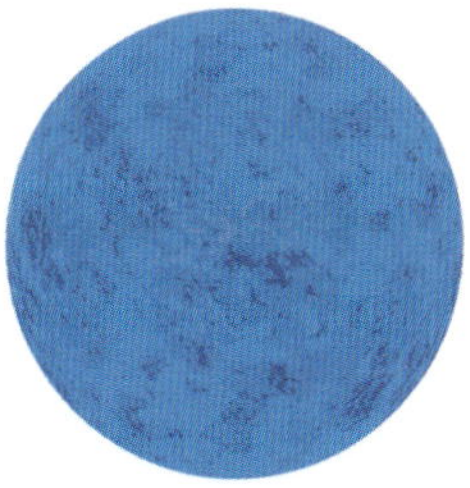

PLANETĂ OCEANICĂ

O planetă alcătuită în proporție considerabilă din apă (sau alte lichide).

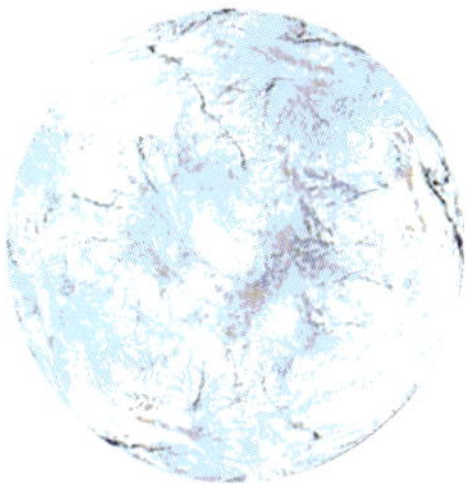

PLANETĂ DE GHEAȚĂ

O planetă cu o suprafață din gheață de apă sau din alte substanțe chimice înghețate.

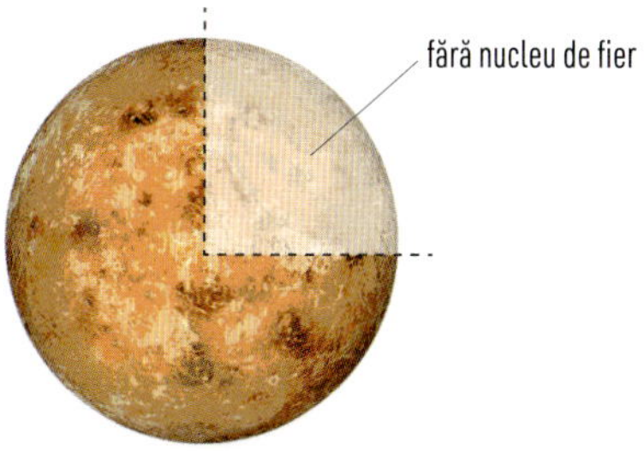

PLANETĂ FĂRĂ NUCLEU

O planetă care s-a format într-un mediu lipsit de fier, și deci nu posedă nucleu metalic sau câmp magnetic.

Dispunerea planetelor

Înainte de prima descoperire confirmată a unei exoplanete, se presupunea că toate sistemele planetare pe care le-am putea descoperi vor fi structurate la fel ca al nostru. În prezent, după ce am identificat planete în jurul a peste 3.000 de sisteme stelare, știm cât de mult ne-am înșelat. Sistemele planetare sunt incredibil de diverse – la fel de diverse ca și planetele însele.

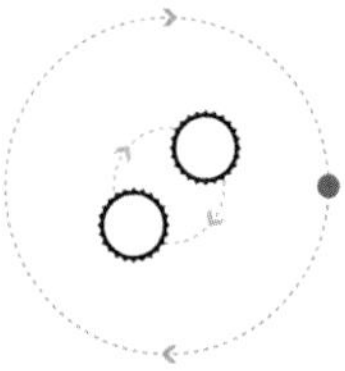

PLANETĂ CIRCUMBINARĂ
O planetă care orbitează o stea dublă.

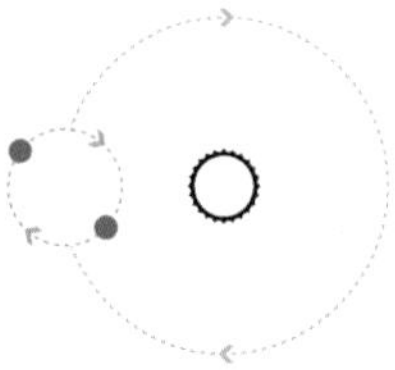

PLANETĂ BINARĂ
Numită și planetă dublă. Două obiecte cu masă planetară care se rotesc unul în jurul celuilalt.

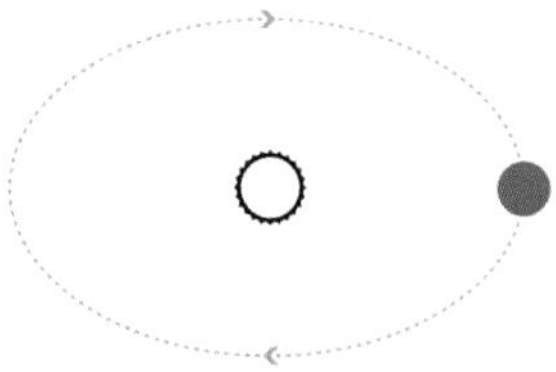

JUPITER EXCENTRIC
O gigantă gazoasă care se rotește în jurul stelei sale pe o orbită alungită.

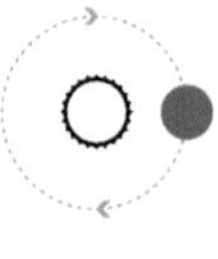

JUPITER FIERBINTE
O gigantă gazoasă care se rotește foarte aproape de steaua sa și, în consecință, temperatura suprafeței-atmosferei e înaltă. Aceste planete pot fi atât de apropiate de stea, încât efectuează o rotație în numai câteva zile (perioada orbitală a lui Jupiter este de peste 10 ani).

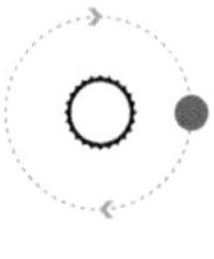

NEPTUN FIERBINTE
O gigantă gazoasă cu o masă similară cu a lui Uranus sau Neptun, care orbitează aproape de stea, de regulă la mai puțin de 1 UA.

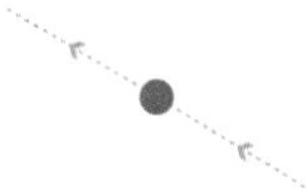

PLANETĂ RĂTĂCITOARE
Numită și planetă hoinară sau planetă nelegată. Este o planetă care a fost expulzată din sistemul ei stelar, sau n-a fost niciodată legată gravitațional de o stea.

MIGRAȚIA PLANETELOR

Se crede că gigantele gazoase se formează în mod normal în regiunile exterioare ale discului protoplanetar, dar în anumite condiții ele migrează spre interior în direcția stelei. Aceasta se întâmplă de regulă prin interacțiunile lor cu alte corpuri din discul planetar mai devreme în viața sistemului stelar. Un exemplu ar putea fi planete mai mici sau planetezimale care s-au format în interiorul orbitei gigantei gazoase și la un moment dat au trecut prea aproape de ea. Gravitația planetei gigant va azvârli corpul mic departe de stea, în afara sistemului, dar, ca urmare, planeta gigant primește un impuls spre stea, în acord cu legea a treia a lui Newton. Aceasta ar putea-o plasa pe o traiectorie către sistemul solar interior, călătoria putând fi accelerată de interacțiuni ulterioare cu alte corpuri.

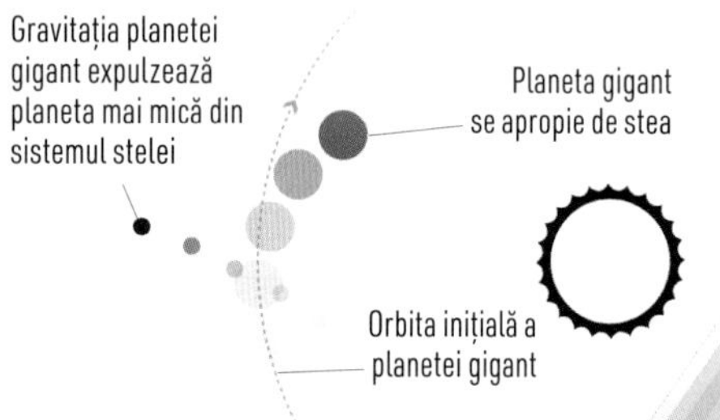

SISTEMUL NOSTRU SOLAR

Planetele din sistemul nostru solar par să se împartă în două grupuri: micile planete telurice din interior și giganții gazoși îndepărtați. E o simplă coincidență, sau există un motiv în spatele acestei diviziuni?

La începuturile sistemului solar, în timp ce se formau planetele, cele mai apropiate de centru, aflate în vecinătatea protostelei nou-formate, au fost expuse unor temperaturi mult mai înalte decât cele îndepărtate. Căldura a vaporizat toate ghețurile prezente, lăsând în urmă doar roci cu densitate mare. De asemenea, datorită masei reduse a acelor planete și a temperaturii lor inițiale mari, ele n-au putut să capteze și să rețină gazele ușoare (hidrogen și heliu) direct din nebuloasa înconjurătoare.

Mai departe de Soare, în regiunile mai reci, s-au putut condensa ghețuri împreună cu un amestec de substanțe mai grele pentru a crea nucleele masive ale planetelor exterioare. Masa nucleelor le-a permis să capteze cantități semnificative din hidrogenul și heliul înconjurător, astfel încât din ele s-au putut forma gigantele gazoase pe care le vedem în prezent.

În sistemul nostru solar, căldura Soarelui va topi ghețurile până la o distanță de aproximativ 5 UA. Linia aceasta imaginară e numită linia de îngheț, dincolo de ea ghețurile pot exista în stare solidă.

Detectarea exoplanetelor

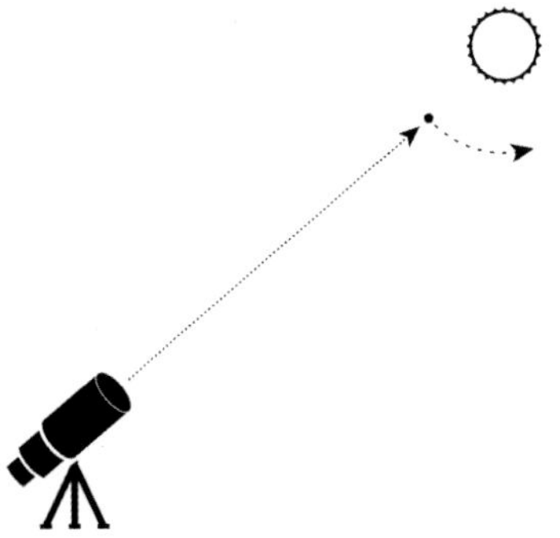

De pe Pământ, în condiții adecvate, putem vedea majoritatea planetelor din sistemul solar cu ochiul liber. La fel ca exoplanetele, acestea strălucesc numai datorită luminii reflectate, și sunt mult mai palide decât steaua care le luminează – singurul motiv pentru care îi putem localiza vizual pe vecinii noștri planetari este că sunt în imediata noastră apropiere. Chiar și cea mai mare planetă din sistemul solar, Jupiter, e de un miliard de ori mai palidă decât Soarele, iar Pământul, prin comparație, este de zece ori mai palid decât Jupiter. Fiind situate la ani-lumină depărtare, planetele nu sunt ușor de reperat. Pentru a înrăutăți și mai mult lucrurile, exoplanetele mici și palide pe care le vânează astronomii sunt de regulă ascunse de strălucirea stelei-gazdă, făcând observațiile directe extrem de improbabile. Pentru a le detecta e nevoie de ceva mai multă abilitate.

Prima confirmare a existenței unei exoplanete a venit în 1992, și se datorează lui Aleksander Wolszczan și Dale Frail. Lucrând împreună la un observator în Puerto Rico, cei doi astronomi au descoperit un pulsar necunoscut până atunci care se rotea de aproape 10.000 de ori pe minut. Ceva era totuși deosebit la el; pulsurile rapide și regulate de unde radio pe care le emitea prezentau anomalii: din când în când, ele omiteau o oscilație. După ce au identificat un tipar al pulsurilor lipsă, ei au dedus că ceea ce descoperiseră era într-adevăr o planetă care bloca fasciculul de energie al pulsarului. De fiecare dată când lipsea un puls, ei știau că planeta efectuase o rotație și se găsea între Pământ și pulsar. Cei doi astronomi au putut chiar calcula masa aproximativă a exoplanetei pe baza cronometrajului.

După memorabila descoperire a lui Wolszczan și Frail, au fost elaborate numeroase tehnici care să ne ajute să descoperim lumi îndepărtate. Deși în câteva cazuri am reușit să vizualizăm direct exoplanetele, majoritatea acestor noi tehnici se bazează pe metode indirecte. Cu miile de planete descoperite în afara sistemului nostru solar, ne-am putea imagina că am devenit experți în localizarea lor, dar sunt multe care se sustrag privirii noastre. Oricât de avansate au devenit metodele noastre, obscuritatea exoplanetelor face să fie mult mai probabil să localizăm planetele mai mari, mai strălucitoare și mai fierbinți decât pe cele mici, sau care orbitează foarte departe de steaua lor și se ascund în întuneric.

Descoperirea altor lumi dincolo de sistemul nostru planetar a dus la creșterea interesului pentru posibilitatea vieții extraterestre. Înainte să fi avut dovezi despre planete extrasolare, am putut doar specula asupra *posibilității* existenței lor, dar acum știm că ele există – și că nu sunt o raritate. Observațiile arată că, în medie, există mai mult de o planetă pentru fiecare stea, ceea ce înseamnă că numai galaxia noastră conține circa 160 de miliarde de planete. E sigur că vreuna dintre ele adăpostește o formă de viață? Până în prezent n-am găsit nici o dovadă, dar șansele de-a face o asemenea descoperire par neîndoielnic mai promițătoare acum că știm cât de numeroase sunt planetele.

Metode de detecție

În prezent astronomii folosesc o gamă variată de tehnici, deseori în asociere una cu alta, pentru a localiza și confirma prezența exoplanetelor. Vom descrie aici succint câteva dintre metodele cele mai uzuale.

METODA TRANZITULUI

Folosind metoda tranzitului, astronomii observă o stea cu reduceri periodice ale strălucirii. Provocate de trecerea unei planete prin fața stelei, aceste diminuări subtile ale luminii pe care o receptăm ne indică perioada orbitală a planetei, și pot fi folosite pentru a-i evalua diametrul și masa. Metoda are neajunsul că e aplicabilă numai atunci când sistemul planetar este observat din lateral, astfel încât planeta trece între noi și stea.

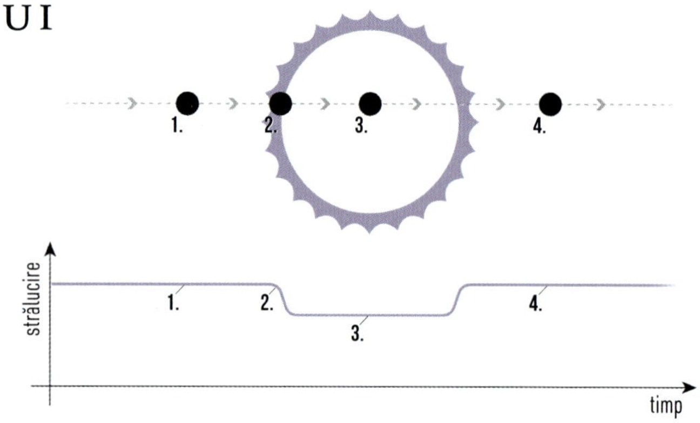

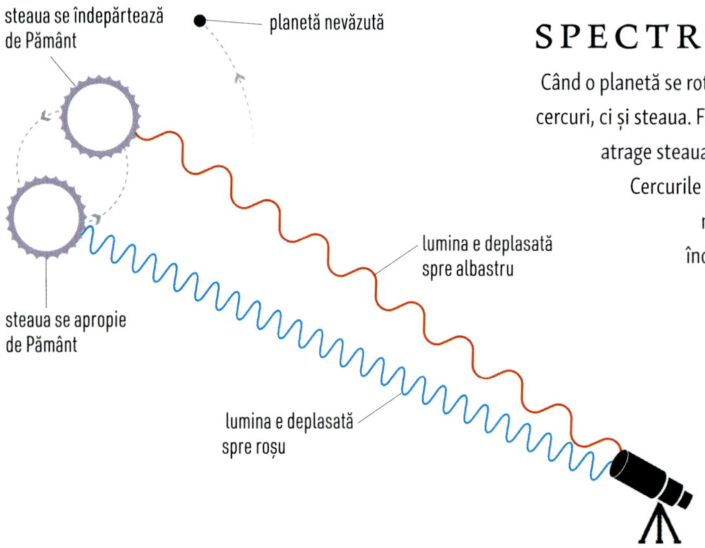

SPECTROSCOPIA DOPPLER

Când o planetă se rotește în jurul unei stele, nu numai planeta se mișcă în cercuri, ci și steaua. Forța gravitațională relativ mică exercitată de planetă atrage steaua care reacționează descriind propriile sale cerculețe. Cercurile pe care se mișcă steaua sunt desigur foarte mici, mai mult un „tremur", uneori apropiindu-se de noi, alteori îndepărtându-se. Lumina e decalată spre albastru când steaua se apropie de noi (p. 103) și spre roșu când se îndepărtează, deplasări care pot fi măsurate cu spectrografe incredibil de precise. Din frecvența și intensitatea deplasării spre roșu / albastru poate fi calculată perioada orbitală a planetei, după care se poate deduce masa.

MICROLENTILA GRAVITAȚIONALĂ

Dacă două stele sunt aliniate aproape perfect cu Pământul, gravitația stelei mai apropiate va curba lumina care vine de la cea mai îndepărtată, mărindu-i imaginea văzută de pe Pământ. Dacă o planetă orbitează steaua cea mai apropiată (*lentila*), atunci și ea va avea un impact asupra efectului de lentilă. Aceste variații pot fi măsurate de astronomi pentru a determina distanța orbitală și alte caracteristici.

Astfel de alinieri ale stelelor nu durează mult timp, zile sau poate săptămâni, deoarece ambele stele, precum și Pământul, se mișcă una în raport cu alta. Deși metoda e utilă doar într-un scurt interval de timp, ea are avantajul că poate identifica planete cu masă mică asemănătoare Pământului.

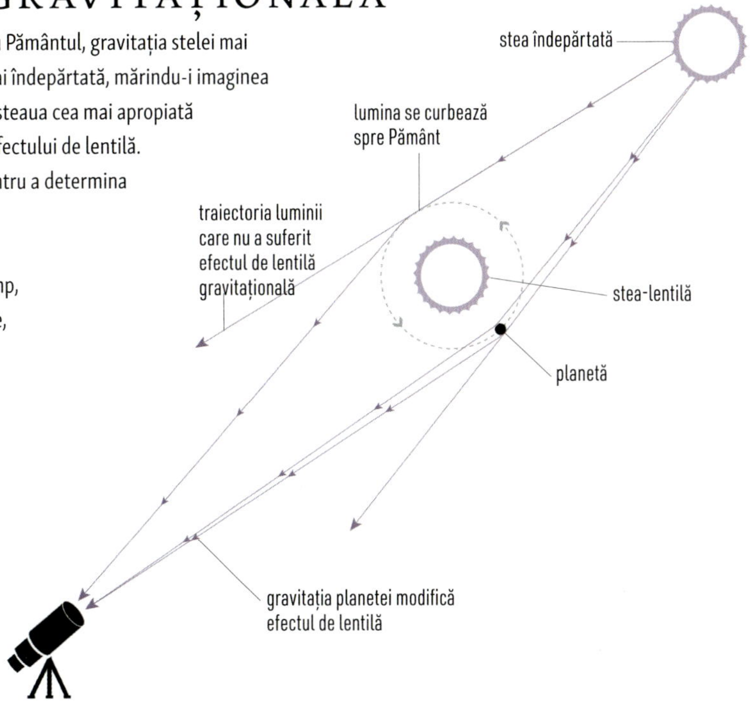

VIZUALIZARE DIRECTĂ

Deoarece sunt extrem de obscure în comparație cu stelele, exoplanetele sunt greu de observat direct. Ele sunt adesea vizualizate folosind radiația infraroșie pe care o emit, ceea ce înseamnă că o planetă e cu atât mai vizibilă cu cât e mai fierbinte. Din motive evidente, planetele mai mari sunt mai ușor de găsit în felul acesta, și, de asemenea, planetele care orbitează suficient de departe de steaua lor încât strălucirea acesteia să nu le ascundă. Vizualizarea directă e aplicabilă numai sistemelor stelare relativ apropiate, iar, date fiind și celelalte limitări ale sale, doar o mică fracțiune din exoplanetele descoperite au fost observate astfel.

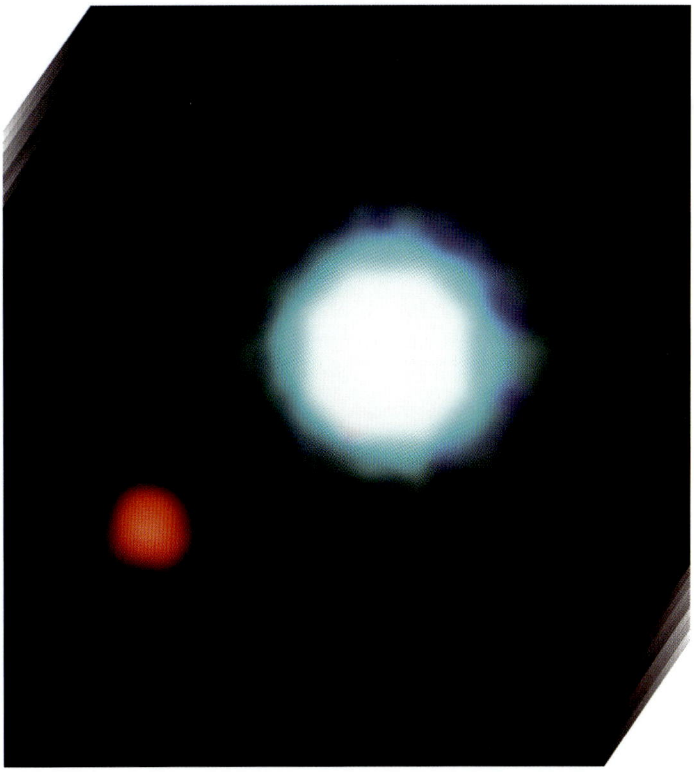

Această imagine compozită, luată de European Southern Observatory în 2004, este prima imagine directă a unei exoplanete. Steaua din centru este o pitică brună (aici în alb strălucitor), iar obiectul din stânga-jos este o gigantă gazoasă cu masa de circa 8 ori mai mare decât a lui Jupiter. Datorită masei sale enorme, contracția gravitațională a încălzit planeta considerabil; temperatura sa superficială atinge 1.300°C. „2M1207b" se rotește în jurul stelei sale la o distanță similară cu cea a lui Pluton față de Soare.

Viața pe alte lumi

Una dintre cele mai importante întrebări cu care ne confruntăm este: suntem oare singuri în univers? De aceea e firesc să ne intereseze în primul rând planetele care pot susține viața ... și dacă au ce susține.

În căutarea lumilor locuibile, prima opțiune sunt planetele telurice. Deși posibilitatea evoluției vieții în norii gigantelor gazoase n-a fost complet exclusă, ele par candidați improbabili. Fără o suprafață propriu-zisă și cu o gravitație mult mai puternică, oamenii de știință se îndoiesc că viața ar putea exista în aceste condiții. E posibil însă ca sateliții pietroși care se rotesc în jurul gigantelor gazoase să adăpostească viața. Mai aproape de casă, s-a speculat mult dacă satelitul Europa ar putea fi un asemenea exemplu. Orbitând cea mai mare gigantă gazoasă, Jupiter, Europa e ceva mai mică decât Luna și e acoperită cu o crustă solidă de gheață, sub care se crede că există un ocean de apă. Oceanul rămâne în formă lichidă, fiind încălzit de frecările interne provocate de forțele mareice (p. 14), care de asemenea creează curenți în interiorul său. Ar putea fi acesta locul celor mai apropiați vecini vii ai noștri?

Din câte știm, viața are nevoie de apă, cel puțin așa stau lucrurile cu toate viețuitoarele de pe Pământ. Ceea ce nu înseamnă că n-ar putea exista forme de viață cu o biochimie diferită de a noastră, dar în căutarea planetelor locuibile trebuie să ne limităm la ceea ce știm. Prin urmare, ne-ar plăcea să găsim o planetă cu apă, iar pentru a fi utilă, apa trebuie să fie disponibilă în formă lichidă. Asta presupune ca planeta să aibă o temperatură adecvată, așa încât apa să nu fiarbă devenind vapori, nici să nu se solidifice ca gheață. Folosind spectroscopia între alte metode, astronomii pot să determine prezența apei și să precizeze dacă e în formă lichidă.

Dacă o planetă orbitează foarte aproape de stea, temperatura acolo va fi prea mare pentru a permite existența apei lichide, iar, dacă e prea departe de stea, toată apa va îngheța. Prin urmare, trebuie să existe o distanță ideală față de stea unde să fie situată planeta pentru ca apa să supraviețuiască în stare lichidă. Această regiune, unde nu e nici prea cald, nici prea frig, ci temperatura e tocmai potrivită, se numește zona Goldilocks sau, mai banal spus, zona locuibilă. Distanța față de stea la care se află zona aceasta depinde de temperatura stelei, stelele mai fierbinți având zone Goldilocks mai îndepărtate.

Mai sunt și alți factori ce trebuie luați în considerare în afară de apă, temperatură și dacă planeta e de tip terestru sau nu. Prezența unei atmosfere e importantă, căci în absența unei presiuni atmosferice, fie și mică, apa se transformă oricum în vapori. Un alt considerent e stabilitatea temperaturii, variațiile mari nefiind compatibile cu prezența apei lichide și a vieții. Un exemplu în acest sens ar fi o planetă cu o orbită alungită. Uneori, în decursul anului său, ea va fi prea aproape de stea, iar alteori prea departe. Un alt exemplu e o planetă cu o rotație proprie lentă: fața îndreptată spre stea se coace de căldură, pe când fața opusă îngheață în întuneric. Este avantajos pentru o planetă să aibă un câmp magnetic propriu, deoarece o protejează de radiații nocive pentru viață.

O metodă despre care credem că ne poate ajuta să identificăm prezența vieții pe o planetă este cantitatea de oxigen din atmosfera sa. Pe Pământ, în urmă cu 2,4 miliarde de ani, nivelul de oxigen din oceane și din atmosferă a crescut brusc în ceea ce se numește Marele Eveniment de Oxidare. Acesta a fost pus în legătură cu apariția vieții primitive, care s-a ivit parcă de nicăieri. Deși oxigenul poate să apară în mod natural în unele atmosfere, concentrația lui e foarte mică datorită tendinței sale de a reacționa cu alte substanțe chimice. Numai dacă e prezentă viața, ca pe Pământ, vom putea detecta niveluri ridicate de oxigen, posibil primul indiciu că am descoperit viață altundeva.

OBSERVATOARE SITUATE LA SOL

Înainte de sfârșitul secolului XIX, aproape toate observatoarele astronomice erau situate la altitudini modeste, deseori în apropierea orașelor și a instituțiilor de învățământ pur și simplu din comoditate. Pe măsură ce poluarea aerului provocată de industrializare și poluarea luminoasă produsă de iluminatul artificial au crescut în timpul Revoluției Industriale, astronomii au căutat amplasamente pentru observatoare în locuri îndepărtate, cu un cer limpede și întunecos, ceea ce i-a atras către munți.

Amplasamentele la mare altitudine sunt ideale pentru astronomia optică și oferă o vedere optimă, fiind deasupra unei părți semnificative din atmosfera Pământului, care este asociată cu fenomenele meteorologice, turbulență și diminuarea clarității. Printre locurile care întrunesc condițiile pentru observatoare moderne sunt sud-vestul Statelor Unite, Hawaii, Insulele Canare, Anzii și munții înalți din Mexic, precum Sierra Negra.

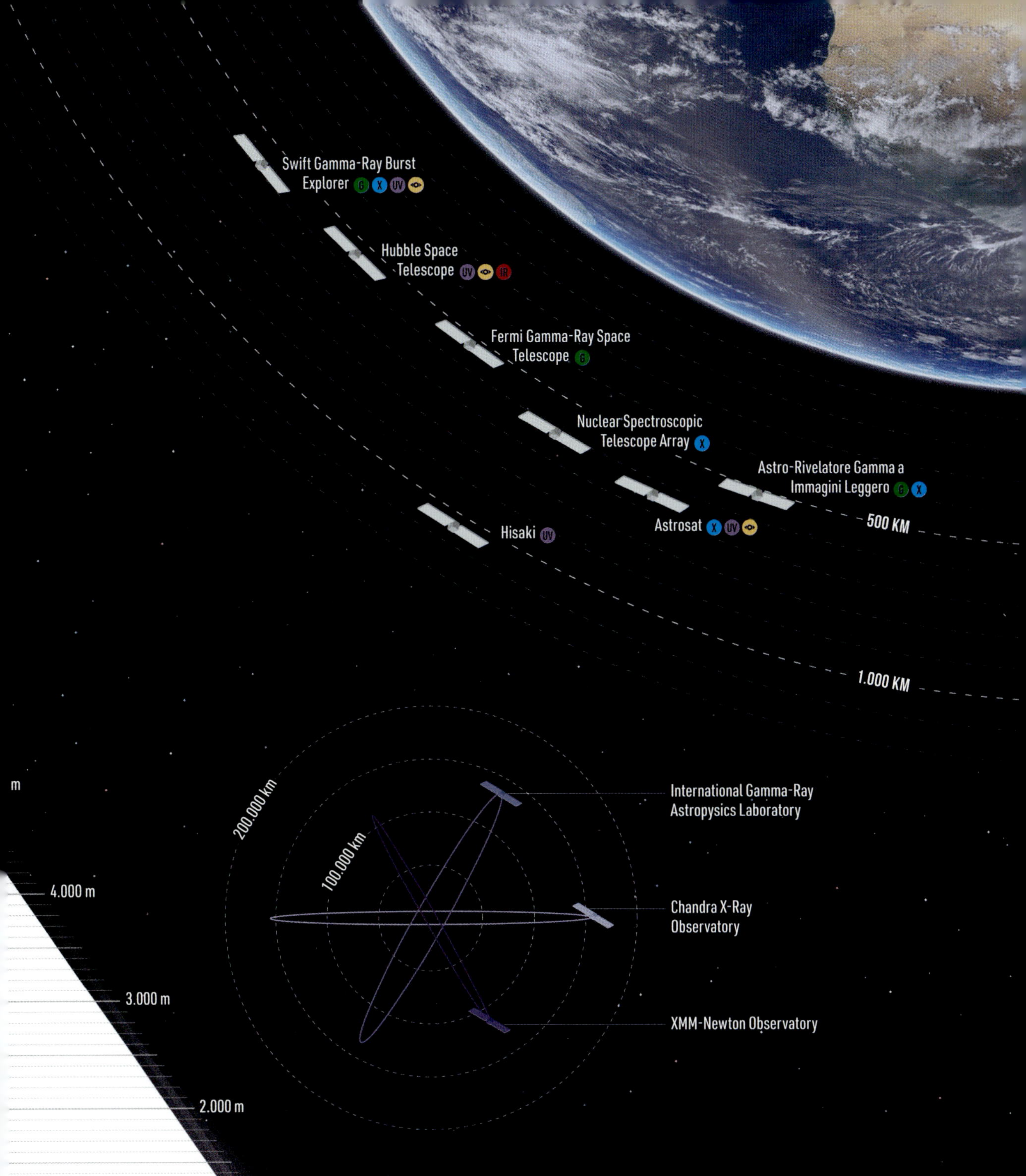

TELESCOAPE SPAȚIALE

Telescoapele spațiale evită filtrarea radiațiilor cu lungime de undă scurtă, precum și poluarea luminoasă cu care se confruntă observatoarele de la sol. Multe asemenea telescoape sunt operaționale la altitudini în jur de 1.000 km sau mai puțin, iar câteva orbitează la distanțe mult mai mari și tind să urmeze traiectorii eliptice.

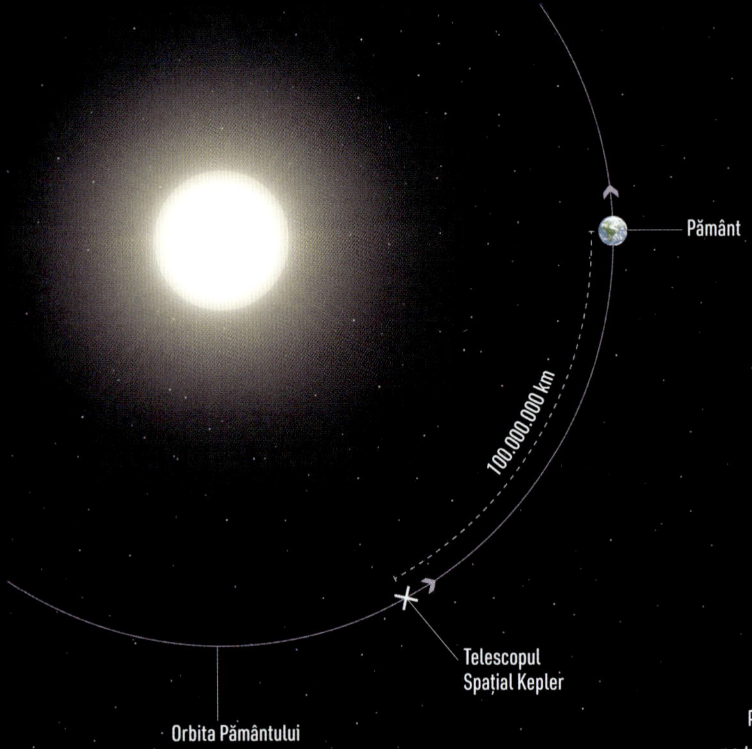

TELESCOPUL SPAȚIAL KEPLER

Telescopul Spațial Kepler a fost lansat în 2009 pentru a detecta exoplanete care tranzitează steaua-gazdă, și mai ales pe acelea din zona locuibilă. În loc să orbiteze în jurul Pământului, telescopul orbita în jurul Soarelui, urmând Pământul pe traiectoria sa la o distanță de aproximativ 100 milioane kilometri. Pe această orbită telescopul Kepler a minimizat orice interferență inerentă unei prea mari apropieri de planeta noastră. Telescopul și-a încetat activitatea în 2018, când s-a epuizat combustibilul pentru propulsoarele sale.

PLANETE AFLATE ÎN ZONA LOCUIBILĂ

Dintre toate planetele detectate de Telescopul Spațial Kepler, ceva mai puțin de jumătate se crede că sunt planete telurice de tip terestru sau super-Pământuri. Aproximativ 50 dintre acestea se găsesc în zona locuibilă a stelei lor.

KEPLER-438B

Puțin mai mare și mai masivă decât Pământul, aceast planetă se rotește în jurul unei stele pitice roșii aflat la distanța de aproximativ 640 ani-lumină.

KEPLER-442B

Se estimează că această exoplanetă are o masă de 2,3 ori mai mare decât a Pământului. Ea orbitează o stea de pe secvența principală aflată la 1.200 ani-lumină de sistemul nostru solar.

KEPLER-62F

Localizată la o distanță de 990 ani-lumină și orbitând o stea de pe secvența principală, planeta aceasta are o masă de cel puțin 2,8 ori mai mare decât a Pământului.

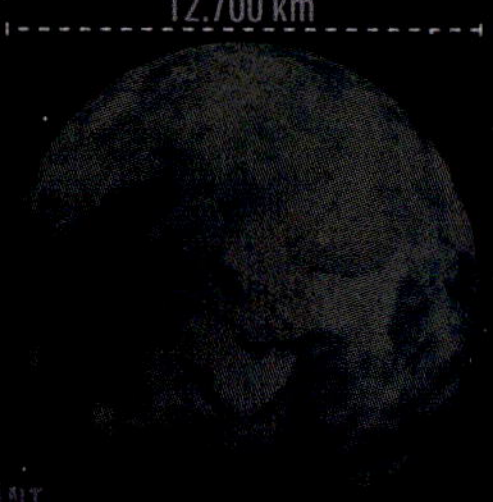

PLANETE DESCOPERITE

Pe durata funcționării sale, telescopul a observat mai mult de o jumătate de milion de stele, iar astfel a confirmat prezența a 2.662 planete.

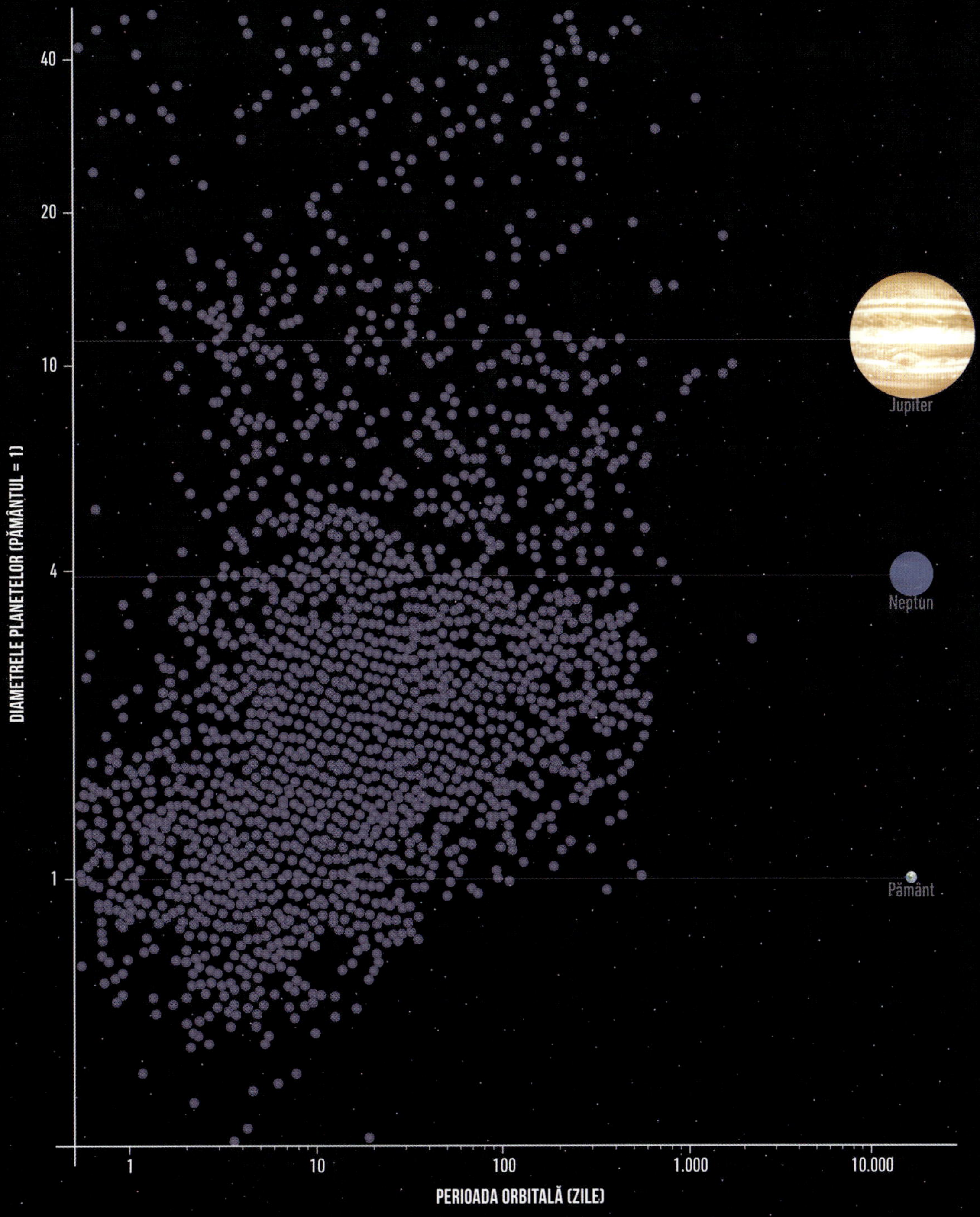

”

Istoria astronomiei e istoria lărgirii orizonturilor

“

Edwin Hubble, 1889 – 1953

Galaxii

NORI DE STELE

Cu numai un secol în urmă credeam despre Calea Lactee că *este* universul; se considera că tot ce există rezidă în galaxia noastră. Când s-a confirmat că mai erau și alte galaxii mult dincolo de tărâmul său, viziunea noastră asupra universului a fost din nou bulversată.

Eminentul astronom Edwin Hubble a adus dovada concludentă că galaxia noastră nu e singura. Ceea ce mulți presupuseseră a fi nori de gaz și praf la periferia Căii Lactee, Hubble a izbutit să identifice corect drept insule foarte îndepărtate de a noastră. Peste numai câțiva ani, în 1929, Hubble a uimit din nou lumea când observațiile sale asupra galaxiilor au dezvăluit un alt fapt senzațional: universul se extinde. În mai puțin de un deceniu, galaxia noastră a trecut de la a fi literalmente *totul*, la una dintre miliardele de galaxii, iar întinderea așternută dinaintea noastră devenea tot mai mare. Hotarele existenței fuseseră lărgite exponențial.

Știm acum că galaxiile pot să conțină între sute de milioane și sute de bilioane de stele, și au o gamă de forme și tipuri care depind de

istoria lor. Studiind aceste vaste metropole stelare și mișcările lor în cosmos, am dedus că există mai multă materie în univers decât putem detecta. Mișcările lor au dezvăluit de asemenea acțiunea unei forțe misterioase care face ca universul să crească accelerat. Proprietățile acestor entități misterioase, materia întunecată și energia întunecată, nu sunt încă înțelese, și ca atare constituie domenii de un interes aparte pentru cosmologi.

Formarea galaxiilor

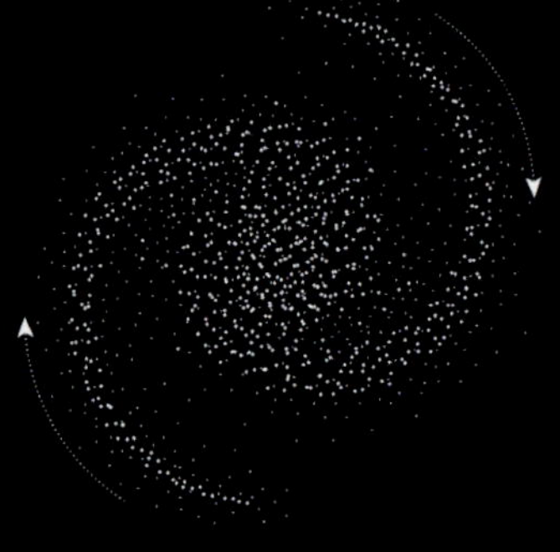

Primele galaxii se crede că s-au format în universul timpuriu, poate la numai 200 milioane de ani după big bang (p. 210). Cum anume s-a întâmplat asta a fost multă vreme subiect de controversă printre astronomi, care erau divizați în două tabere: „de sus în jos“ (*top-down*) și „de jos în sus“ (*bottom-up*).

În teoria „de sus în jos“ se propunea că galaxiile s-au condensat din nori gigantici de gaz care au început să colapseze sub acțiunea gravitației. La fel ca în cazul formării unui sistem planetar, materia care colapsează începe să se rotească, iar astfel se aplatizează, căpătând formă discoidală. Inițial, discul de gaze fierbinți era distribuit uniform, dar, pe măsură ce se răcea, zone ale sale au început să se condenseze în mici nori, din care mai târziu se vor forma stele.

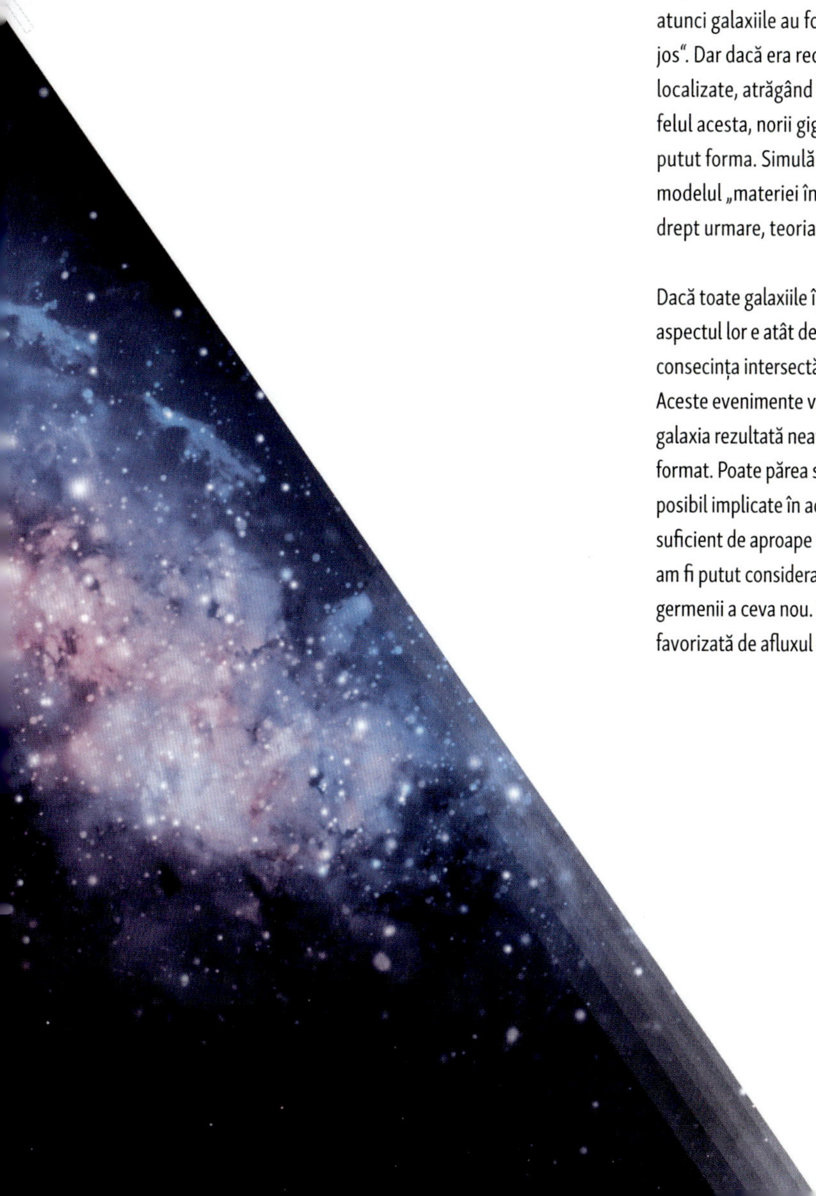

Teoria „de jos în sus“ sugerează că, în loc de un singur nor mare care se coagulează, iar apoi se desface în nori mai mici, materia s-a acumulat la început în nori mai mici care pe urmă s-au asociat pentru a forma galaxii. Această teorie explică forma discoidală a galaxiilor tinere și rotația lor, având în plus avantajul că justifică existența multora dintre galaxiile „mai mici“ care au fost observate.

Cele două teorii sunt rezultatul unor idei diferite despre comportamentul materiei întunecate (p. 194) în universul timpuriu. Dacă materia întunecată era fierbinte și se mișca rapid, atunci galaxiile au fost create în conformitate cu teoria „de sus în jos“. Dar dacă era rece și lentă, ea s-a condensat în regiuni localizate, atrăgând în decursul procesului materia obișnuită. În felul acesta, norii gigantici de gaz din teoria „de sus în jos“ nu s-au putut forma. Simulările pe calculator favorizează convingător modelul „materiei întunecate reci“ al universului timpuriu și, drept urmare, teoria „de jos în sus“ e acceptată în mare măsură.

Dacă toate galaxiile își încep existența ca discuri, de ce acum aspectul lor e atât de divers? Din cauza fuziunilor dintre galaxii: consecința intersectării traiectoriilor a două (sau mai multe) galaxii. Aceste evenimente violente perturbă sistemele care se ciocnesc, galaxia rezultată neavând nici o asemănare cu cele din care s-a format. Poate părea surprinzător că, în pofida miliardelor de stele posibil implicate în aceste fuziuni, ele aproape niciodată nu trec suficient de aproape una de alta pentru a se ciocni efectiv. Ceea ce am fi putut considera un loc al catastrofei și anihilării poartă germenii a ceva nou. Formarea stelelor e în plină desfășurare, favorizată de afluxul de gaze și materiale aduse de fiecare galaxie.

Tipuri de galaxii

Galaxiile risipite pe întreg cuprinsul universului au cele mai diverse forme, mărimi și culori. Unele sunt asemănătoare unor imense roți de tors cu un diametru de milioane de ani-lumină, pe când altele sunt nori mici și nestructurați cu diametrul de numai câteva sute de ani-lumină. Unele strălucesc în lumina albă și albastră intensă provenită de la stelele nou-născute, în vreme ce altele, populate de stele roșii bătrâne, luminează slab.

În general, galaxiile se clasifică în trei categorii în funcție de forma lor: spirale, spirale barate sau eliptice. Pe acestea Edwin Hubble le-a împărțit în subcategorii, într-o schemă de clasificare numită secvența Hubble, care e folosită și în prezent.

SPIRALE

Galaxiile spirale prezintă un bulb central înconjurat de un disc, care de regulă conține stele mai bătrâne. Brațele care se întind spre exterior sunt dens populate cu stele mai tinere și stele noi care se formează în aceste regiuni. Ele constituie peste 30% din galaxiile din univers.

SPIRALE BARATE

Multe galaxii spirale au o bandă liniară din stele, în formă de bară, care traversează nucleul și se contopește cu structura spirală. Concentrația stelelor în galaxiile spirale barate tinde să fie mare peste tot, iar ele sunt regiuni active de formare a stelelor. Aproximativ 65% din galaxiile spirale prezintă o bară.

ELIPTICE

Galaxiile eliptice au forma unor sfere aplatizate în diverse grade. Se crede că mare parte dintre ele s-au format ca urmare a ciocnirii și fuzionării mai multor galaxii, și de aceea pot ajunge să fie mult mai mari decât galaxiile spirale.

LENTICULARE

Galaxiile lenticulare se situează undeva între galaxiile spirale și cele eliptice; ele constau într-un disc masiv cu un bulb în centru, dar fără brațe spirale. În aceste galaxii se formează foarte puține stele noi, ele adăpostind mai ales stele bătrâne.

NEREGULATE

Aceste galaxii nu au o formă sau o structură distinctă și nu se încadrează în nici una din clasele regulate ale secvenței Hubble. Ele constituie aproximativ 25% dintre galaxii.

PITICE

Galaxiile pitice conțin între 100 de milioane și câteva miliarde de stele și formează majoritatea galaxiilor din univers. Și ele pot fi clasificate ca eliptice, spirale sau neregulate, și pot orbita alte galaxii mult mai mari; galaxia noastră are aproximativ 50 de asemenea sateliți.

SECVENȚA HUBBLE

Galaxiile sferice sunt situate la un capăt al secvenței Hubble, cele spirale găsindu-se la celălalt capăt. În locul unde sunt situate galaxiile spirale, graficul se bifurcă în două ramuri, după cum prin centrul galaxiei trece sau nu o bară.

E – ELIPTICE (de la 0 la 7)
„0" este o galaxie aproape sferică, „7" e puternic aplatizată

S0 – LENTICULARE
Au proprietăți atât ale galaxiilor spirale, cât și ale celor eliptice

S – GALAXII SPIRALE (de la *a* la *c*)
„a" are un nucleu mare și brațe strâns înfășurate, „c" are un nucleu mic și brațe degajate

SB – SPIRALE BARATE (de la *a* la *c*)
„a" are un nucleu mare și brațe strâns înfășurate, „c" are un nucleu mic și brațe degajate

Calea Lactee

Într-o noapte senină, când Luna se află sub orizont și cerul e întunecat, o fâșie palidă de lumină poate fi văzută întinzându-se de la un capăt la altul al cerului. Această bandă cețoasă e galaxia noastră, lăcașul a peste 100 de miliarde de stele, privită din lateral - așa cum o vedem noi din poziția noastră în interior. În Grecia antică unii filozofi au sugerat că banda palidă ar putea proveni de la stele prea îndepărtate pentru a fi văzute, dar destul de numeroase ca să producă o lumină difuză. Dovada însă a venit abia când Galilei și-a îndreptat telescopul spre cer, în 1610, permițându-i să distingă în nebulozitate stele imperceptibile cu ochiul liber. Îmbunătățiri ulterioare ale telescopului le-au permis astronomilor să deslușească stele și mai palide localizate între cele deja descoperite; iar, mai târziu, stele încă și mai palide vor fi identificate în spațiile dintre acestea. Numărul mare al stelelor explică de ce, atunci când privim cu ochiul liber, vedem o bandă continuă de lumină traversând cerul.

În mitologie, Calea Lactee e deseori imaginată ca drumul spre paradis, sau calea către sălașul zeilor, dar numele său l-am preluat din legendele vechilor greci. Povestea spune că Hera, regina zeilor, a fost păcălită de dibaciul zeu Hermes, care a adus un alt copil, pe Heracles, să se hrănească la sânul ei în timp ce dormea. Când s-a trezit, Hera a smuls copilul de la piept, împrăștiindu-și laptele pe firmament. La fel ca numele „Calea Lactee", termenul „galaxie" provine tot din Grecia antică, originea sa fiind cuvântul grecesc pentru lapte, *gala*.

După ce Calea Lactee s-a dovedit că e o galaxie conținând un număr extraordinar de stele, astronomii au încercat s-o măsoare și să ne situeze în cadrul ei. Din păcate, metoda paralaxei (p. 104) pentru determinarea distanțelor până la stele nu funcționează la asemenea distanțe, deoarece unghiurile devin prea mici pentru a fi măsurate cu o precizie rezonabilă. Chiar de n-ar fi fost așa, marginile Căii Lactee sunt atât de îndepărtate, încât efectul cumulativ al prafului interstelar împiedică lumina din acele regiuni să ajungă până la noi. Pentru a măsura galaxia era nevoie de o tehnică nouă.

Stelele numite variabile cefeide, cunoscute încă din secolul XVIII, sunt incredibil de luminoase (până la de 100.000 de ori luminozitatea Soarelui), cu o masă de 4–20 de ori mai mare decât a Soarelui. Fiind atât de strălucitoare, aceste stele pot fi văzute de la distanțe enorme: cu instrumentele moderne le putem distinge chiar și în galaxii aflate la 100 milioane de ani-lumină! O altă caracteristică a acestor stele este că pulsează, atât în mărime cât și în luminozitate. Un progres crucial s-a produs în 1908, când astronoama americană Henrietta Swan Leavitt a constatat că există o relație între regularitatea pulsurilor și luminozitatea lor. Prin urmare, cronometrând frecvența pulsurilor, ea a putut să determine luminozitatea unei stele, și observând-o de pe Pământ a putut să-i măsoare strălucirea aparentă (p. 102). Folosind aceste două date, strălucirea percepută a stelei și luminozitatea sa reală, și premisa că obiectele sunt cu atât mai palide cu cât se află mai departe, Swan Leavitt a putut calcula distanța până la ele.

Așa cum am menționat, a încerca să privești direct prin galaxie e zadarnic, întrucât cantitatea de praf interstelar o face impenetrabilă pentru lumină. Putem în schimb observa obiecte îndepărtate aflate de o parte sau de alta a discului galactic dens, și ca atare putem vedea roiuri de stele, dintre care unele vor fi cefeide, ițindu-se la extremitatea galaxiei. Grație cercetărilor lui Swan Leavitt, această tehnică le-a permis astronomilor să determine forma de ansamblu și dimensiunile Căii Lactee, și unde ne situăm în cadrul ei.

Luată la European Southern Observatory, această imagine de înaltă rezoluție a Căii Lactee a fost compusă în 120 de ore de observații pe durata mai multor săptămâni. Privite de pe Pământ, miliardele de stele din galaxia noastră apar ca o fâșie cețoasă de lumină de-a curmezișul cerului.

Știm acum că dimensiunea Căii Lactee e considerabilă pentru o galaxie. Cu un diametru de peste 150.000 ani-lumină, este a doua ca mărime în Grupul Local, roiul de galaxii din care facem parte. Ca urmare, galaxia noastră masivă e orbitată de zeci de galaxii mărunte în comaparație cu ea. În chiar centrul Căii Lactee se găsește o gaură neagră supermasivă (p. 196), Sagittarius A*, cu o masă de peste 4 milioane de ori mai mare decât a Soarelui.

DIMENSIUNILE CĂII LACTEE

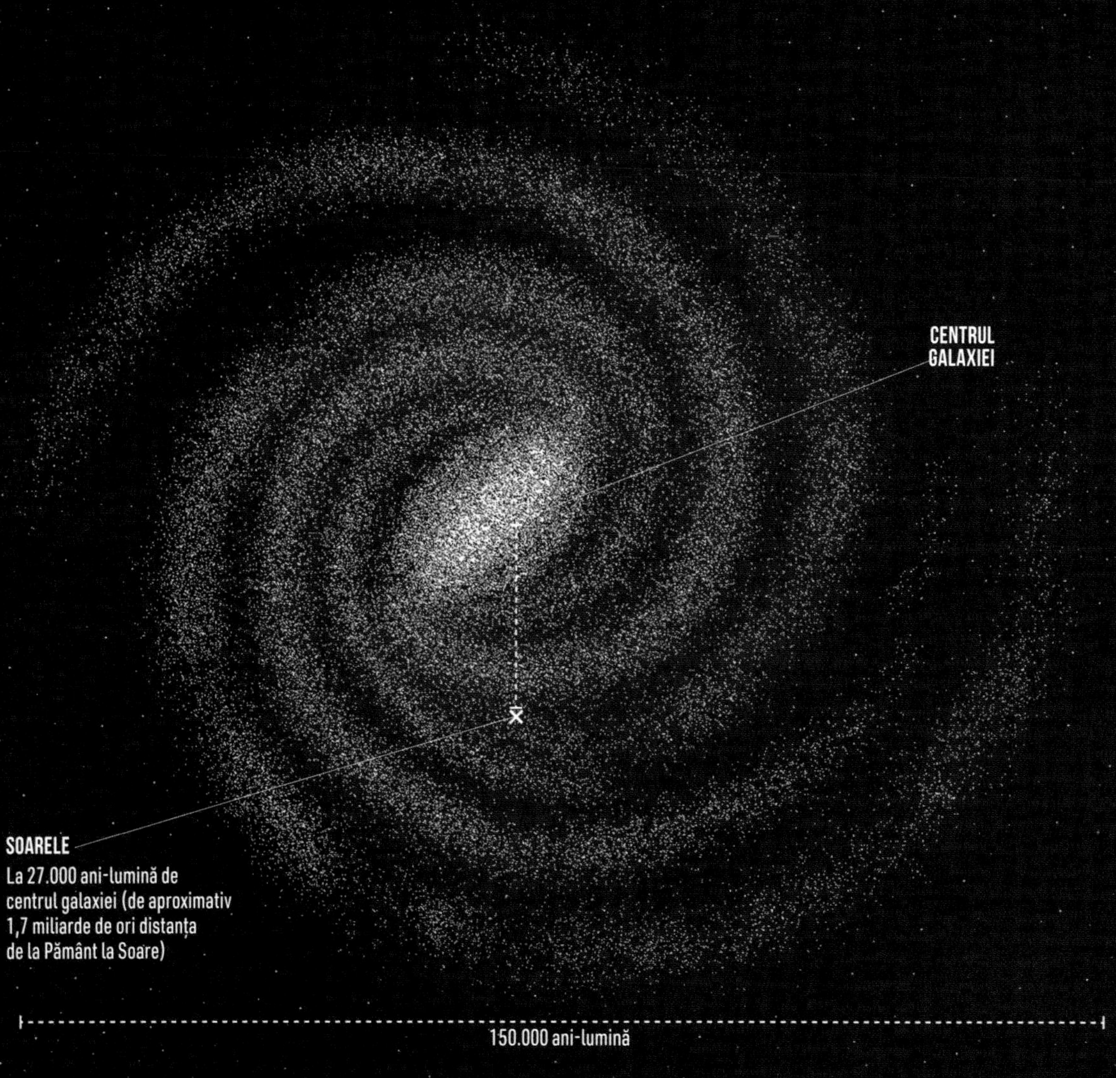

Din extrapolarea datelor din observații și măsurători efectuate asupra a mii de stele, știm despre Calea Lactee că e o galaxie spirală barată. Această vedere de sus în jos e cea mai potrivită pentru a ne arăta forma galaxiei noastre, asemănătoare cu o roată de foc din jocurile de artificii, și brațele spirale.

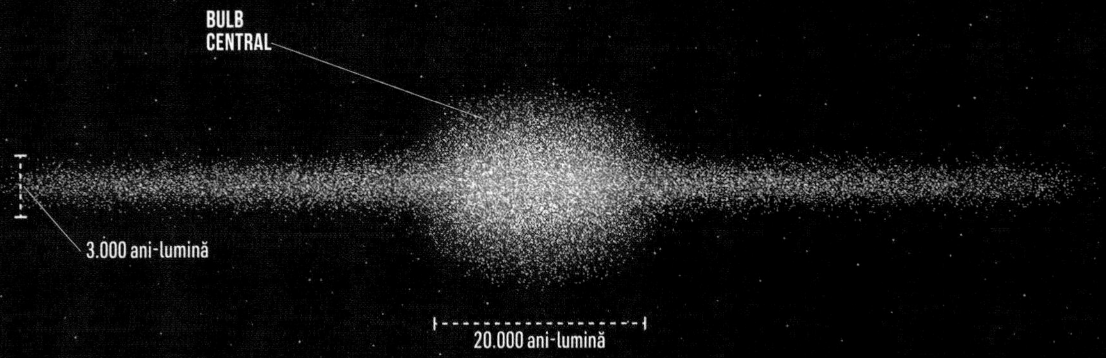

Această vedere „din lateral" arată cât de groasă e Calea Lactee în raport cu diametrul său. Din acest unghi putem vedea „bulbul" central - forma sferoidală din mijloc, alcătuită mai ales din stele bătrâne.

GALAXIA ANDROMEDA

Prima observație consemnată a Galaxiei Andromeda datează din anul 964 și aparține astronomului persan Al-Sufi, cu mult înainte de inventarea telescopului. Ceea ce el numea un „mic nor", știm acum că e galaxia mare cea mai apropiată de a noastră. Se credea că această galaxie poate fi cu până la 50% mai masivă decât Calea Lactee, dar descoperiri recente sugerează că discrepanța s-ar putea să nu fie atât de mare. Diametrul galaxiei spirale este de circa 220.000 ani-lumină, făcând-o cea mai mare din Grupul Local, iar datorită bulbului său, la fel ca în cazul Căii Lactee, ea trage după sine un mic roi de galaxii mărunte în goana sa prin cosmos. Din traiectoria acestei galaxii rezultă că o ciocnire cu a noastră e certă, dar numai peste aproximativ 5 miliarde de ani. Cea mai probabilă consecință va fi fuzionarea celor două galaxii pentru a forma o singură galaxie eliptică gigant.

MARELE NOR AL LUI MAGELLAN

Marele Nor al lui Magellan are un diametru de 14.000 de ani-lumină și numai circa 1% din masa galaxiei noastre. La o distanță de 163.000 ani-lumină, este una dintre galaxiile cele mai apropiate de noi, și ca atare orbitează în jurul Căii Lactee. E categorisită ca o galaxie spirală magellanică, un tip de galaxie pitică cu un singur braț spiral aflat undeva între galaxiile spirale pitice și cele neregulate.

OBIECTUL LUI HOAG

Obiectul lui Hoag e o anomalie, o galaxie atipică numită galaxie inelară. Stele bătrâne, mai puțin luminoase, populează nucleul său, în vreme ce stele mai tinere și mai fierbinți ocupă banda exterioară. Galaxia e situată la 600 de milioane de ani-lumină, iar inelul său aproape perfect măsoară 120 ani-lumină în diametru. Masa sa e ceva mai puțin de jumătate din cea a Căii Lactee.

Materia Întunecată

Cu cât astronomii și fizicienii descoperă mai multe lucruri, cu atât mai insignifianți se pare că devenim. Credeam cândva că Pământul este în centrul universului, punctul focal al întregii existențe, dar știm acum că Pământul e una dintre multele planete care se rotesc în jurul Soarelui, care e una dintre sutele de miliarde de stele. Galaxia însăși, despre care se credea că *este* universul, s-a dovedit a fi una dintre sutele de miliarde. Știința ne-a dovedit de asemenea că ceea ce vedem cu ochiul liber e numai o parte a imaginii, deoarece lumina vizibilă este numai o mică porțiune a spectrului electromagnetic. Nutream cândva credința fermă că ceea ce vedem cu ochii noștri dobândește un statut absolut, dar în realitate se întâmplă mult mai multe lucruri decât putem observa.

Una dintre recentele schimbări de paradigmă aduse de cosmologi este înțelegerea faptului că o mare parte a universului e alcătuită dintr-o materie pe care n-o putem vedea sau detecta, și cu care nu putem interacționa. Singura dovadă a existenței sale de care dispunem este efectul ei gravitațional asupra obiectelor îndepărtate. Se crede că această *materie întunecată* depășește de cinci ori ca masă materia obișnuită, de aceea nu e de mirare că ea prezintă un interes aparte pentru cei ce vor să înțeleagă istoria universului.

PRECONIZAT

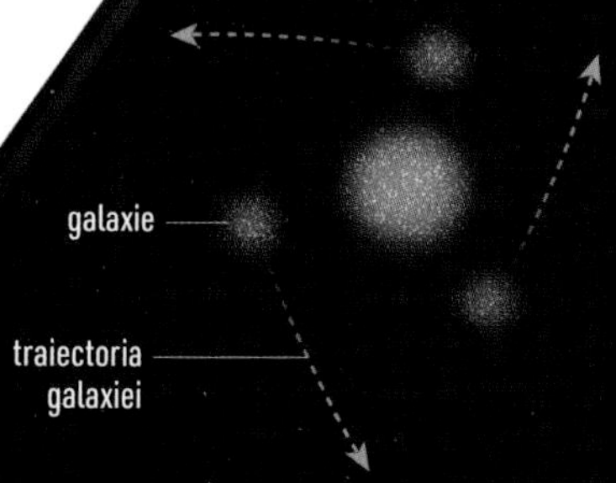

La vitezele cu care se deplasează galaxiile, ele ar trebui să se îndepărteze unele de altele.

OBSERVAT

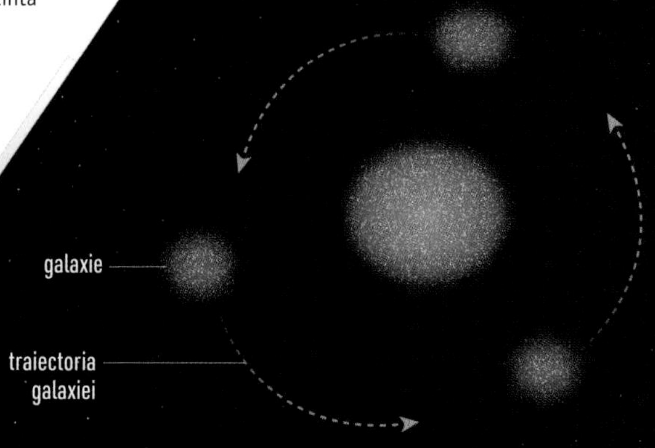

Datorită prezenței masei suplimentare sub forma materiei întunecate, aceste galaxii orbitează una în jurul celeilalte. În pofida vitezei lor, gravitația suplimentară le împiedică să se împrăștie.

ROIURI DE GALAXII

O dovadă a existenței materiei întunecate e furnizată de vitezele cu care se deplasează galaxiile prin spațiu. Observând galaxiile din roiurile de galaxii, astronomii au constatat că vitezele cu care galaxiile mai mici se roteau în jurul celor mai masive erau cu mult mai mari decât era de așteptat. La viteza cu care se deplasau, ele trebuiau să fi părăsit deja sistemul, prin urmare trebuie să existe ceva ce nu putem vedea și care le reține. Același lucru e valabil și pentru galaxiile satelit ale Căii Lactee: galaxiile pitice care o orbitează par să se miște mult mai repede decât e de așteptat.

ROTAȚIA GALAXIILOR

Studii asupra galaxiilor spirale din anii 1960 și 1970 au dezvăluit ceva caracteristic în modul cum se rotesc. Era de așteptat ca stelele care orbitează departe de centrul galaxiei să se deplaseze cu viteze mai mici decât cele din apropierea centrului, la fel cum se comportă planetele din sistemul nostru solar: Mercur, care e aproape de Soare, îi dă ocol mult mai repede decât lenevosul Neptun la periferie. Dar nu asta s-a observat. În mod straniu, stele aflate aproape de marginea galaxiilor se roteau cu aceeași viteză, dacă nu chiar mai repede decât cele din vecinătatea nucleului.

Imaginile arătau clar că majoritatea stelelor erau grupate laolaltă aproape de nucleele galaxiilor lor, fiind distribuite mai rar către margini. Era evident că nu exista suficientă masă departe de centrele galaxiilor care să explice viteza mare de rotație a stelelor din apropierea marginii. Ceva diferit de ceea ce putem noi detecta - stele, gaze și praf - trebuie să existe acolo, influențând mișcarea stelelor. Predicțiile matematice sugerează că această materie întunecată are densitatea cea mai mare într-un halo din jurul acestui tip de galaxii, determinându-le să se rotească așa cum o fac.

PRECONIZAT

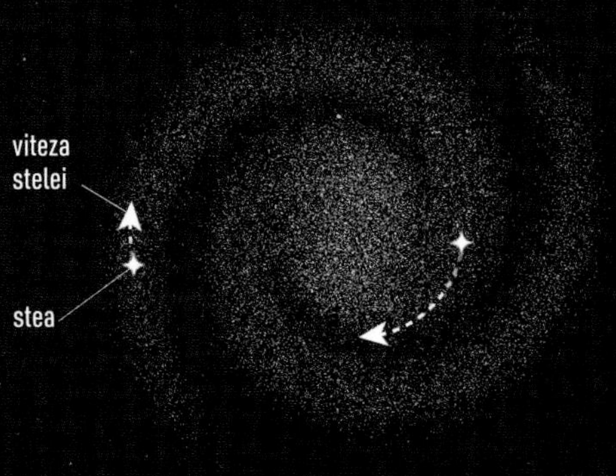

Se credea că stelele aflate aproape de marginea sistemului stelar orbitează cu o viteză mult mai mică decât cele din apropierea centrului.

OBSERVAT

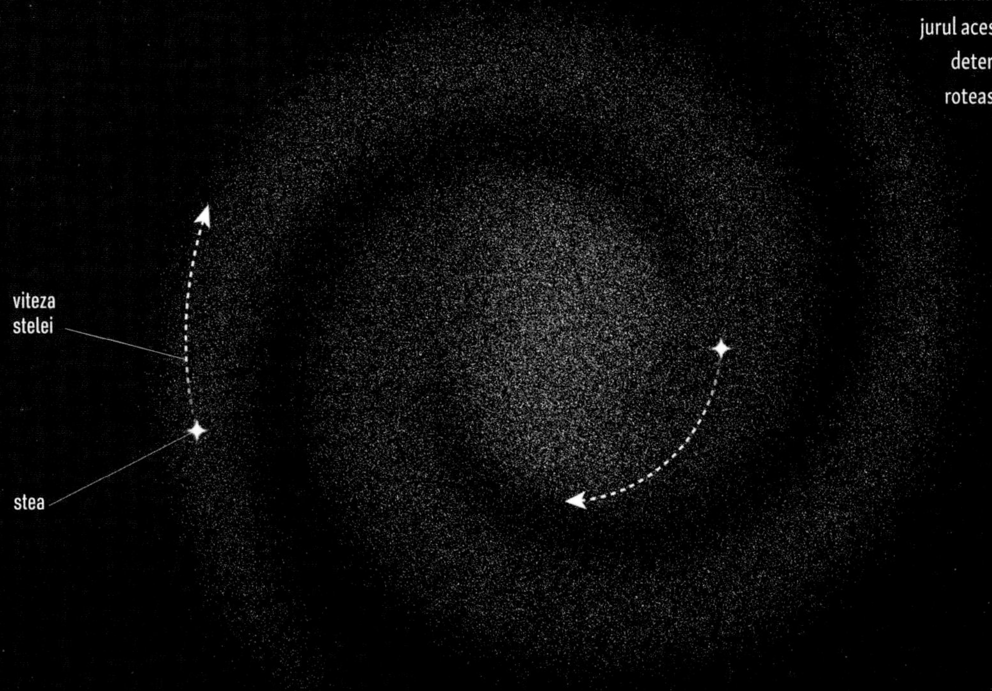

Datorită efectelor materiei întunecate, stelele de la periferia galaxiilor se deplasează mult mai repede decât ar fi de așteptat.

Găuri negre supermasive

În centrul aproape tuturor galaxiilor mari se află o gaură neagră supermasivă, cu o masă de milioane sau chiar miliarde de ori mai mare decât a Soarelui. Asemenea unor versiuni mărite ale găurilor negre stelare (p. 142), ele nu pot fi văzute direct, dar, datorită mișcării stelelor din apropiere și a modului cum e distorsionată lumina din jurul lor, știm că ele sunt prezente. Conțin o cantitate enormă de materie - poate și de miliarde de ori mai mare decât a oricărei stele muribunde sau găuri negre convenționale.

Un bun indiciu al prezenței găurilor negre supermasive în galaxii e viteza cu care orbitează stelele. Dacă în apropierea centrului unei galaxii vitezele orbitale ale stelelor sunt mult mai mari decât e de așteptat, cauza este o gaură neagră supermasivă. Fără cantitatea monstruoasă de masă conținută în ea și fără gravitația imensă pe care o exercită, stelele rapide din apropiere și-ar lua zborul din galaxie. Măsurând vitezele stelelor care orbitează aproape de centrele galaxiilor, astronomii pot determina masa găurii neagre centrale. Observațiile arată că în general există o legătură între mărimea unei galaxii și gaura neagră supermasivă pe care o conține, galaxiile mai mari având găuri negre mai masive în centru, deși ocazional găsim contraexemple. De pildă, galaxia pitică M60-UCD1 are mai puțin de cinci miimi din masa Căii Lactee, dar conține o gaură neagră supermasivă cu o masă de cinci ori mai mare decât cea din centrul galaxiei noastre. Altă anomalie prezintă galaxia A2261-BCG, de zece ori mai mare și de o mie de ori mai masivă decât Calea Lactee, una dintre cele mai mari galaxii cunoscute; totuși, nici o gaură neagră n-a fost detectată în centrul ei. Aceste descoperiri sugerează că e posibil să nu înțelegem lucruri fundamentale în legătură cu natura acestor corpuri masive.

Pentru a reconstitui cum au putut ajunge la asemenea dimensiuni găurile negre supermasive, trebuie să înțelegem de ce a fost prezentă atât de multă masă într-un volum destul de mic al cosmosului. E unanim acceptat faptul că, odată ce o gaură neagră există în centrul unei galaxii, ea va continua să crească prin acreție de materie și absorbția altor găuri negre, dar nu e limpede cum a apărut. S-a sugerat că găurile negre supermasive s-au născut dintr-o supernovă, la fel ca găurile negre obișnuite, și au crescut treptat absorbind materie de-a lungul miliardelor de ani. S-ar putea ca ele să fi fost create mai devreme în istoria universului, înainte ca primele stele să lumineze. În acea eră întunecată, ele se vor fi format din nori colosali de gaz, despre care fizicienii cred că au putut colapsa în găuri negre fără o explozie de supernovă, și deci fără să expulzeze cea mai mare parte a masei lor. S-ar putea chiar ca ele să fi apărut la numai câteva clipe după big bang, zămislite din regiuni cu densitate mare de particule și energie prezente în noul univers. Acestea sunt numite găuri negre primordiale, și ar fi avut mai mult timp la dispoziție pentru a deveni supermasive decât alte găuri negre.

„DENSITATEA“ GĂURILOR NEGRE

O caracteristică interesantă a găurilor negre este că masa lor e direct proporțională cu distanța de la singularitatea din centru până la „marginea“ lor exterioară, orizontul evenimentelor. Asta înseamnă că prin dublarea masei unei găuri negre i se dublează raza. Totuși, volumul unei sfere crește exponențial cu raza sa, ceea ce înseamnă că dublarea razei unei sfere are ca rezultat o creștere mult mai mare a volumului. Prin urmare, în timp ce raza unei găuri negre crește direct proporțional cu masa, volumul său va crește mult mai rapid. Consecința este că densitatea unei găuri negre scade pe măsură ce masa sa crește.

GĂURI NEGRE CU MASĂ STELARĂ

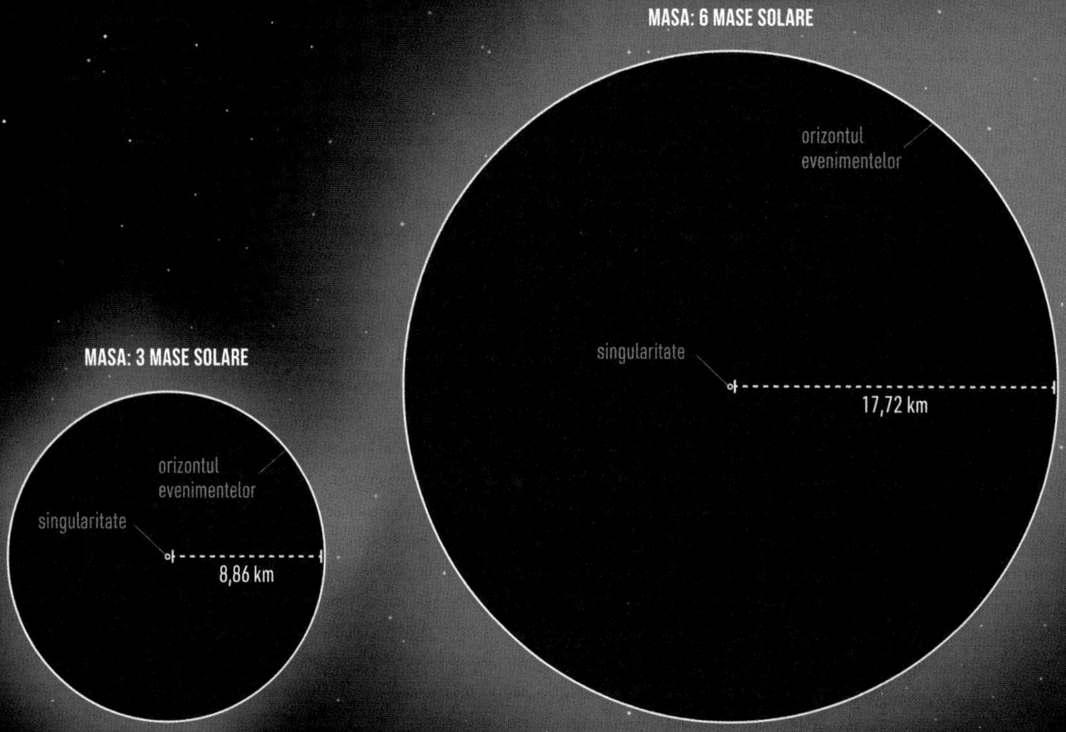

VOLUM: 2915,3 km³
DENSITATEA: 2.047 x 10¹⁸ kg/m³

Iată o gaură neagră stelară cu o masă de trei ori mai mare decât a Soarelui. Orizontul evenimentelor e la mai puțin de 9 km de singularitate, prin urmare gaura neagră e foarte densă.

VOLUM: 23.322,4 km³
DENSITATEA: 5.117 x 10¹⁷ kg/m³

Această gaură neagră are o masă de două ori mai mare decât precedenta, deci orizontul evenimentelor e de două ori mai departe de singularitate. Odată ce raza s-a dublat, volumul a crescut de 8 ori – densitatea rezultantă e doar un sfert din cea a găurii negre precedente.

2,954,000,000 km

orizontul evenimentelor

MASA: 1 MILIARD DE MASE SOLARE

VOLUM: $1{,}08 \times 10^{29}$ km3

DENSITATE: 18.42 kg/m3

Această gaură neagră are o masă de 1 miliard de ori mai mare decât a Soarelui. Diametrul orizontului evenimentelor e de aproximativ 40 de ori distanța de la Pământ la Soare. Volumul său imens înseamnă că densitatea medie a tot ce există în interiorul orizontului evenimentelor e minusculă în comparație cu a găurilor negre cu masă stelară.

nu e reprezentat la scara dimensiunilor

Densitatea apei fiind de 1.000 kg pe metru cub, se observă că găurile negre cele mai mari au densități mult mai mici. Pentru a repeta, densitățile arătate în paginile acestea reprezintă densitatea medie a tot ce se află în interiorul orizontului evenimentelor, și nu cât de uniform e distribuită masa dincolo de acest prag. Din câte știm, întreaga masă a unei găuri negre e conținută în singularitatea din centrul său.

Quasari

În anii 1960, a fost descoperit un obiect straniu care inițial părea o stea de culoare albastră tipică, dar, examinată prin radiotelescoape, s-a constatat că emite un exces de radiație electromagnetică. În mod obișnuit, stelele nu emit cantități enorme de radiație în domeniul radio, de aceea corpul acesta, numit 3C273, a constituit un mister. Enigma s-a adâncit când a fost analizat spectrul luminii emise de obiect, dezvăluind că nu era doar o stea, ci o întreagă galaxie. Mai mult, galaxia aceea era extraordinar de departe, la circa 2 miliarde de ani-lumină, ceea ce însemna că 3C273 nu era o stea oarecare, ci entitatea cea mai luminoasă descoperită în univers până la acea dată.

3C273 radiază o cantitate de energie de peste 4 bilioane de ori mai mare decât Soarele, dar, din cauza distanței la care se află, tot ce vedem e o mică pată de lumină, la fel ca o stea. De aceea obiectul a fost numit „sursă radio quasi-stelară", expresie prescurtată ulterior la termenul, mult mai ușor de reținut, de quasar. Curând după descoperirea primului quasar, au fost identificați și alții, odată ce astronomii știau ce să caute. Lansarea unor telescoape pentru raze X cu mult deasupra atmosferei a făcut posibilă detectarea unor surse de radiație și mai energetice. În cele din urmă, au fost descoperite galaxii care emiteau cantități considerabile de raze gamma – radiația cu cea mai mare energie. Aceste surse de emisii de înaltă energie necesită o putere enormă, deci de unde provine ea?

În centrul celor mai multe galaxii mari se află o gaură neagră supermasivă (p. 196), care posedă o forță gravitațională incredibilă. În funcție de galaxie, gaura neagră poate fi înconjurată la mică distanță de materie care se rotește în jurul ei, iar din cauza asta se aplatizează într-un disc. Cum materia aflată aproape de gaura neagră orbitează mult mai repede decât materia aflată departe, apar frecări interne în gazele și pulberile care se rotesc cu viteze diferite. Deoarece vitezele orbitale în apropierea găurilor negre se apropie de viteza luminii, materia care cade e încălzită la milioane de grade, suficient pentru a emite radiație în întregul spectru electromagnetic. Aceste tipuri de galaxii sunt numite *galaxii active*, și pot fi suficient de luminoase pentru a fi văzute în tot universul.

La fel ca în cazul lui 3C273, quasarii pe care-i detectăm sunt incredibil de departe, deseori la miliarde de ani-lumină – îi vedem așa cum erau cu mult timp în urmă. Aceste observații susțin teoria că quasarii sunt o fază în evoluția unei galaxii tinere, și erau mult mai răspândiți în universul timpuriu. În centrul galaxiilor recent formate materia trebuie să fi fost abundentă, iar materialele din această regiune orbitau de-o manieră haotică. Gaura neagră ce rezidă acolo e hrănită în permanență cu gazul, praful și stelele care cad în ea; această provizie se va epuiza cu timpul, curățând zona înconjurătoare. Stelele aflate la o distanță sigură nu vor fi afectate, rămânând pe orbitele lor stabile în timp ce galaxia se maturizează.

O mică parte a quasarilor prezintă *jeturi*, fascicule de materie și energie care țâșnesc din polii găurii negre centrale. Câmpurile magnetice extrem de intense și rotația rapidă a discului de acreție sunt răspunzătoare de jeturile care pot ajunge până departe în spațiul dintre galaxii. Aceste jeturi sunt atât de puternice, încât pot pătrunde mii de ani-lumină în mediul intergalactic. Datorită structurii lor, quasarii pot arăta foarte diferit unul de altul, în funcție de unghiul sub care îi vedem. Privind din lateral, discul de acreție al unei galaxii active va împiedica cea mai mare parte a radiației cu energie înaltă să ajungă până la noi; totuși, discul de acreție va încălzi eventualii nori de gaz din apropiere, care vor emite lumină infraroșie. Cu cât discul de acreție e văzut mai „din față", cu atât primim mai multă radiație cu energie înaltă, iar dacă jeturile sunt îndreptate direct spre noi, întreaga strălucire a razelor sale X și gamma ne lovește din plin. Când sunt astfel aliniați, cu jeturile orientate spre Pământ, asemenea quasari strălucitori se numesac *blazari*.

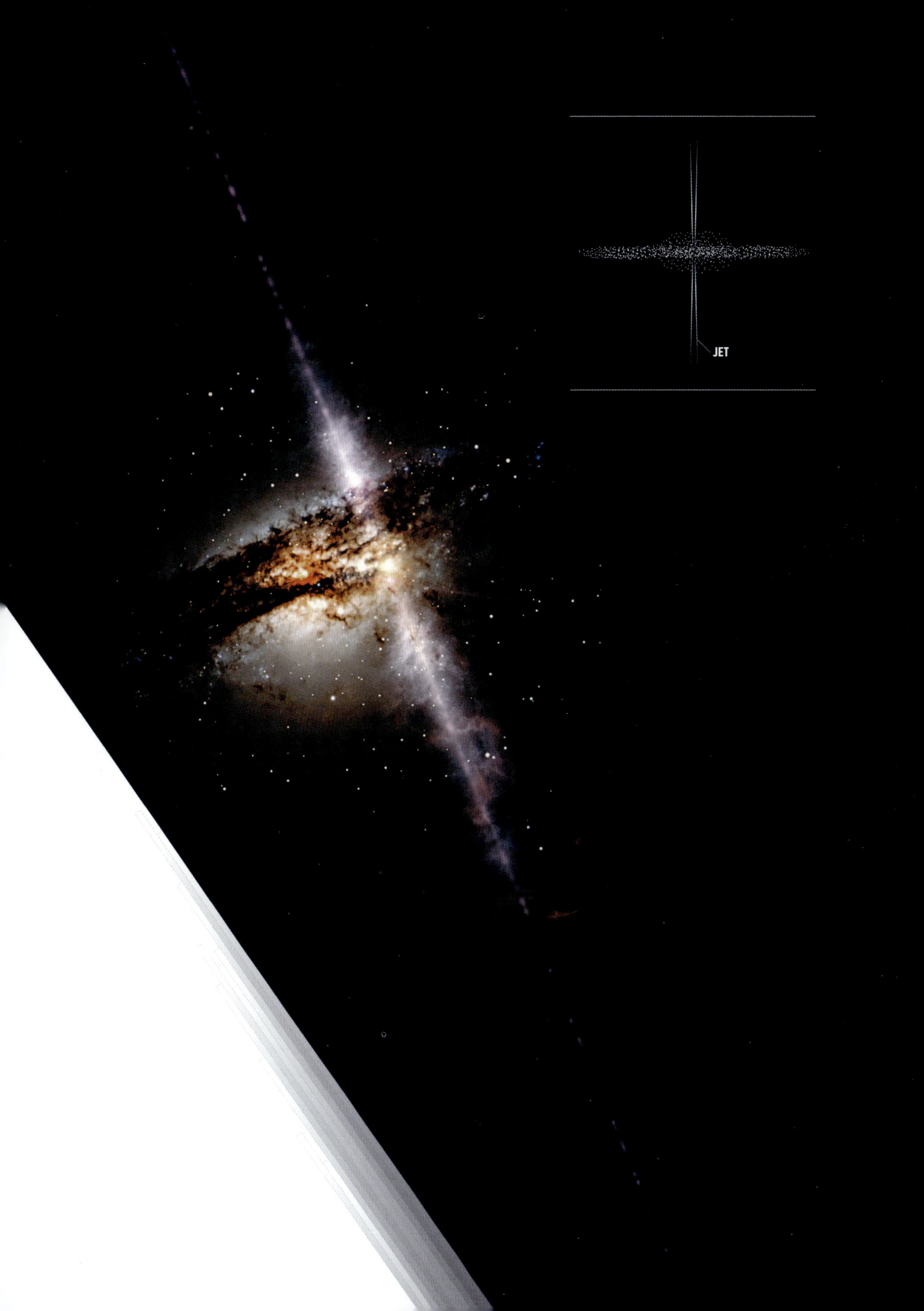
JET

Messier 87

Una dintre cele mai masive galaxii din universul local, Messier 87 (abreviat M87), răspândește un jet de plasmă din nucleul său, dar nu e un quasar. Deși galaxia emite raze X și gamma, luminozitatea sa e maximă în domeniul undelor radio și aparține unei categorii de galaxii active numite radio-galaxii. Astronomul francez Charles Messier a catalogat-o inițial ca nebuloasă, dar acum știm că e o galaxie eliptică supergigantă aflată la 53 de milioane de ani-lumină de Pământ. Cu un diametru de circa 120.000 ani-lumină, ea acoperă o suprafață doar cu puțin mai mare decât Calea Lactee, dar este de vreo 200 de ori mai masivă datorită formei sale sferoidale – spre deosebire de discul aplatizat al galaxiei noastre. Imaginea de pe această pagină a fost luată de Telescopul Spațial Hubble și arată jetul de plasmă care țâșnește din nucleul galaxiei și se extinde până la 5.000 de ani-lumină în spațiul intergalactic.

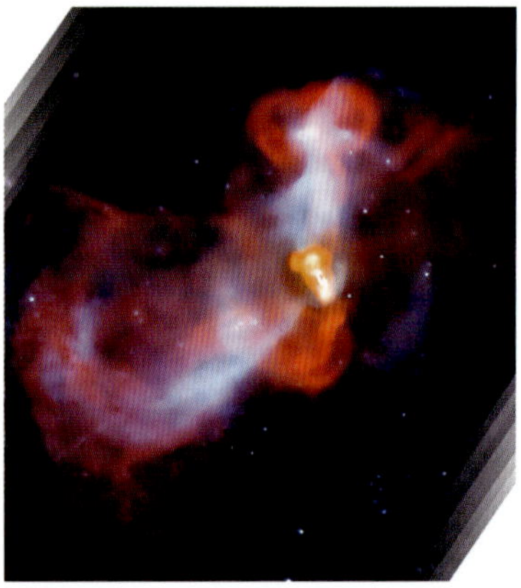

Iată o imagine compozită a lui M87 creată folosind fotografia în domeniile X și radio; albastrul indică razele X emise de materia supraîncălzită, iar zonele portocalii/roșii sunt surse de emisii radio. Comparând imaginea aceasta cu cea principală, care constă din lumină infraroșie și vizibilă, vedem că galaxia este mult mai extinsă decât s-ar părea la prima vedere.

Aici putem vedea prima imagine directă a unei găuri negre, publicată în 2019. Această fotografie epocală a fost făcută de o rețea globală de radiotelescoape numită Event Horizon Telescope. Așa cum era de așteptat, gaura neagră propriu-zisă e invizibilă, dar putem vedea inelul strălucitor aflat imediat în afara orizontului evenimentelor, unde spațiul și lumina sunt curbate.

În centrul lui M87 se află o gaură neagră supermasivă, un adevărat colos. Ea conține o masă de 6,3 miliarde de ori mai mare decât a Soarelui, fiind astfel de 1.500 de ori mai masivă decât gaura neagră din centrul galaxiei noastre. Cu un diametru de 35 de miliarde de kilometri, de peste 235 de ori distanța de la Pământ la Soare, orizontul său al evenimentelor are dimensiuni uimitoare. Știm toate acestea deoarece M87 e destul de aproape pentru a măsura vitezele stelelor care-i orbitează gaura neagră supermasivă. Înregistrând creșterea vitezei lor în funcție de apropierea de centru, astronomii pot calcula că trebuie să existe un corp cu miliarde de mase solare înghesuit într-un spațiu foarte mic – ceea ce a fost acum demonstrat vizual, întrucât această gaură neagră a fost recent vizualizată direct. Gaura neagră supermasivă a lui M87 este centrala energetică a galaxiei, care accelerează toată materia din apropiere până aproape de viteza luminii, generează câmpuri magnetice extreme și lansează jeturi de plasmă în cosmos.

Un univers în expansiune

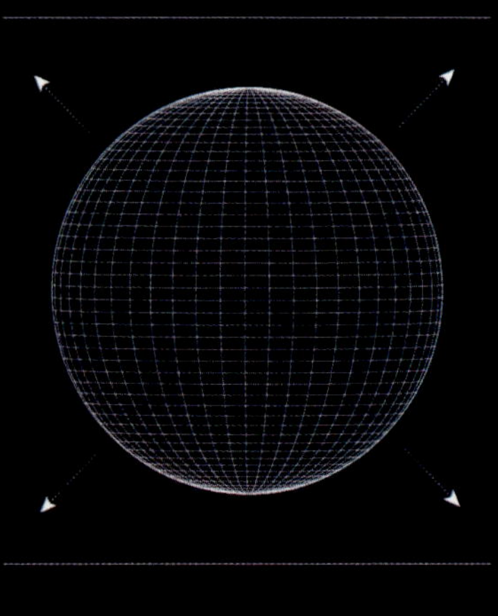

Primele indicii că trăim într-un univers în expansiune au apărut în 1912 la Observatorul Lowell din Arizona. Percival Lowell, un bostonian bogat, a construit acolo un observator ca să-și satisfacă fascinația pentru planeta Marte, mai ales pentru „canalele" care-i străbăteau suprafața – credea că fuseseră construite de harnicii marțieni care încercau să pompeze apă din calotele glaciare ale planetei în tentativa de a supraviețui într-o lume uscată, muribundă. El era interesat și de nebuloasele spirale, despre care credea că sunt sisteme planetare în stadii incipiente, neștiind că sunt galaxii aflate la milioane de ani-lumină de a noastră. Lowell l-a instruit pe astronomul angajat de el, Vesto Slipher, să observe aceste obiecte și să le măsoare rotația, sperând să descopere cum s-a format sistemul nostru solar. Deducând vitezele lor din deplasarea spre roșu a liniilor spectrale, Slipher a constatat că, cu puține excepții, nebuloasele se îndepărtează de noi cu viteze incredibile: dacă se mișcau cu asemenea viteze, care uneori depășeau 1.000 km/s, atunci nici gravitația miliardelor de stele ale Căii Lactee nu le putea reține – ele trebuiau să ne fi părăsit de mult!

Problema a fost rezolvată câțiva ani mai târziu de Edwin Hubble cu ajutorul Telescopului Hooker recent construit – cel mai mare din lume la acea dată. Cu puterea de mărire sporită a noului telescop, Hubble a identificat variabile cefeide (p. 188) în nebuloasele în recesiune, determinând astfel cât de departe erau. Observațiile sale au demonstrat că aceste nebuloase erau mult prea îndepărtate pentru a face parte din Calea Lactee, și că în realitate erau întregi galaxii aflate mult dincolo de a noastră. Faptul acesta în sine a schimbat fundamental viziunea noastră asupra universului, dar încă nu era totul. În 1929, când Hubble a comparat distanțele până la galaxii cu deplasările lor spre roșu obținute de Slipher, a găsit o corelație interesantă. Cu cât o galaxie e mai departe, cu atât se îndepărtează mai repede. E ca și cum toate galaxiile din univers ar fugi de noi, deși știm că în realitate lucrurile nu stau așa – spațiul însuși e cel care se extinde. Dacă un balon cu buline se umflă, pe măsură ce se dilată, bulinele de pe suprafața lui se îndepărtează unele de altele. Din perspectiva ei, fiecare bulină vede același lucru: cu cât celelalte buline sunt mai departe, cu atât par că se mișcă mai repede – la fel ca galaxiile din spațiul în permanentă expansiune.

Dar aceste remarcabile observații n-ar trebui să umbrească ipotezele revoluționare lansate, între alții, de astronomul belgian Georges Lemaître. Bazându-se pe relativitatea generală a lui Einstein, Lemaître a dedus că universul trebuie să se afle în expansiune. De fapt, legea lui Hubble – care afirmă că distanța până la galaxii este proporțională cu viteza cu care se îndepărtează de noi – e uneori numită legea Hubble-Lemaître. În 1927, când și-a publicat teoria radical nouă, Lemaître a oferit prima estimare a ratei de expansiune, număr numit acum constanta lui Hubble. La rata actuală de expansiune a universului, o porțiune a spațiului cu lungimea de un milion de ani-lumină se extinde în fiecare secundă cu 22 de kilometri.

Energia întunecată

Știind că trăim într-un univers în expansiune, cosmologii erau convinși că viteza expansiunii va scădea datorită efectelor gravitației. Fără îndoială că masele tuturor stelelor, planetelor, rocilor și gazelor din miliardele de galaxii se vor atrage unele pe altele, frânând creșterea universului. Totuși, descoperiri de la sfârșitul anilor 1990 indicau contrariul: expansiunea e accelerată!

În 1998, astronomii Saul Perlmutter și Adam G. Riess din SUA și Brian P. Schmidt din Australia au încercat să calculeze cu cât e încetinită expansiunea universului. Metoda aleasă de ei a fost să examineze lumina provenită de la stele care explodează, numite supernove de tip Ia, în galaxii îndepărtate. Aceste supernove au fost alese datorită luminozității lor care le face vizibile chiar în galaxii aflate la mare distanță. De asemenea, cum luminozitatea fiecărei supernove de tip Ia atinge o valoare maximă similară, ele pot fi folosite ca „lumânări standard" a căror strălucire aparentă privită de pe Pământ e folosită pentru a determina distanța la care se află. Comparând strălucirea unei supernove cu deplasarea spre roșu a luminii sale, putem stabili dacă ea se găsește acolo unde ne așteptăm, dată fiind viteza sa.

Folosind recent lansatul Telescop Spațial Hubble, ei au reușit să studieze supernove în galaxii mult mai îndepărtate decât putuse Hubble să observe, iar rezultatele au fost surprinzătoare: supernovele cele mai îndepărtate, deci cele mai vechi, erau mai palide decât se prevăzuse, însemnând că se aflau mai departe de noi decât sugera deplasarea lor spre roșu, și, prin urmare, expansiunea trebuie să fie accelerată. O forță misterioasă tinde să îndepărteze lucrurile unele de altele.

Anterior descoperirii că expansiunea universului e accelerată, singurele forme de materie-energie cunoscute erau materia obișnuită, materia întunecată și radiația electromagnetică; nici una dintre ele nu putea explica viteza crescândă cu care se dilată cosmosul – așa încât nu rămânea decât posibilitatea de a introduce o formă complet nouă de energie. Oamenii de știință au numit-o energie întunecată, pentru că, în afară de efectul ei asupra spațiului în ansamblu, nu știm mare lucru despre ea. Se crede că densitatea energiei întunecate e foarte mică, mult mai mică decât cea a materiei obișnuite și a materiei întunecate din galaxii. Galaxiile ocupă însă doar un spațiu minuscul în univers, așa încât energia întunecată, despre care se crede că e distribuită uniform în cosmos, este forța dominantă. Pe măsură ce materia se rarefiază într-un univers tot mai mare, densitatea sa globală scade, iar presiunea constantă a materiei întunecate hotărăște destinul a tot ce există.

”

Nimicul nu poate exista veșnic.

“

Stephen Hawking, 1942 – 2018

Big bang

NAȘTEREA UNIVERSULUI

După ce ne-am ocupat de planete, asteroizi, stele mari și mici, nebuloase și găuri negre, între alte obiecte risipite pe tot cuprinsul cosmosului, mai rămâne să răspundem la o întrebare... de unde provin toate acestea?

Big bang-ul e teoria îndeobște acceptată despre felul în care a început totul. Ea afirmă că întregul univers a fost cândva conținut într-un punct infinit de mic și de dens, o singularitate, care a explodat instantaneu împrăștiind materie și energie. Ideea a început să devină atractivă după ce Lemaître a dedus că trăim într-un univers în expansiune. Ducând ideea până la concluzia ei logică, dacă toate lucrurile din univers se îndepărtează de toate celelalte, Lemaître a presupus că la un anumit moment în trecutul îndepărtat totul trebuie să se fi aflat în același loc. El a numit punctul acesta inimaginabil de mic și de dens, „atomul primordial".

Pe lângă faptul că e sursa întregii materii și energii existente, big bang-ul e de asemenea răspunzător pentru forțele ce guvernează însăși natura universului. În primele sale momente, și nu putem sublinia îndeajuns cât de repede s-a întâmplat acest lucru, au apărut forțele fundamentale ale fizicii. În absența

lor, materia așa cum o cunoaștem nu s-ar fi putut forma și nu ar fi existat planete sau stele – de fapt, n-ar fi existat vreun univers, cel puțin unul în care noi să putem apărea.

Potrivit celor mai bune estimări, big bang-ul s-a produs în urmă cu 13,8 miliarde de ani, dar când s-a încheiat? Răspunsul este că big bang-ul nu are un „sfârșit“, noi trăim în el. Gonind prin spațiu pe sfera noastră de rocă umedă, vedem nenumărate alte corpuri care se îndepărtează unele de altele grăbindu-se să umple un cosmos în veșnică expansiune – iar, la fel ca planeta noastră, toate provin din aceeași singularitate.

Începutul începutului

Cel mai vechi moment din istoria universului pe care teoriile actuale ne permit să-l sondăm este cu 10^{-43} secunde după momentul conceperii sale - merită să vedem acest număr scris desfășurat: 0,0000000000000000000000000000000000000000001 secunde. Anterior acelui moment, în intervalul de timp inimaginabil de scurt numit era Planck, pur și simplu nu știm ce s-a petrecut, deși s-au făcut speculații. Oamenii de știință bănuiesc că atunci particulele și energia nu existau ca entități separate, ci erau interșanjabile. La sfârșitul erei Planck, gravitația s-a desprins de celelalte forțe ale naturii, înainte să înceapă epoca marii unificări. La sfârșitul acelei „epoci", la 10^{-36} secunde după big bang, celelalte trei forțe ale naturii au început să se desprindă una de alta, așa încât, la o bilionime de secundă după big bang, toate cele patru forțe erau constituite.

Așa cum gazele devin mai fierbinți când sunt comprimate și mai reci când se destind, universul trebuie să fi fost excepțional de fierbinte în stadiile sale timpurii, când era cel mai compact. În era marii unificări, temperatura va fi depășit 10^{28} grade, iar materia nu putea să existe - concepte precum masă și sarcină electrică nu aveau nici un sens.

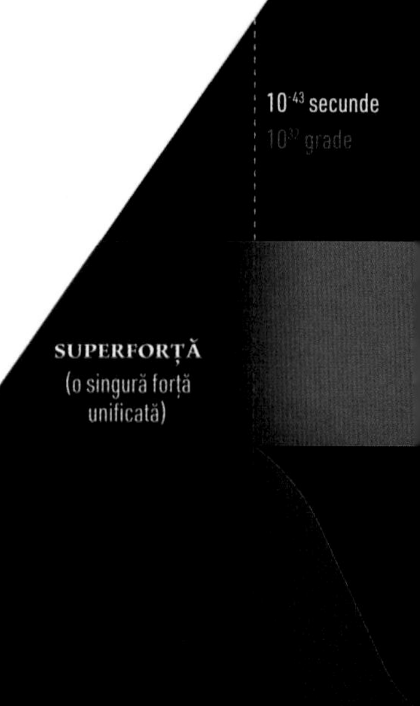

FORȚA GRAVITAȚIONALĂ

Gravitația acționează asupra la tot ce are masă sau energie, și e singura dintre forțele fundamentale care se comportă astfel. Orice materie creează gravitație, care e întotdeauna o forță atractivă. Ea are o rază de acțiune infinită și e răspunzătoare de structurile la scară mare ale universului, ca de pildă planete, stele și galaxii.

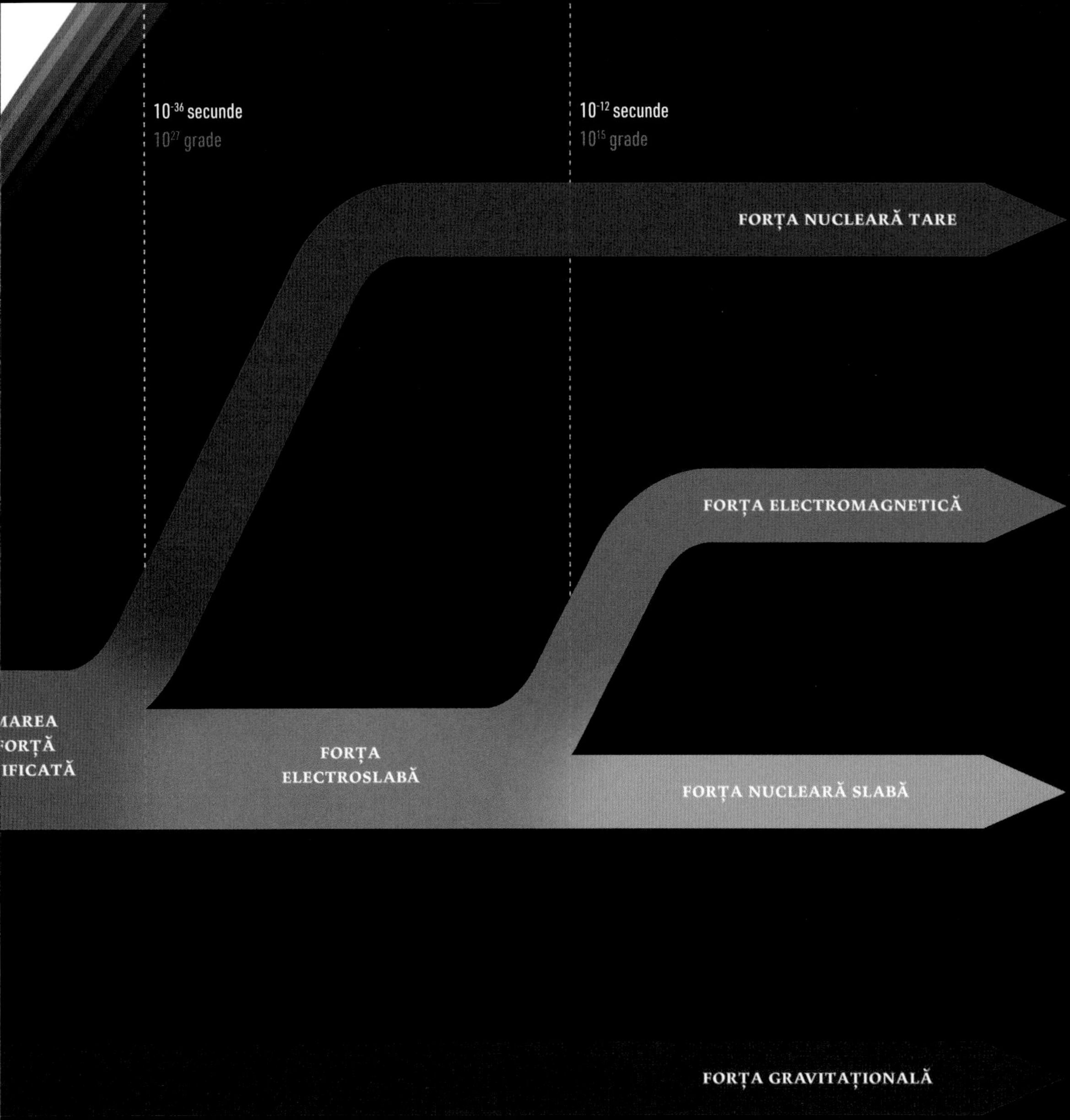

FORȚA NUCLEARĂ TARE

Forța nucleară tare este cea mai puternică dintre cele patru forțe, dar acționează numai pe o distanță incredibil de scurtă, aproximativ diametrul unui proton. Este cea care menține laolaltă micile particule subatomice (cuarci) care alcătuiesc protonii și neutronii. Tot ea leagă laolaltă protonii și neutronii în interiorul nucleelor atomice.

FORȚA ELECTROMAGNETICĂ

Electromagnetismul acționează între particulele încărcate electric, precum electronii cu sarcină negativă și protonii cu sarcină pozitivă. Forța poate fi repulsivă, în cazul sarcinilor de același fel, sau atractivă, dacă sarcinile sunt de semn opus. La fel ca gravitația, are o rază de acțiune infinită.

FORȚA NUCLEARĂ SLABĂ

Forța nucleară slabă e responsabilă de dezintegrarea particulelor, făcând ca particulele subatomice să se transforme dintr-un tip într-altul. De exemplu, un neutron se dezintegrează într-un proton, un antineutrin și un electron. La fel ca forța nucleară tare, are o rază de acțiune foarte scurtă, mai puțin decât diametrul unui proton.

Prima secundă

E prezentată aici prima secundă a universului, împărțită în etapele dezvoltării sale. Deși au durat extrem de puțin, aceste etape sunt numite ere sau epoci. La sfârșitul primei secunde, universul se transformase dintr-un punct inimaginabil de mic într-un corp cu diametrul de 100 de miliarde de kilometri. Deși supa în clocot de particule care luase ființă la sfârșitul acestei perioade era încă remarcabil de fierbinte, universul se răcise deja de aproximativ o sută de mii de bilioane de ori.

Există unele suprapuneri cu scara de timp de pe paginile precedente, care se concentrează asupra apariției celor patru forțe. Aceste pagini au însă ca obiect caracteristicile fizice ale tânărului cosmos.

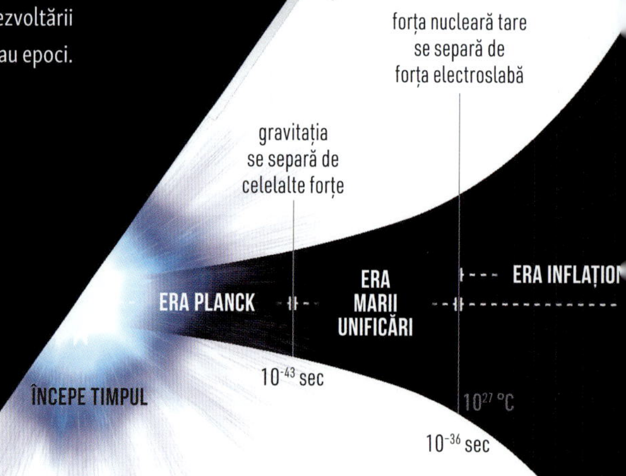

ERA INFLAȚIONARĂ

Era inflaționară este o perioadă de expansiune bruscă și exponențială a spațiului. În acest interval de timp, de la o dimensiune de un miliard de ori mai mică decât un proton, universul a ajuns la mărimea unui grapefruit. După acestă eră, expansiunea universului continuă, dar cu o viteză constantă. Datorită expansiunii, universul se răcește de aproximativ 100.000 de ori.

ERA ELECTROSLABĂ

Această eră începe în același timp cu era inflaționară, dar continuă și după ce inflația încetează. Pe durata erei electroslabe, unele dintre cele mai mici particule subatomice, numite cuarci, există sub formă de plasmă. Ciocnirile dintre ele sunt atât de frecvente și de energice, încât se anihilează reciproc aproape instantaneu, eliberând alte particule „exotice".

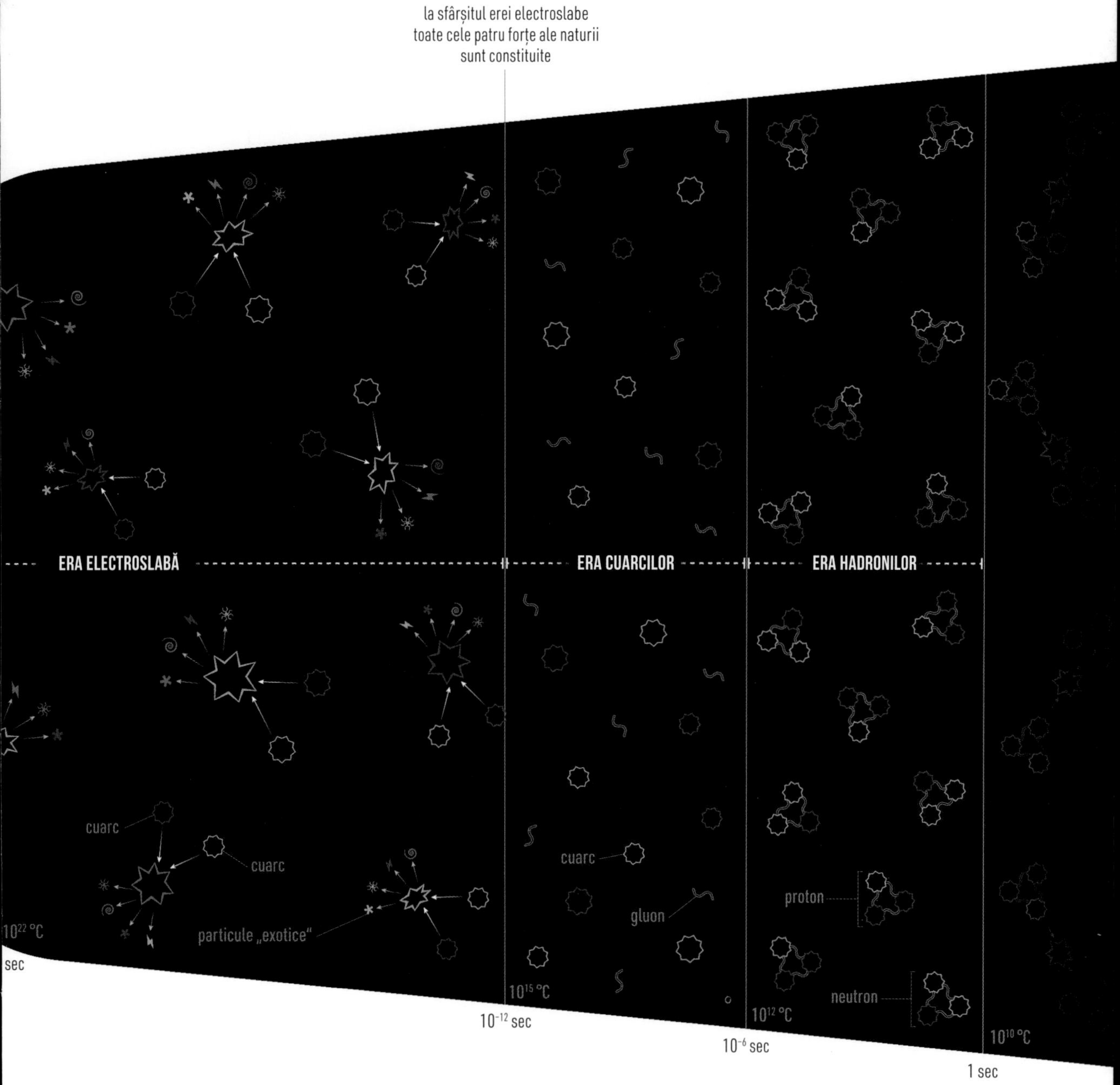

ERA CUARCILOR

Temperatura e încă prea mare ca materia să se poată forma, dar a scăzut suficient pentru a permite cuarcilor să existe fără a se anihila reciproc. În plasmă apar de asemenea particule numite gluoni.

ERA HADRONILOR

La temperaturi mai scăzute, forța nucleară tare poate lega cuarcii între ei prin intermediul gluonilor. Particulele formate se numesc hadroni – particule subatomice alcătuite din doi sau mai mulți cuarci. Protonii și neutronii sunt tipuri de hadroni care conțin câte 3 cuarci fiecare. În cursul acestei ere, hadronii domină masa universului.

Apariția materiei

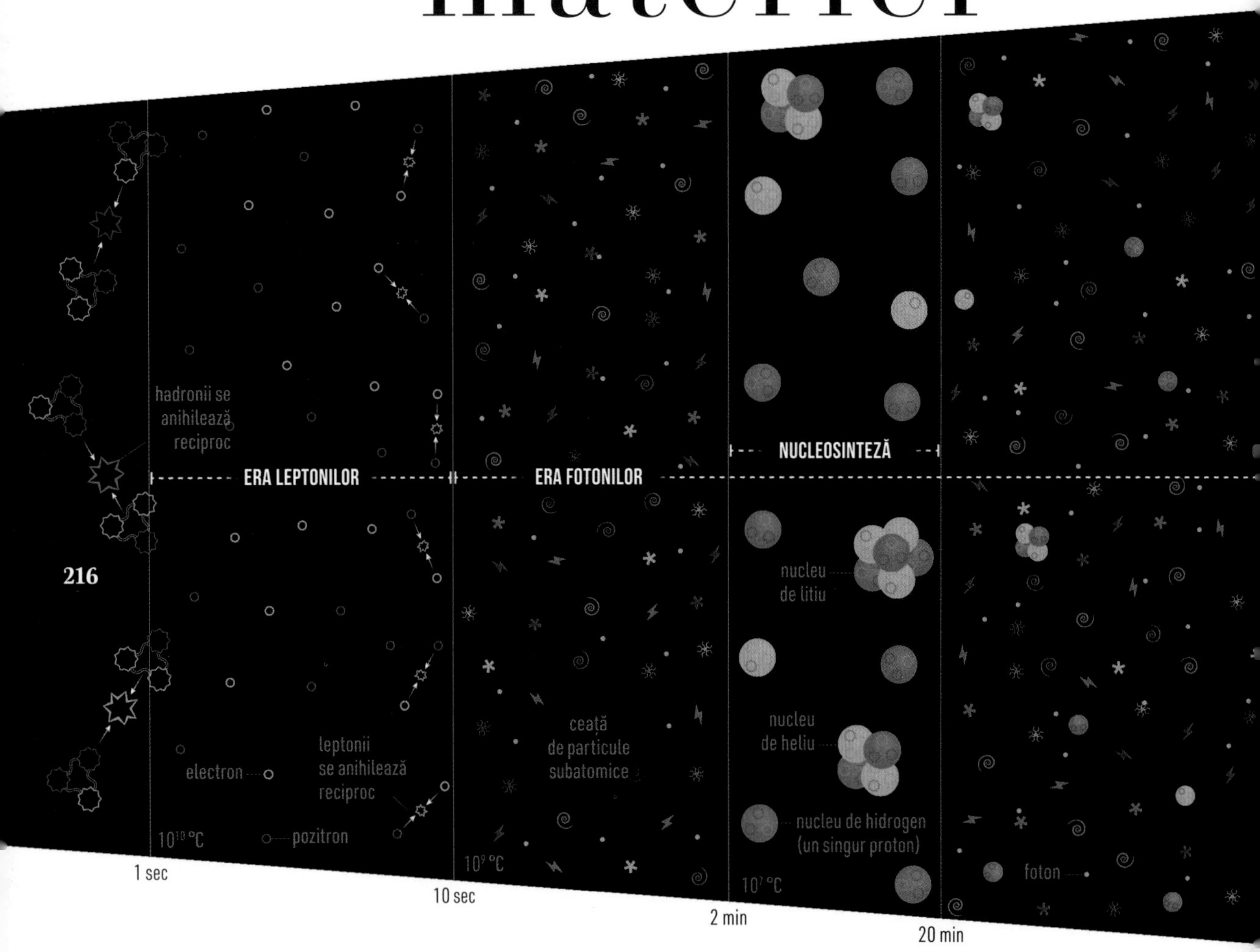

Regăsim universul la vârsta de o secundă, iar următoarele câteva sute de mii de ani le vom examina cu viteză amețitoare, fiindcă jaloanele majore din povestea creației devin mult mai distanțate. Punctul în care cronologia se sfârșește marchează momentul apariției primilor atomi.

ERA LEPTONILOR

La sfârșitul erei hadronilor, majoritatea hadronilor și antihadronilor, dar nu toți, s-au anihilat reciproc, iar leptonii reprezintă masa dominantă în univers. Leptonii sunt particule elementare dintre care cea mai cunoscută este electronul. La sfârșitul acestei ere, majoritatea leptonilor se vor anihila ciocnindu-se cu antileptoni, de exemplu electronii se vor ciocni cu pozitroni.

ERA FOTONILOR

Pe durata acestei ere, universul era o ceață de particule subatomice și energie. Cea mai mare parte a masei-energie* a rămas în univers sub formă de fotoni, dar densitatea universului era prea mare pentru a le permite să-l străbată. Uneori, această fază e numită era opacă, deoarece lumina nu putea răzbate prin cosmos.

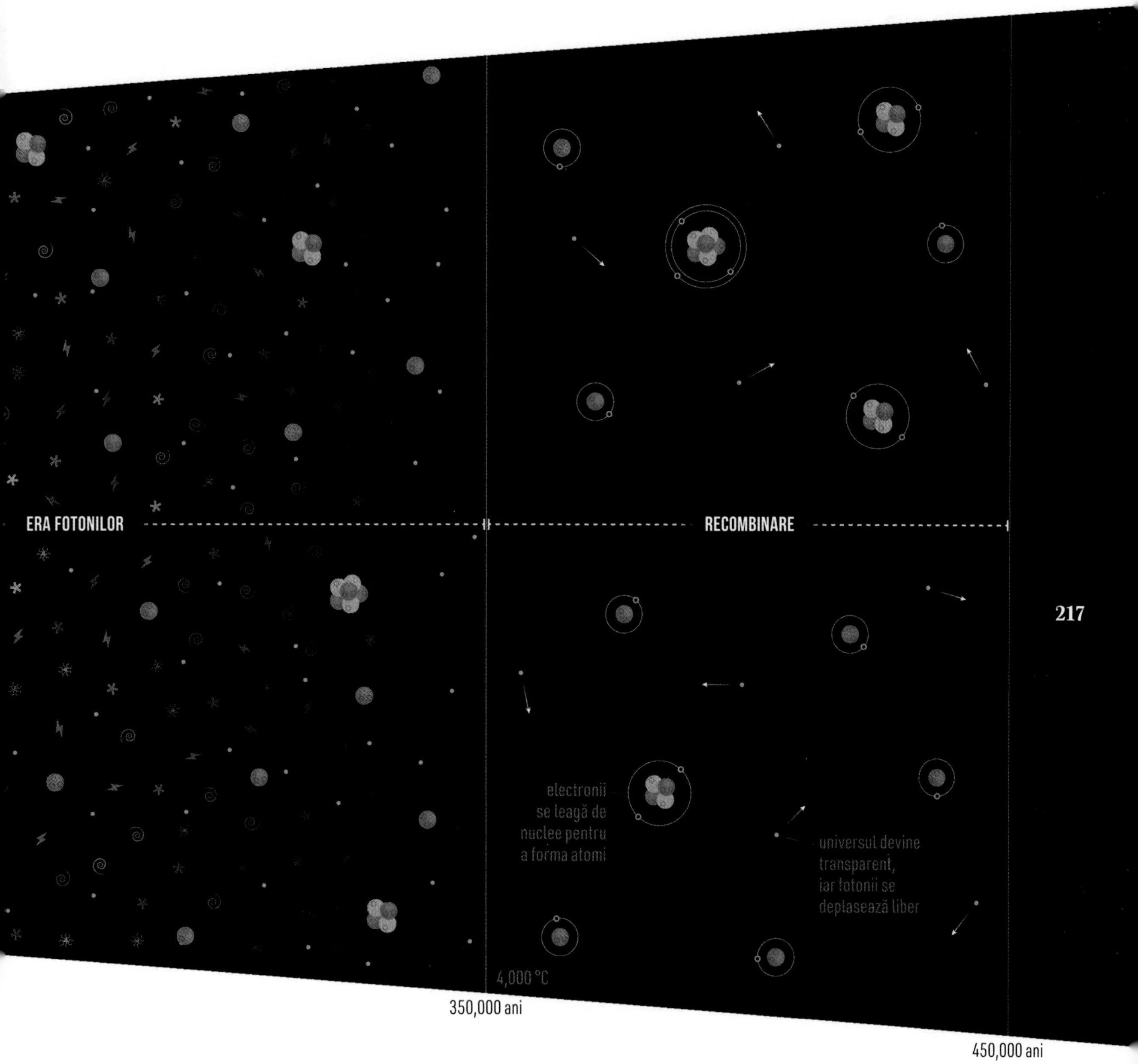

NUCLEOSINTEZĂ

Temperatura universului a scăzut până în punctul în care se pot forma nuclee atomice. Prin fuziune nucleară, protonii și neutronii se combină pentru a forma nucleele celor mai ușoare elemente, heliu și litiu (nucleele de hidrogen, care conțin un singur proton, sunt deja prezente). Nucleosinteza se încheie când temperatura și densitatea universului au scăzut prea mult pentru ca fuziunea nucleară să mai poată avea loc.

RECOMBINARE

Odată ce temperatura universului a scăzut la aproximativ 4.000 grade, nu foarte diferită de temperatura de la suprafața Soarelui, nucleele ionizate pot capta electroni, devenind atomi neutri. Pe măsură ce electronii sunt legați în atomi, universul devine transparent pentru lumină – e un fel de-a spune, pentru că în acest stadiu e încă întuneric, neexistând stele care să lumineze.

*Masă-energie – Orice masă corespunde unei anumite cantități de energie și viceversa, după cum demonstrează Einstein în celebra lui ecuație E = mc2. Cosmologii folosesc conceptul de masă-energie când se referă atât la masă, cât și la energie.

Distribuția materiei

Odată cu apariția atomilor, un univers mai familiar poate începe să se formeze. Cum aceste particule erau adunate laolaltă de inexorabila atracție gravitațională, structuri mari au început să apară în întuneric. Cândva aceste nebuloase vor semăna universul cu stele, astfel încât norii aceștia de gaz sunt planul pentru viitoarea structură a cosmosului.

În 1964, doi angajați ai Laboratoarelor Bell Telephone au făcut din întâmplare o descoperire importantă în timp ce încercau să măsoare intensitatea unor surse radio extragalactice. Folosind antena-pâlnie a laboratorului, Arno Penzias și Robert Woodrow Wilson au observat că, indiferent în ce direcție îndreptau antena, recepționau un zgomot electromagnetic cu lungime de undă de circa 7,35 cm. Presupunând că interferența avea origine terestră, cei doi au început să examineze minuțios echipamentul, mergând până la a răzui excrementele de lilieci și păsări acumulate în pâlnia receptoare. Cu toate acestea, zi și noapte, zgomotul persista. După ce au eliminat orice posibilă sursă de interferență, ei au ajuns la concluzia că supărătoarele microunde nu se datorau echipamentului deficitar, ci proveneau din afara galaxiei noastre. Semnificația descoperirii lor le-a devenit însă limpede abia când au aflat de cercetările unui grup de astrofizicieni de la Universitatea Princeton.

Echipa de la Princeton voia să înceapă cautarea radiației emise în primele momente după big bang. Ideea era că, datorită expansiunii universului, orice radiație pe care o primim dintr-un trecut atât de îndepărtat precum creația universului va fi puternic deplasată spre roșu în momentul când ne parvine, și cu siguranță nu se va afla în spectrul vizibil. Calculele arătau că această radiație va fi detectabilă ca microunde, în regiunea spectrului în care tehnicienii de la Bell o detectaseră deja, și că va fi observată indiferent în ce direcție am privi. Odată ce Penzias și Wilson au fost informați de cercetările celeilalte echipe, ei au făcut legătura dintre observațiile lor și ipoteza fizicienilor de la Princeton, și au înțeles că descoperiseră vestigiile big bang-ului. Această radiație a fost numită radiație cosmică de fond de microunde (RCFM), iar descoperirea ei le-a adus lui Penzias și Wilson Premiul Nobel pentru Fizică. Nu numai că RCFM confirmă modelul big bang al apariției universului, dar e considerată una dintre cele mai puternice dovezi în favoarea sa.

Deoarece RCFM datează din perioada în care universul a încetat să fie opac, pe când avea circa 350.000 de ani, instrumentele noastre nu pot vedea mai departe în trecut; înainte, universul fusese o ceață groasă de energie și particule subatomice prin care lumina nu putea să răzbată. Atunci s-au format primii atomi, așa încât examinarea RCFM ne spune cum erau distribuite energia și masa în această perioadă timpurie. Deși Penzias și Wilson considerau că RCFM e uniformă pretutindeni, măsurători mai precise efectuate în anii 1990 au pus în evidență ușoare variații ale densității sale, care și ele susțin teoriile despre evoluția timpurie a universului. Dacă RCFM ar avea exact aceeași intensitate în toate direcțiile, ar însemna că big bang-ul răspândise energie și particule în mod perfect uniform. Un asemenea univers ar rămâne cu o densitate uniformă pretutindeni și pentru totdeauna în timp ce se extinde, fiindcă atracțiile exercitate asupra fiecărei particule de toate celelalte s-ar compensa și nimic nu s-ar putea coagula. Datorită minusculelor neregularități din RCFM, știm că distribuția materiei în univers nu era perfect omogenă, iar acele mici fluctuații au făcut ca regiunile cu densitate mai mare să atragă mai multă masă, iar dimensiunile celor cu densitate mai mică să crească pe măsură ce erau golite de materie. Fără imperfecțiunile de la big bang, nici un corp nu s-ar fi format în cosmos. În fiecare ungher al spațiului se găsește radiație rămasă de la nașterea universului, fiecare metru cub de spațiu conținând aproximativ 500 milioane de fotoni RCFM.

Primele stele

Primele stele au început să lumineze când universul avea aproximativ 100 de milioane de ani, pe măsură ce se formau prin colapsul unor nori de gaz. Devenind extrem de comprimate, aceste pungi de gaz au început să fuzioneze atomi, eliberând radiație în cursul procesului și dând naștere unei stele. Una câte una, stelele s-au aprins, până când bilioane și bilioane luminau cosmosul care mult timp fusese întunecat. Pe măsură ce gravitația continua să-și exercite atracția asupra materiei, aceste globuri incandescente s-au adunat laolaltă pentru a forma roiuri de stele care, la rândul lor, vor atrage alte roiuri. Nu peste mult timp, la vârsta de circa 300 de milioane de ani, aceste roiuri s-au asamblat, alcătuind primele galaxii ale universului.

Singurele materiale disponibile la începutul universului erau cele distribuite de big bang, iar din acestea s-au format primele stele: aproximativ trei sferturi din masa lor reprezenta hidrogenul, un sfert heliul, plus ceva urme de litiu. Se crede că majoritatea stelelor din prima generație erau extrem de masive, de 100 până la 1.000 de ori mai masive decât Soarele, și deci vor fi ars complet în doar câteva milioane de ani. Nu există deci stele supraviețuitoare din această epocă timpurie a existenței. Ele au fost primele care au introdus elemente noi în univers, fuzionându-le pe cele grele din cele ușoare odată cu înaintarea în vârstă. Datorită masei lor mari, majoritatea stelelor timpurii și-au sfârșit viața în explozii de supernovă, în care elemente și mai grele au fost făurite și expulzate în spațiu. Norii rarefiați de praf și gaze rămași de la primele supernove vor inaugura următoarea generație de stele, mai diversă. Mulțumită primei generații de stele, generația următoare va fi însoțită și de obiecte formate din roci: planete, sateliți și asteroizi, corpuri care aduc varietate în cosmos.

Deși pentru noi 100 de milioane de ani e o durată enormă, în termenii construirii a ceva atât de mare precum o stea practic din *nimic* e un timp scurt. Lucrurile s-au petrecut atât de rapid, încât astronomii cred că materia întunecată a jucat un rol important în prima etapă de dezvoltare a universului. Dacă în urma big bang-ului n-ar fi rămas decât materie obișnuită, gravitația n-ar fi reușit să învingă expansiunea rapidă a universului. Totul s-ar fi dezagregat atât de repede, încât n-ar fi fost suficient timp să se formeze stele, pentru a nu mai vorbi de evoluția galaxiilor. Prezența materiei întunecate, care o depășește pe cea obișnuită în raport de zece la unu, a făcut ca materia să nu se rarefieze prea mult, iar corpurile cerești să poată crește.

STRUCTURA UNIVERSULUI

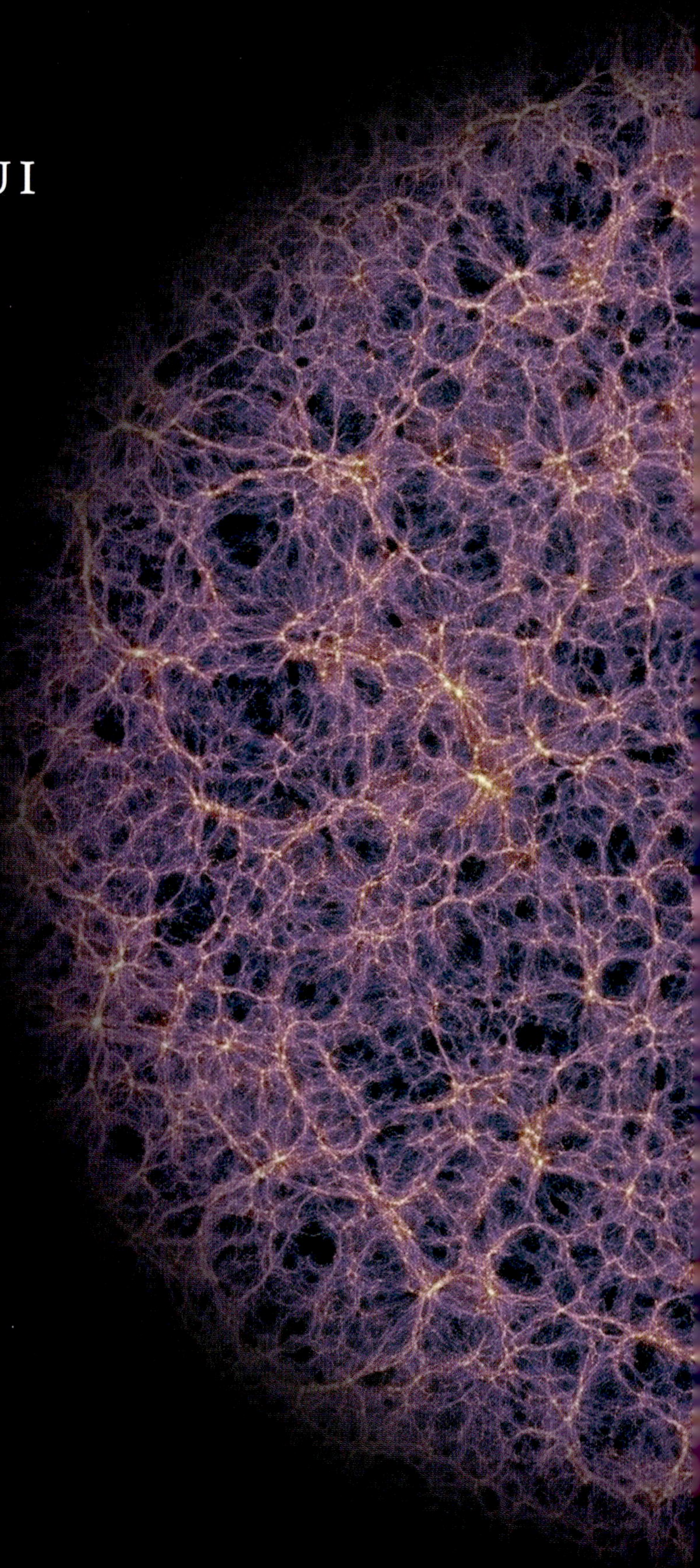

222

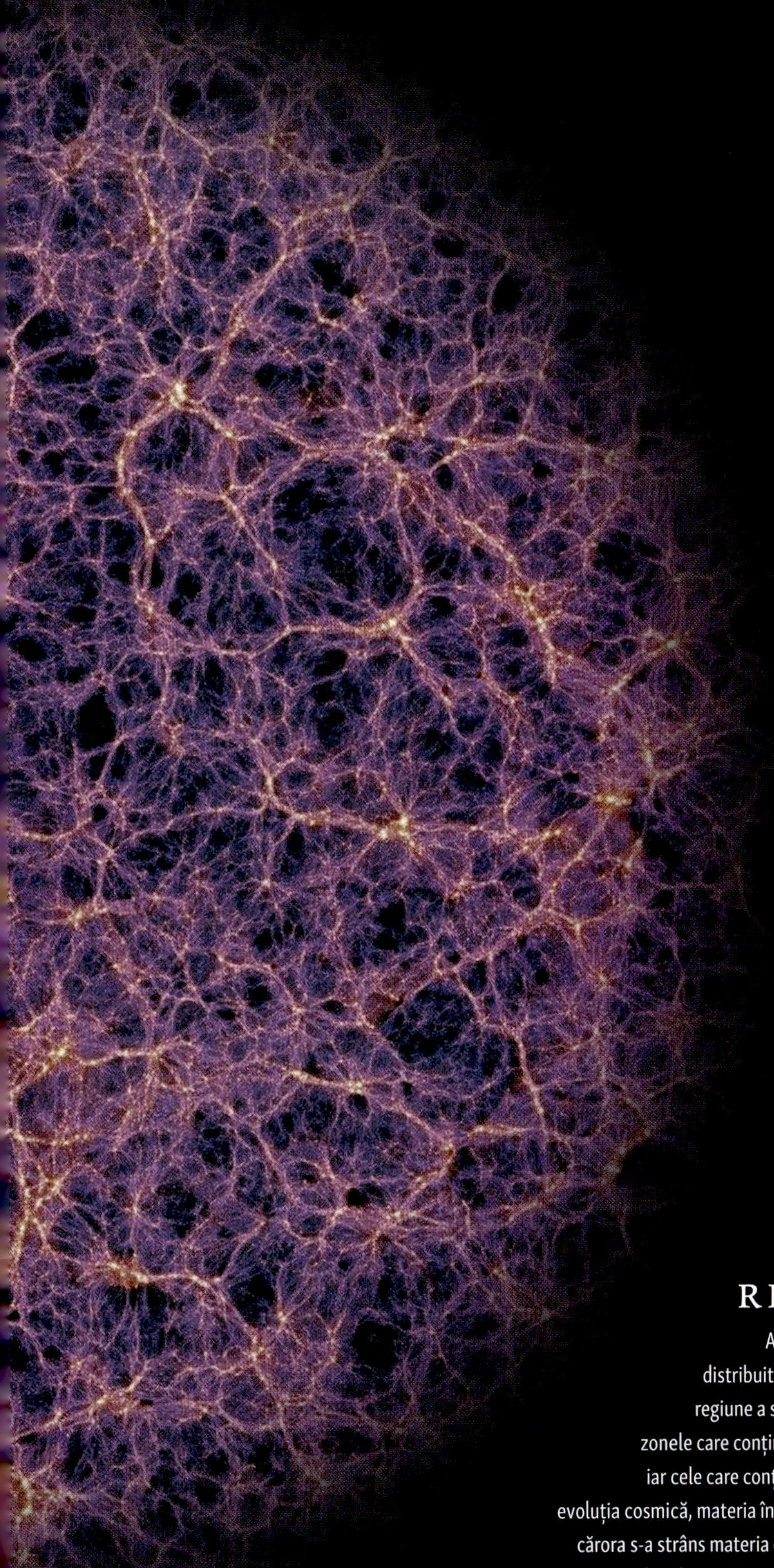

REȚEAUA COSMICĂ

Aceasta e o simulare pe calculator a modului cum e distribuită materia în universul actual. E reprezentată aici o regiune a spațiului cu diametrul de un miliard de ani-lumină; zonele care conțin materie întunecată sunt reprezentate cu galben, iar cele care conțin materie vizibilă, cu roz. Potrivit teoriilor despre evoluția cosmică, materia întunecată s-a coagulat în diverse cocoloașe în jurul cărora s-a strâns materia obișnuită. Roiurile de galaxii s-au adunat în aceste noduri, legate între ele prin filamente care conțin alte roiuri de galaxii.

DIMENSIUNEA UNIVERSULUI

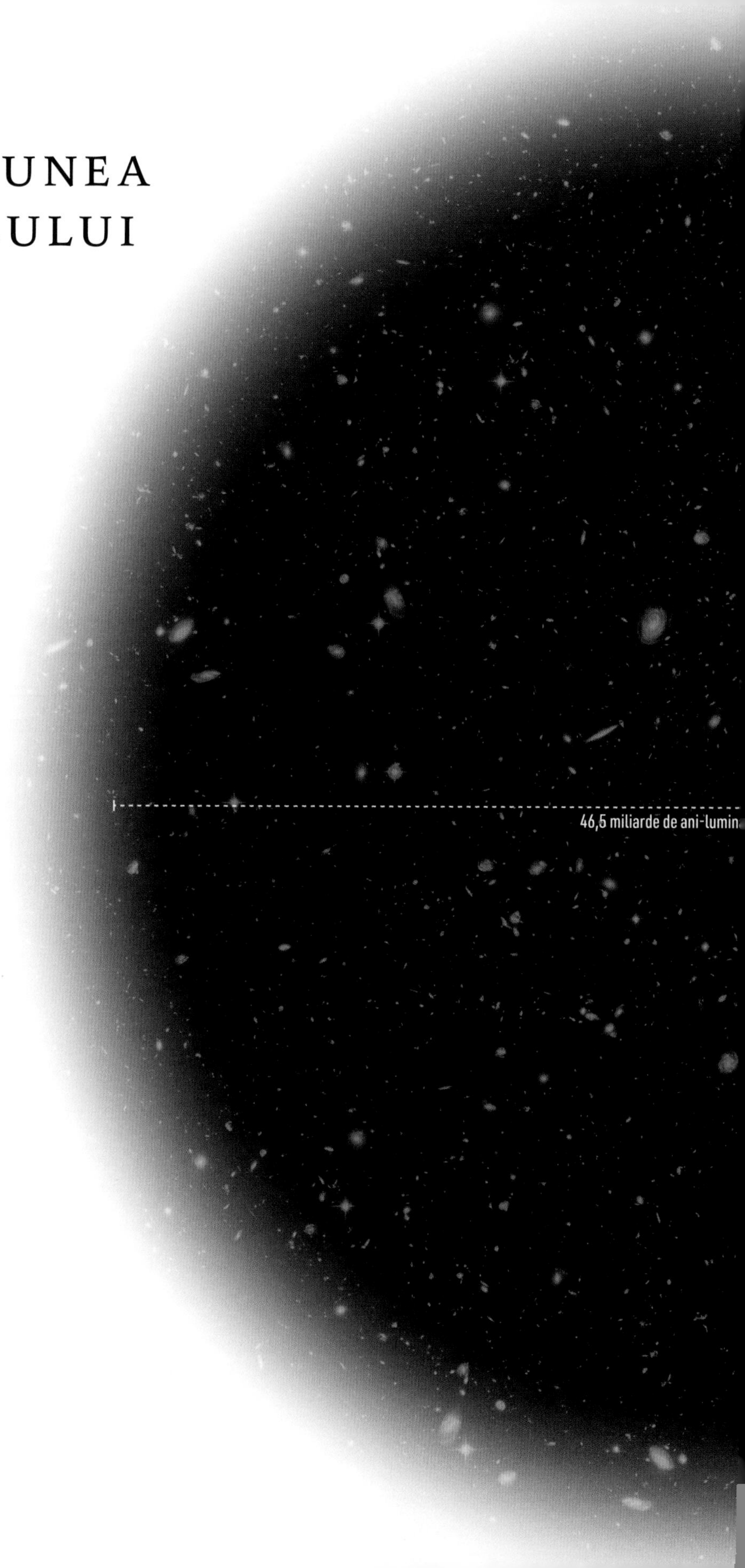

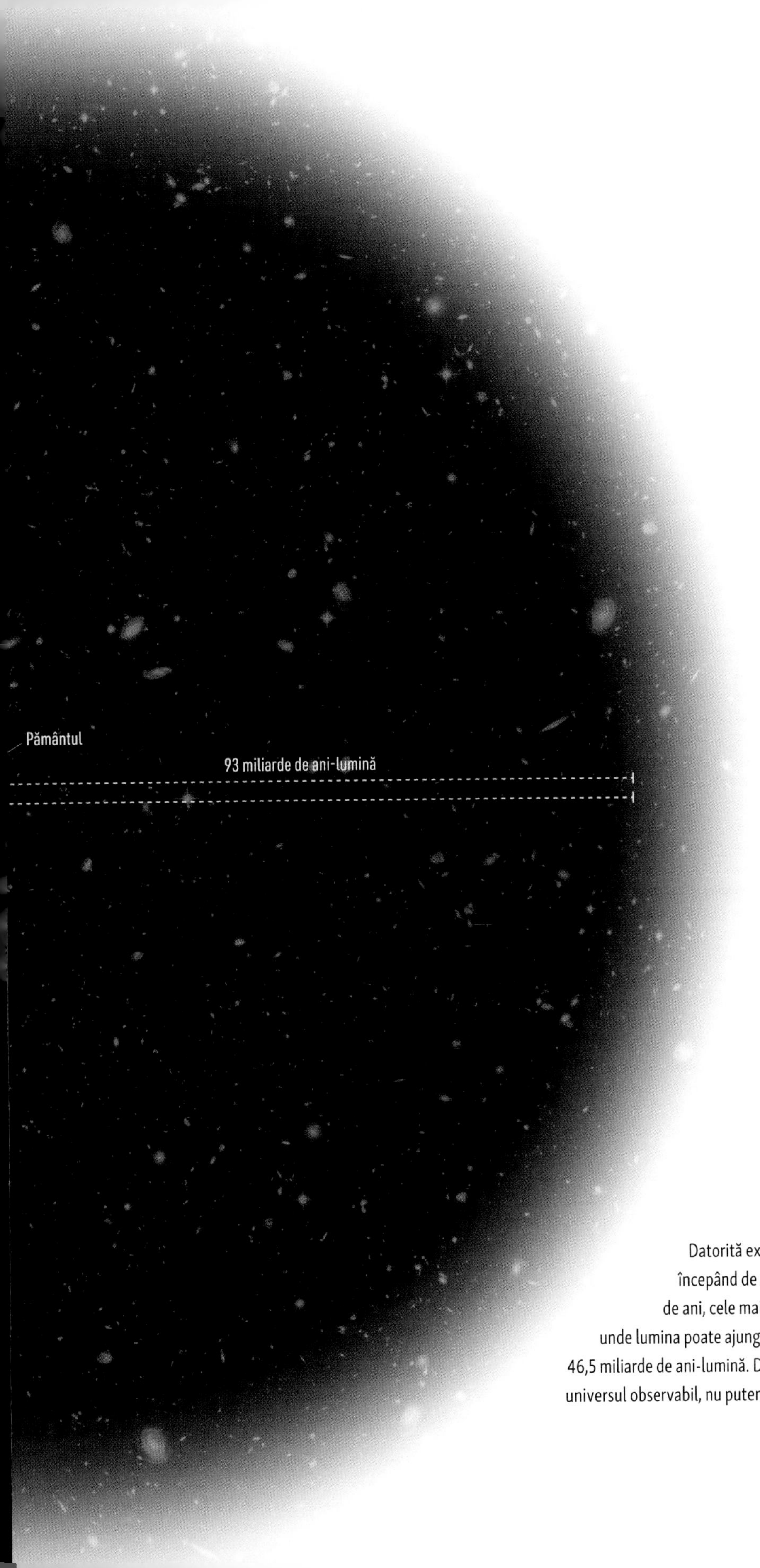

UNIVERSUL OBSERVABIL

Datorită expansiunii universului care a avut loc începând de la big bang, în urmă cu 13,8 miliarde de ani, cele mai îndepărtate regiuni ale spațiului de unde lumina poate ajunge la noi se află acum la o distanță de 46,5 miliarde de ani-lumină. Deoarece nu putem vedea dincolo de universul observabil, nu putem spune cu siguranță dacă e finit sau infinit.

”

Stând pe o bucată
de cenușă răcită,
vedem cum stelele
se sting încet
și încercăm să
evocăm strălucirea
dispărută a
originii lumilor.

“

Georges Lemaître, 1894 – 1966

Moartea Universului

LUMINILE SE STING

În ciclul de viață al stelelor, noi stele se nasc, îmbătrânesc și mor, lăsând în urmă materie care va fi cândva folosită de o viitoare generație de stele. Asta nu va continua însă veșnic. Deoarece stelele nu-și recicleazā astfel întreaga lor masă, procesul e finit, iar într-o bună zi vor înceta să se mai nască stele.

E greu să nu încerci un sentiment de melancolie când e vorba de sfârșitul universului. În multe privințe pare un nonsens, căci e inimaginabil de departe în viitor, iar specia noastră va fi dispărut cu siguranță de mult, dar încheierea e cea care impresionează întotdeauna. Sfârșitul poveștii universului înseamnă sfârșitul *tuturor* poveștilor – iar modul în care se termină e teribil de deprimant. Creația, pare-se, nu va fi delimitată de momente de grandoare, cu big bang-ul la un capăt și o ultimă ovație spectaculoasă la celălalt capăt. Nu, universul va suferi o agonie îndelungată.

După ce s-a scăldat aparent o eternitate în lumina stelelor, universul se va întuneca după ce și ultima dintre ele se va stinge. Dar, în pofida bilioanelor de ani în care cosmosul a fost luminat, cea mai mare parte a istoriei sale e încă în viitor. Nucleele ultimelor stele rămase se vor răci de-a lungul a bilioane de ani, iar galaxiile nu le vor mai reține. Unele vor fi înghițite de găuri negre, pe când altele vor fi azvârlite brutal în vid. Pe măsură ce va continua să se extindă, universul se va răci tot mai mult, iar interacțiunile de orice fel vor deveni tot mai rare. Corpurile risipite ici-colo vor dispărea în cele din urmă în eter, pe măsură ce particulele necesare pentru existența atomilor lor se vor dizolva treptat în radiație. Singurele lucruri care vor scăpa de această soartă vor fi găurile negre, care vor supraviețui timp de multe ere după ce tot restul va fi pierit, dar nici ele nu sunt imune în fața destinului.

Destine posibile

MAREA IMPLOZIE

Până nu cu mult timp în urmă, astronomii credeau că gravitația va încetini viteza cu care universul se extinde. Înainte de a ști că expansiunea e accelerată, se credea că un singur factor va decide viitorul universului: densitatea de masă-energie: dacă va depăși o anumită valoare, atunci destinul cosmosului va fi „marea implozie" (*big crunch*). În acest caz, gravitația va încetini expansiunea până când se va opri complet, după care o va inversa, ca și cum ai da ceasul înapoi. Universul va colapsa, devenind mai mic și mai fierbinte, până când va ajunge din nou doar o singularitate – așa cum a început. Ce se va întâmpla în continuare nu se știe, deși o teorie, numită „marele ricoșeu" (*big bounce*), spune că ar putea apărea un alt big bang. Dacă așa stau lucrurile, e posibil ca universul să fie ciclic, explodând și colapsând la nesfârșit. Deși „marea implozie" nu e teoria favorită a astronomilor, ea n-a fost exclusă. Cunoaștem puține lucruri despre energia întunecată care alimentează expansiunea, și e posibil ca ea să fi avut proprietăți diferite în universul timpuriu; cine știe dacă nu se va comporta diferit în viitorul îndepărtat?

MARELE ÎNGHEȚ

Soarta cea mai larg acceptată a universului este „marele îngheț" (*big freeze*), în care expansiunea spațiului continuă să fie accelerată. Înainte ca ultimele stele să-și fi epuizat combustibilul, galaxiile se vor pierde din vedere unele pe altele. Datorită expansiunii rapide, ele vor începe să se îndepărteze atât de repede, încât lumina de la o galaxie nu va ajunge niciodată la alta. Până la urmă, nu se vor mai naște noi stele, cele bătrâne vor muri, și nu vor mai rămâne decât rămășițele lor arse, stele neutronice și găuri negre. Expansiunea inexorabilă a universului va duce la răcirea lui, fiindcă materia și energia vor fi distribuite tot mai rarefiat; pretutindeni în cosmos temperaturile se vor apropia de zero absolut, fără să-l atingă vreodată. În viitorul foarte îndepărtat, toată materia care nu e captivă în găurile negre se va descompune, dizolvându-se în energie. În viitorul foarte, foarte îndepărtat, până și găurile negre vor pieri, fiindcă și ele se vor evapora extrem de lent în radiație.

Stelele se sting

Peste aproximativ 5 miliarde de ani Soarele se va apropia de sfârșitul vieții sale active. El își va răspândi o mare parte a masei sale în spațiu, lăsând în urmă un nucleu ars sub forma unei pitice albe. Când stele mai masive își află sfârșitul, deși o fac într-un mod mult mai energic, rezultatul e oarecum asemănător: ele explodează ca supernove, expulzând materie în spațiu și lăsând în urmă nuclee dense sub formă de stele neutronice sau găuri negre. Gazul și praful pe care stelele îl aruncă în cosmos în timp ce mor se amestecă în mediul interstelar, iar, cu trecerea timpului, regiunile sale cele mai dense se vor condensa în nebuloase. Din aceste nebuloase vor apărea stele noi, așa încât tiparul se repetă. E de la sine înțeles că aceasta nu poate continua la nesfârșit, căci cu fiecare moarte a unei stele, deși unele materiale sunt returnate în spațiu spre reciclare, o parte din masa lor e blocată în nucleele pe care le lasă în urmă.

E de așteptat să se formeze în continuare stele timp de cel puțin un bilion de ani, dar într-un ritm tot mai lent. Pe măsură ce galaxiile își devorează rezervele de gaz și praf, e nevoie de mai mult timp pentru formarea nebuloaselor, iar stelele nou-născute devin mai rare. Când nu se vor mai forma deloc stele, universul se va cufunda încet în întuneric, pe măsură ce stelele rămase își vor epuiza una câte una combustibilul și vor dispărea în beznă. Ultimele stele care vor mai arde vor fi piticele roșii, a căror durată de viață e de ordinul a 10^{13} (10 bilioane) de ani. Când în cele din urmă se vor stinge și ele, tot ce va mai rămâne în univers vor fi rămășițele stelare întunecate: pitice albe care se răcesc lent urmând să devină pitice negre, precum și stele neutronice și găuri negre rămase de pe urma stelelor masive.

Mai departe pe drumul sumbru al extincției, modelele matematice prezic că galaxiile se vor dezagrega când vârsta universului va fi de circa 10^{19} ani. Ca urmare a interacțiunilor dintre rămășițele stelare, probabil că traiectoriile corpurilor mai mici vor fi deviate în calea găurilor negre, care le vor consuma, în vreme ce alte corpuri mici vor fi ejectate din galaxie. S-a prezis că marea majoritate a masei galaxiilor, între 90% și 99%, se va pierde în spațiul intergalactic, restul sfârșind în găurile negre supermasive din centrul lor.

În sfârșit, se crede că materia însăși s-ar putea să dispară peste aproximativ 10^{33} ani, protonii și neutronii descompunându-se în particulele constituente și radiație. Totul în afara găurilor negre se va dezagrega, încetând să mai existe. Ultimele lucruri rămase în întregul univers vor fi atunci găurile negre, dar radiația Hawking se va ocupa până la urmă și de ele. Găurile negre mai mici vor începe să dispară peste 10^{66} ani, iar peste 10^{100} ani vor fi pierit și cele mai mari. Odată cu dispariția lor universul va fi gol... deși poate nu de tot. Vor exista fotoni, neutrini, electroni și pozitroni gonind prin spațiu, dar rareori întâlnindu-se unul cu altul. Aceasta e soarta finală a universului.

Cronologia universului

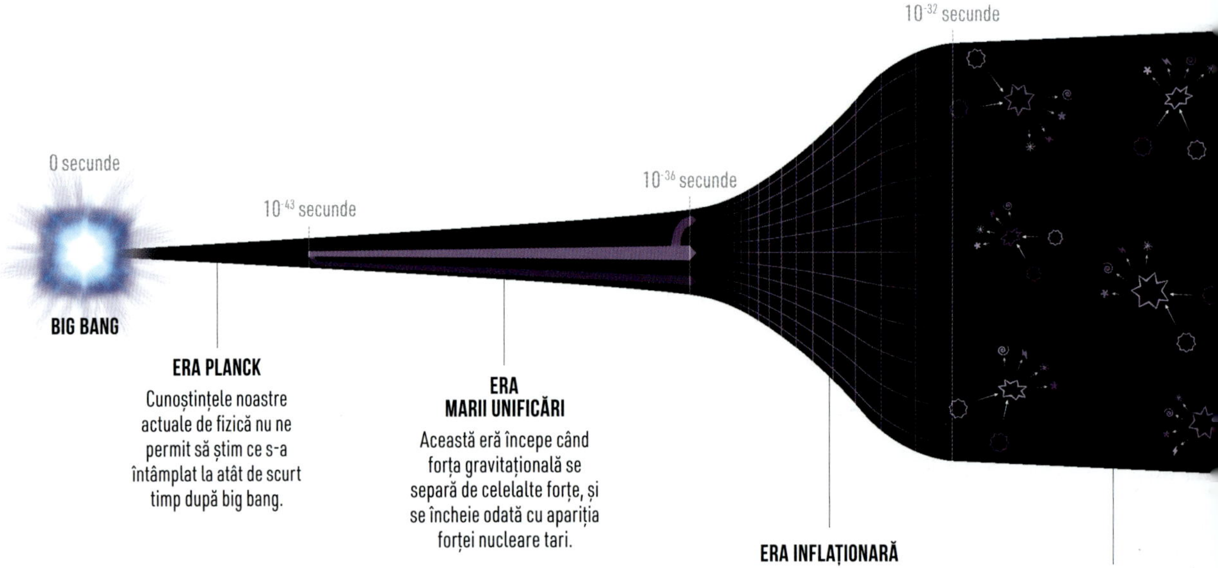

ERA PLANCK

Cunoștințele noastre actuale de fizică nu ne permit să știm ce s-a întâmplat la atât de scurt timp după big bang.

ERA MARII UNIFICĂRI

Această eră începe când forța gravitațională se separă de celelalte forțe, și se încheie odată cu apariția forței nucleare tari.

ERA INFLAȚIONARĂ

O expansiune bruscă și exponențială a spațiului.

ERA ELECTROSLABĂ

Această eră începe concomitent cu era inflației. Cuarcii apar și se anihilează reciproc prin ciocniri frecvente.

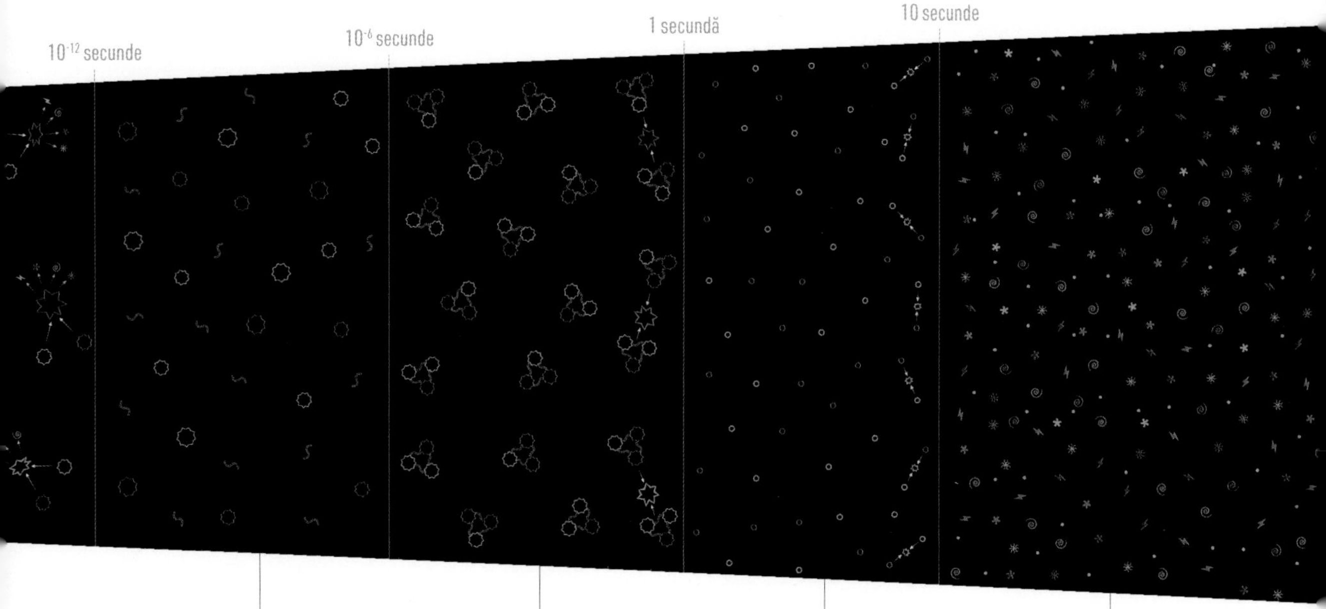

ERA CUARCILOR

Pe măsură ce universul se răcește, cuarcii pot exista fără să se distrugă unii pe alții. Apar și gluonii.

ERA HADRONILOR

Cuarcii se leagă între ei formând hadroni – cum sunt protonii și neutronii.

ERA LEPTONILOR

După ce majoritatea hadronilor și antihadronilor s-au anihilat la sfârșitul erei hadronilor, leptonii (de ex. electronii) și antileptonii (de ex. pozitronii) domină masa universului.

ERA FOTONILOR

Majoritatea masei-energie din univers se află sub formă de fotoni, care nu pot penetra ceața deasă de particule și energie. Mai e numită și epoca opacă.

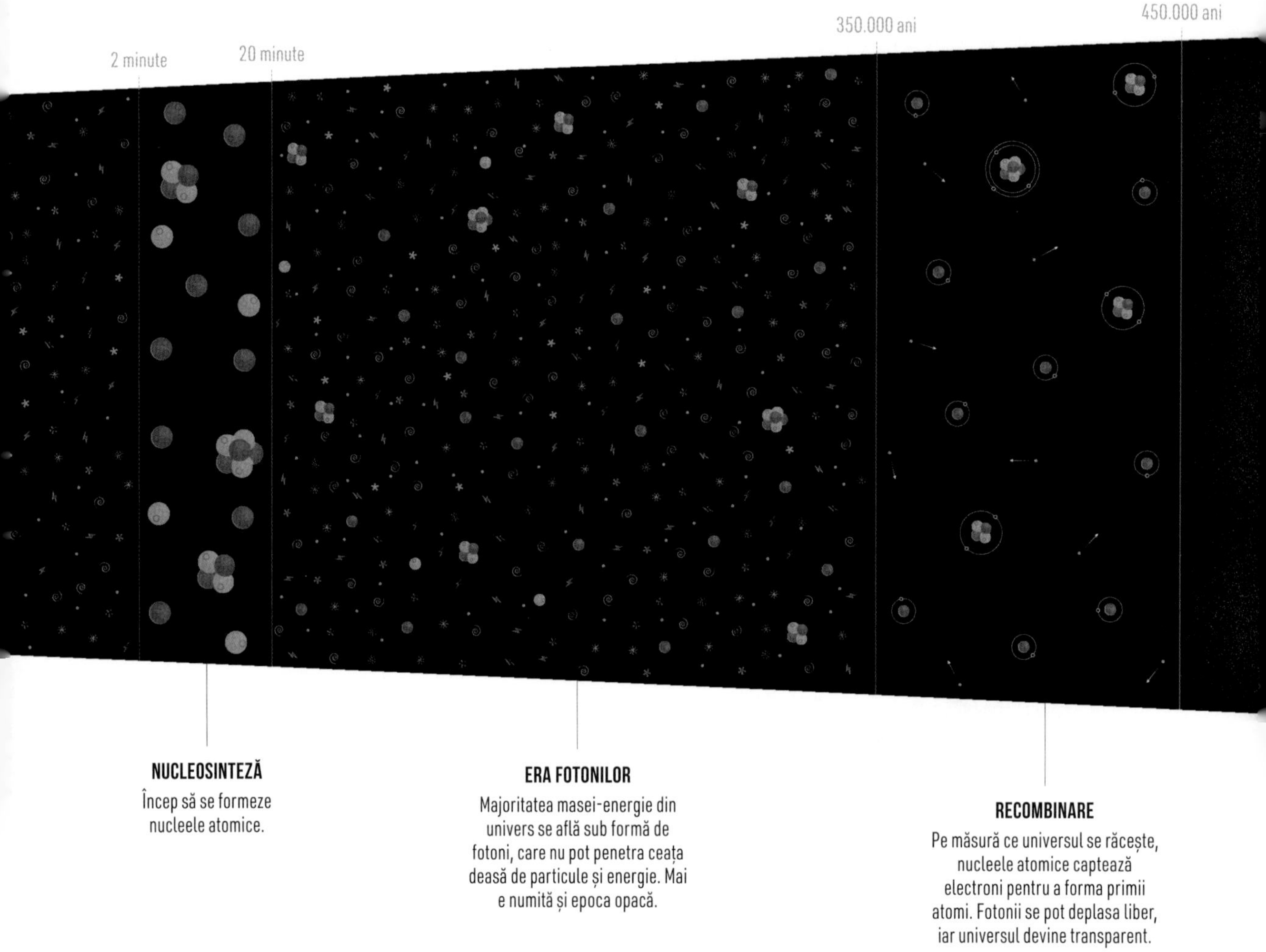

NUCLEOSINTEZĂ

Încep să se formeze nucleele atomice.

ERA FOTONILOR

Majoritatea masei-energie din univers se află sub formă de fotoni, care nu pot penetra ceața deasă de particule și energie. Mai e numită și epoca opacă.

RECOMBINARE

Pe măsură ce universul se răcește, nucleele atomice captează electroni pentru a forma primii atomi. Fotonii se pot deplasa liber, iar universul devine transparent.

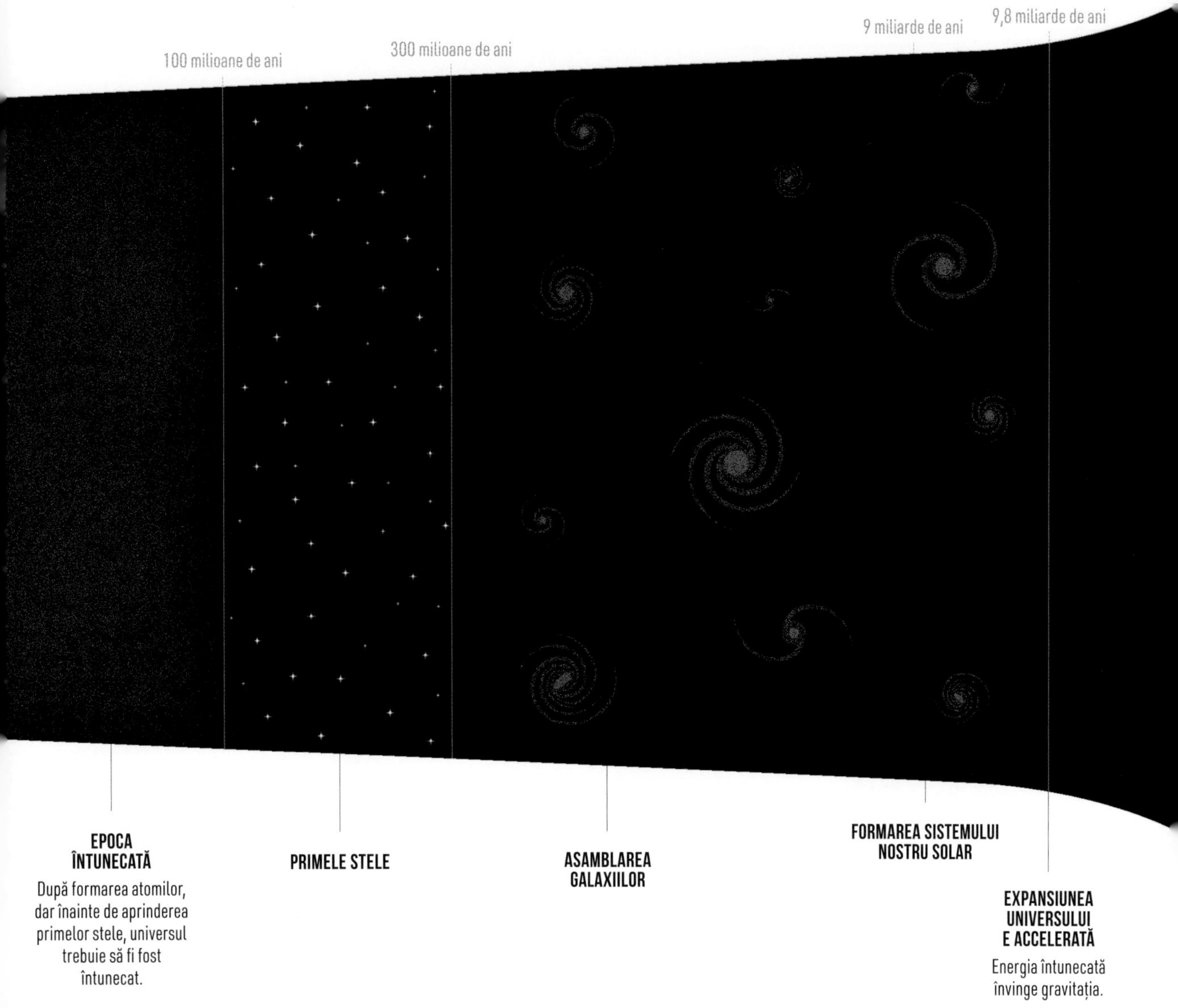
100 milioane de ani
300 milioane de ani
9 miliarde de ani
9,8 miliarde de ani
EPOCA ÎNTUNECATĂ
După formarea atomilor, dar înainte de aprinderea primelor stele, universul trebuie să fi fost întunecat.
PRIMELE STELE
ASAMBLAREA GALAXIILOR
FORMAREA SISTEMULUI NOSTRU SOLAR
EXPANSIUNEA UNIVERSULUI E ACCELERATĂ
Energia întunecată învinge gravitația.

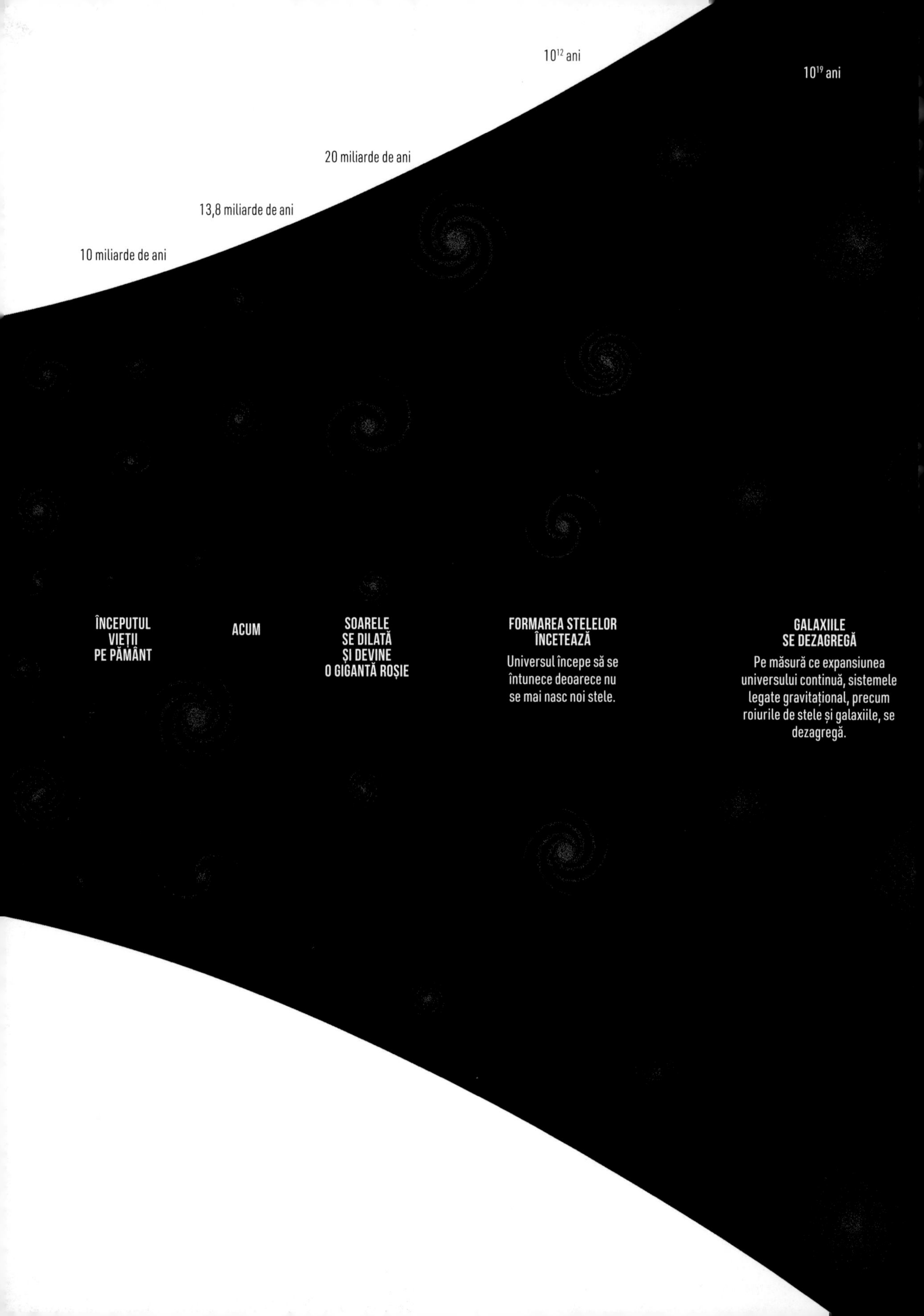
10 miliarde de ani
13,8 miliarde de ani
20 miliarde de ani
10^{12} ani
10^{19} ani
ÎNCEPUTUL VIEȚII PE PĂMÂNT
ACUM
SOARELE SE DILATĂ ȘI DEVINE O GIGANTĂ ROȘIE
FORMAREA STELELOR ÎNCETEAZĂ
Universul începe să se întunece deoarece nu se mai nasc noi stele.
GALAXIILE SE DEZAGREGĂ
Pe măsură ce expansiunea universului continuă, sistemele legate gravitațional, precum roiurile de stele și galaxiile, se dezagregă.

10^{33} ani

10^{40} ani

10^{100} ani

DEZINTEGRAREA PROTONULUI

În exteriorul găurilor negre, protonii și neutronii se dizolvă în particulele lor componente și în radiație.

ERA GĂURILOR NEGRE

Singurele corpuri rămase în univers sunt găurile negre, care se evaporă lent prin radiație Hawking.

DESTINUL FINAL

După dispariția ultimei găuri negre, tot ce mai rămâne sunt particule elementare ce se deplasează aleatoriu printr-un univers vast, practic fără să interacționeze între ele.

SFÂRȘIT

SURSE

A Brief History of Time de Stephen Hawking (**Scurtă istorie a timpului**, Humanitas, 2021)
Penguin Random House, 1988

A Short History of Nearly Everything de Bill Bryson
Doubleday, 2003

A Universe from Nothing de Lawrence M. Krauss
Simon & Schuster, 2012

Cosmos The Infographic Book of Space de Stuart Lowe și Chris North
Aurum Press Ltd, 2015

Cosmos: The Story of Cosmic Evolution, Science and Civilisation de Carl Sagan
Sphere, 1996

Hubble's Universe: Greatest Discoveries and Latest Images de Terence Dickinson
Firefly Books Ltd, 2017

Space Atlas: Mapping the Universe and Beyond de James Trefil
National Geographic, 2018

The Grand Design de Stephen Hawking și Leonard Mlodinow (**Marele plan**, Humanitas, 2022)
Bantam Books, 2010

The Life and Death of Stars de Kenneth R. Lang
Cambridge University Press, 2013

The Planets de Maggie Aderin-Pocock
Dorling Kindersley Limited, 2014

The Planets de Brian Cox și Andrew Cohen
HarperCollins Publishers, 2011

The Secret Lives of Planets de Paul Murdin
Hodder & Stoughton, 2019

The Universe in Your Hand: A Journey Through Space, Time and Beyond de Christophe Galfard
Macmillan, 2015

Universe: The Definitive Visual Guide de Martin Rees
Dorling Kindersley Limited, 2005

Welcome to the Universe de Neil deGrasse Tyson, Michael A. Strauss și J. Richard Gott
Princeton University Press, 2016

Wonders of the Universe de Brian Cox și Andrew Cohen
HarperCollins Publishers, 2011

REFERINȚELE IMAGINILOR

Pentru poziția în pagină: s - sus; j - jos; c - centru; st - stânga; d - dreapta; p - principală.

18(sst) © Wikimedia Commons: NASA **31(sst)** © Wikimedia Commons: NASA **38(jst)** © Wikimedia Commons: NASA **40-41(p)** © 123rf.com: 1xpert
46-47(fb) © Wikimedia Commons: NASA **47(jd×2)** © Wikimedia Commons: NASA **51(s×5)** © Wikimedia Commons: NASA
54(toate imaginile) © Wikimedia Commons: NASA **54(s)** © Wikimedia Commons: NASA **58(jst)** © Wikimedia Commons: NASA / ESA
63(r) © Wikimedia Commons: NASA **66(jst)** © Wikimedia Commons: NASA **67(sd)** © Wikimedia Commons: NASA **71(s×5)** © Wikimedia Commons: NASA
71(sd) © 123rf.com: 1xpert **85(jd)** © Wikimedia Commons: NASA **88(s)** © Wikimedia Commons: NASA **89(sd)** © Wikimedia Commons: NASA
98-99(p) © Alamy: Andrzej Wojcicki **107(p)** © Wikimedia Commons: NASA **109(sd)** © Wikimedia Commons: NASA **109(sd)** © Wikimedia Commons: NASA
109(jst) © Wikimedia Commons: NASA **120(jd)** © Wikimedia Commons: NASA **125(sd)** © sciencephoto.com: John Chumack
137(p) © Wikimedia Commons: NASA **143(p)** © creativemarket.com: RezArt **155(jst)** © Wikimedia Commons: NASA
173(jd) © Wikimedia Commons: European Southern Observatory **182-183(p)** © 123rf.com: Vadim Sadovski **184-185(p)** © 123rf.com: alexmstudio
186(×3) © Wikimedia Commons: NASA **186(s×3)** © Wikimedia Commons: NASA **189(p)** © Wikimedia Commons: European Southern Observatory
192(p) © Wikimedia Commons: NASA **193(sd)** © Wikimedia Commons: NASA **193(jst)** © Wikimedia Commons: NASA **196(p)** © creativemarket.com: RezArt **201(p)** © 123rf.com: Iulia Bycheva **202(cst)** © Wikimedia Commons: NASA **202(p)** © Wikimedia Commons: NASA
203(p) © Wikimedia Commons: European Southern Observatory

Toate celelalte imagini și diagrame sunt creația autorului. S-au făcut toate eforturile pentru a contacta deținătorii drepturilor de autor ai materialelor din această carte. Dacă a apărut totuși vreo omisiune, editorul o va îndrepta în edițiile ulterioare.

THE HERMITAGE XXI

Thames & Hudson

THE HERMITAGE XXI

THE NEW ART MUSEUM IN THE GENERAL STAFF BUILDING

OLEG YAWEIN

WITH CONTRIBUTIONS BY
Mikhail Piotrovsky
Aaron Betsky
Dmitry Shvidkovsky & Yulia Revzina
Hans Ibelings
Rem Koolhaas

EDITED BY Georgi Stanishev

WITH PHOTOGRAPHY BY Will Pryce

MXIII

CONTENTS

INTRODUCTION

CREATING THE MUSEUM

Mikhail Piotrovsky

Director of the State Hermitage Museum

The renovation of the East Wing of the General Staff Building is part of the 'greater Hermitage' concept, aimed at making the Hermitage's collection as accessible as possible to the global public in the widest variety of ways, from display rooms to a digital library. In the former ministry building we aim to create a museum of the 19th and 20th centuries that adheres to the Hermitage's principle of being a universal encyclopaedic museum. This is the essence of the renovation project.

The rooms in the East Wing of the General Staff Building now house 19th- and 20th-century paintings, sculptures and works of applied art from all over Europe and Russia. The highlights will include works of the Impressionists and post-Impressionists, which will be displayed in the third-floor Shchukin-Morozov Gallery, which runs nearly the entire perimeter of the building and is illuminated with skylights. Empire-style art will be presented in the renovated Empire-period interiors on the second floor, and works of Art Nouveau will be exhibited in the first-floor rooms overlooking Dvortsovaya Square below. Also on display on the third floor of the East Wing will be the iconic works of the 20th century: Matisse's companion paintings *Dance* and *Music* (opposite), Kandinsky's *Composition VI* (overleaf), and Malevich's *Black Square*. The Kabakov's *Red Wagon* is exhibited in the 'hanging gardens' of the New Grand Enfilade on the level of the first floor. The building will also host temporary exhibitions of art from the second half of the 20th century, along with works from the world's museums and artists salons that have been procured on long-term loan.

The current scheme is the result of a long and considered period of planning and consultation. Recommendations came from various agencies, such as the Ministry of Culture, St Petersburg's Cultural Heritage Preservation Committee, the Moscow Academy of Architecture and the Union of Architects of St Petersburg. All of the main departments of the State Hermitage Museum were involved in the development of the project, which was reviewed and revised over a period of five years. The scheme was also the subject of many detailed discussions within the International Advisory Board of the State Hermitage Museum, which is chaired by the director of the British Museum, and whose members include the directors of many of the world's top museums.

PREVIOUS SPREAD
Palace Square, St Petersburg.

OPPOSITE, TOP
Henri Matisse, *The Dance*, 1909–1910, oil on canvas, 260 x 391 cm, France.

OPPOSITE, BOTTOM
Henri Matisse, *Music*, 1910, oil on canvas, 260 x 389 cm, France.

Wassily Kandinsky, *Composition VI*, 1913, oil on canvas, 195 x 300 cm, Russia-Germany.

The General Staff Building is a masterpiece of administrative architecture. The aim of the renovation and restoration work is to emphasize the functional essence of the building, while also highlighting its principal architectural features and hidden philosophy. Work proceeded with the understanding that any new architectural interventions should not undermine Rossi's original creation. All of the guidelines for protecting historical landmarks were to be observed and strictly adhered to. Researching and understanding not only the architectural history but also the past life of the East Wing of the General Staff Building has been a vital part of the project and the whole renovation process.

But as we have strived to preserve the historic elements of the Hermitage with its grand enfilades, its abundance of art, its particular architecture and famous views from its tall, elegant windows, we also wanted to maintain a vibrant contemporary atmosphere. It was important that the architectural designs gave the new rooms not just the flavour of the Hermitage, but also a sense of its grandeur, along with a taste of neoclassical austerity. Without this attention to past and present there would simply be no point in using the East Wing of the General Staff Building for Hermitage exhibitions.

The choice of firm to lead this project was crucial. For the restored General Staff Building we were looking for something special in the new architectural intervention, but it was also vital for the building to connect with the traditions of the Hermitage. This is why I believe that the ideas developed by the Yawein brothers in this project are so successful. They have transferred the atmosphere of the Hermitage staterooms to the ministry building, and their design connects the life of the building to its St Petersburg surroundings. As one of Russia's top architecture firms, Studio 44 has been awarded numerous prizes for architecture but they also contribute a wider knowledge. Oleg Yawein is a history of art professor, as well as a practising architect. He is a philosopher of architecture and a very serious theoretician. Nikita Yawein, meanwhile, is a renowned professional and an experienced architect. He knows what it means to design and construct buildings.

The involvement of a wide range of specialists from various sectors, together with the many, constant public discussions at different stages of the work, turned the process of creating the new Hermitage wing into an educational experience and a special cultural event. The process itself has contributed to the revival of an active and creative architectural environment in St Petersburg, a city already enriched by the amazing blend of the ideas and traditions of various peoples and cultures. The dialogue that arose from Rem Koolhaas's alternative proposals for the project was particularly interesting. He contributed to improving the project and, more importantly, became part of the cultural life here himself. Furthering the cultural interaction, the East Wing of the General Staff Building has helped to connect Palace Square, the Moika embankment and Nevsky Prospekt on its ground floor. In this way it creates a forum of sorts, with a museum motif. Overall, the new Hermitage should bring a unique atmosphere of cultured leisure and sophistication to the square. As an institution, we are giving careful consideration to the services that will be available at this forum and are examining the way they can be used to support the museum.

The General Staff Building will house 19th-, 20th- and 21st-century art from around the world. In some ways this museum will resemble the Musée d'Orsay, but overall, the preservation of the principle of a universal encyclopaedic museum is what will set it apart from other such institutions. The first floor is mainly devoted to applied art, but the paintings and sculptures will still be ever-present here as elsewhere in the museum. This floor will be used to display 19th-century arts and crafts, including objects in porcelain, earthenware, glass, ceramics, silver, bronze, copper, enamel, mosaic, coins, medals, watches and weapons. There will be a particular focus on European Romanticism and Academic art. We are creating a museum of porcelain and will devote three rooms to Fabergé, including a Fabergé exhibition and a library with a special selection of books on the art of jewelry. In the Winter Palace, works of applied art have always been displayed alongside paintings, and this integration will continue in the new gallery arrangements.

Most of the restored, Empire-style stateroom interiors are located on the second floor. These will retain their grand and imposing character and will be used to display 19th-century paintings and sculptures. Among these, the main attractions will be works by Caspar David Friedrich, examples from the Russian and European empires, the French salons and the German Impressionists.

On the third floor is the Shchukin-Morozov Gallery. I no longer recall who first suggested that there should be a collection of 20th-century art in the General Staff Building. I think it must have been J. Carter Brown from the National Gallery of Art in Washington. But it was the International Advisory Board that encouraged us to use these rooms to exhibit the works of the Impressionists and post-Impressionists. Its members were convinced that our renowned collection of late 19th- and early 20th-century French art would attract more of the public to the new premises. In any case, we felt that these incomparable works by the great masters deserved a better exhibition space than the one they had previously. Elsewhere, our outstanding collection of Italian sculpture is on display throughout the rooms and courtyards, as is our entire collection of sculpture from the 19th century.

The renovation will allow us not only to make our permanent collections more widely accessible to the public but to continue a tradition of topical temporary exhibitions. For example, we are preparing special display spaces for graphic works and photographs. Fortunately, there is a superb windowless room inside the triumphal arch that seems as though it could have been designed especially for such exhibitions. Though these types of displays will require expensive dedicated technology, we hope to present a permanent exhibition there. The East Wing of the General Staff Building has been used frequently in the past for temporary exhibitions, and the Hermitage now has a large exhibition venue in the restored front suite along Dvortsovaya Square, which is ideal for holding these shows and helping to avoid visitor overcrowding. Before the start of the more extensive renovation, these rooms were used to host such popular exhibitions as 'Realms of the Eagle: The Art of Empire' (1999), 'The Nabis Artists and their Contemporaries' (2006) and 'USA Today: New American Art from the Saatchi Gallery' (2007).

And so, with the renovation we are preparing new rooms dedicated to 19th- and 20th-century art. This means that interiors within close vicinity of Carlo Rossi's neoclassical

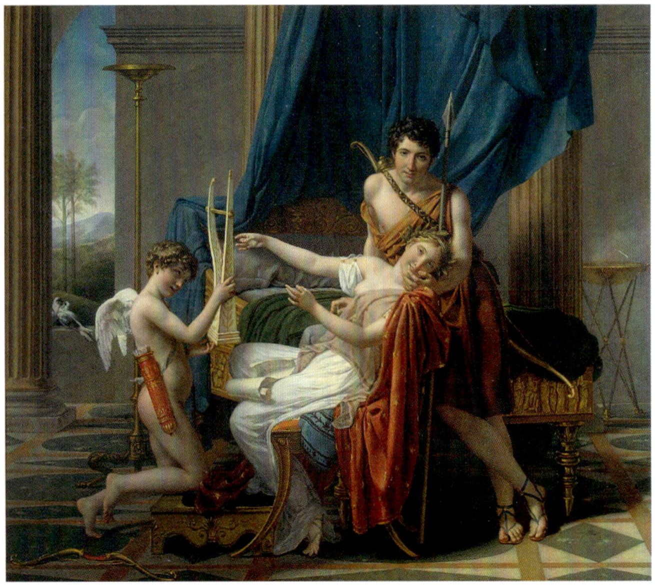

TOP
Claude Monet, *Meadows at Giverny*, 1888, oil on canvas, 92.5 x 81.5 cm, France.

ABOVE
Jacques-Louis David, *Sappho and Phaon*, 1809, oil on canvas, 225.3 x 262 cm, France.

enfilades are undergoing restoration. The approach is not about stylizing them in a manner that implies some kind of authentic 'homage to classicism', but neither does the intervention involve any explicit references to modernism, which would be out of place in the building. In addition to the original enfilades, there are other rooms that add to the grandeur of the General Staff Building, such as the magnificent neoclassical halls of the Ministry of Foreign Affairs, where the painstaking restoration of the historical interiors is of particular significance. Beyond the historic restoration, emphasizing the overriding aims of Rossi's building (solemn officialdom coupled with a developed services and accommodation system) should serve today's museum well. The building successfully combines the focus of its primary purpose with the consideration of a multitude of business and everyday functions that make it run smoothly.

We are preserving the history of the two ministries for which this wing was built: the Ministry of Foreign Affairs and the Ministry of Finance of the Russian Empire. For the latter, incidentally, an enormous windowless safe room was built for currency storage. Yet, all the various rooms and corridors have been merged into a single entity for the first time, and this entity serves the museum. Studio 44's interventions, including the new grand amphitheatre stairs, combine with Rossi's original structure to create a new function for the old building. But this has been achieved in a satisfying continuum. Former offices have become part of the museum without losing any of their features or their history. This museum will always be the Hermitage in the same way as it will always be the General Staff Building, the Ministry of Foreign Affairs, the Ministry of Finance. We expect this to be a beautiful engagement between the rooms of the Winter Palace, the New Hermitage and Carlo Rossi's Ministry buildings, an engagement that embraces Palace Square at the heart of the city, and which makes this heart beat to its own rhythm.

The date for completion is 2014 – the 250th anniversary of the Hermitage.

ABOVE, TOP TO BOTTOM
Paul Gauguin, *Tahitian Pastorals*, 1892, oil on canvas, 87.5 x 113.7 cm, France.

Vincent van Gogh, *Memory of the Garden at Etten (Ladies of Arles)*, 1888, oil on canvas, 73 x 92 cm, France.

Christian Wilhelm Ernst Dietrich, *Waterfalls in Tivoli*, 1755, oil on canvas, 105 x 83.8 cm, Germany.

The Chariot of Glory on the arch
of the General Staff Building
(sculptors: Stepan Pimenov and Vasily
Demut-Malinovsky; architect: Carlo
Rossi), 1828.

RIDING THE AXIS: THE HERMITAGE EXTENSION AS OPEN MONUMENT

Aaron Betsky

Critic of art, architecture and design

Museums are, above all else, monuments. They are places where we come to remember, and where memories are stored. Their very buildings make real the ideas and ideals of those who established and designed them, in a manner they hoped would survive into eternity. Museums are treasure houses where we keep those artefacts that we think are of enduring quality, and which, in the case of art museums, remind us where we have come from, where we are, and where we might be going.

Museums today are also cultural attractors. They function within an experience economy and a society of spectacle, drawing – if they are successful – hundreds of thousands, and even millions, of people into their spaces to pay entrance fees, to shop, and to eat. They generate a vast amount of ancillary activity, becoming a focal point of tourism and retail that in turn contributes to the economy at a multiplier of the museum's own economic activities. In some cases, museums even become the focal point – economically, socially, politically – of a city, providing the kind of identity that allows it to function in a competitive global economy. Finally, they are significant educational institutions that use art to help us to understand our culture, not through lessons or abstractions, but in concrete artefacts open to interpretation.

The contemporary museum's two characters are not always aligned. While monuments are by their nature grand, representing forces and values larger and more enduring than those contained in a single human body, attractors have to be as open and seductive as possible. The monument demands respect. The attractor asks for attention and use. In a concrete sense, art museums have to be strong frames that give meaning, good light, security, and reference to works of art that the building's very design asks you to respect and even venerate. Museums also have to be open and inviting, offering many ways to enter them. They must be flexible, allowing events and exhibits to adapt to both tastes and occurrences in the polity, while providing space for such mass activities as queuing or collective experience.

State museums are a special case. They not only have to marry the monument and the attractor, they also have to represent the shared values and beliefs of the state. They are ideological machines meant to further the state's sense of itself by inculcating a shared visual culture. They must do this not only through the collections and exhibitions on display, but also through the very building itself.

The Hermitage Expansion project had to be all these things, while answering to one further condition, which is becoming more and more common in Western cultural facilities: it had to do so through the renovation of an existing structure that was designed for a different purpose. Luckily, in this case the building was both monumental and representative of the state. What the General Staff Building did not have was the quality of an attractor, as it was never intended to be anything but a backdrop and a container for elite activities. In addition, it was a building whose geometry was complex and awkward, having been generated by urban design decisions that did not always marry well with the need for the kind of cellular repetition and grand processionals necessary for the kind of ministries it housed.

Studio 44's strategy in addressing all of these often contradictory demands on the building was to make one big move: they excavated the latent axis inherent in the building's marriage of a half-circle with an L-shaped block. That diagonal allowed them to make the best use of the structure's shape. It created the longest, and thus most monumental, line you could possibly draw in the structure, along the way providing for a plethora of public spaces that allow for the open display of works of art, often hung in 'salon style'. Ancillary functions such as ticket sales, coat check, café and store can also now flow in a logical sequence. Visitors can enter the building from a variety of different points, but they will all wind up on the axis, thus receiving a clear sense of where they are. From there, they can also move into the various galleries in different ways.

Through this simple (though large and expensive) device, Studio 44 has managed to combine monumentality and flow, while, through the thoughtful restoration of the General Staff Building, creating a sense of a shared culture. They then enhance this combination by layering the galleries. The decorative arts – where art becomes part of everyday life – are housed on the floor closest to the ground, and in spaces that are contingent on the structure that surrounds them. Art there fits in. Above this level, the 'representational' spaces

TOP AND ABOVE
Enfilades in the Winter Palace (1754–1762; architect: Francesco Bartolomeo Rastrelli) – a former official residence of the Russian emperors, the Winter Palace has been part of the State Hermitage Museum since 1920.

The Jordan staircase, the main grand staircase of the Winter Palace.

MMXIII

where the bureaucrats used to conduct the semi-public affairs of State provide room for 'academic' art of the 19th century. This placement creates a sense of the representation of an idealized version of reality in architecture and art. On the top level, using what had been the workers' quarters, modern art can be free in fluid spaces lit from above, thus providing a vision of a new reality that started during the Industrial Revolution and continues to this day.

Studio 44 has not solved the conundrum of the open monument or the museum machine, but it has provided one particular answer to the question of how a museum can be both conservative and progressive, closed and open, imposing and inclusive. This gives the building a chance to be a real attractor for the cultural life of the city. It will remain up to the Hermitage Museum to make good use of this particular configuration.

'The axis is born and dies in the building,' Oleg Yawein says of the design's major device, and this is key to the Hermitage Expansion's success. By establishing and containing the essential nature of the state art museum today, it responds to the question of how an institution can be both beautiful and coherent.

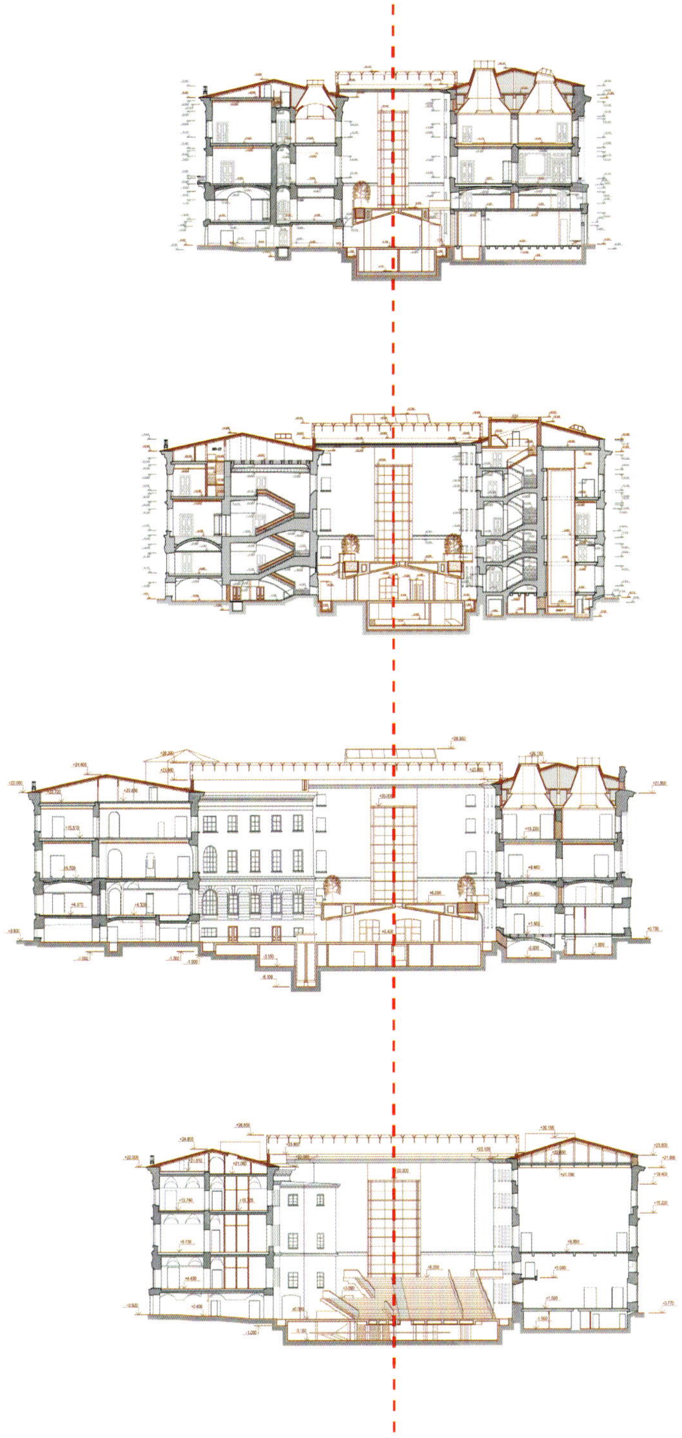

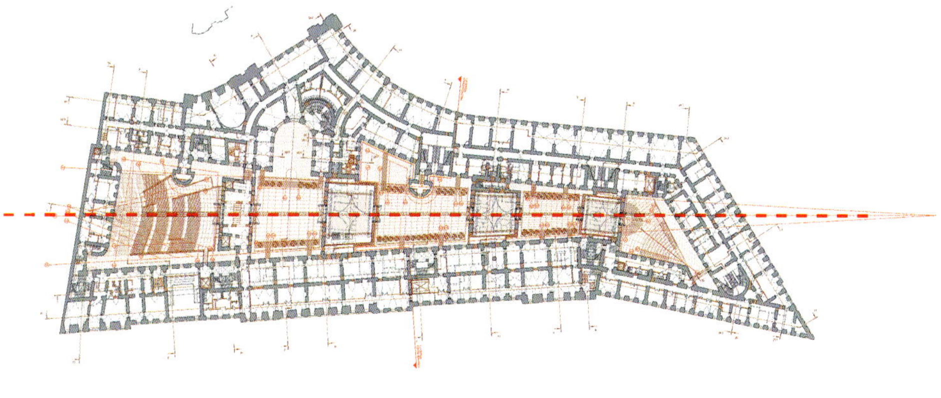

OPPOSITE
The New Grand Enfilade in the East Wing of the General Staff Building.

ABOVE, LEFT
Cross-section views of the courtyards of the East Wing of the General Staff Building and the 'excursion decks' of the New Grand Enfilade.

ABOVE, RIGHT
Plan of the first floor with the New Grand Enfilade.

ESSAYS

THE ICONIC ENSEMBLE OF THE RUSSIAN EMPIRE

Dmitry Shvidkovsky and Yulia Revzina

Dmitry Shvidkovsky is a fellow of the Russian Academy of Architecture and Building Sciences and rector of the Moscow Institute of Architecture (MARHI)

Yulia Revzina is a senior research fellow of the Institute of Visual Arts of the Russian Academy of Fine Arts and associate professor at the Moscow Institute of Architecture (MARHI)

Carlo Rossi, the architect who designed the General Staff Building in St Petersburg's Palace Square, explained the essence of the classical image of Russia's northern capital in the following way: 'The scale of the project proposed to me exceeds the scale that the Romans considered sufficient for their monuments. Shall we really be afraid to match them in magnificence?'[1] In his General Staff Building the architect managed to achieve what to the masters of European and Russian neoclassicism was the expression of classical perfection. Preserving the precision of architectural forms – Corinthian columns, large cornices, triumphal arches – the master architect achieved the scale and excellence of the Imperial ensembles of Ancient Rome. It may be that the St Petersburg architect even competed with them in the exquisite geometry of his compositions and the acute emotion of their dramatic spatial effects.

Carlo Rossi's General Staff Building, with the magnificent arc of its main façade, reflects the development of the logic that had been implanted in the structure of St Petersburg ever since it was founded. In the history of the art of urban planning in the late 17th and early 18th centuries, there is nothing that can be compared with Russia's northern capital. No other European country, whether on their home territories or in their colonies, had tried to found a city on such a scale, let alone the capital of an empire. But St Petersburg was more than just a new capital city, it was the ideal model of a state, and its rational structure was to be seen as the clear sign of a perfect state mechanism. Peter the Great believed that it was enough to create a city as he had conceived it for its new character to bring change to the usual way of life.[2]

The forms for this ideal city came from various other cities. Each source represented a milestone in urban design in Europe, but not one of them was a complete prototype of the future St Petersburg. Russia's first emperor acquired his ideas during two trips abroad. One important influence was Christopher Wren's plans for the rebuilding of London after the Great Fire, in which he combined well-ordered streets with precisely calculated vistas. Another important element was the complex but highly logical axis principle used in the design of French formal gardens. This approach created the perfect model of spatial hierarchy, of the interaction between

OPPOSITE, TOP
Karl Beggrov (after an original drawing by Carlo Rossi), *View of the arch of the General Staff Building from Palace Square*, 1822, watercolour on paper, lithograph, 46 x 74.3 cm, Russia.

OPPOSITE, BOTTOM
Vasily Sadovnikov, *View of Palace Square and the General Staff Building in St Petersburg*, c. 1847, watercolour on paper, 25.5 x 33.6 cm, Russia.

open and closed spaces with the rhythmic layering of architectural follies such as fountains, sculptures and pavilions, arranged alongside palaces and orangeries. A third influence on Peter the Great's concept for a new capital was the walled city with its star-shaped structure and the orthogonal matrix of streets in the style of Sébastien Le Prestre de Vauban, the famed military engineer under Louis XIV. Many of these ideas lived beyond the 18th century and were reflected in the specific features of Russian neoclassicism in use during the time of Carlo Rossi.

But in the arrangement, aspect and soul of St Petersburg, from the time of Peter the Great right up to the reign of Nicholas I, there was another reference that had both symbolic and artistic significance: Ancient Rome. Peter the Great always saw Russia as a 'third Rome', which had its beginning in Renaissance Moscow in the 16th century. He proclaimed it the heir to the ancient 'first Rome' and the Byzantine 'second Rome' at the Bosphorus, Constantinople. In the early 18th century St Petersburg was Ancient Rome as re-imagined by its Baroque architects. Peter Eropkin, one of those sent abroad by Peter the Great to study various arts, mastered European architectural traditions in the eternal city. Returning home after Peter's death in the late 1730s, he took charge of planning the city of St Petersburg. At that time, during the reign of Empress Anna I, it was decided that the centre of the city would not be located on Vasilievsky Island, as Peter the Great had wanted, but in the district that has become known as the Admiralty Side instead. The foundation of this centre was where the city's three main thoroughfares branched out from the Admiralty, like the three streets stretching from Rome's Piazza del Popolo, with the ancient Via Flaminia extending in the other direction.[3]

The plan developed under Peter Eropkin was a highly complex, orderly arrangement that created in essence a delicate frame for the magnificent Baroque organism St Petersburg was meant to become. Architects of future eras filled it with palaces, gardens and churches, like precious gemstones. A profoundly emotive city space came into being displaying the magnificence of the orderly Baroque compositions. Over time, these became clothed in the architectural attire of neoclassicism, a style that reached its height in St Petersburg in the work of Carlo Rossi.

The history of the formation of Palace Square, like the development of St Petersburg, was affected by the absorption of different spatial concepts and ideas for town planning. These ideas came from European architectural thinking and were translated in St Petersburg to Russian architecture. This confluence reached a triumphant finale in the erection of the General Staff Building by Carlo Rossi.

Initially, the space which from the mid-18th century came to be called Palace Square, was part of a meadow that extended in front of and alongside the fortified Admiralty, which was built on the left bank of the Neva River by Ivan Korobov. Construction of the Summer and Winter Imperial palaces on the left bank of the Neva had begun in the reign of Peter the Great. There were several earlier versions of Francesco Bartolomeo Rastrelli's Winter Palace, whose magnificent and beautifully graceful Baroque façade today faces the General Staff Building, but the Square had not yet taken its place as the centre of the Empire.[4]

Constructing the square became the subject of a competition that was announced by the Academy of Arts in 1779. The newspaper *Saint Petersburg Vedomosti* published the following call for entries:

'Her Imperial Majesty has expressed her desire for buildings to be erected upon the square lying before the Imperial Winter Palace, between the eastern corner of the Admiralty and Millionnaya Street. The Imperial Academy of Arts, executing Her Majesty's will, invites gentlemen architects and other enthusiasts of science living in the two capitals and in the surrounding areas to inform her of your inventions of a façade for the aforementioned buildings which would be appropriate to the location and especially when erected opposite the Imperial chambers.'[5]

The competition was won by architect Georg Friedrich Veldten (also known by his Russian name, Yuriy Matveevich Felten). Veldten was a German by birth, whose parents moved to St Petersburg from Danzig.[6] By this time he had already made a significant contribution to the appearance of the Admiralty embankment. Veldten created a granite belt along the embankment, from the Summer Palace to Galerny Dvor, designed the famous trellis arbour in the Summer Garden, determined the location for the statue of Peter the

ABOVE
L. P.-A. Bichebois and A. J.-B. Baillot (after an original drawing by Auguste de Montferrand), *The Ceremonial Unveiling of the Alexander Column*, *c.* 1836, lithograph on paper, 45 x 60.5 cm, Russia.

RIGHT
Karl Beggrov, *View of the Neva Embankment by the Old Hermitage Building*, between 1800 and 1810, watercolour and gouache on paper, 62.5 x 84.6 cm, Russia.

A. Kovalyev, *Measured drawing of the Old Hermitage in St Petersburg: Façade on the Neva Embankment*, 19th century, ink on paper with watercolour, 30 x 62.8 cm, Russia.

Great on Senate Square and arranged the transportation of the enormous granite Thunder Stone, which would be used to mount it. As for his competition project for building on Palace Square, he proposed building a row of houses with 'exemplary' modest neoclassical façades along a curved line opposite the 'Imperial chambers'.[7] For this project, three buildings were erected along the section from Nevsky Prospekt to Lugovaya-Millionnaya Street (which was incorporated into Bolshaya Morskaya Street in the 19th century). To a significant degree, these buildings defined the southern side of Palace Square as a parabolic curve, and this curved line was the beginning of the arc that would later be completed by Rossi in the General Staff Building.

By the time of Alexander I's ascension to the throne in 1801, projects emerging from the French Academy of Architecture's Prix de Rome competitions were becoming popular. The most famous example of their influence in St Petersburg is the stock exchange, which was built by Jean-Francois Thomas de Thomon in the style of Pierre Bernard, the French winner of the Prix de Rome in 1782. The building completed the ensemble of Vasilievsky Island and established its domination over the waters of the Neva. Andreyan Zakharov, a pupil of Jean Chalgrin (who won the Prix de Rome in 1758), had also applied a similar language of a monumental, columned, opulent architecture style, stemming from the Prix de Rome projects. His Admiralty was not just a magnificent building: it organized the space in the Imperial centre of St Petersburg, emphasizing its classical influences. There was now 'one more step' to complete the sweeping ensemble at Palace Square, Rossi's General Staff Building.

The works of Carlo Rossi, particularly the ensemble of the General Staff Building and Palace Square, also incorporated the elements of classicism as interpreted by Andrea Palladio, which were dominant in European architecture in the 18th and early 19th centuries. But there were two strands developing. First there was Italian Palladian style, which retained the breathtaking proportions and character of the order of Palladio. This style was in evidence right up to the time of Giacomo Quarenghi, whose legacy was carried on by Rossi, his younger contemporary. The second strand was influenced by English and Scottish Palladian architecture, and here the architectural principles expressed by Palladio were applied to whole cities, as in Bath and Edinburgh. It is in these cities, with their gigantic open spaces of orderly proportions, that the closest analogues to the General Staff Building can be found.

At the same time, however, Rossi's General Staff Building also represents the highest point of development of Russian neoclassicism. In no other country in the world has neoclassicism been used to such an extent in urban planning as in Russia. In the reigns of Catherine the Great and Alexander I almost five hundred Russian towns were laid out in the orderly forms of classical models. Rossi, more than any other architect, expressed the urban character of this Russian love of classicism. But perhaps his most important achievement is in the way that Rossi connected the architecture he created in the General Staff Building with the history of the country. His grandiose constructions are the greatest expression of the triumphant mood that had seized St Petersburg at the end of the Napoleonic Wars, when Russia felt itself to be strongly connected to European culture.

The flowering of classical forms that emanated from Catherine the Great and soon spread across the whole of European Russia was the result of strict legislation applied to architecture and urban planning in the years of her reign. The extent of her ambitious projects was realized in the reigns of her grandsons Alexander I and Nicholas I. Thus, neoclassicism became the definitive style of the Russian Empire, and St Petersburg was the 'new Rome'. Never, it seems, since ancient Roman times, had an order of architecture been used so systematically to display the established order of an empire. To many, Russian neoclassicism is linked to the history of the Russian Empire and its symbols, and this is largely due to the works of Carlo Rossi, particularly his design for the General Staff Building.

In 1816, elated by his victories in the Napoleonic Wars, Emperor Alexander I commanded St Petersburg's architects to 'build this capital to such a level of beauty and perfection that would be appropriate to its greatness in every respect'.[8] A new government department, the Committee for Construction and Hydraulic Works, was established to deal with the layout and improvements to the city, and Carlo Rossi was an active participant in the programme. He was

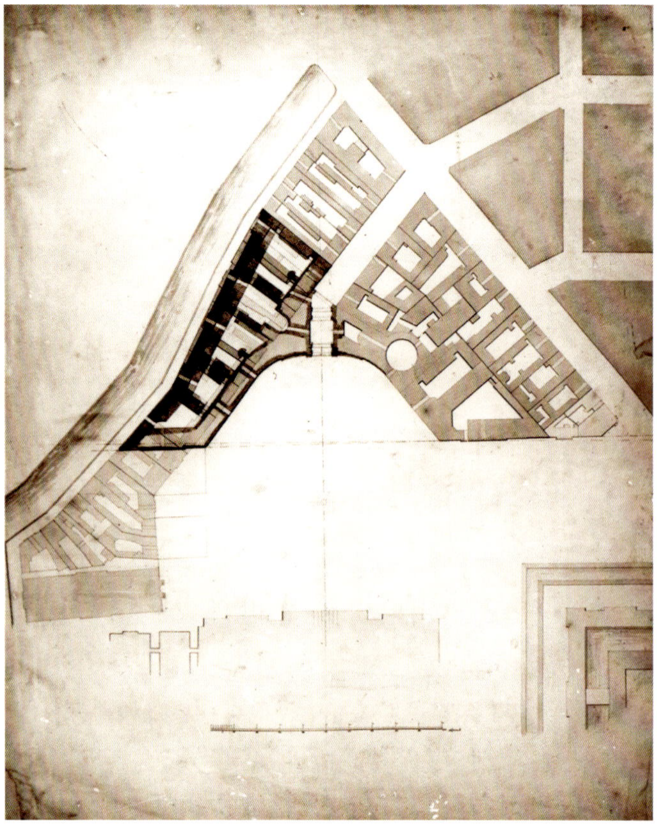

TOP
Carlo Rossi, *The adopted version of the Palace Square project: The general plan for the square and the General Staff Building, showing the old buildings scheduled for demolition,* between 1820 and 1830, quill pen, brush, ink, watercolour on paper, 76.2 x 60.5 cm, Russia.

ABOVE
Carlo Rossi, *Section of the building for offices on the river Moika and transverse sectional view of the building of the Department of Manufacturing and Foreign Trade,* c. 1828, quill pen, brush, ink, watercolour on paper, 52.5 x 68 cm, Russia.

commissioned to redesign old squares and build a whole series of new ones. There was a fundamental change in the attitude to the city's space. A new character was achieved not only by the creation of enormous buildings, but also by defining and organizing public space. These improvements were part of a broad programme of progress spreading across the Russian Empire at the time.

However, by the early 19th century Palace Square was an irregular shape. Its south-western side, where the buildings with the 'exemplary' façades stood, had a rounded shape. On the corner of Nevsky Prospekt was the three-storey building of the Free Economic Society. On the other side of Lugovaya-Millionnaya street and along the Moika embankment the buildings were still many and varied. The north-east corner of the square adjoined Vincenzo Brenna's façade of the Winter Palace's manege. These were the elements in place when, on 28 March 1811, an Imperial decree was passed to merge all the departments of the General Staff into one building on Palace Square.

In order to achieve this, the city acquired one of the largest private houses on the square, the Molchanov House, which sat almost opposite the Winter Palace. 'By the size of this building,' the decree stated, 'it will be convenient to unite under one roof all the offices of the General Staff, and its officials who are here on particularly important affairs, to have a large drafting room and a college for commanders and create an instrument workshop'.[9] But the General Staff grew larger, and soon all the private buildings on the right were bought to enable its expansion, while the buildings to the left were purchased by the Treasury. It was then decided to erect a building on the site to house the two ministries, of Foreign Affairs and Finance. The task of reconstructing the buildings to meet the needs of the General Staff Building was charged to Carlo Rossi by Imperial Decree of 16 March 1819.

Carlo Rossi was an Italian architect working in Russia, and at this time he was famed for his versatile talents. He proved himself capable of working on a range of projects, from the small idyllic estate he built for Alexander I on Yelagin Island, to the grandiose task of reconstructing the entire centre of the capital, hoping, as he wrote, 'to exceed everything created by the Europeans of our time'.[10]

TOP
Carlo Rossi, *Sectional view of the arch seen from Bolshaya Morskaya street showing part of the new façade of the building of the civilian ministries and the façades scheduled for demolition*, c. 1826, quill pen, brush, ink, watercolour on paper, Russia.

ABOVE
Carlo Rossi, *The Ministry of Finance building. Façade showing the buildings that existed and a transverse sectional view of the Arch*, c. 1826, quill pen, brush, ink, watercolour on paper, 56.7 x 69.2 cm, Russia.

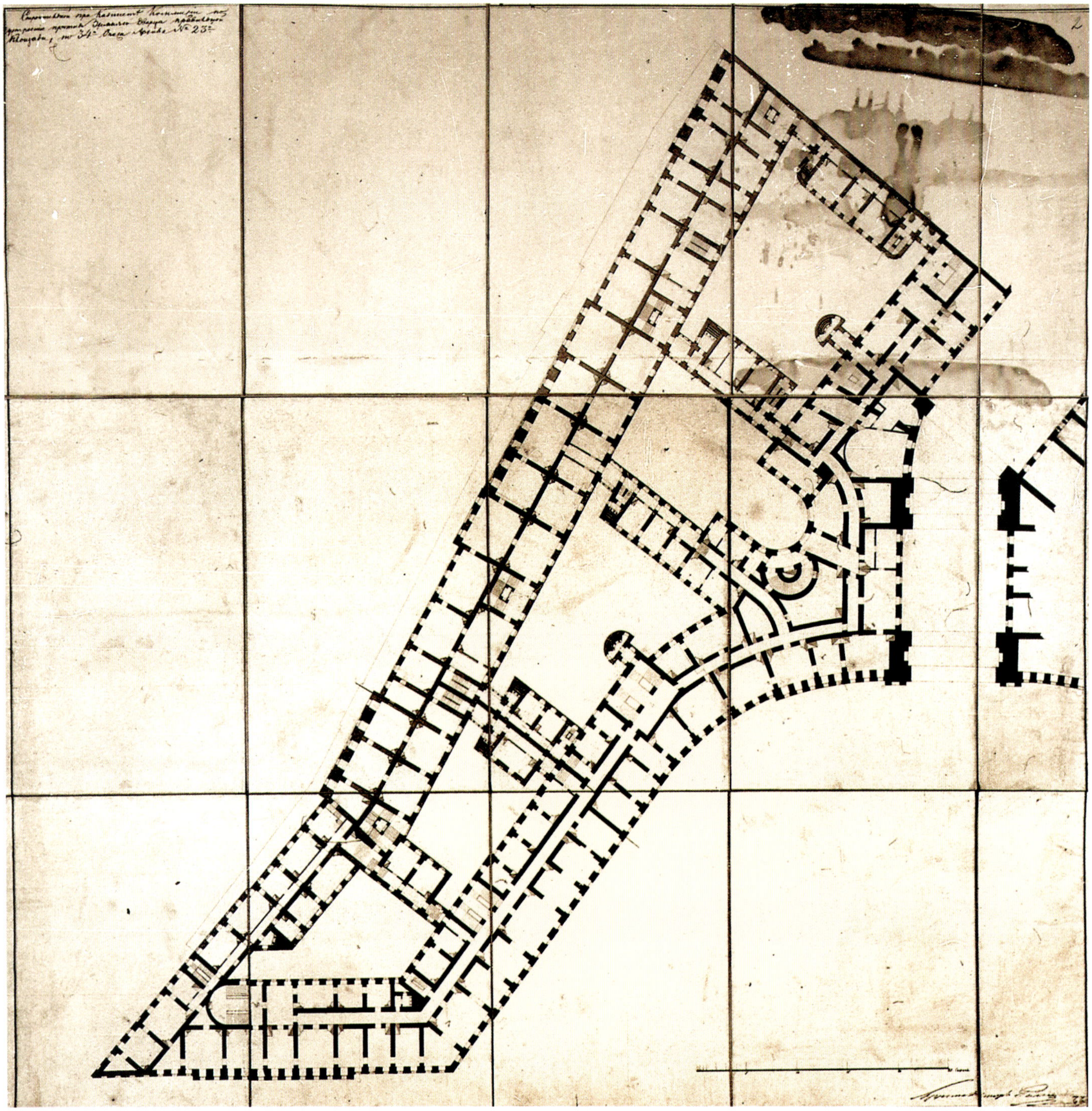

Carlo Rossi, *Version of the second stage of the construction of the ministries' building – plan of the first floor*, 1824, Russia.

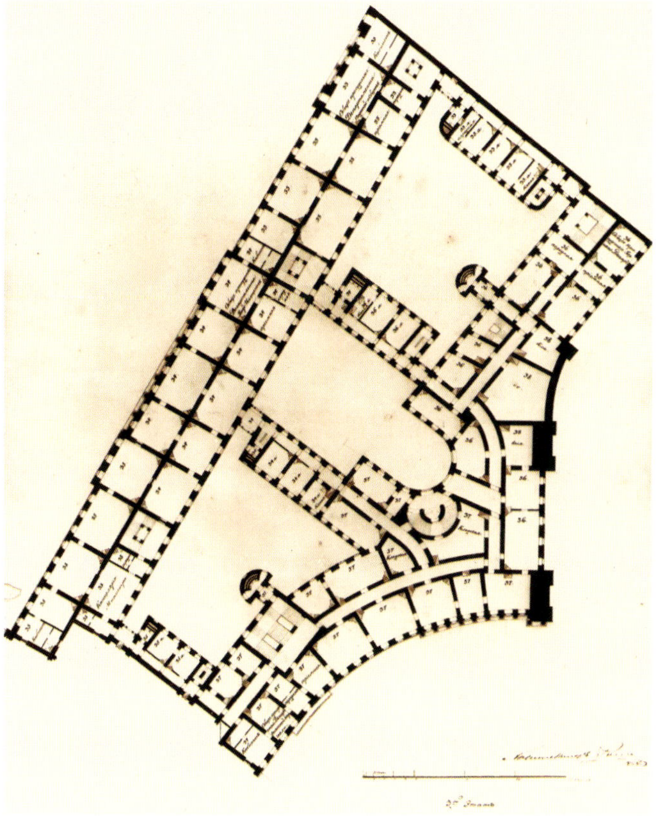

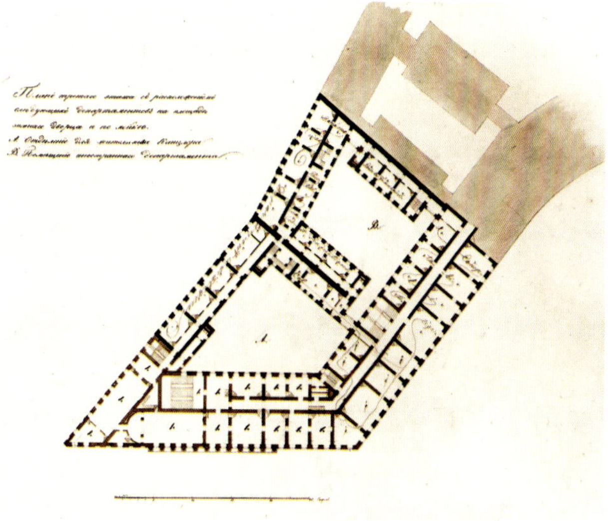

TOP
Carlo Rossi, *Part of the ministries' building between Bolshaya Morskaya street, the square and the river Moika – floor plan for the second floor*, c. 1825, quill pen, brush, ink, watercolour on paper, 75.3 x 54.5 cm, Russia.

ABOVE
Carlo Rossi, *The corner section of the ministries' building coming out onto the square and the river Moika – floor plan for the second floor*, c. 1825, quill pen, brush, ink, watercolour on paper, 59.3 x 89.5 cm, Russia.

In the assemblage that was to engage with the Winter Palace, Carlo Rossi combined the General Staff Building with the buildings of the civilian ministries. In doing this, he merged the heritage of the Baroque and the neoclassical St Petersburg. He combined all the quarters and all the buildings opposite the Winter Palace into a single entity with highly complex floor plans, dozens of sections and a multitude of courtyards of all different shapes and sizes, rounded and rectangular. Inside, it felt like being in a strange and intriguing labyrinth. Outside, Rossi managed to hide all this irregularity and give the impression of a solemn, undivided monolith. Facing the Winter Palace is a gigantic, half-kilometre-long building bending in an arc, four tall storeys high. The building is a symbol of St Petersburg neolassicism acknowledging St Petersburg Baroque.

The grand triumphal arch forms the entrance to the square from Nevsky Prospekt.[11] From St Petersburg's main thoroughfare a right-hand turn and short section of side street ends in the long, tunnel-like arch. The road curves beneath the second vault of the arch and emerges exactly perpendicular to the palace. Here enormous, cast-iron, armour-clad warriors stand to attention at either side, between Corinthian columns. Above these, winged geniuses of glory hover holding wreaths over the heads of those passing beneath. Crowning all of this above the entablature is a chariot drawn by six horses and carrying the God Of Victory towards the palace. In the centre of the square, Carlo Rossi planned an immense column, similar to Trajan's Column in Rome and named for Alexander I, which was completed by Auguste de Montferrand in 1834.

The magnificence and splendour, the determination to exceed in opulence the largest of the ancient classic ensembles, is a trait that is more Baroque than neoclassical. Merging Baroque energy with classical restraint, Carlo Rossi enriched his compositions with movement, bringing to mind theatrical effects. As in Rossi's other works, the General Staff Building preserved the dramatic perspective of an architecture that appeared to merge internal and external space. This idea came out of St Petersburg's Baroque tradition, which had been maintained by the aesthetics of the new Romanticism with its yearning towards the eternal.

However, Rossi also maintained the contrast between open and closed areas, the multiple turnings inside the building, the shifting of axes. But, as previously noted, all of this took place behind the 'architectural curtain' of the neoclassical façade. Behind the austerity of high St Petersburg neoclassicism, Carlo Rossi hid the artistic passion for spaces that had multiple meanings in terms of composition and so reflected the original character of St Petersburg.

At the same time that the wide expanses of the Admiralty meadow were being converted into a system of parade squares, connections were being made between the buildings on Palace Embankment and Palace Square that brought together the architectural and cultural destinies of the masterpieces of Russian Baroque and neoclassicism. In royal residences in the 17th and 18th centuries, the main palace with its grand staterooms was usually 'accompanied' by a smaller palace, embodying the idea of a private life. In France these small palaces were often called 'mon hermitage', hinting at perfect seclusion, in contrast to the life of public ceremony. A small palace with this name was built in Peterhof, where Peter the Great's dream of 'a city as good as Versailles' came to fruition. In the mid-18th century, similar companion palaces also appeared in proximity to the Winter Palace in St Petersburg. In 1764–67, a much smaller palace, called the Hermitage, was built next to the Winter Palace. Its French architect Vallin de la Mothe preserved the vertical hierarchy and Baroque structure of Rastrelli's Winter Palace, but favoured the earlier style of classicism for the décor. As was usual for the time, this small palace, or pavilion, was intended for holding private receptions for one's close circle.

Georg Veldten, Rastrelli's former assistant, who had reconstructed the rooms of the Winter Palace several times, also built several buildings between it and the Winter Canal. These buildings expanded the range of functions of the 'small' palaces. A hanging garden, or orangerie, bordering the length of the galleries, was built into the Hermitage by Vallin de la Mothe and adjoined a building that complemented it from the south, along Millionnaya Street. Along the banks of the Neva towards the Winter Canal Veldten constructed 'a building in line with the Hermitage', as it was named in documents of the 18th century, which would become known as the Great (or

The Small Hermitage and hanging gardens within the State Hermitage Museum complex, seen from above.

Nikolai Sablin, *View from above the hanging garden of the Hermitage and the southern façade of the Small Hermitage*, illustration from the Court Calendar for 1774, 1773, etching, engraving on paper, 25.5 x 18 cm, Russia.

Old) Hermitage.[12] In the 1880s, Veldten added a bridge over the Winter Canal that linked this building with Quarenghi's Hermitage Theatre, then under construction. Then, parallel to the hanging gardens, Veldten erected another structure that was quite long and, judging by the plans, unusual in its construction. This was intended to house church stables and a manege. At that time, thanks to the additions made by Vallin de la Mothe, Veldten and Quarenghi, the Winter Palace, which had been created by Rastrelli as a self-contained construction, gained a link to the other palace structures along the embankment and, in the end, shared the same destiny in becoming part of the Hermitage Museum.

The 'Hermitage' title now refers to three buildings that comprise the state museum, as well as to the Hermitage Theatre. Leo von Klenze's Imperial Museum (1838–1852) later became the New Hermitage. The building designed by Veldten to be 'in line with the Hermitage' came to be known as the Great, or Old, Hermitage, despite being built after the original Small Hermitage earlier designed by Vallin de la Mothe and Veldten. The Great Hermitage was the first of the buildings in the solemn panorama of Palace Embankment to acquire an art collection. Here the works of art belonging to the Imperial House were displayed. However, it was the New Hermitage that became Russia's first *public* art museum, and which was part of a general European 'museum boom' of the mid-to-late 19th century. Each of the buildings constructed alongside Vallin de la Mothe's Hermitage pavilion inherited the name that, in the minds of the St Petersburg public, began to be associated less with the idea of seclusion and more with the museum. Later, after the 1917 revolution, the Winter Palace acquired the name too, as it was reorganized as part of the largest museum in Russia, the State Hermitage Museum.

The early 20th century, with the upheaval of the First World War and three Revolutions, was a time of great

Nikolai Kozhanov (after the eponymous painting by Pavel Sokolov-Skalya, 1939), *Storming the Winter Palace*, 1967, oil on canvas, 144 x 248 cm, Russia.

turmoil for Russia. A series of fateful events took place here, on Palace Square, between the triumphal arches of the General Staff Building and the Winter Palace, as well as in the palace itself. It witnessed, among other events: Bloody Sunday of 9 January, which was the catalyst for the 1905 revolution; a national prayer service at the start of the First World War; the change-over of power in the Winter Palace after the abdication of the tsar in February 1917 and, finally, 'Ten Days That Shook The World', including the so-called 'Storming of the Winter Palace' on 25 October 1917. After these events, the St Petersburg period in the history of Russia came to an end, as the major ensemble of the Empire ceded its governmental functions to the Moscow Kremlin.

After the revolution the Imperial Palace was incorporated into the State Hermitage Museum. Everything was turned on its head: now it was not the museum's galleries that were part of the palace, it was the palace that was part of the museum. The Palace Square ensemble ceased to be an Imperial centre and became simply a historical, cultural and architectural landmark. The significance of the palace complex in the life of the country and city was not weakened, however, it simply changed. On the other side of Palace Square, in the General Staff Building, difficulties arose with the departure of the Imperial offices.

Carlo Rossi's General Staff Building had represented the culmination of Russian neoclassicism and its final chord. Yet, its functional programme contained approaches for the next era. This tightly packed, complex form, which covered a large city quarter, contained, in addition to the military department, two ministries (Foreign Affairs and Finance), several other departments and various types of staff accommodation, from the minister's apartment to caretakers' and gate-keepers' quarters (for single men and families). There was a special hospital block where, later, isolated sections were designated to high and middle-ranking officers, for the military department, etc. In different parts of the building there were two bakeries, one of which also worked for the city. In addition, the building housed stables, warehouses, cold rooms and much more besides. All this, as is common in classical-style buildings, was contained behind the grand façade of the Empire, and no visitors were allowed in. Behind the gigantic triumphal arches there was a symbolic and functional Empire governing system that

Inside the General Staff Building in 1989, before its transfer to the State Hermitage Museum.

corresponded with the higher powers in the Imperial palace opposite. The neoclassical state enfilades of the ministries and the balconies with their gilded balustrades engaged across the square with the enfilades and balconies of the palace, while a complex set of individually functioning services ensured the whole system ran smoothly.

After the revolution, the central military headquarters were replaced by local departments, and various parts and sections of the civilian ministries were occupied by a wide range of offices, design institutes, clinics, telephone exchanges and the like. The building became yet another 'palace lost to time'.[13] In this way it shared the fate of many other palaces, churches and monasteries in post-revolutionary Russia. By 1970, there were around twenty different organizations located here. During this period the building underwent major changes as structures were replaced and many sections and parts were renovated several times over. Nevertheless, the façades and staterooms were restored during these years and despite all its losses, the building was preserved as an architectural landmark.

As the 1980s gave way to the 1990s, *perestroika* was unfolding all over Russia. The new 'revolution in reverse' had a completely different ideology from the events of the early century but resulted in the same general all-round collapse of existing economic and political structures. At that time, the number of state institutions occupying the General Staff Building began to decline as they broke up and closed down. More and more of the rooms were left empty, and the value of a vast and largely empty office building in the most prestigious and expensive location in the centre of St Petersburg meant that it would most likely be occupied by commercial organizations. It was clear that if it were to be used as such, while the external appearance of the monument and part of its stateroom interiors would be preserved, around 80% of its interior constructions would be rebuilt sooner or later, and probably not just the once. Fortunately, things turned out differently. In March 1988, before business began to really take off in the country, the city authorities decreed that the East Wing of the General Staff Building would be handed over to the State Hermitage Museum. From

ABOVE, LEFT
One of the inner courtyards of the General Staff Building, 2001.

ABOVE, RIGHT
Inside the section of the building on the river Moika, 2006.

this moment, a new period in the history of this unique architectural landmark began.

The ideology of the project for the restoration and reconstruction of the East Wing of the General Staff Building that has been implemented can be seen through its alternatives. What might lay in store for the building, even after it had been handed to the Hermitage, can be judged from the numerous projects that were put forward during those years. They include proposals to organize exhibitions, schemes for rooms to display the works of the Impressionists on the second floor and comprehensive renovation projects for turning the whole building into a hotel or a public commercial centre with office rental. Alfred Taubman, owner of Sotheby's auction house, proposed that along with a hotel, the building should be turned into an entertainment centre. He was particularly interested in creating a circus on the premises. Although it was understood that everything inside the building that investors considered to be of historical and cultural value would be preserved, everything else would be demolished and rebuilt as they saw fit.

Meanwhile, the building was completely empty. Openings had been made in the walls of the previously isolated sections, and the inside of the building quarter emerged as one whole, for the first time in its history. Director of the Hermitage M. B. Piotrovsky believed that 'the project [of adapting the General Staff Building] should be an example of how we need to incorporate historical landmarks into modern life' and he searched for like-minded architects who would be able to not only preserve the façades and the classical interiors, but also the whole building, including its internal structure.

In Spring 2002, the World Bank announced the bidding for the restoration and renovation project of the East Wing of the General Staff Building. Twenty-five design companies and architects from various countries, including firms such as ARUP, OMA and the legendary Philip Johnson, took part in the tender. The competition was in no way connected with either the architectural views or the creative credo of the participants. The firm to be placed in charge of the project was to be selected on the basis of its professional credentials and budget proposals.

Inside the section of the building on Palace Square, 2006.

Following a complex set of criteria, the World Bank declared St Petersburg's Studio 44 the winner of the commission. They had previously put forward conceptual proposals for the General Staff Building and these had received the highest honours at Russian architecture shows. At the same time, Rem Koolhaas, in his capacity as consultant for the Hermitage–Guggenheim Foundation, developed a totally different concept. Both Studio 44 and OMA based their proposals on the maximum preservation of the whole complex, even including the confusing inner fabric of the building. But at the same time, their approaches to preservation were aimed in completely different, if not opposite, directions.

OMA's position is best explained by using the words of Rem Koolhaas himself. In his speech at the Hermitage on 26 April 2004, he showed a slide on which the panorama of the East Wing of the General Staff Building was covered with a huge question mark. Pointing to this question mark, he said: 'My first trip here was at a time when many developers would have liked to give an answer to that question mark. There were talks on turning the building into a hotel. I was then, like fellow architect Frank Gehry, part of the delegation from the Guggenheim Foundation headed by the President of the Foundation, Thomas Krens. In the spirit of the time, Krens first of all asked where we were going to put a motorbike exhibition, and Frank Gehry was looking for a venue large enough for an exhibition of American art. I was more interested in having 800 rooms to start work on'.[14]

It was with this interpretation of the monument whose architectural value had usually gone unnoticed or was ignored, that OMA started work. In OMA's sketchbooks, plans for the building's interior spaces are shown (regardless of whether they are halls, corridors or stairways) as a scattering of eight hundred rooms of various configurations, including the most unusual. Similar configurations are grouped together. The variety of these configurations demonstrates the rich spatial potential of the building. Gradations of modules based on the sizes of paintings from the Hermitage collection were placed onto a grid, and scale diagrams of exhibits were sketched out on fragments of the plans. Presenting these plans and tables, Koolhaas came to a conclusion that 'If we fit this all together we could make a fantastic mosaic'. But even more unexpected was his modern take on the internal structure of this famous monument to St Petersburg neoclassicism. Koolhaas added, 'The old General Staff Building looks modern thanks to its "grid" topology and the absence of a strict hierarchy of premises. ... It is anti-hierarchy and therefore very modern. We can make an incursion into such a structure, creating additional passageways and vertical communications'.[15] The OMA sketchbooks contain a type of 'deconstruction' in which the neoclassical elements are seen outside the ideology and rules of neoclassicism, and Rossi's building is considered separately from the architect's original intentions. This was a fresh view of the building as it was, and it meant that the building's whole structure became the material for potential future transformations.

Of course, OMA's concepts could be developed in either radical or more restrained versions. They are original and deserve respect and interest, but they still call to mind several of the problems with modern architecture around the world. Even in a highly intellectual and thoughtful scheme, and in the reasoning behind it, there is an ever-growing gap between the 'innovative' architectural concept and the architectural memory of humanity, with all of its givens, algorithms, and ideas that persist and evolve throughout time. This gap is particularly obvious where the modern and the historical meet. Today, alas, it is clear that those approaches to the heritage of the past that were established in the third quarter of the 20th century, in the era of the Venice Charter (and which formed the guiding principles of the preservation and restoration of historical landmarks right up until the end of the millennium) have not withstood the rapid changes of recent years.

The old city does not exist simply as an open-air museum but rather as a theatre of historical architecture with systems of modern technology added to facilitate daily functions. Often, these functions have almost nothing in common with the original aims and intentions of the structures. After restoration and renovation, historical architecture appears increasingly like an exotic decoration ornamenting the functional urban apparatus. When introducing the new into the old, often it is the modernist device of contrasting alignment itself that becomes the most noticeable. This context does not provide ground for learning from the

OPPOSITE
Aerial photograph of Palace Square and the surrounding area, 2003.

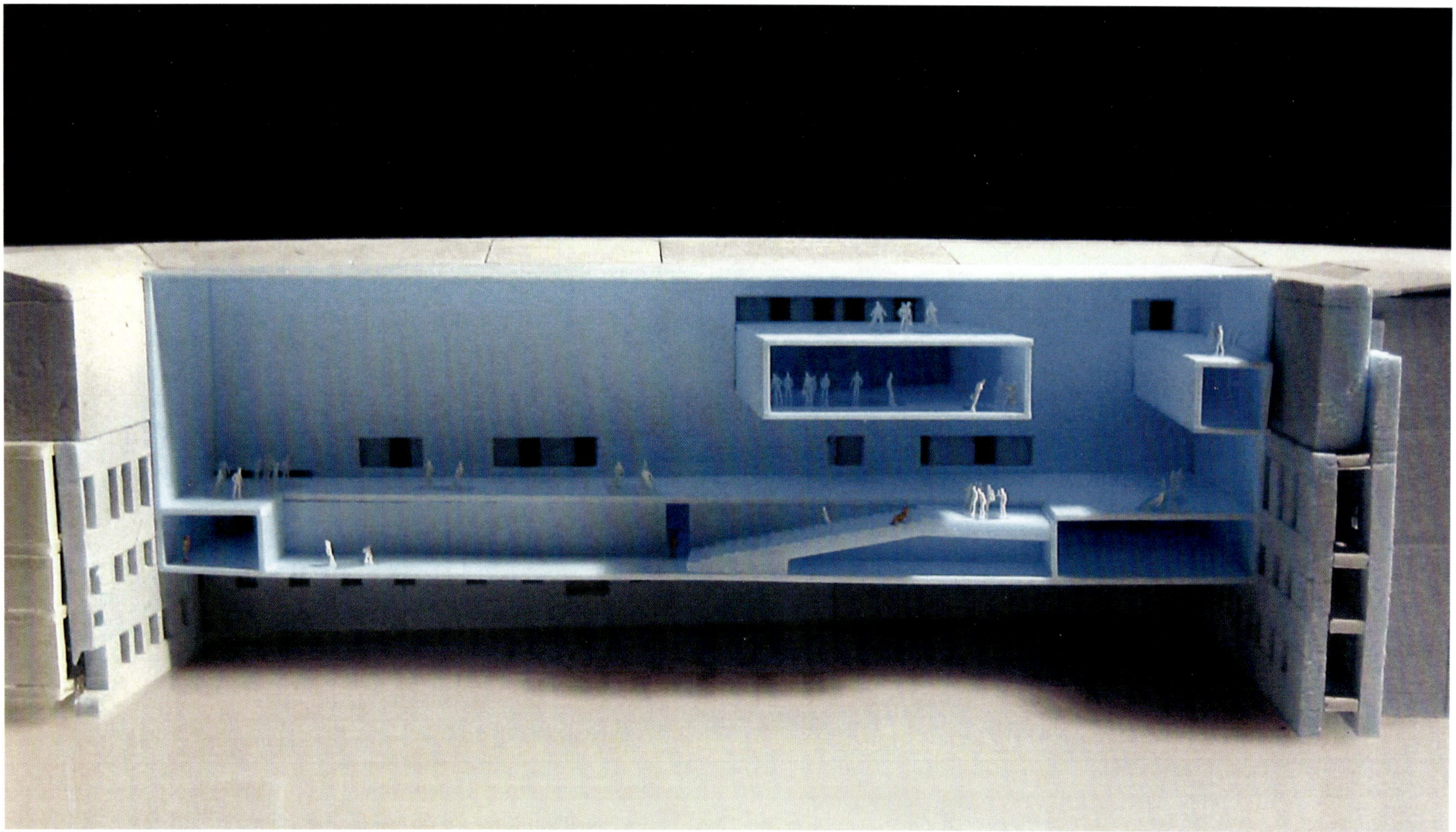

culture of the past, from speaking its language, and it can have no future development.

Is such a demarcation of the historic and the new an unavoidable element of our civilization? The development of a new architecture is always accompanied by its 'retro-alternatives' – Neoclassicism, Historicism, Regionalism – all that is connected with imitation, stylization, copying or simply following history and traditions. And beyond that? Is architectural conception today in a position once again to rely on the wisdom of the ancients in order to expand the limits of the modern and escape from its stereotypes? It seems that the restoration and reconstruction of the East Wing of the General Staff Building has given us a rare example of exactly such an attempt. Here, new architectural solutions strive to develop ideas that were initially instilled in the building's neoclassical structure and in the individual vision of Carlo Rossi and to develop his building's as yet unexploited potential.

The inside of the General Staff Building is a labyrinth of corridors and passageways, and a mosaic of rooms. It is a complex arrangement with irregular configurations. Studio 44's proposal was to preserve and, in some ways to 'cultivate' these features individually. However, to connect the far-flung parts into single routes around a new enormous museum, they solely relied upon the principle of classical enfilades. Rooms are connected in enfilades that, in turn, form uninterrupted lines along Palace Square and the Moika embankment. The architects point out that this solution was derived from Rossi's original plans. His designs included this type of arrangement, although even before it was completed much of the building had been given to various clients, who redesigned and partitioned it, so the enfilade was not allowed to be completed. In this way, the Yawein brothers have reanimated a single circulatory system that had existed only as an initial concept, but which remained in the plans and body of the building as part of its potential function.

In such a complex building, with its large, deep courtyards it was not possible to create a single central information centre, the likes of which practically no modern museum can do without. But the Yawein brothers are confident that in the logic of the Baroque and neoclassical spatial structure this need for a central reference point could be resolved. They achieved this by building a new central enfilade whose axis would be aligned with the axis of the five well-like courtyards, and separated by transverse service blocks. The architects are convinced that keeping to the logic of the entirety of the building is the only way to avoid the reconstruction going beyond the ideals under which it was built.

Still within this framework they put forward a bold proposal: to join the courtyards up with enormous openings along the central axis and turn the transverse blocks between them into large exhibition halls. This created a single, central enfilade that runs the length and height of the building, with alternating courtyards and exhibition halls. The architects suggested calling this the New Grand Enfilade in line with the Winter Palace's famous Grand Enfilade. The name was so fitting that the whole General Staff Building restoration project came to be known by this title.

With this gesture, the grand scale of the Hermitage Palace enfilades has been transferred to the ministry building. Both buildings now seem to exist in parallel, corresponding not only in the scale of their façades, but in the dimensions and structure of their interiors. The result is that, even though it encompasses very different buildings, this really feels like a unified museum complex. This unity is manifested through the similarity of otherwise very different buildings. Thus, in the Winter Palace, the Hermitage Theatre and in the Small and New Hermitage, as well as in the General Staff Building, the extravagant enfilades are only on the first floor, that is, at a height of at least six metres. The central staircases in the palaces rise only as far as this level and only here can the space open out to its full height. This was the level used in the past for receptions and celebrations, social events, communications, and passages from one building to another. In the General Staff restoration, the New Grand Enfilade, a modern construction, follows this model. It is raised up on concrete pylons six metres high and, like a deck, seems to float in the centre of the courtyard area with large amphitheatre stairs at either end. The progression from the ground floor up the amphitheatre stairs and into the New Grand Enfilade embodies the idea of formal ascension and movement 'above the earth' into the grand spaces of the main palace and museum enfilade.

OPPOSITE, TOP
Longitudinal sectional view of two central courtyards in the General Staff Building with their new exhibition block, GSB OMA proposal, August 2004.

OPPOSITE, BOTTOM
Alternative paths of movement through the General Staff Building, GSB OMA proposal, August 2004.

Studio 44's project is significant for the historical and theoretical orientation of the project both in experiment and research. The preliminary archive investigations and field investigations were an integral part of the design process. Research into the original plans for the building revealed to the architects the fact that complex and irregular configurations of the internal courtyards are bound together through the convergence of perspective that extends to the geometry of the city quarter. Strangely, no one had noted this feature of Rossi's ensemble before the Yawein brothers did. They, however, believed that the geometry of the perspective had been part of Rossi's plans and that when the enfilade connected the courtyards this geometry would become legible.

Rossi's system of courtyards converges in perspective like the streets in theatrical sets or like the foreshortened perspective of Baroque architecture, creating the illusion of limitless distance with shallow relief. As a result, the architects decided not to attempt to harmonize modern additions with the complexity of the courtyard area. Instead, they made the whole geometry of the plan follow the principle of converging perspective. This means that the plans and construction of the concrete platforms and new halls, the vaults and glass on the bridges, the stone on the floor, the elements of detail, everything in the building follows the principle of the converging lines of perspective. Along these lines the openings in the central enfilade grow larger and smaller. Visitors find themselves drawn into this perspective, so that if they glance in the opposite direction, the perspective is reversed. The effect is dynamic, but unfortunately this kind of space does not lend itself to photography at all. It has to be seen from the inside and as you move through it to be appreciated fully.

In this approach the architects referred to the very nature of St Petersburg's spatial character. Since the foundation of this new ideal city, the 'window on Europe', perspective has been one of the iconic spatial symbols here. In fact, in the 18th century, the main avenues of the city were called 'perspectives'. The avenues, gardens, and of course the Hermitage enfilade, all demonstrate a regard for perspective that is quintessentially of St Petersburg, and gives a common identity to the wide variety of forms and styles. A key element of the reconstruction project is the reference to this Baroque theatrical perspective that is such an important part of the city itself, in which sightlines disappear into eternity. The idea is that the lines of the enfilade are also eternal. And in this way St Petersburg's spirit of eternity becomes part of the building.

To the Yawein brothers, 'innovative' solutions in architecture only make sense if they arise from the transformation of cultural memory, whether it is done consciously or unconsciously. The General Staff Building project is firmly rooted in existing forms. It is intentionally created as the flesh of the Hermitage's flesh; rooms even adhere to the heights of the ceilings in the staterooms. The architects consider 'memory of forms' to be very important. This means that all specific architectural solutions, museum functions, constructions and the technology used for the New Grand Enfilade arise from ideas originating in the first Hermitage at the Winter Palace. It is well known that in Russia, the first 'hermitages', or gatherings of the elite, were held among works of art in pavilions on the first-floor levels, which had no stairs. The kitchen was located below, and a complex mechanism of chairs and tables on pulleys was used to raise people and equipment upward. The Hermitage, where the great museum began, was added to the Winter Palace by command of Catherine II as a pavilion around the vast hanging gardens supported on brick vaults. The pavilion has long since been rebuilt, but the gardens remained and were recently restored.

The Yawein brothers see the whole level of the New Grand Enfilade, the New Hermitage hanging gardens and the New Hermitage pavilions, as exhibition halls. The gardens refer to those of the Old Hermitage. But in the halls the 'Hermitage mechanism', that is, the old system of pulleys used to raise and lower people and objects, has been turned into a mechanical solution used to transform exhibition spaces. The architects have installed a series of doors that are vastly over-sized, akin to Magritte's apple, and rise to the full height of the fourteen-metre walls. These are used to open and close the halls, while at the same time connecting and dividing the courtyards and the whole space of the New Grand Enfilade.

In addition, the architects have also devised pivoting walls that, like Konstantin Melnikov's 'live walls',[16] transform the exhibition space, making it possible to change exhibits

OPPOSITE
Transformation of the central courtyards of the General Staff Building, GSB OMA proposal, August 2004.

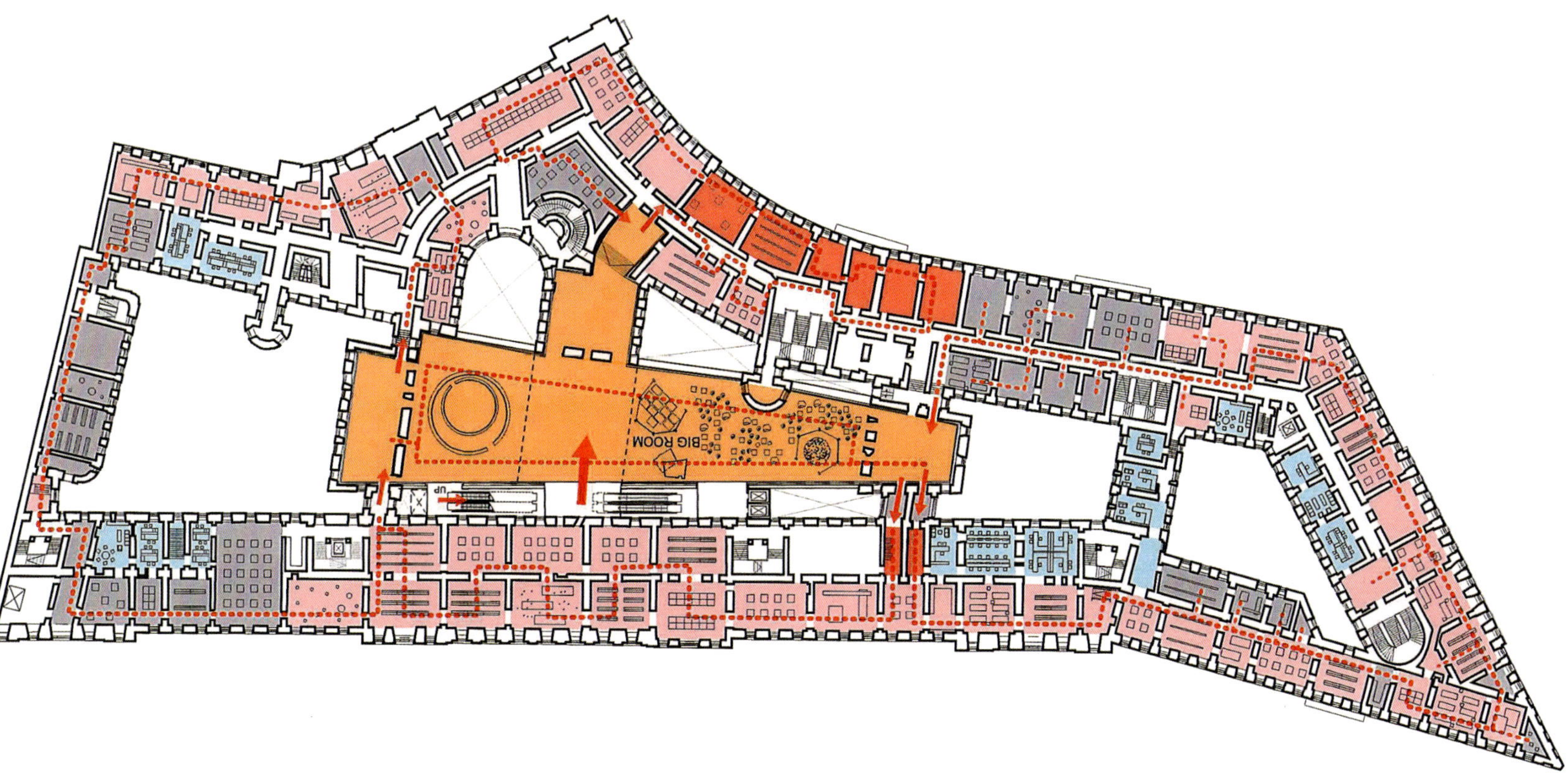
BIG ROOM
UP

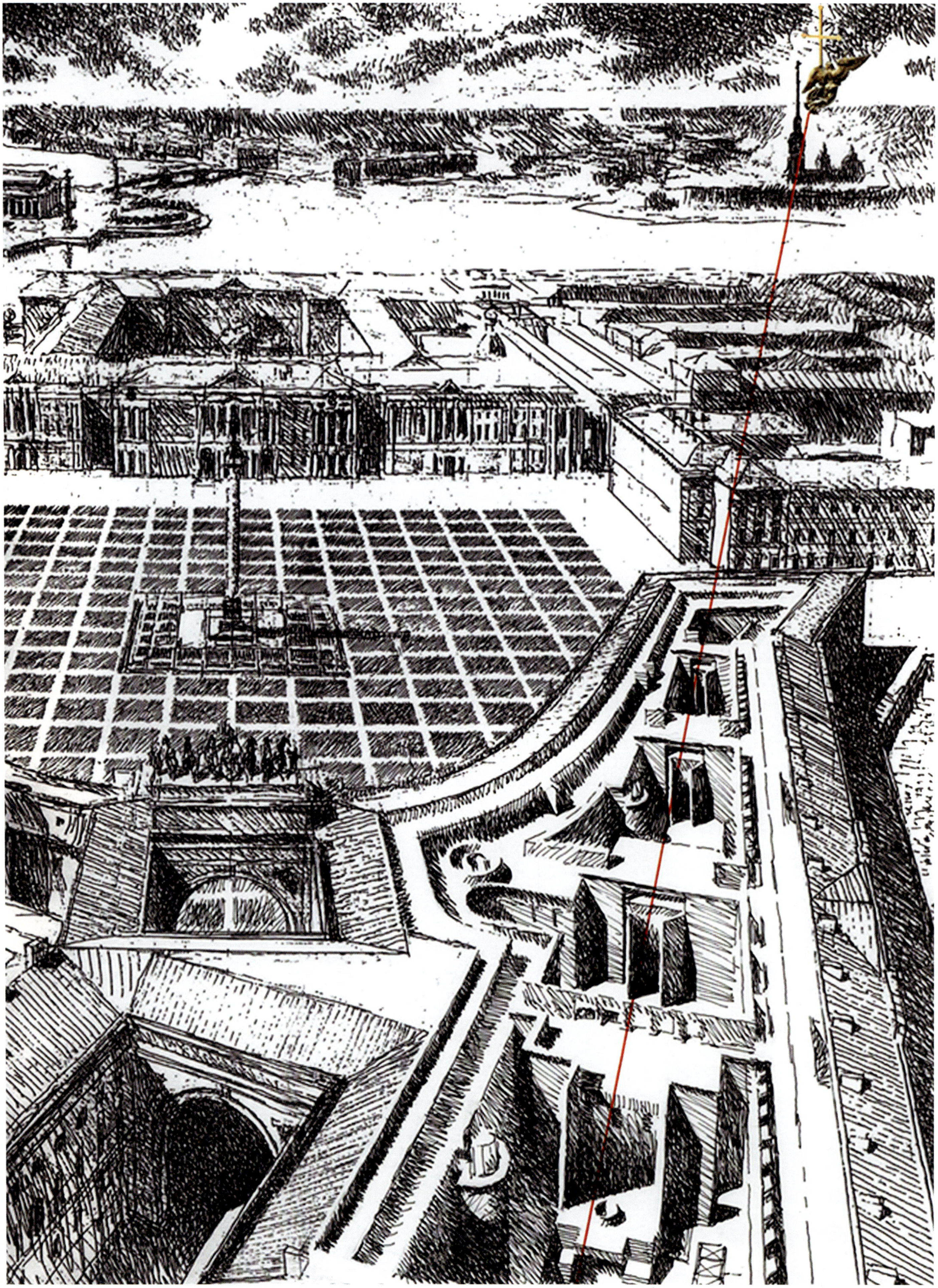

frequently, even during the day. One of the many versions of this mechanism, this particular structure is a quote from the London home of Sir John Soane, where he used similar structures to display his collection of art and artefacts. The massive size and mechanisms of the New Enfilade doors and the exhibition wall doors are not only linked to earlier mechanized systems but correspond to the scale of the Old Hermitage, as well as to great church doors, reinforcing the idea of the museum as a 'temple to art'. Like large cathedral doors, the over-sized doors of the New Enfilade have smaller doors within them, which can be used when the great doors are closed.

Although modern in its materials, construction and form, Studio 44's intervention into the classic architectural body of the General Staff Building also bespeaks a certain modesty. In the panels of unfinished concrete, the glass sections in the floor, the railings of the pedestrian bridges, even in the use of rolled metal, the architects have carefully observed a purity of approach and strictly limited their use of modern elements. This is particularly noticeable in the construction of joints and joins. Where possible, in places where new constructions join the old, the historical and modern are carefully separated, so that the historical layers are clearly delineated.

Such a demarcation between the historic building and modern intrusions is not new. But what is new in this approach is the joining together of the separate parts on the basis of classical building principles. Those are not style-specific features of Baroque or neoclassicism, but rather the foundations of St Petersburg's architectural culture that go beyond style and have unexpectedly emerged today. This symbiosis of modern form and ancient principles is hard to achieve, but it yields such profound and expressive solutions in the transforming halls, with their 'live walls', the domed skylights and amphitheatre stairs.

The project shows its modernity in its materials and constructions, its functional elements, its new exhibition levels and in the legible junctures between old and the new. But it is connected to St Petersburg and European neoclassicism in its reference to the internal principles of building and its architectural unity, which has grown out of the study of its history and conception.

The precedent for such references to the distant architectural eras deserves a mention here. When the European avant-garde movement first emerged, it was declared that it had some of its roots in primitive art. Recently, it has become increasingly common to view the early 20th-century Russian avant-garde as a national Russian style whose antecedents go back to folk art, icons and architecture before the reign of Peter the Great. The work of some radical avant-garde architects of the time revealed these references in terms of internal principles and not exterior forms. From this point of view, the renovation of the General Staff Building could be seen as an experiment of a similar transformation of St Petersburg's architectural and town-planning tradition since the time of Peter the Great. For those who are familiar with the Yawein brothers' architectural antecedents, this interpretation will not seem far-fetched.

There is another unusual comparison with early 20th-century Russian avant-garde architecture that can be made with regard to the renovation of the General Staff. In many Russian buildings from the 1920s there is a depressing sense of a gap between current architectural thinking and the technological reality of Soviet building at the time. A similar gap is perceptible today in the glazed roof structure of the courtyards of the East Wing of the General Staff Building. Conceived as high-tech and transparent, the sections as constructed are bulky and have had their configurations severely altered. Sadly, the subtle spatiality of the architecture is dampened by the coarseness of the construction. This has happened in several other parts of the building: in places where the architects made designs based on using the latest technologies, they were heartily disappointed with what the construction team produced. And, of course, it is a pity that the wave-shaped, Baroque-avant-garde timber surfaces of the doors of the New Grand Enfilade, possibly the most iconic element of the whole project, only exist on paper.

Here we have given a brief account of just a few of the aspects of the enormous amount of work on the complex, with a total area of over 60,000 square metres, which has been underway for over twelve years. We have not described the system of concrete roofs and domes in the exhibition halls, which refract and diffuse the natural light from above. Nor have we covered the construction of exhibition space inside the triumphal arch, a kind of unintended 'romantic ruin' of

OPPOSITE
The New Grand Enfilade matches the line of perspective, following the wedge shape of the building.

the neoclassical era, newly discovered and now exposed for public viewing. The presentation of the 'underside' spaces of the building and the historical layers throughout the building are further significant elements of the renovation that we have not had space to detail here.

It is worth noting that the halls of contemporary art, which have now been fitted with a retractable wall, are in a part of the building that was damaged in a fire in 1922 and reconstructed in the Soviet period. Large spaces were created in this part of the building but the historical layers, including the Soviet reconstructions, have not been touched. The two amphitheatre stairs, which almost completely fill their courtyards, are individual works of architectural art. Modern in their construction and plasticity but antique in spirit, they deserve at least a special mention here. Finally, we should note the most important element of the project, the restoration of the historic interiors, constructions and façades, without which the rest of the scheme would not make sense. The East Wing of the General Staff Building today is a singular world and, at the same time, a complex conglomerate of functions and items linked up in a new spatial body.

The principal of the team of architects, Oleg Yawein, has, overall, succeeded in passing a line through the historical, theoretical and conceptual project research in its general idea, parts and elements, variations and improvisations. The head of Studio 44, Nikita Yawein, was able, in quite difficult circumstances, to unite such a complicated set of work, problems and situations into a single system and persevere through the 'thorns'. Vladimir Lemekhov enriched the project with his individual vision of architectural effects and his keen drawings of architectural forms, which is evident in his handmade plans and wonderful sketches. Pavel Sokolov co-ordinated the construction and engineering work on the project, as well as the work of numerous subcontractors.

In essence, the architects managed to achieve an understanding of the logic of the history of the structure and develop it in full. This is like the modern embodiment of the eternal St Petersburg dream – the creation of a sense of orderliness in the city's spaces and at the same time the continuation of its great perspectives. This approach, as achieved by Carlo Rossi in the General Staff Building, has succeeded in combining the gleam of the beautiful Baroque geometry with the buoyant magnificence of neoclassicism more fully than others in the whole history of the great city. This continuity of historical and new architecture joins up in this great monument like an anthem to the St Petersburg period in Russian history, and inspires hope that it is not yet over and its opportunity is not lost.

And, last but not least, the Yawein brothers demonstrated the ability to think in the language that is adopted from the historical space and based on the algorithms of its development without violating its axioms. The 'soul of St Petersburg' can be felt here: the sense of a presence in the 'city of parks and halls', with its perspectives reaching into the classical infinity, its enfilades that create a rhythmical dynamic, its artificially constructed 'natural' spaces in its palatial and hanging gardens. Rather than being compromised in the renovation of the General Staff, all of these qualities have been manifested through modern means. The architects have managed to create a new and original artistic language based on the city's architectural memory, and this has not been done by imitation or by copying decorative motifs, but thanks to the acknowledgment of the underlying qualities of architecture that shine through all of its historic or national forms including those in St Petersburg. It is the stable archetypes of space that have defined the aesthetic qualities of the city for centuries and withstood changes of stylistic, functional and other nature. Before us lies a symbolic interpretation of the language of the historical space of the renovated ensemble. This is a rare occurrence in modern architectural practice, particularly in Russia. It is an attempt to reveal not only a building's specific features, but the basis of its profound meaning.

The architects have found a harmonic unity for preserving the historical character of the city and simultaneously developing distinctly modern architectural concepts. Faced with the choice between museum high-tech style or stylized neoclassicism, the architects chose a third, more interesting and meaningful option for their work, and for architecture as a whole. The solution offers great potential for opening up an important path for the development of 21st-century architecture, one that is keenly and profoundly modern and, at the same time, immersed in a great classical past.

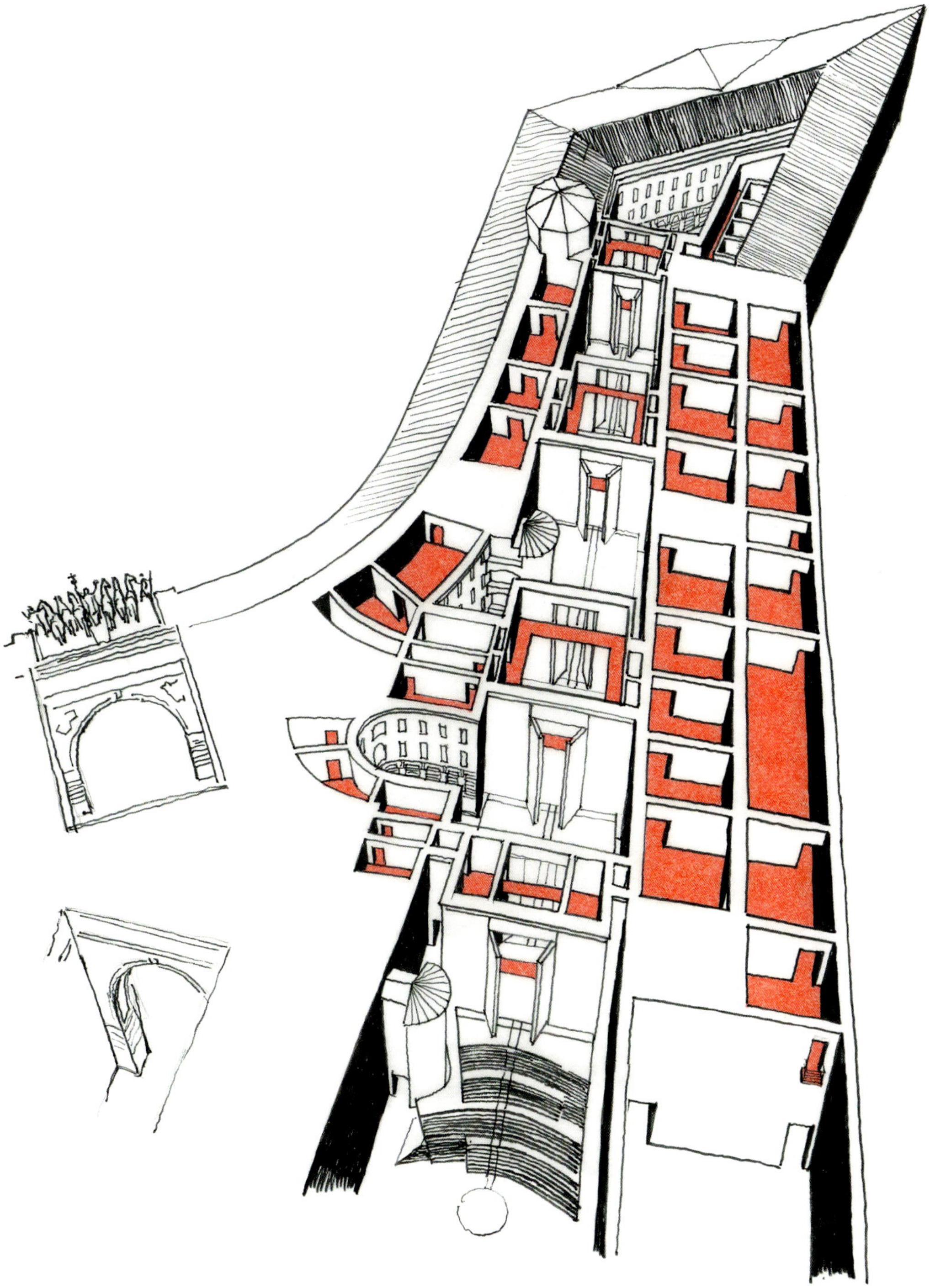

The New Grand Enfilade and the top floor of the building, axonometric diagram.

NATURE AND NURTURE OF A BUILDING

Hans Ibelings

Montreal-based architectural historian and critic

The transformation of the East Wing of the General Staff Building (1819-1829) is a case in point in the debate about nature and nurture in architecture. The conversion of the former residential/office building into a contemporary exhibition space for the 19th- and 20th-century collection of the Hermitage State Museum raises questions about the essence of the historic substance. What is innate in the original architecture and what is the result of the life the building has led? Further, what is the designer's artistic and ethical responsibility to acknowledge these aspects? Where should he submit his interventions to the building's nature and where is there leeway for change? Another way to phrase the question is: what is the building's genetic code, that which cannot be tweaked or altered without the risk of mutating it into another creature? Studio 44's Oleg Yawein, head architect of the transformation, has been considering such ideas very thoroughly, and his project can be read as the articulation of his position on the issues.

Obviously, the metaphor of a building's genetic code only works to a certain degree. Yet, trying to determine the essence or the spirit of a building is actually a very important exercise, especially when it comes to transformations of existing or historic structures. Some architects claim that architecture has a will. Louis Kahn, for example, believed that you could ask brick what it *wants* to be, that you should honour a material's wishes and, hence, glorify it. Even if this is not taken as a literal prescription, there is a deep value in the idea of glorifying architecture by allowing the strengths of its original forms, spaces, logic and atmosphere to come forward. Yawein and Studio 44, which is led by his brother and co-author Nikita Yawein, have shown real insight both in trying to understand what the East Wing is, and in expressing what it might want to be, were it to possess this alleged will of its own.

The General Staff Building is one of the marvels produced by the Italo-Russian architect Carlo di Giovanni Rossi (1775–1849), who came to St Petersburg as a child, returned to Italy to study architecture and then came back again to pursue a career in Russia. The General Staff Building is one of Rossi's most important buildings and a prime example of the Empire style in Russia. It's a style whose popularity in

OPPOSITE
The triumphal arch of the General Staff Building, the compositional and symbolic heart of the magnificent construction.

this country is paradoxical, given the association with Napoleon Bonaparte, the belligerent emperor whose forces the Russians successfully repelled in 1812. The building encompasses that paradox. On the one hand, the building celebrates the Russian victory in the Napoleonic war with the Chariot of Glory on top of the central triumphal arch (see opposite); on the other hand, the building's neoclassical style is in some sense a tribute to that very same empire the Russians were so proud to have defeated.

CLASSICAL FLEXIBILITY

One of the distinctive aspects of classical and neoclassical architecture is spatial resilience. In the 15th century Leon Battista Alberti defined beauty as an arrangement of parts in which nothing can be added, subtracted or changed without impairing the harmony of the whole. However, the beauty of the General Staff, as with many neoclassical buildings, is that it has managed and survived change, addition and subtraction pretty well. Such flexibility is possible because of the spatial and compositional logic of classical architecture, which allows for a separation of function and form. Form and function are to a large extent unrelated in the General Staff, due to the building's size and because few areas are attached to specific functions. But also the General Staff Building can be transformed because of the overall power of its classical logic to cope with certain changes. In the same way Rossi's original design was able to modulate an irregularly shaped site through principles of symmetry, absorbing the distortion of the oblique angle of the street behind the central arch and integrating an extra level in one part of the building. It is even possible to claim that these irregularities make the classical logic emphatically visible and more convincing than it could be in ideal circumstances where there is nothing to disturb the geometric purity.

The power of classical architecture to absorb change calls to mind what the 20th-century architect Aldo Rossi has described as architecture's autonomy. This is the idea that forms are strong yet malleable enough to prevail over their functionality and use. As he describes it in the first pages of his 1966 classic *L'architettura della città* (translated in 1982 as *The Architecture of the City*):

OPPOSITE
The Chariot of Glory on the General Staff Building and the dome of St Isaac's Cathedral, two emblems of classical St Petersburg.

When one visits a monument of this type, for example the Palazzo della Ragione in Padua, one is always surprised by a series of questions intimately associated with it. In particular, one is struck by the multiplicity of functions that a building of this type can contain over time and how these functions are entirely independent of the form. At the same time, it is precisely the form that impresses us; we live it and experience it, and in turn it structures the city.[1]

If a building has a will, as Kahn believed, then in the case of the General Staff Building, Yawein has identified it as a generous eagerness, and adroitness to accommodate. This building has proven its hospitable character in the past, during its incarnations as living, working and reception space for dignitaries of the Tsarist Empire, and later as governmental offices for Soviet civil servants (see right). Now it is proving its responsiveness again, as exhibition space that is flexible and very expressive at the same time.

The quality of the General Staff Building resides in its capacity to be a container, not of blandly neutral rooms that could be used in any way, but of spaces that are distinctive in their appearance yet surprisingly amenable to change. Part of the adaptability of the East Wing is due to its sheer size, its footprint covers nearly the area of two soccer fields, and the courtyard has a height of nearly twenty metres.

A NEW UNDERSTANDING

To return to the issue of the DNA and the spirit of the building, Oleg Yawein's appreciation and understanding of the General Staff Building differs in some respects from the common, art-historical interpretation. In other words, he has identified a different genetic code than that which the building is usually assumed to possess. His understanding of Carlo Rossi's project is dissenting in three crucial aspects. Contrary to the usual opinion that Rossi's façade is unrelated to the structure behind it, Yawein contends that the elevation follows a very classical tripartite division, corresponding to a sturdy bottom level, a rich middle section – marked by gilded balconies – and a top. He argues that this elevation reflects the organization of the programme, with services on the

ABOVE
Condition of the 'common' interiors in 2001 before restoration.

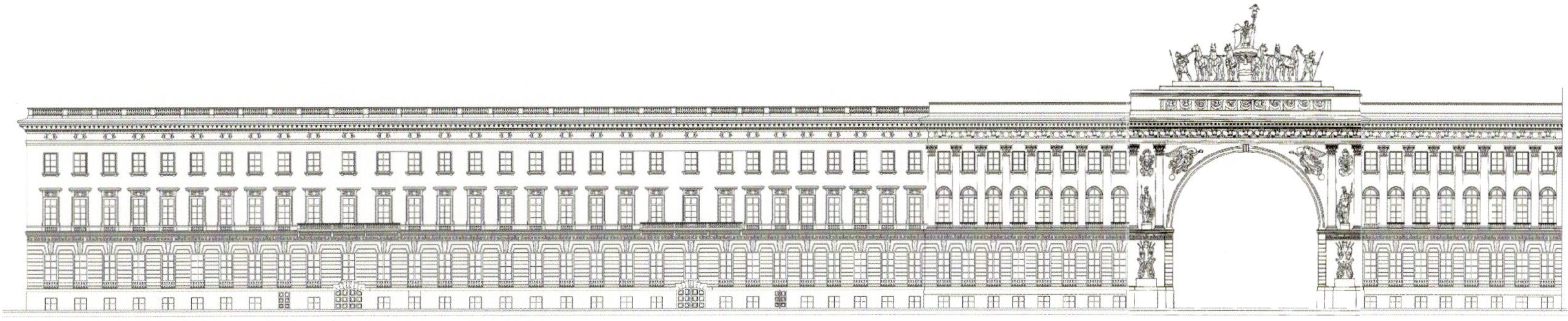

lower level, the 'public', representative functions on the *piano nobile* and the private quarters above it.

For Yawein the relationship between elevation and structure is of vital importance to understanding the essence of Rossi's East Wing, and the decision to bring the main floor of the exhibition space in the courtyards one level up (aside from all other considerations) is a logical outcome of this interpretation of the building.

Yawein's second point of dissent from the common art-historical consensus has to do with his perspective of the parabolic shape of the front façade. Previous opinion held that the bell-shaped contour of the main elevation, which faces Palace Square and the Winter Palace, was conceived as one grand gesture. Yawein does not see it as an idiosyncratic invention of Rossi, and argues that the obvious starting point for the final shape must have been the existing urban fabric. The site of the West Wing had already been defined by a curved perimeter, and Yawein is convinced that Rossi simply continued this line in the East Wing, 'thickening' a part of the wing next to the triumphal arch to complement the West Wing and creating the parabolic shape.

Yawein's third contrarian interpretation of Rossi's project refers to the north-eastern corner of the East Wing. He disagrees with the prevailing opinion that the sharp angle is a deviation from the principles of neoclassicism, and an early sign of modernism. Yawein contends that Rossi must have conceptualized the juncture not as the end point of two façades, but as part of one uninterrupted façade that turns the

TOP
View of the façades of the General Staff Building. The arch is the entrance to the square, and the buildings are the wings of the arch. There are no grand entrances to the building, only small openings on the lower-ground floor.

ABOVE
Carlo Rossi, *General Plan*, c. 1820, quill pen, brush, ink, watercolour on paper, 83.5 x 66.8 cm, Russia. Preliminary version of the project for the square (with a triple-span arch) – an 'accurate square' against the Winter Palace.

corner, albeit sharply. His argument is that the ornamentation of the building continues seamlessly along both elevations. He also disavows the idea that Rossi was revolutionizing neoclassicism at this particular point. In Yawein's view, Rossi's building respects the rules and the standards of classicism. The evident monumentality of the nearly six hundred-metre-long curved façade is not a sign of an aggrandizing quirk but first and foremost a successful and clever attempt to give coherence to both the building and the adjoining square (see opposite).

A UNIFYING INTERVENTION

Yawein's points of dissension about Rossi's intentions are interconnected with his general understanding of the building, and with his reading of Rossi. An appreciation of this approach is helpful in reading Yawein's own work as well, which concentrates on the very same notions of structure, continuity and symmetry that he sees embodied in Rossi's architecture. Studio 44's meticulous intervention in the General Staff Building relies on multiple ideas. However, a crucial conceptual starting point was the decision to work with the logic of the existing building without resorting to stylistic imitation. At the same time, Yawein has carefully avoided creating a stark oppositional contrast between what was already there and what has been added. Many modern interventions in historical monuments rely on a conceptual approach of contrasting old and new, highlighting the old by deliberately showcasing the novelty and disparity of every intervention. Here, instead of creating contrast, the main idea behind the intervention has been to establish a consistent unity, to devise a correspondence and equilibrium between old and new, and to construct a conceptual symmetry in a building in which literal symmetry plays such an important role. Equally important was the decision to cover the courtyards in order to enlarge the usable space of the General Staff Building, and to activate it by creating an extra floor, and by adding four huge volumes, three of which contain enclosed exhibition space.

The harmony between old and new is stressed here through the consistent use not of classical forms but of classical means. For example, the architects have

The acute corner angle of the General Staff Building seen from the river Moika and Pevchesky Proezd. This is the only place where the tapering wedge shape of the building quarter is visible from outside.

conspicuously delineated a unifying longitudinal axis by introducing an opaque glass line in the stone floor that runs through the covered courtyards. The East and West wings are not mirror images of one another but they offer a deceptively symmetrical impression. The same is true of the axis of the enfilade in the courtyards, whose huge double doors impose a similarly clear order and consistency on an irregular space. The axis orders the spaces to such an extent that most visitors probably would not perceive the irregularities at all, in the same way that most people do not notice the asymmetry in the main façade of the General Staff Building. The compelling clarity of neoclassicism effectively deludes the observer into seeing regularity rather than variation. Less obviously visible than the axis of opaque glass panels, but equally important, is the pattern of seams in the stone floor around it. These seams are aligned with the flared outline of the courtyard and converge with the main axis in a vanishing point just beyond the building.

THE NEW GRAND ENFILADE

The 'New Grand Enfilade' is the title of Studio 44's project for the General Staff Building, and the name suggests the theme for the overall design. It also describes the scheme's most eye-catching feature, which builds upon the enfilades that Rossi designed for the original *piano nobile.* The enfilades in the new covered courtyards are impressive and recall the enfilades of the main building, though smaller in scale and less monumental.

Studio 44's intervention of the East Wing is a complex project, not only because of the size of the building, the number of spaces and the valuable historical structure. Part of the complexity had to do with striking a balance between the conflicting parameters of the contemporary museum. A museum, especially such a popular institution as the Hermitage, requires designers to take care of both the protection of the art on display and of the logistics of accommodating thousands of visitors each day. In this latter respect, the policy of the Hermitage differs from many other large museums. As its director Mikhail Piotrovsky stated in an interview in 2011, 'Museums exist not only for tourists, as they fulfill much broader tasks. This should be remembered

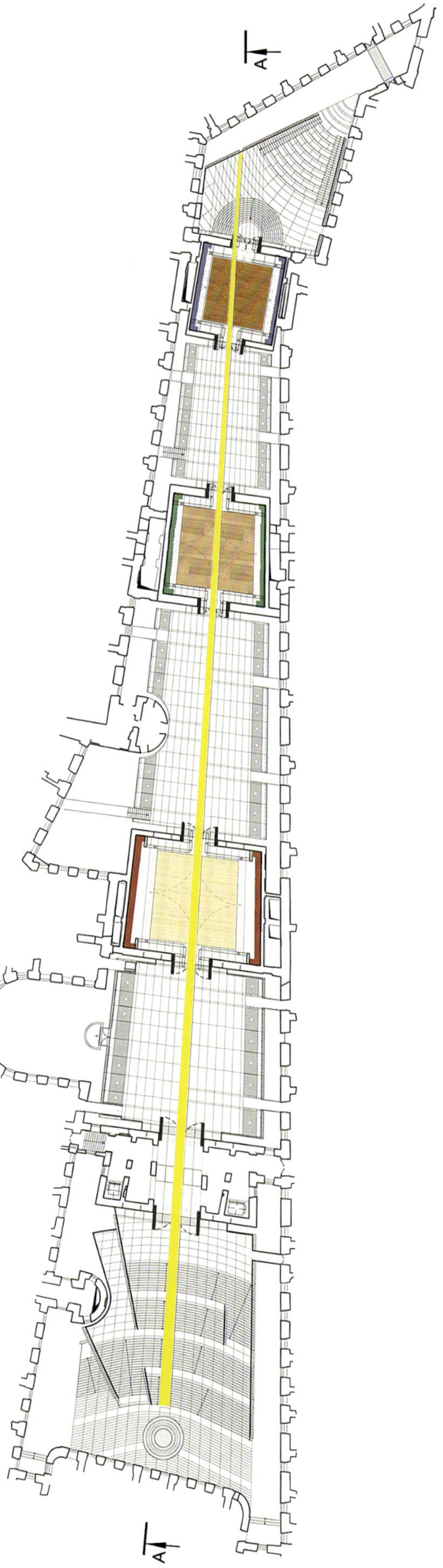

RIGHT
Plan of the New Grand Enfilade.

OPPOSITE
Sketch for the construction of transparent roofing over the courtyards of the General Staff Building.

MMIX

by every museum worker. Museums exist to collect the cultural heritage, preserve, study, restore, and exhibit it for everyone, including tourists.'[2] Piotrovsky goes on to explain that museums should not focus principally on the public, since, 'they come to the museum for a short time, and much of what is available in the museum is absolutely not needed to them.'

Nevertheless, the Hermitage has to deal with around two million visitors per year, which is on average a flow of 7,500 visitors per day. Fortunately, Studio 44 is no stranger to such issues of logistics. The practice has also designed and built two railway stations, for the 2014 Winter Olympics in Sochi, as well as the Ladozhsky train station in St Petersburg (which can accommodate 84,600 travellers per day; see right). Despite all the apparent functional differences, train stations, and airports for that matter, are quite similar to museums. All are logistical puzzles in which the frictionless movement of people is vital for their optimal performance (it is no coincidence that many important museum architects have ample experience in transportation infrastructure). By introducing a variety of possible routes through the building, including short-cuts and detours, and by adding extra stairways, Studio 44 has made the General Staff Building more accessible than it was. Moreover, by having the New Grand Enfilade as a constant reference and orientation point in the very centre, the intervention offers visitors a relatively easy understanding of where they are in the building. I would stress that this is 'relatively' easy, because the building remains complex and layered by nature.

Notwithstanding his references to the genetic code of the General Staff Building, Yawein has not presented his intervention as some sort of cloning of Rossi's architectural DNA, or as a form of genetic modification. He has avoided the temptation of imitation as much as the ostentatious display of contrast between a classic and a modern point of view. Instead of emulating or opposing Rossi's neoclassicism, Yawein has searched in a Kahnian way for an inference of what the building is and what it wants to be. Moreover, he has tinged the building with a kind of analogous history that does not specifically correspond to its factual history but to the spirit of past usage of the original Hermitage within the

TOP
The interior of the main hall of St Petersburg's Ladozhsky railway station, Studio 44 Architects, 2003.

ABOVE
The interior of the Olympic Park station in Sochi, Studio 44 Architects, 2013.

OPPOSITE
In the New Grand Enfilade the box-like rooms alternate with the open spaces of the 'exhibition decks'.

·MMXIII·

Winter Palace complex, as a hideaway sanctuary with hanging gardens. Yawein has developed an oblique parallel between the enclosed and elevated gardens in the Winter Palace and the newly enclosed and elevated courtyard spaces of the General Staff Building. These have been envisioned as something like a stage setting decorated with trees and plants, in a way that underlines the historical analogy (see below, left). The parallel goes further since the old Hermitage was also used to display art. In addition, it was equipped with a mechanical device, a kind of elevator, which was used to transport food to the upper level where servants were not allowed to go. Yawein considers the huge mechanically operated doors and double walls of the exhibition spaces within the courtyards as a contemporary counterpart to the old Hermitage's food elevator.

On the ground floor, under the new, elevated level of the hanging gardens, is an indoor space that is open to the general public. The General Staff is not known for its accessibility, appearing as an impenetrable building almost without entrances. By opening its ground floor to the public, Studio 44 has created a space that could become a continuation of the neighbouring square, that is, if people manage to find a way in: the building's reputation for being impassable is not unfounded. Given the scale of the building, the number and size of the entrances is unimpressive. However, this impregnable character is overwhelmingly contrasted with the light and airy monumentality of the New Grand Enfilade.

Another parallel with Rossi's architecture has to do with the impressive scale of the intervention. In the same way that the grand gesture of the original façade was interpreted by Yawein as a logical solution dictated by conditions and circumstances, the grandeur of the New Grand Enfilade has been determined by the large dimensions of the courtyards. The effect is undeniably monumental, but the monumentality was the result, not the starting point. In a different way this idea that form reflects existing circumstances holds true in the elevated floor that has been inserted through the courtyards. On the lower level the bare concrete is just the contra-form of what is happening above. Here, at both ends the concrete stairs represent the negative shape of the

TOP
The line of perspective of the New Grand Enfilade, as seen from the Pevcheskaya staircase.

ABOVE
Edward Gau, *View of the rooms in the Small Hermitage, Romanov Gallery (southern half)*, 1864, watercolour on paper, 43.3 x 33 cm, Russia.

OPPOSITE, TOP
The vaults of the lower-ground floor and the passage between the courtyards in the East Wing of the General Staff Building.

OPPOSITE, BOTTOM
The ground floor of the General Staff Building is the 'city forum', a continuation of the public space of Palace Square. All existing courtyard entrances and exits are open.

staircases that lead up to the main level. On the new level whole sections of the floor running the entire length of the space drop down to accommodate large pots for the trees that will make up the new hanging garden. The only formal whim in this space below the main level is the Corbusian concrete stair, which as an isolated exception underlines how inconspicuous the rest of the design is (see overleaf).

DESIGN TASKS

In the General Staff project Studio 44 had to deal with three main design tasks. Firstly, the historical building fabric required restoration and protection, and some parts needed renovation and rehabilitation to make the building suitable for its new function as a public building devoted to art. Next, the building needed to accommodate the flow of visitors, which required a circulation system, as well as such amenities as cloakrooms and toilets. Finally, the courtyards needed a radical intervention to integrate them fully into the complex. The New Grand Enfilade imposes a new logical structure upon the old General Staff Building, and offers a new orientation to visitors. The idea of covering the courtyards and bringing the whole complex under one roof was

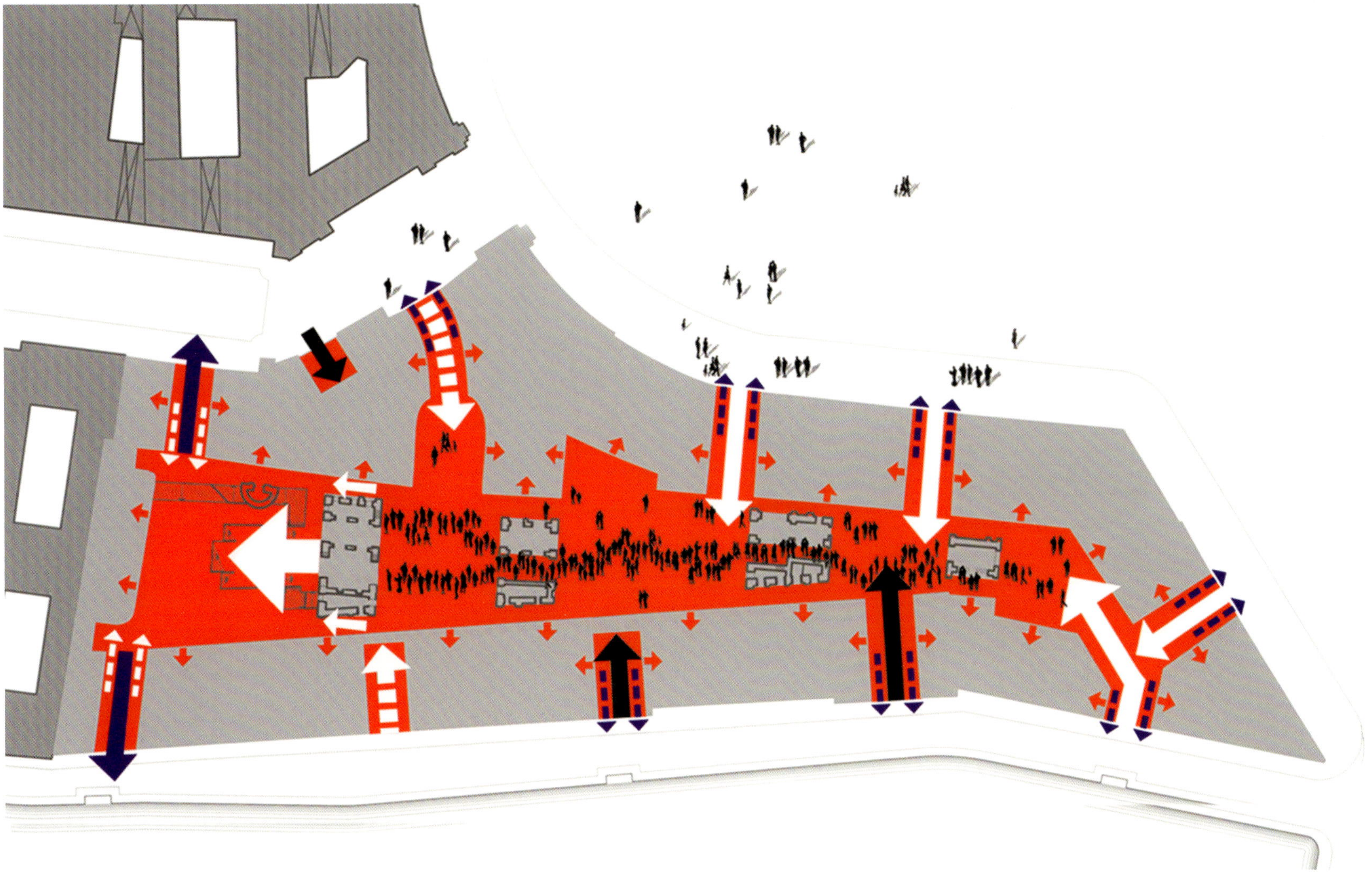

conceived by Studio 44. However, the design and execution of the roof was not in their hands, and lacks the care and detailing of the rest of the project. The roof as built is much heavier than Studio 44 envisioned, as their design proposal clearly shows.

The four volumes in the courtyards, and the insertion of a new floor were Studio 44's main additions to the existing building. The first volume marks the entrance to the enfilade and acts as a connector with two bridges linking the opposite sides of the East Wing. The other three volumes are large exhibition rooms of different sizes, which are slightly skewed to fit within the tapering shape of the courtyards. Again, the irregularity is hardly noticeable. Coming from the main entrance, the first of the three exhibition rooms is the biggest, and the last one the smallest.

This arrangement emphasizes the perspectival effect of the axis, suggesting an even greater depth than there actually is, an effect not dissimilar to Borromini's theatrically forced perspective in the Palazzo Spada in Rome. On the upper level each of the three exhibition spaces has a gallery that connects the two long sides of the East Wing. On the main level, the high exhibition space can be adapted to specific needs and circumstances, depending on what is being shown. The

ABOVE AND OPPOSITE
The triumphal staircase seen from below, from the cloakroom area.

over-sized doors can be fully opened or closed, and contain smaller doors within. These exhibition spaces have foldable 'second walls' on hinges, not unlike those in the house Sir John Soane designed for himself in London, which contains his vast art collection (see page 84). The solution creates additional wall space and offers multiple ways to display art. Each of the three exhibition spaces is painted in a different colour, further stressing the legibility of the building.

On the *piano nobile* the remaining historical interiors have been restored with a meticulous precision and without any neoteric adaptations. Just as in hindsight every costume drama reveals when it was made, through coiffure, make-up and even through the costumes themselves, every restoration project ultimately divulges its date of conception as well. Yet aside from adding a largely invisible technical infrastructure, the overall impression here is still very much 19th century. There is a concentration of historical interiors in a sequence of rooms – in enfilade – in the east end of the East Wing, which, in the era of the tsars, formed the apartments of the Minister of Foreign Affairs.

In contrast with the period rooms are the exhibition spaces where there was little or no historical substance left. Here, Studio 44 developed a flexible system of rooms under skylights (see overleaf and pages 154–69). Rossi had already provided a few skylights in the building, so there was some design precedence here (and as long as the new skylights were not visible from outside, Studio 44 was allowed to add more). The concept for the concrete pyramidal skylights was developed by the architects together with the London-based museum-lighting experts Cannon-Brookes Lighting & Design. These new fixtures generously illuminate the art on display while cleverly blocking direct sunlight. The difference in angles between the tilting north and south sides of the pyramids evens out the difference in light intensity, and allows for a homogenous reflection and diffusion of light. This pyramidal design also allows for variations in light, which can be adapted to wider and narrower spaces and different orientations. In many museums light is diffused through the ceiling material so that the source is not apparent. Here, though they manipulate the light, the skylights show where the light is coming from, and the

OPPOSITE
The movable walls in the New Grand Enfilade's exhibition rooms make it possible for exhibitions to be transformed swiftly.

atmosphere of the rooms is determined as much by their articulated forms, as it is by the light they shed. Additional artificial lighting is activated at night and on dark winter days.

While the spatial distribution of the newly sky-lit rooms follows the structure of Rossi's building, the overall effect is very much the result of Studio 44's intervention. The restraint of the renovation and the placid lighting effects in each room create an ambience that is not neutral but pleasantly tranquil. The contrast between the richly decorated period interiors and the near-minimalist approach in the rooms fitted with the new skylights underscores Yawein's perception of Rossi's building as one that allows for diversity within unity. The East Wing isn't addressed as a homogeneous building, but as a compilation of distinct elements within a larger whole. The consequence of this approach is that there is not the sense of an overriding style or signature. Neither is there a disconcerting fragmentation, and yet the atmosphere changes throughout the General Staff Building. There is a nice sense of contrast, not only between the period rooms and the newly sky-lit rooms, but also between the sky-lit spaces and the large volumes of the courtyard. And there is yet a different ambience in spaces under the stairs at the beginning and end of the New Grand Enfilade, all of which demonstrates the kind of variation for which Studio 44 have come to be known.

With the addition of the skylights Studio 44 improved the atmosphere of the spaces while also staying faithful to the building's DNA. Another way that Yawein has improved upon the existing structure is in renovating a part of the attic and making it publicly accessible (see overleaf). The space now offers a view over the tops of the vaults below and of the original narrow skylights that Rossi employed to bring light into the core of the building two floors below. Being able to look on the attic of a building may not seem very relevant to such a renovation, but this element of the intervention demonstrates, yet again, the sense of continuity and connection with Rossi's original building expressed by Studio 44's design.

ABOVE
The variants of skylights in the exhibition rooms along Palace Square.

OPPOSITE
The exhibition room with new skylights in the building on the river Moika.

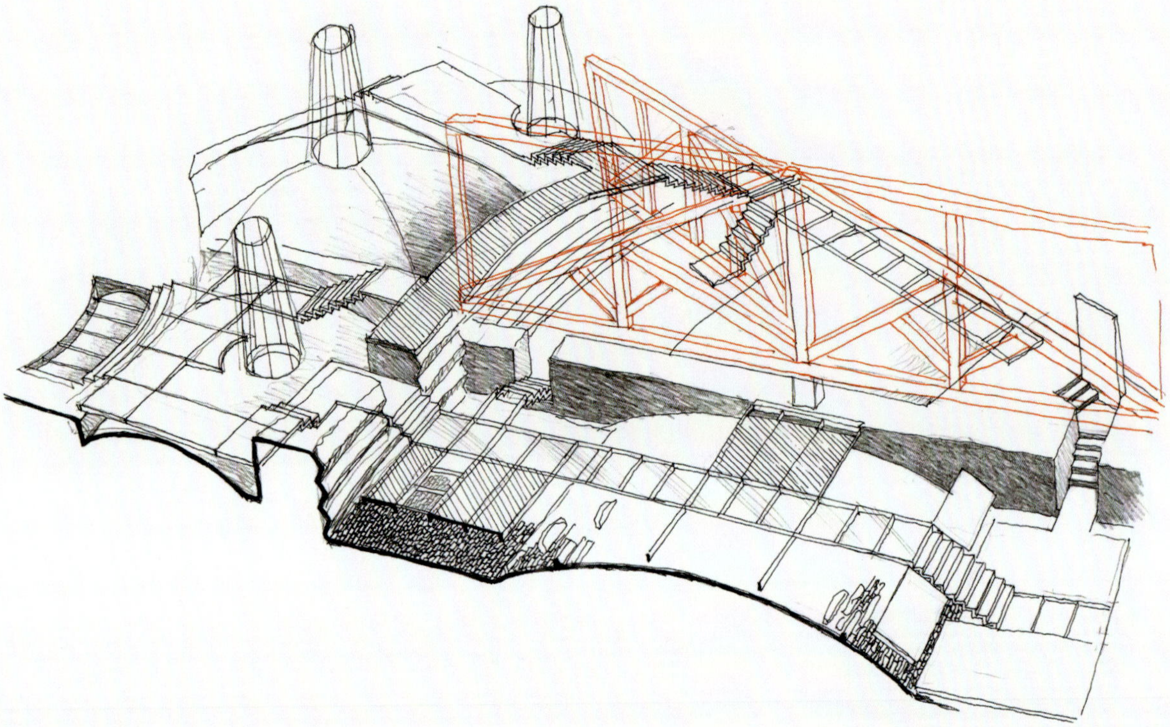

INTERVENING IN HISTORY

To revert to the biological metaphor again, one part of the building underwent a serious 'mutation' in its history. A fire destroyed a small area in the south-western part of the building, and it was repaired in a way that was, to state it neutrally, typical of sober Soviet building practice. The damage to the building was repaired only after a delay of several years, during which further deterioration had taken place. The solution was highly pragmatic. Part of the floor was repaired with prefabricated concrete beams, and to prevent it from moving, a wall was first fixed with a large steel rod. With the same didactic art-historical precision that he applied to reveal Rossi's original brick walls, Yawein has decided to display these mutant elements, which were inserted in the Soviet period. It is just a detail, but a telling one, and one that clearly shows not only a sensitivity to the building's history but also a strict attitude towards design that insists on accepting a building as it is. Yawein does not profess to be the kind of architect who solves the errors of the past; rather he has integrated what has come before, whether it is aesthetically pleasing or not. It would be too much of a generalization to call this a very Russian disposition but if there is something like a national character, in Russia I believe it is this evident ability to accept such historical and cultural events as facts of life, and absolve them of any sin that might be associated with them.

Russians often see themselves as fundamentally different from the rest of Europe, they claim their mindset differs from Western mentality. Oleg Yawein is no exception to this way of thinking. He believes his work has a different base and background than that of Western architects. For him this fundamental difference explains the difficulties Western European and North American architects face whenever they are working in Russia. Of course, this is a debatable opinion, but it is fair to say that the Hermitage in the General Staff Building is a project quite unlike any other large-scale museum project in the Western world. However, there are a few examples of seamless integration of old and new that suggest a similar approach of keeping a building's genetic code intact. These include Christ & Gantenbein's Swiss National Museum in Zurich (2002–2009), Caruso St John's

OPPOSITE, TOP
Axonometric diagram of the rooms over the triumphal arches.

OPPOSITE, BOTTOM
The wooden rafters from Carlo Rossi's time and the modern metal and glass walkways in the space above the triumphal arches.

revamping of the Tate Britain (2007–2013), or on a much smaller scale, their intervention in Sir John Soane's Museum (2009–2012), both in London.

In all of these projects, a caring attitude towards historical substance goes hand in hand with an interest in an almost ostentatious mimicry, so that the new is hardly discernible from the old. Compared to such approaches, Studio 44 maintains a less submissive attitude. They have taken care of the elements that are considered part of Rossi's DNA, but they do not efface their own work. As their other projects also demonstrate, Studio 44 has a knack for captivating forms and compelling gestures. In this respect, there is a kind of recognizable signature in all of their work, including the General Staff project. Bearing in mind that Nikita Yawein, Oleg's brother, runs the practice, and that their father, Igor Yawein (1903–1980), was also an architect, we might find another interpretation of the notion of genetic code. Looking at Igor Yawein's bold designs, we might infer that the sons have not fallen far from the tree, not only with respect to their choice of profession, but in their architectural approach.

Having examined the architects' nature, and turning to issues of nurture, one important consideration is the built environment. Oleg and Nikita Yawein live and work in the city in which, long before them, Carlo Rossi was active in his lifetime. In addition to his design for the General Staff Building, Rossi has contributed extensively to the city of St Petersburg. His various building projects have helped to shape the city and to establish its image and reputation as a place of splendour and magnificence. Oleg Yawein grew up with an awareness of Rossi's work amid the neoclassical allure of St Petersburg. Yet, however splendid and monumental this setting appears to outsiders, for Oleg Yawein the city is also a part of daily life. His association with this sweeping horizon of large buildings, determined by wide-open vistas and imposing skies, is coloured by his personal experience as a citizen and by his professional knowledge as an architect with great historical awareness and sensibility. In this respect it is possible to understand his claim that his work and mentality differ from those of his European colleagues. This dual relationship to St Petersburg and its architecture is also what characterizes the crux of his

The Pevcheskaya staircase in the triangular courtyard of the General Staff Building. The gap along the axis of the New Grand Enfilade has been glazed.

intervention in the East Wing of the General Staff Building. It is an intervention that manages to find a balance between the static monumentality of St Petersburg's architectural heritage and the dynamism of the city. It is a city whose buildings, despite their seemingly untouchable grandeur, are actually flexible, adaptable devices that offer latitude to quotidian appropriation. Ultimately, it is this balance between the splendid and the ordinary that defines the atmosphere of the East Wing in its latest manifestation.

The façade of the General Staff Building sweeps Palace Square in a 580-metre arc.

MMXII

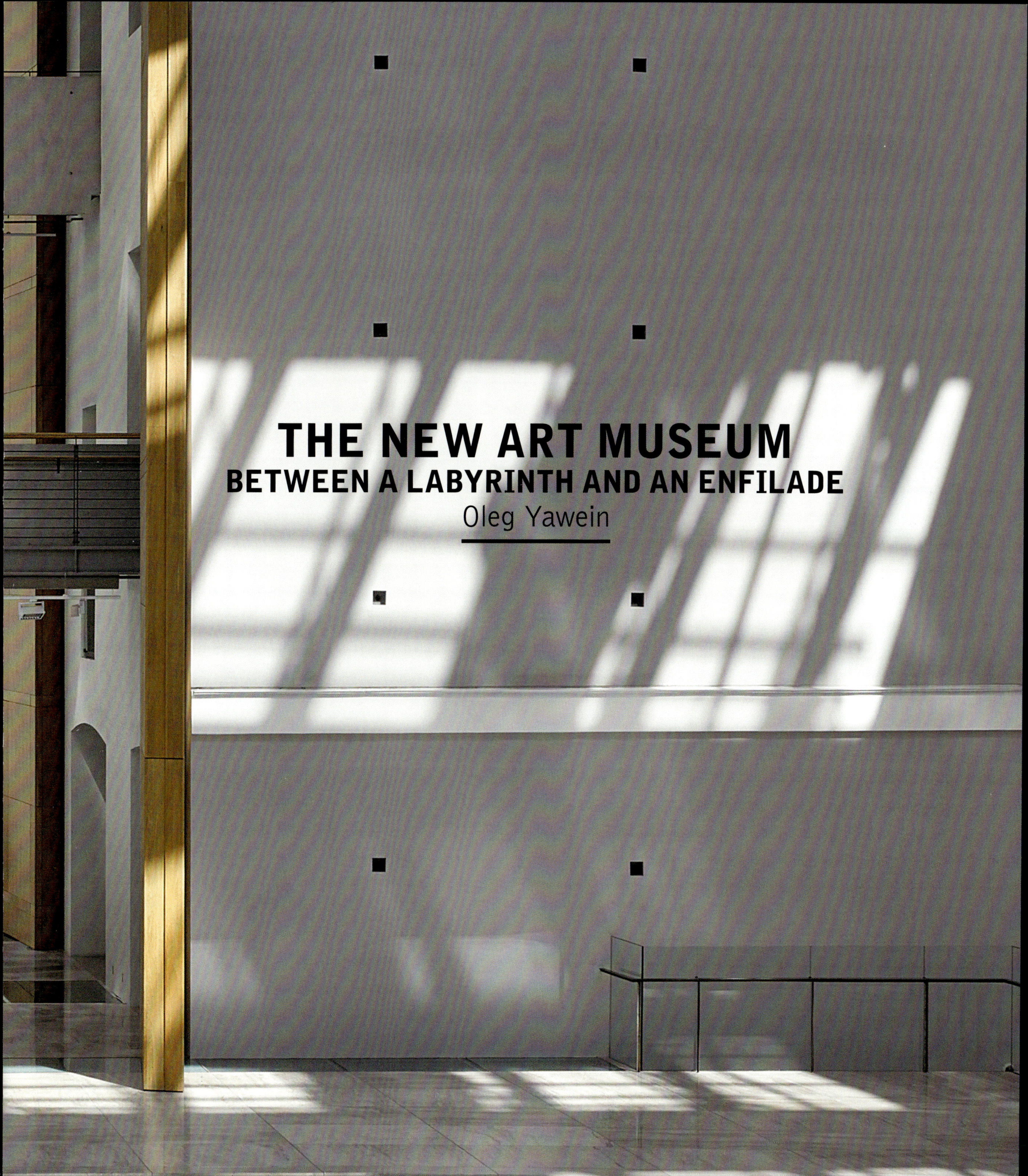

THE NEW ART MUSEUM

BETWEEN A LABYRINTH AND AN ENFILADE

Oleg Yawein

CONCEPT

The project to restore and renovate the East Wing of the General Staff Building is an attempt to create an architectural form based on the building's structural principles, which stretch beyond specific styles, and the spatial archetypes that in St Petersburg are reflected in both the Baroque and neoclassical eras and can take other forms today. The project architects were not in favour of creating any antique stylization in the authentic historic monument. Neither did they argue for the introduction of a wholly modern concept that deliberately points up the contrast between the old and the new; for this approach only attenuates the depth of the monument's architectural conception, so that the nature of such a historic masterpiece – both powerful and vulnerable at the same time – seems somehow 'corrected' by a modern scheme and in the end becomes subordinate to it. This project aims both to preserve the monument and to search for the new, that is, something not imposed from the outside but nurtured from within.

THE GENERAL STAFF BUILDING, INSIDE AND OUT

Foreign travellers of centuries past loved to compare St Petersburg's neoclassical ensembles with gigantic theatre sets. In this context, the General Staff Building is the most grandiose and theatrical of them all. Historians of the past and present have described the General Staff Building as the ingenious design of a neoclassical regular square. Behind its ribbon of front façades Carlo Rossi fit an entire intricate city district, including deep, well-like courtyards and many ministerial buildings. Over the years, the functions and owners of these spaces have changed many times, they have been redeveloped and damaged in fire, and always they have been off-limits to the public.

Throughout its history, the continuous renovations and the many reconstruction projects inside the building have essentially been based on the assumption that the external façades and the internal structures should be separate. Both those who proposed radically changing everything inside and those who declared the need to preserve completely all the interiors, including the crude renovations of Soviet times, were

OPPOSITE
The General Staff Building inside and out: the grand imperial façade (top) and the underside of inner courtyards (bottom), 2002.

proceeding on this same assumption, which they treated as a given truth. And it is true that if the interior is independent of the exterior, if the interiors and courtyards are autonomous and have their own value, then the functional and spatial organization of the museum's historical interiors should be based solely on these interiors, and not on a general town-planning idea that dates from almost two hundred years ago.

Our twelve-year experience of learning to understand the monument, of conducting analytical and project studies into it, proved the opposite: the General Staff Building is not just a city setting, albeit an ingenious one. The grand external façades and the internal 'city in a city' are much more closely linked and more interdependent than was previously thought. The order of the façade is bound to the order of the plan and cross-section, and the principle behind both is to distribute the functions and spaces inside the building. All this is selectively denoted by the external décor. Even the pattern by which the vaulted structures and flat ceilings, with their cornices and coves, are distributed is dependent on features of the exterior.

Perhaps this is where the particular importance of Carlo Rossi's building lies, in the fact that it is not just an unusually beautiful and significant ensemble, but that it represents the transformation of an architectural idea into a living spatial organism. Here the complexity and contradiction of time and place are reflected in its fundamental design and construction. The General Staff Building, as an architectural monument, is not only something to be visually interpreted, it also has an intelligible reality in which even minor foreign inclusions, although not visible from the outside, could ruin the idea of the whole. With such an understanding of the existing building, the task of converting its interiors and even its operational courtyards ceased to be one that could be approached in isolation. All changes needed to correspond to the initial concept for organizing the elements of the neoclassical ensemble as a whole.

THE HERMITAGE, INSIDE AND OUT

The assemblage of the Palace Square and the Hermitage buildings as they are arranged along the Neva embankment and its tributaries constitutes a pinnacle of achievement in

Bird's-eye view of the General Staff Building, 2001.

The structure of the General Staff Building: a hierarchy of levels.

architecture, when many buildings constructed for different purposes, in different eras and in a variety of styles, together form an amazingly unified ensemble. Much has been written on the skill with which the architects designed the façades of their buildings to complement the Baroque plasticity of the Winter Palace. However, it has never been explicitly recognized that the relationship between these different buildings is not only evident on the outside, but that it is also perceptible, perhaps even more so, on the interior. Such was the underlying structure of buildings in the golden era of Russian culture, which ran from the latter half of the 18th through the early 19th century, encompassing both the Baroque and the neoclassical periods.

The ideal model of the neoclassical building of the time resembles the structure of the Palladian villa. In Russia, this model emerged in country estates, city buildings and palaces at the time, when the existing rules and lifestyles were seen as the foundation of the world structure, and it became the norm. It is an interpretation of the lifestyle typical of the neoclassical era through space – something far more substantial than the mere reproduction of antique details. However many floors there were in a building, there were always three main levels. The lower level contained the main entrance hall, housekeeping and utility rooms: this was a place connected to the city, the district and the household. The top level was reserved for private life. The intermediate space, the *bel étage*, which the Italians call the *piano nobile*, represents the heart of the building as seen by outsiders.

The three levels were not necessarily limited to three floors. Only the top (private) level was usually confined to just one floor under the roof. The operations of the lower level could be restricted to the foundation level or they could expand to include the first two floors and basement with various functions distributed between them. Not only the first, but also the second floor could serve as the *bel étage*. In the mind of the 18th- or 19th-century person, the building consisted of three overall levels, where additional floors corresponding to any of these levels were known as entresols.

The intermediate level was the main one. In the 18th century, the *bel étage* was the floor on which balls and receptions were held. Functionally, it was something like an exterior within the interior, 'an internal façade', a continuation of the external public spaces inside the building. Below and above every room was separate from the others. On the *bel étage*, all of the spaces were continuous, open, and – ideally – infinite. This was the level of grand enfilades penetrating the entire floor. It is such enfilades as these that bring together the individual Hermitage buildings. Nowadays, we do not even notice when we cross from the *bel étage* of one Hermitage building to another. It is like following a chain of 'inner streets and squares', and these interiors have views out of enormous windows onto the embankments and Palace Square. The main staircases in the magnificent stair halls only rise as far as this level, and only in these halls is the space of the building 'torn open' and seen in its great height.

Such is the objective spatial basis of the internal unity of all the buildings in the Hermitage complex. It has been preserved and still functions today. And we decided to adhere to this pattern when including the East Wing of the General Staff Building in the State Hermitage Museum.

CARLO ROSSI'S ENFILADES AND THE ENFILADE THROUGH THE COURTYARDS

We decided that the enfilade principle would be key in the design of the exhibition rooms in the General Staff Building. This idea not only follows on from Carlo Rossi's original plans, it is also common to the exhibition halls in the Hermitage buildings: the Old Hermitage, New Hermitage, Winter Palace, and others. Despite the functional requirements for the ministries, Rossi initially included the continuous enfilade line in his plan. This may be why, above the ground level, the distant parts of the building in the line of the museum enfilades suddenly started to link up naturally, as if the architects had nothing to do with it. The building had never functioned in this way, but as soon as the new openings were made in its supporting walls it seemed that this was the way it had always been. The museum's circular route came about naturally.

The process of converting the office premises for museum use was confounded by the small dimensions of the rooms, offices and corridors that make up the entire building. A comparison of the plans for the Winter Palace, the New Hermitage and the

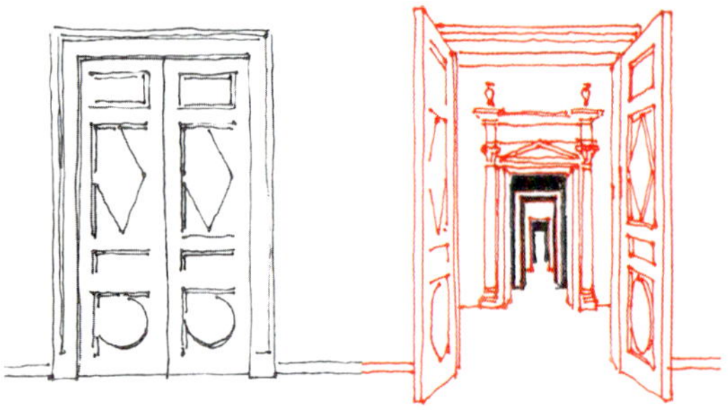

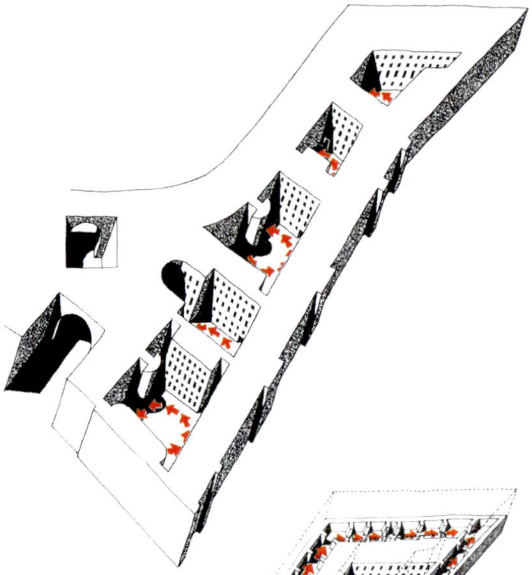

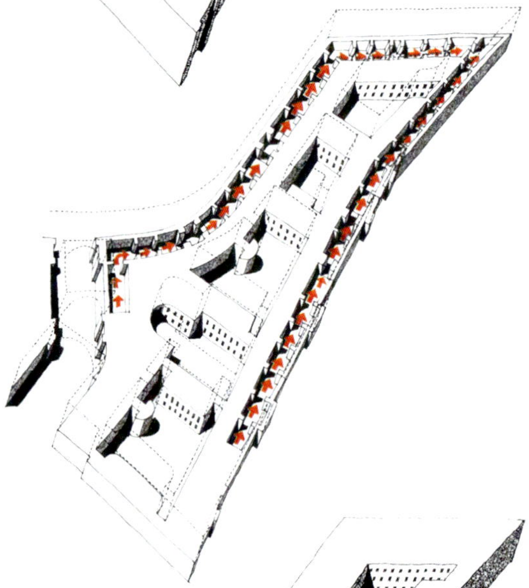

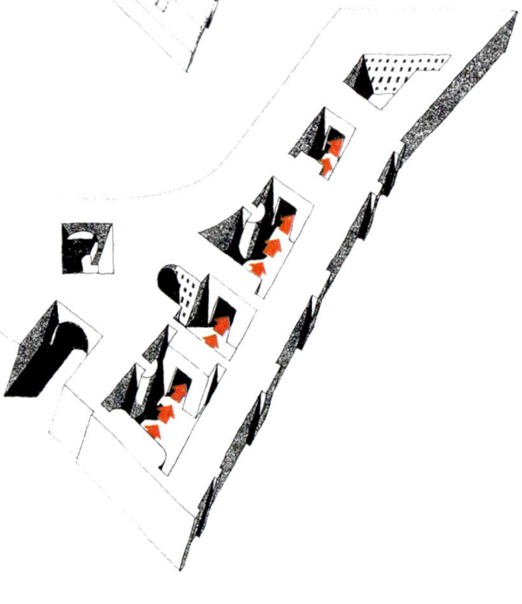

RIGHT, TOP TO BOTTOM

The swinging double doors and enfilade rooms stretching off into infinity are key images of the Old Hermitage.

The initial situation: a building quarter with five well-like courtyards.

The transformation of individual short enfilades into constant lines of enfilades.

The transformation of individual well-like courtyards into an enfilade with converging perspectives.

OPPOSITE

Konstantin Ukhtomsky, *View of the rooms in the Small Hermitage: the Dionysus Room*, 1854, watercolour on paper, 39 x 30.2 cm, Russia.

East Wing of the General Staff Building shows that there is a huge difference between the sizes of the rooms. The dimensions of the exhibition halls in the Winter Palace are probably only comparable with those of the courtyards in the General Staff Building. Special halls that corresponded to the Hermitage scale were needed. However great an architect's desire to leave everything untouched, in designing such an enormous museum it was necessary to create a communications and information hub for welcoming and accommodating thousands of visitors, helping them to navigate around the buildings.

However, these problems could not be solved without large-scale modern additions to the historical structure of the building. The many proposals put forward for the renovation of the General Staff Building confirmed this. But in the logical pattern of a classically modelled building there are acceptable ways of adapting the initial structure and diversifying it. We remain within the boundaries of the classical model if we transpose, for example, the layout with enfilades along the sides of the courtyards into one with enfilades along the sides of the central grand enfilade. And to do this there was absolutely no need to construct a new, monumental, neoclassical-style enfilade. If it is the structure and not the form that interests us, it is enough to build 'exhibition decks' along the axis of the well-like courtyards. These are raised on supports, so that they are on the level of the *bel étage*, or 'high' first floor, to connect the courtyards with the help of the large openings along the central axis. The openings in the transverse blocks at their full height turn them into exhibition halls of a Hermitage scale, alternating with the courtyards in a single central enfilade. In this case the design with courtyards is not completely transposed into a layout with a central enfilade at *bel étage* level. Instead, these two formations now exist simultaneously one inside the other, like architectural variations and historical layers.

This New Grand Enfilade, as we have named it, is the core of the figurative and functional spatial structure of the new museum. There is already a Grand Enfilade in the Winter Palace, and the New Grand Enfilade is the spatial symbol that makes the General Staff Building part of the Greater Hermitage. The New Grand Enfilade could be perceived as a multi-layered spatial axis connecting everything in the building to everything else and to Palace Square. It separates the levels, streamlines

TOP
The large door portals (14-metre high) and small doors ('doors within doors') open up and close off exhibition rooms, isolate them and connect them back with the enfilade.

ABOVE
When the doors are closed, the hall is an isolated space with overhead lighting; when they are open, the grand enfilade emerges.

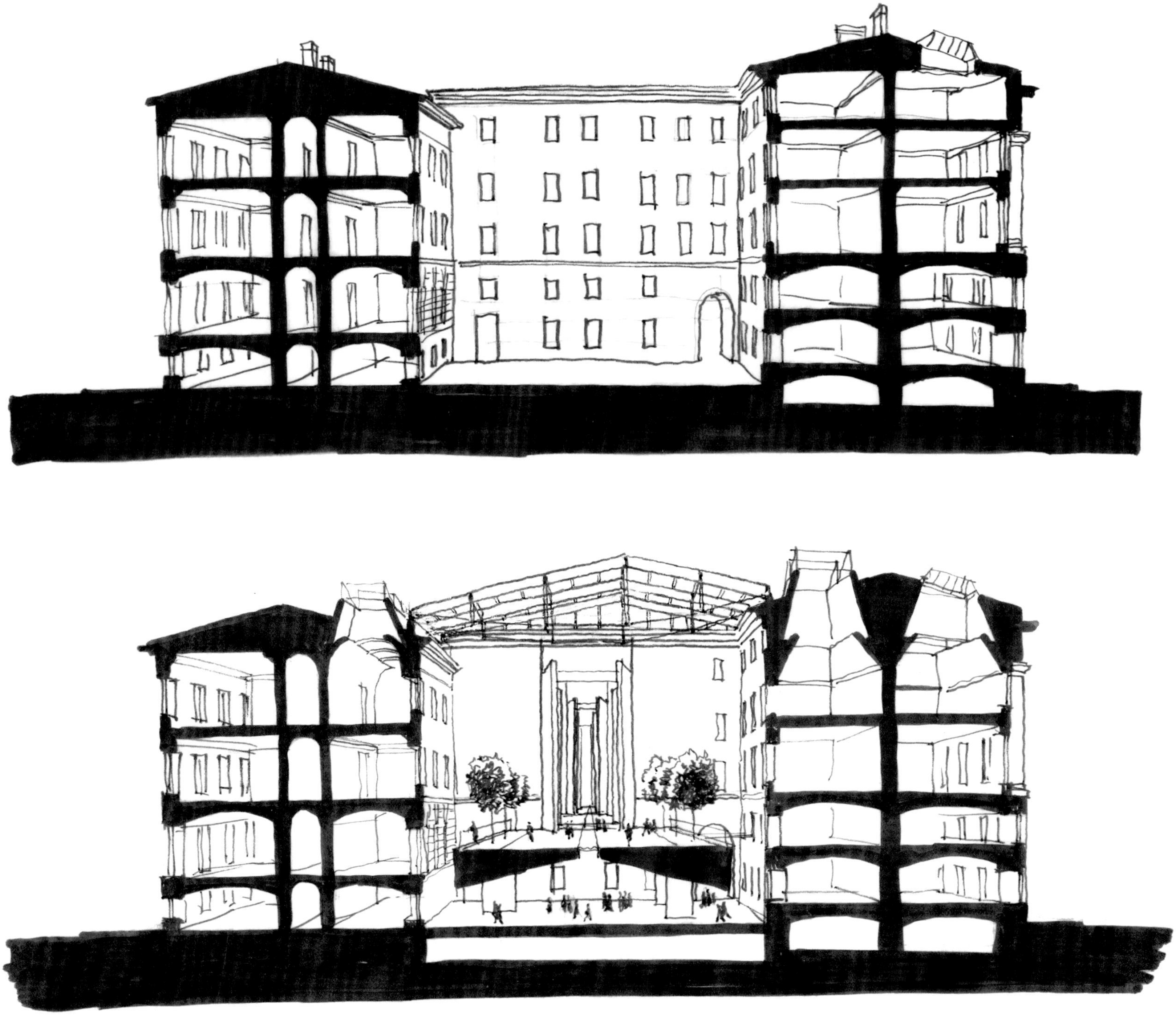

The East Wing of the General Staff Building in transverse sectional view before (top) and after (bottom) reconstruction.

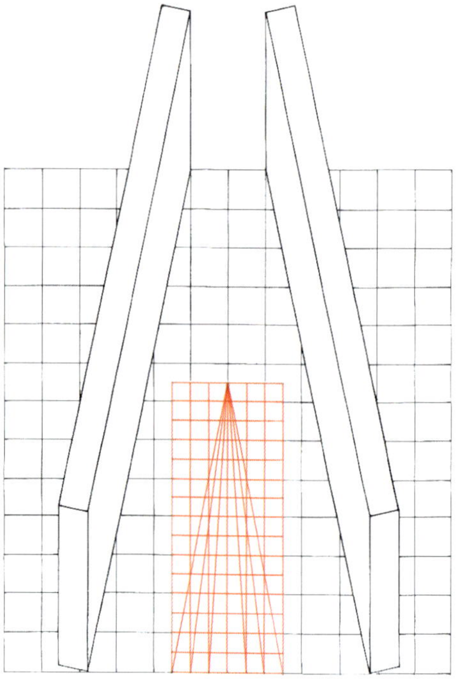

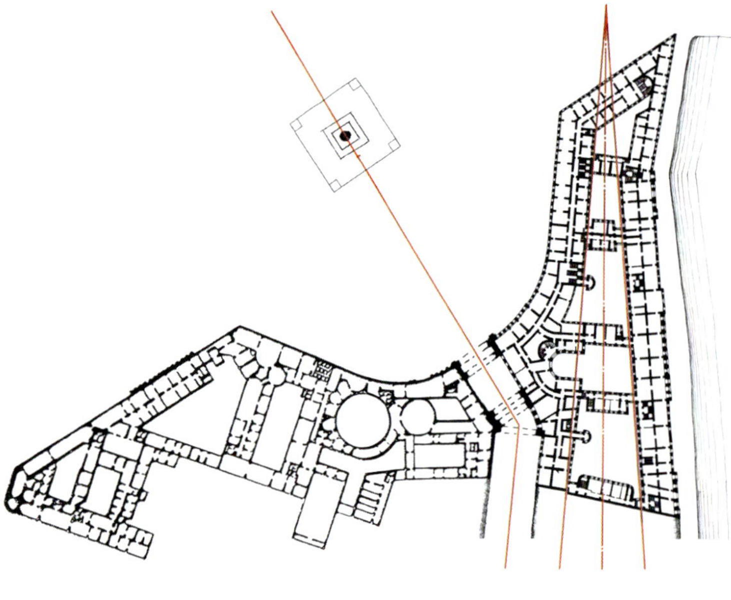

crowd movement, and leads visitors into the building (but not into the museum halls) at ground level. This is a zone of widened perception – it can be seen from everywhere and everything can be seen from it. But of itself, the New Grand Enfilade creates an open path through the halls and courtyards at first-floor level.

The construction of the large exhibition halls along the central axis involved partially dismantling the 'innards' of four transverse wings between the operational courtyards. This is the only thing that the architects actually allowed themselves to reconstruct in the whole building. These targeted realignments turned the separate labyrinths of this city quarter into the clearly coherent single organism of an enormous museum. Here the project revealed the parts of the structure where minimum transformation can have maximum effect.

PERSPECTIVE

Carlo Rossi, who created so many harmoniously balanced and truly classically designed buildings, developed the might and power of the classical order to a tremendous scale in the General Staff Building. But here, more than anywhere else, he also behaved unlike a neoclassical architect. It was as if he were purposely demonstrating the acuteness of improvisation, the expressiveness of irregularity and the irresolvable nature of contradiction. The architect's will is manifested just as strongly in the decisions he was forced to make as in the main architectural composition.

Reconciling the perfect Empire arc of the General Staff Building with the existing construction, the lines of the streets and the course of the river Moika, Rossi devised not only the famous fan-like curve of the triumphal arches, he also created the tapered building-quarter of the East Wing of this colossal structure. Strange as it may seem, this feature of the General Staff Building has long been overlooked. Meanwhile, Rossi's internal courtyard space does indeed match the Baroque perspective. By putting a perspective grid on the plan, this becomes obvious. It turns out that the central axis of the perspective line is aimed directly at the symbol of St Petersburg – the spire of the Peter and Paul Cathedral – which is crowned with a golden angel that has blessed the city from the moment it was founded.

When the New Grand Enfilade was built, the convergence of perspectives of the palace spaces became clearly noticeable. Being the result of the collision of creative conception and external factors, this convergence of perspectives lies at the heart of the conceptual context of Rossi's work: the Baroque perspective has been one of the fundamental spatial symbols of St Petersburg since it was founded. Following Baroque lines of perspective, which meet at some infinite point, the new capital confirmed its European roots, in contrast to medieval Russian traditions.

For various reasons, there are practically no right angles in the plans for the courtyards of the East Wing of the General Staff Building, and we decided not to add new right angles to this irregular geometrical design. Instead, the principle of converging perspective determined the geometry of our layout. This converging perspective of lines around the central axis results from the lines of the old buildings. These lines coincide with the lines of the courtyard walls exactly in many places, and very nearly in others. In thinking about building modern structures within this geometry, the perspective grid became the guide for the whole, including any new parts and elements. New interventions were made to reinforce selected features of the historical building within the zone of the central line.

In the New Grand Enfilade, visitors are 'drawn' into a funnel-shaped space where perspectives converge. Conversely, as they reach the end and turn around, visitors find themselves in a space whose geometry expands into the distance, producing something like a 'reverse perspective'. However, the height of the space has not changed; it is only the lines in the layout coming together or moving apart that creates this effect, which is more complex than a simple illusion. The geometry, configurations and constructions of the new halls all obey the principle of convergence of lines of perspective. Along these lines, the large doors become narrower and narrower from hall to hall. The convergence of the perspective grid materializes in different places in different ways, dimensions and materials. This principle guides the entire geometry of the concrete and metal structures, including everything from the joins in the glass and all the different types of seams, right up to the fittings and fixtures. We are using perspective not as a form, but as a diagram, a Baroque-neoclassical diagram of modern forms.

OPPOSITE, LEFT
Aerial photograph of the heart of St Petersburg with Palace Square and the Peter and Paul Fortress, 2003.

OPPOSITE, TOP RIGHT
Diagrammatic representation of the 'straight perspective' of the New Grand Enfilade.

OPPOSITE, BOTTOM RIGHT
The fan-like curve of the triumphal arches and the convergence of perspectives in the courtyards of the East Wing of the General Staff Building.

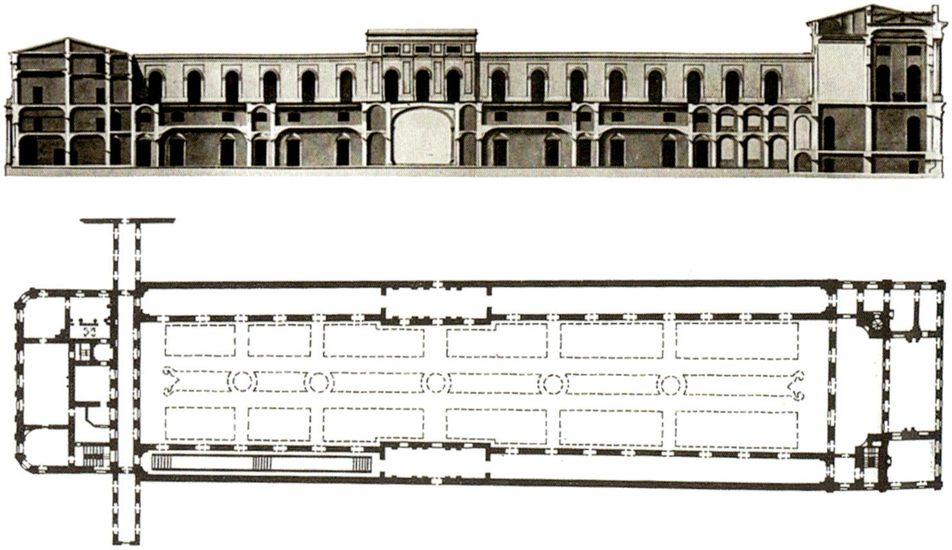

LEFT
Yury Felten, *The Small Hermitage project*, 1767, Russia. Longitudinal sectional view (top) and plan at the hanging-garden level (bottom).

THE HANGING GARDENS AND TRANSFORMER HALLS

Artworks in the Hermitage are displayed as part of the museum's grand interior and surrounded with paintings, sculptures, pieces of furniture, patterned floors, ornaments and magnificent views from the windows. A viewer used to this rich context would find the same artwork, when set against a neutral background, devoid of a certain tension and dialogue with its environment. It is a very special feature of the Hermitage interiors, which are valued not only for their aesthetic worth, but also for the memories they hold, the things they represent and the stories they tell.

Metaphor here is more essential than fact; association governs function. Thus, the hanging gardens of the Old Hermitage are not a way to add greenery to the interior, but are Gardens of Semiramis, which we associate with Catherine the Great; the Hermitage Theatre is not a small national stage, but an open-air Italian theatre for the elite.

Here form follows an idea or mythology. The chosen ideal is adopted into everyday life, resulting in perfect functional execution.

We tried to account for this reasoning, so alien to the modern mind, when assimilating the General Staff Building into the Hermitage.

An early example of the Russian 'hermitage' can be seen in the Hermitage of Peter I, located in the Emperor's gardens in Peterhof. It was conceived as a gathering of 'hermits', the chosen close friends and associates, who were removing themselves from the outside world to enjoy each other's company. To avoid undesirable intrusion from servants, a mechanical system of pulleys was installed to lift and lower chairs, tables, tableware and guests (via a chair lift) from the ground floor to the upper floor, where they could dine in complete privacy. The walls of the two floors were almost entirely covered with Peter's collection of paintings. This principle became key to the model of the Hermitage as it was used from then on. Catherine II developed the idea, commanding that a hanging garden supported by brick

FAR LEFT
Yury Felten, *The Small Hermitage project*, 1767, Russia. Sectional view of the Central Hall: room with a lifting platform.

LEFT
Room with rotating wall panels and a double-sided display at the Sir John Soane's Museum in London.

vaults be constructed at first-floor level in the Winter Palace. In the pavilion at the north end of the garden, rooms with table-lifting mechanisms were built and here, surrounded by works of art, elite gatherings or 'hermitages' were held. The name for these gatherings then attached itself to the pavilion, which became the starting point to the Hermitage Museum as we know it.

Here we see the same type of layout that exists everywhere in the palace complex, an enfilade. But in the Small Hermitage this enfilade comprises hanging gardens and a hall equipped with a mechanical system similar to that installed at the Hermitage in Peterhof. It could very well be that the Hermitage is the only museum in the world that grew out of hanging gardens and rooms accessed by mechanical equipment. Here the art galleries were joined to the winter gardens, rather than the other way round. Later the pavilions were extended: the Great Hermitage was built, and then the New Hermitage, which became the first public museum in Russia. Finally, the Winter Palace became part of the museum too.

It was the desire to breathe new life into this Hermitage structure that provided the initial impetus for creating the New Grand Enfilade. This idea arose at the very start of the project with the survey drawing of the East Wing of the General Staff Building. Thus followed the proposals for hanging gardens and transformer halls with 'live walls'.

In the new large Hermitage halls we decided to make the mechanics meet the needs of the exhibition and create a space that can be completely transformed. The doors of the New Grand Enfilade are the full height of the fourteen-metre wall, as we endeavoured to achieve a resemblance to the large main Hermitage doors. When the doors are closed, the hall becomes a box lit from above. As soon as the doors are opened, the New Grand Enfilade becomes apparent.

This principle of movable, or 'live', walls is also used in the side walls of exhibition halls, where the wall 'leaves' can be partially opened out to reveal the main wall, or fully closed, flat against the existing wall to create a single surface. Artwork can be displayed on both sides of the wall leaves and also behind them on the main wall. The various permutations of opening and closing the wall leaves mean that exhibitions can be changed and space can be opened out or closed up almost instantly, or new exhibitions can be installed without dismantling previous ones.

The New Grand Enfilade: direct and reverse perspective, 2004.

FUNCTIONAL ZONES, ROUTES AND EXHIBITIONS

Prior to the restoration, the layout of the East Wing of the General Staff Building (the building of the civilian ministries) gave the impression of being either a vast labyrinth, or a mosaic of rooms, enfilades and irregular vaulted caves. The structure of the building and its layout can be interpreted in many different ways. However, even under Carlo Rossi's design the building comprised at least two very different principles of spatial organization: the functional structure of the bourgeois business quarter and the compositional structure of the neoclassical ensemble. Functionally, Rossi designed the ministry building as an irregularly shaped city quarter comprising individual vertical structures each with its own entrance, stair halls and organization of enfilades and corridors. At the same time, this same structure was composed (and built) as floor-by-floor horizontal lines of enfilades, sometimes with parallel corridors.

Our museum project builds on, and magnifies, the enfilade principle, turning the series of rooms into exhibition routes to accommodate the flow of people, and thereby converts the composition into a functional device. But all the rooms and the vertical structure of the 'city quarter' concept were completely preserved. As a result, the New Grand Enfilade can function as a central street, preserving the historical main staircases and landings in the buildings on both sides. In this scheme, one museum functions simultaneously as a system of floor-by-floor large and small circuits and as a tree of paths to selected halls and paintings that branch from the multi-level entrance hall atrium. The combination of all the structures creates a spatial grid with an atrium at its core, circuits around the perimeter, fast-paced vertical communication and a network of short transverse connections between the enfilades. Thanks to this structure, the new complex synthesizes the features of both a vast popular museum and an elite institution simultaneously. Visitors are given the opportunity to choose from a variety of possible routes, either passing through the different periods and movements of art in chronological order or going straight to a particular work.

In the new arrangement, the ground floor of the General Staff Building is treated as a 'city forum', a continuation of the adjoining public space of Palace Square. All of the original entrances and exits into and out of the courtyards are revealed and visitors may, as they enter the building-quarter, pass along under the 'exhibition decks' in any direction. The General Staff courtyards are a chain of atriums along the square, creating a kind of 'parallel Palace Square'. The Palace Square itself now flows into the courtyards of the East Wing of the General Staff Building as if passing under a canopy or arcade. Here, at ground level, there are ticket offices, the main hall, an information centre, cloakroom, book and souvenir stalls and restaurants.

The main entrance is located in the largest of five courtyards. Passing through the ticket gate, visitors ascend the main staircase in the museum part of the complex, emerging into the Grand Enfilade of hanging gardens and exhibition halls. The first floor is an area for temporary exhibitions of 19th-century decorative applied art. On the second floor, the location of most of the Grand Empire enfilades, 19th-century art up to 1860 will be displayed. And, finally, the top floor, which receives natural light from different sources, such as the new and old skylights, will be home to art from the late-19th to the early-20th centuries, including Impressionist and post-Impressionist paintings from the famous Shchukin-Morozov collection.

Joining up the once-distant parts and levels of the East Wing of the General Staff Building into a single museum, we endeavoured to preserve the whole historical complex of the building. However, while retaining its labyrinthine essence, we wanted it also to acquire an evident three-dimensional 'construction for display' so that the exhibits in the various halls on various floors, even though they comprised a mosaic of themes, subjects, movements and countries, would, in this building, also acquire the sense of a whole spatial picture of 19th–20th century art.

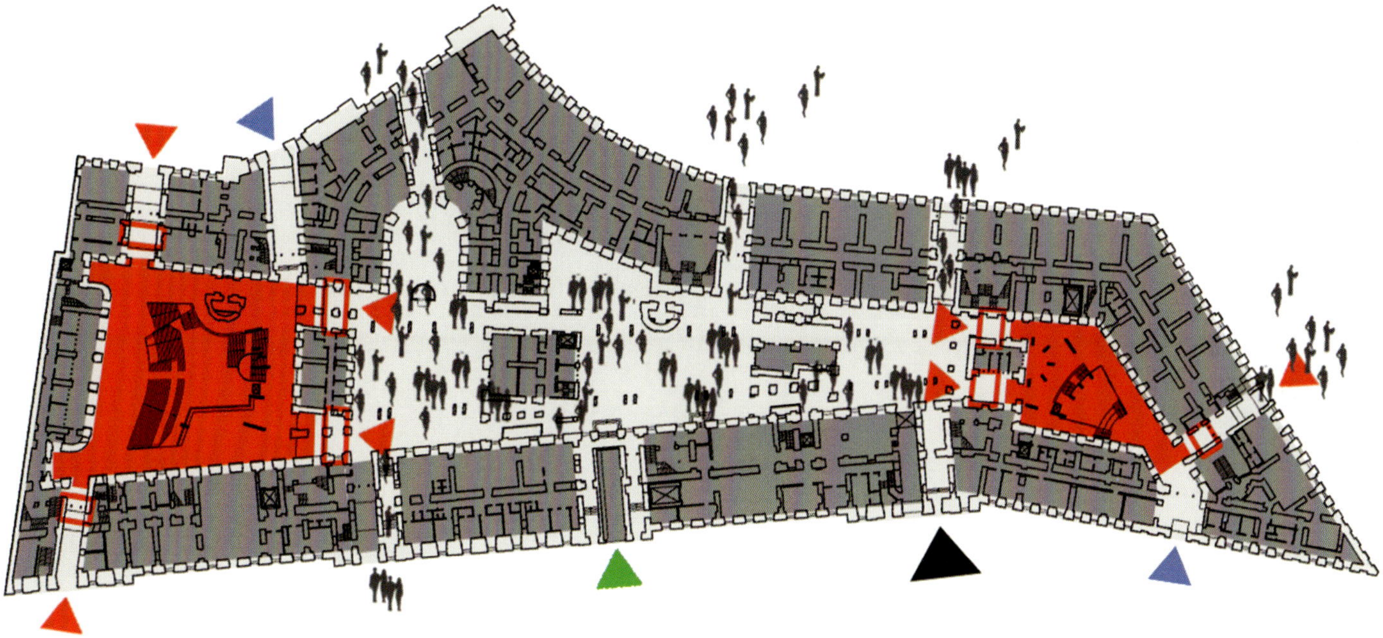

TOP

Public spaces and entrances to the Great Hermitage: Palace Square, the outdoor courtyard in the Winter Palace and the indoor atrium in the General Staff Building.

ABOVE

The ground floor of the General Staff Building is a walk-through quarter with exits on all sides. The main entrance to the museum is in the largest of the five courtyards.

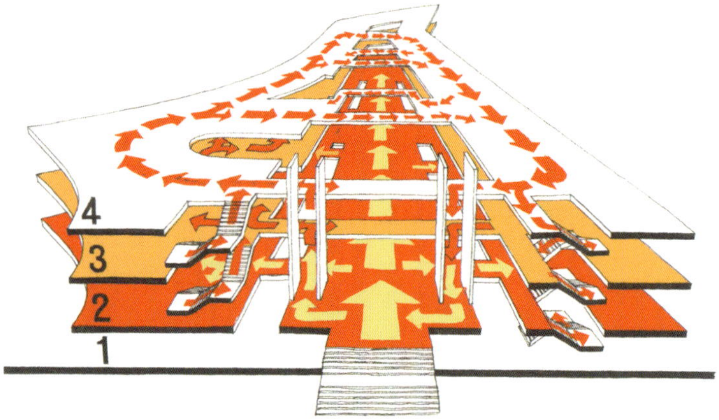

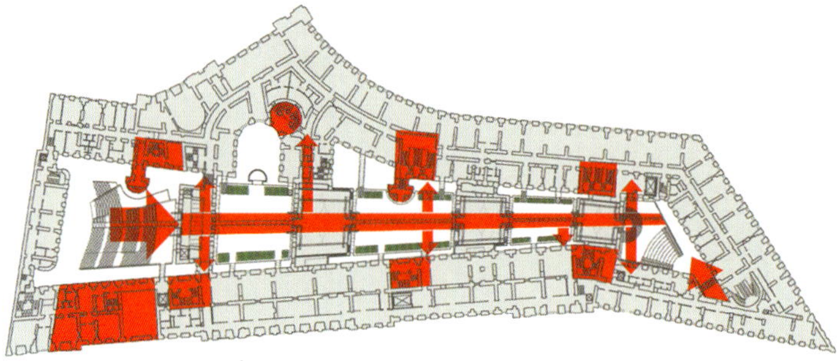

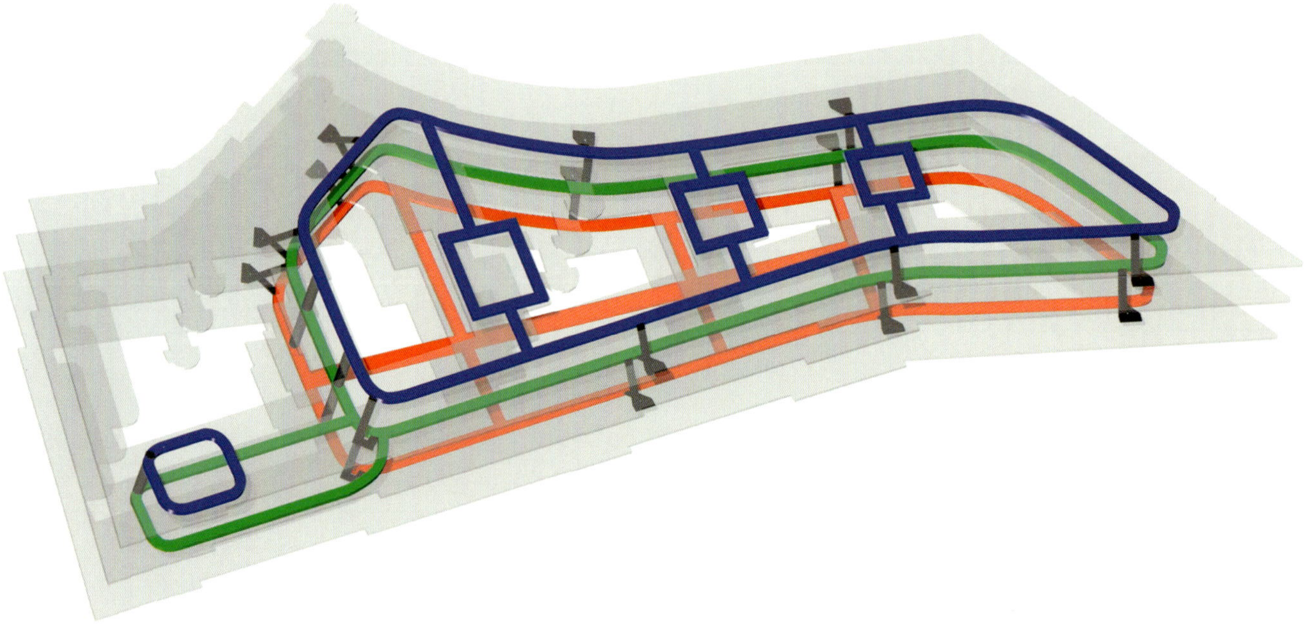

TOP, LEFT
The new museum is a single spatial grid with a high central space, circular routes and a network of short transverse connections on the upper and lower levels.

TOP, RIGHT
The pivotal point of the New Grand Enfilade and the vertical communications in the historical staircases.

ABOVE
Comprehensive diagram of communications and routes.

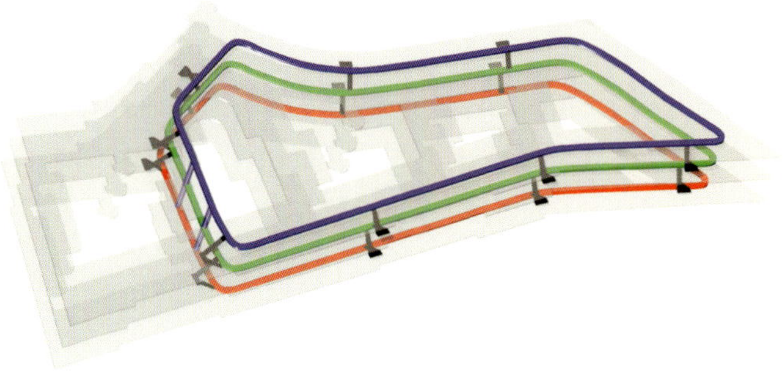

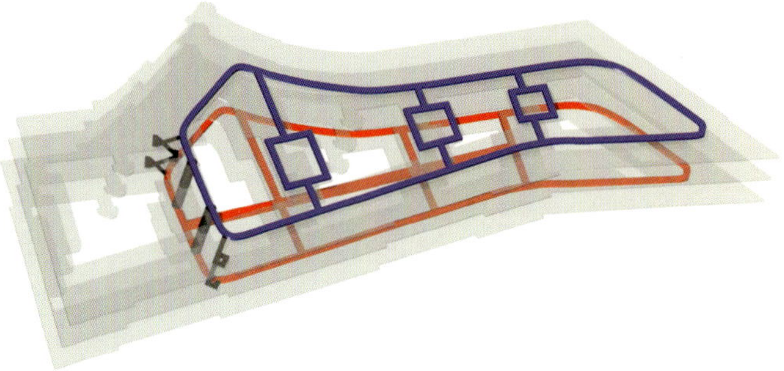

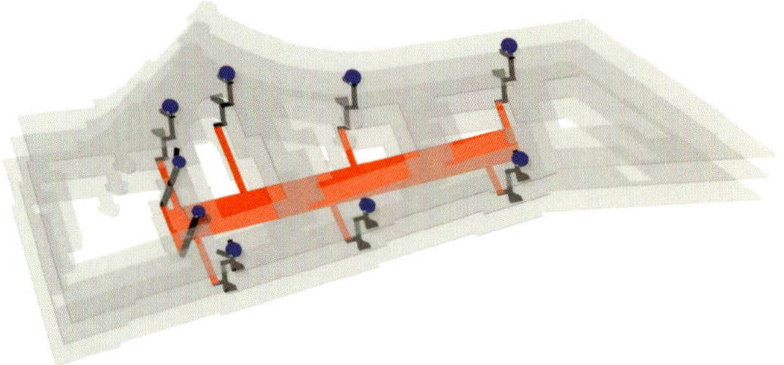

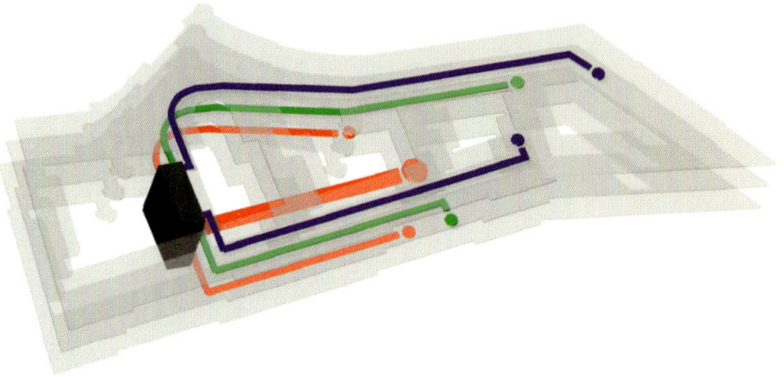

ABOVE, TOP TO BOTTOM
Diagram showing the large circular routes around each floor. All routes pass through the old parts of the building, emphasizing the encyclopaedic nature of the Hermitage Museum and the many historical periods it encompasses.

Diagram showing the small circular routes and transverse connections. There are passages between the sections of the building along the New Grand Enfilade on the upper and lower levels, as well as a series of small circular routes, enabling individual, themed tours.

Pivotal diagram showing the horizontal axis of communication, the path along the New Grand Enfilade. Spots indicate the places where one can move to other levels, and the routes to the most popular paintings are represented here.

Diagram showing the vertical axis of communication: from the vertical communications centre in the entrance hall, the paths lead horizontally to any point on each floor of the museum.

БОЛЬШОЙ ЭРМИТАЖ

PROJECT FORMATION

The State Hermitage Museum in the General Staff Building is an intricate museum complex of over 60,000 square metres. The functional programme of this complex has been developed simultaneously with the project and then adjusted and altered over a long period of time. The project to restore and renovate the East Wing of the General Staff Building is not a search for solutions to follow an ideal museum programme, but rather the assimilation of an architectural landmark, one of the symbols of the Russian Empire, into the museum complex.

This is a building of magnificence and beauty, which in itself often predetermined the museum programme, as well as how it could and how it could not be used. It could be said that this building already contained the appropriate paths and programmes of its possible evolution. However, these paths were impossible to work out in advance. It was not enough simply to study the structure thoroughly. The way for the museum to assimilate the monument only became clear as the design process progressed. And that process could not be avoided or simplified.

The project was not created as a direct result of the functional programme, scientific recommendations or architectural conception. All of these considerations ran parallel to the design solution. Our work was somewhat like project research. The architects strived to create spatial solutions that, although complex, would remain a neutral framework within which works of art and visitors to the museum would be able to 'have a life of their own'. The project architects tried to avoid any purposeful architectural beautification and set themselves the task of executing the architecture according to the principle of 'almost nothing'.

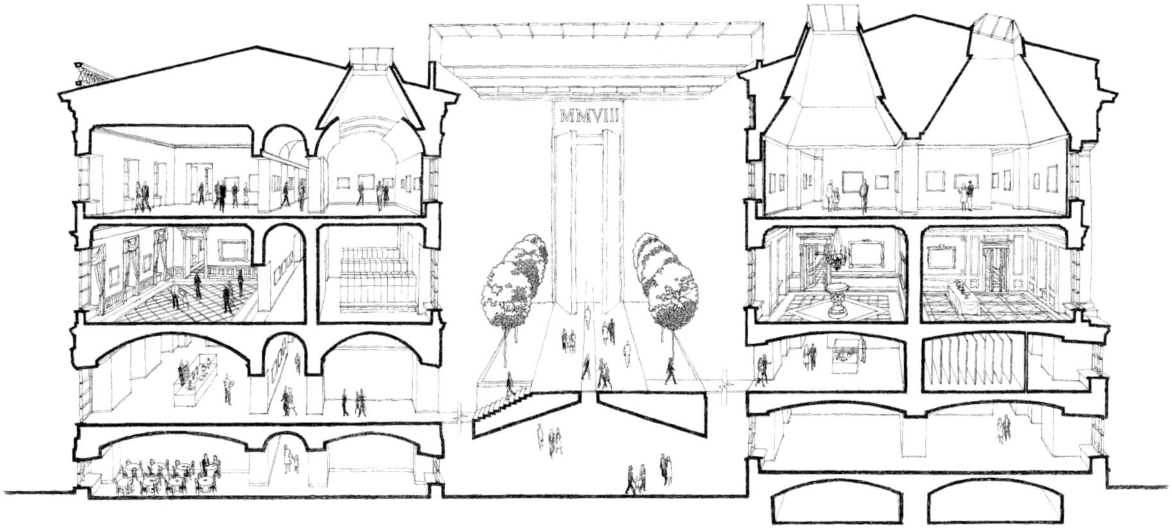

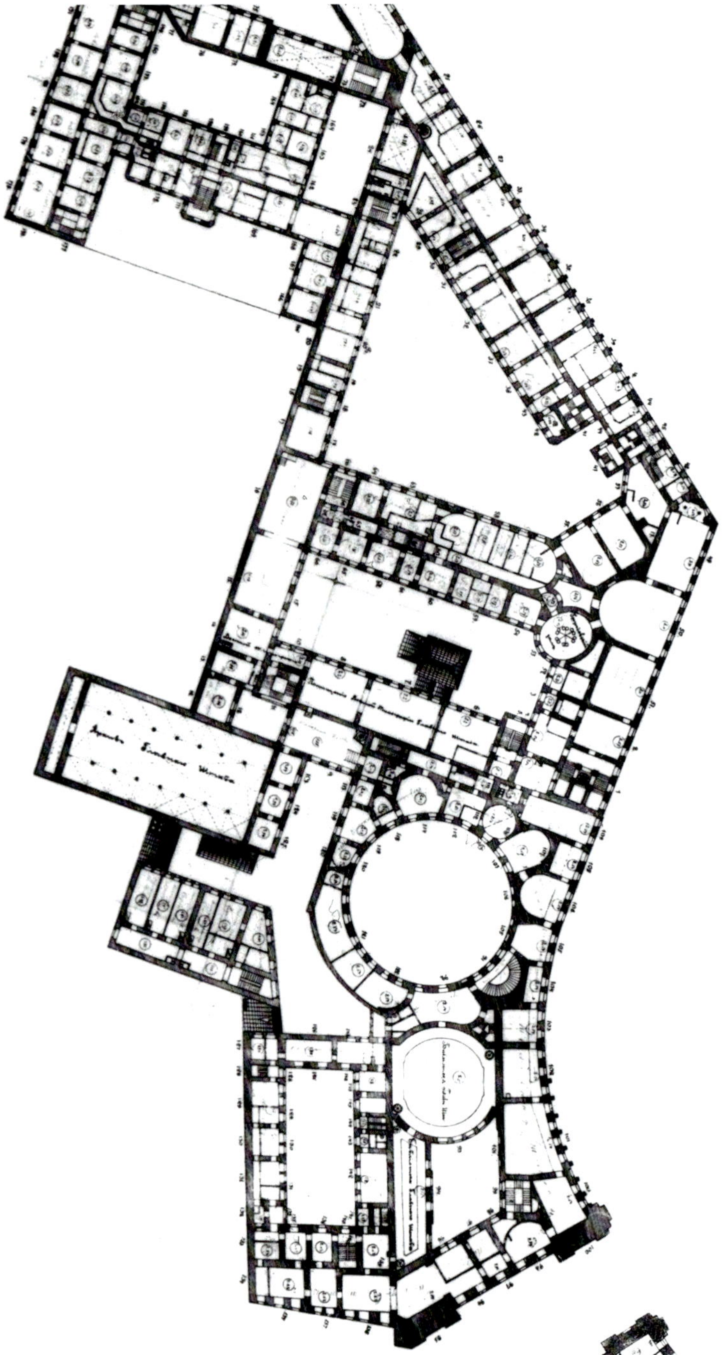

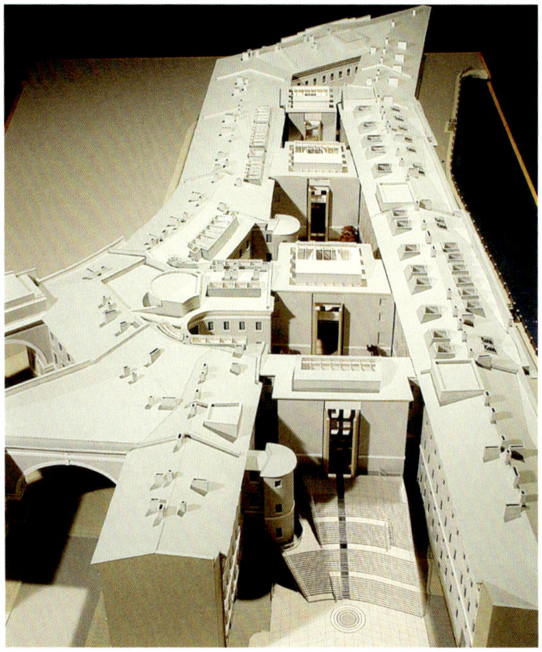

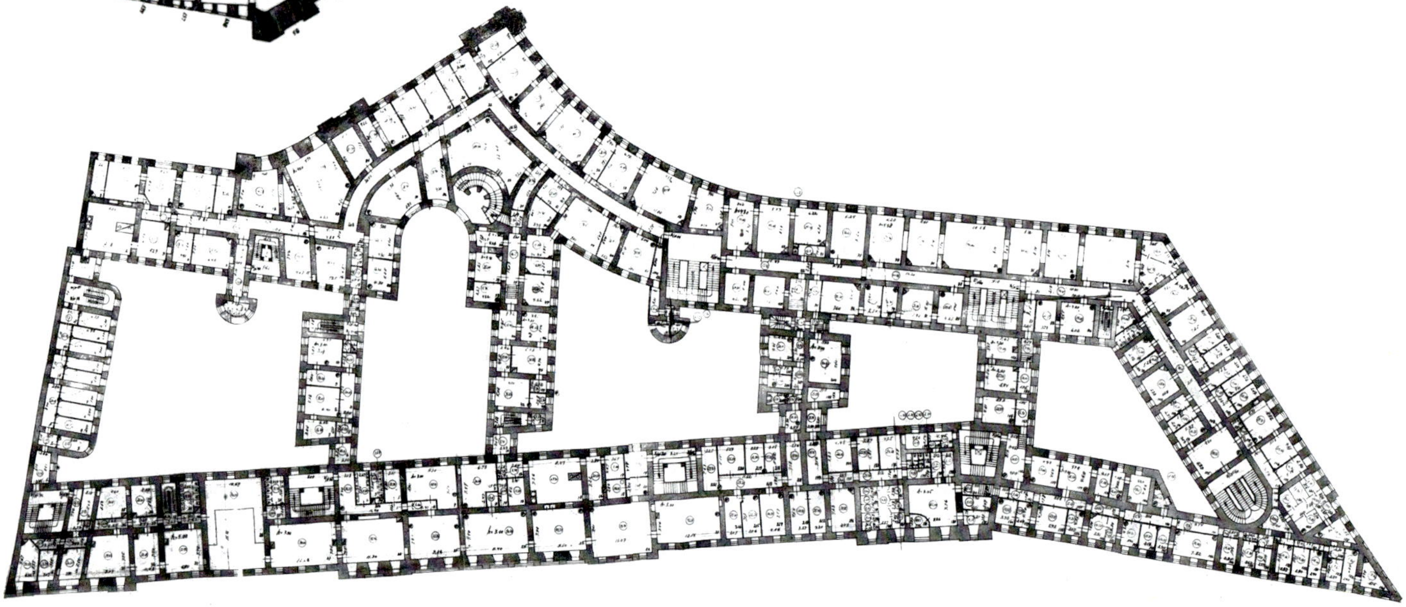

PREVIOUS PAGES
Sketch of the restoration and renovation project for the East Wing of the General Staff Building.

The East Wing of the General Staff Building in transverse sectional view, showing the New Grand Enfilade, the pivotal point in the image and the functional spacial structure of the new museum.

OPPOSITE, LEFT
Plan of the ground floor, early 20th-century measured drawing.

OPPOSITE, RIGHT
Model created for the projected restoration and renovation of the East Wing of the General Staff Building.

ABOVE
Project plan of the ground floor.

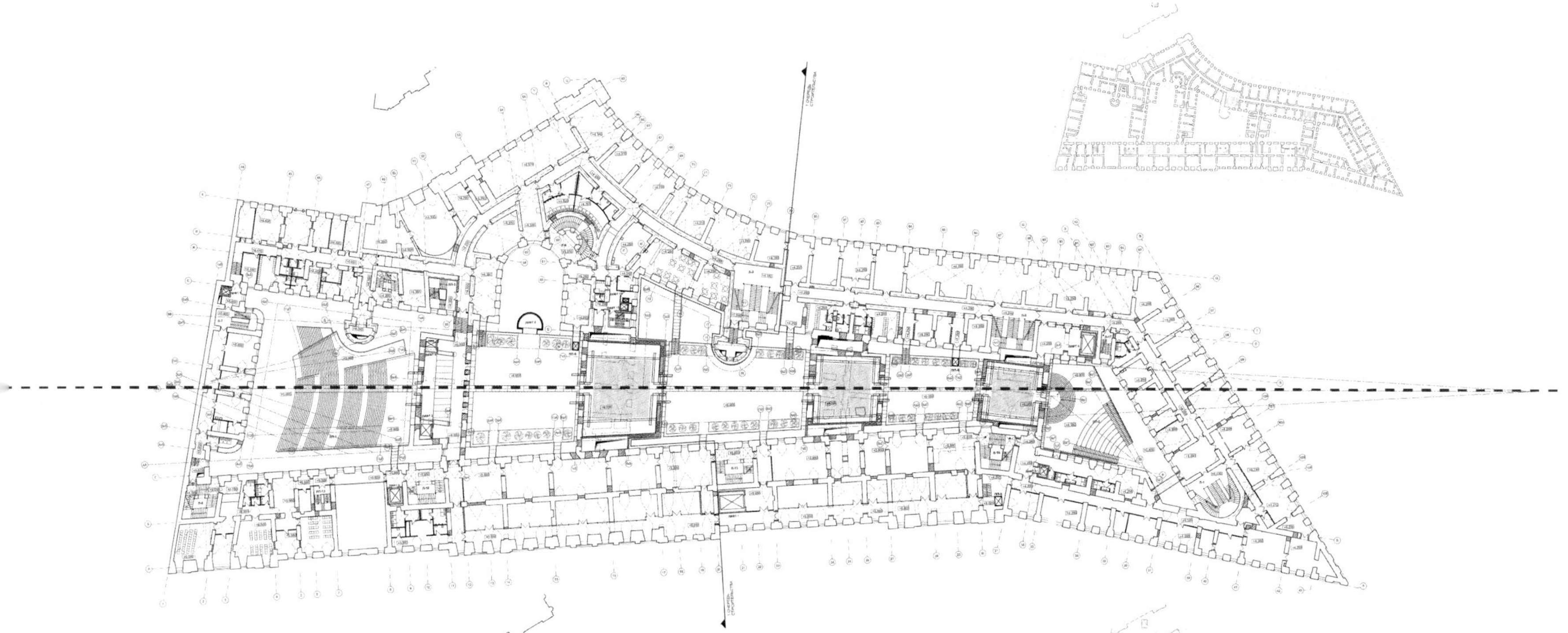

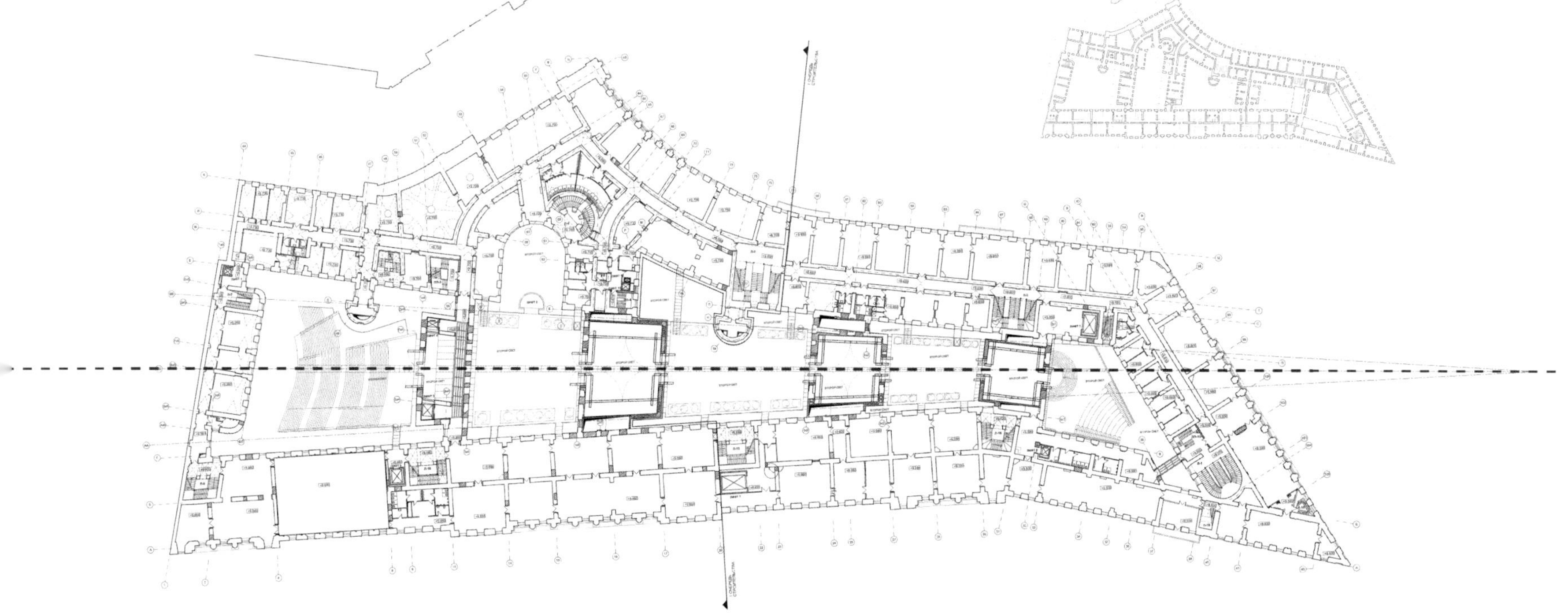

TOP, LEFT
Project plan of the first floor.

TOP, RIGHT
Key plan of the first floor, 2003.

ABOVE, LEFT
Project plan of the second floor.

ABOVE, RIGHT
Key plan of the second floor, 2003.

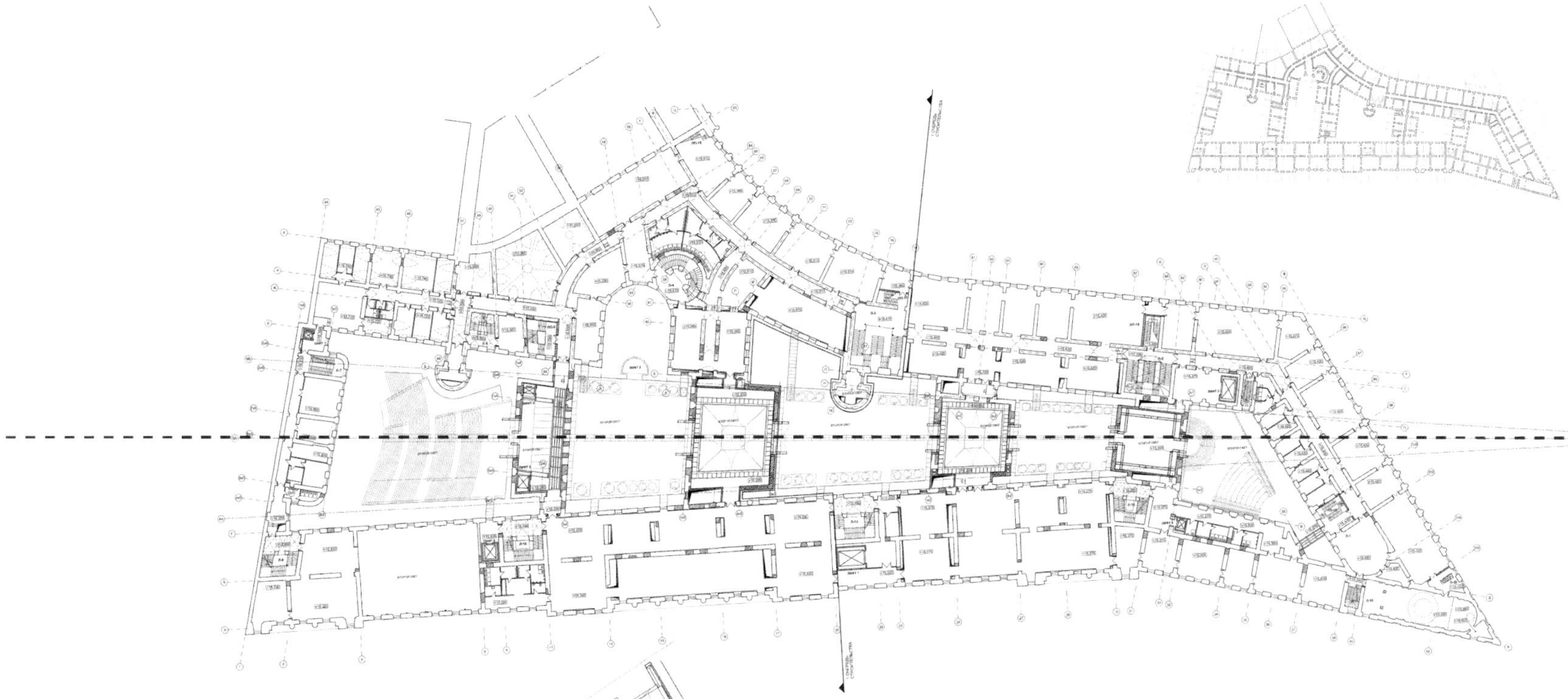

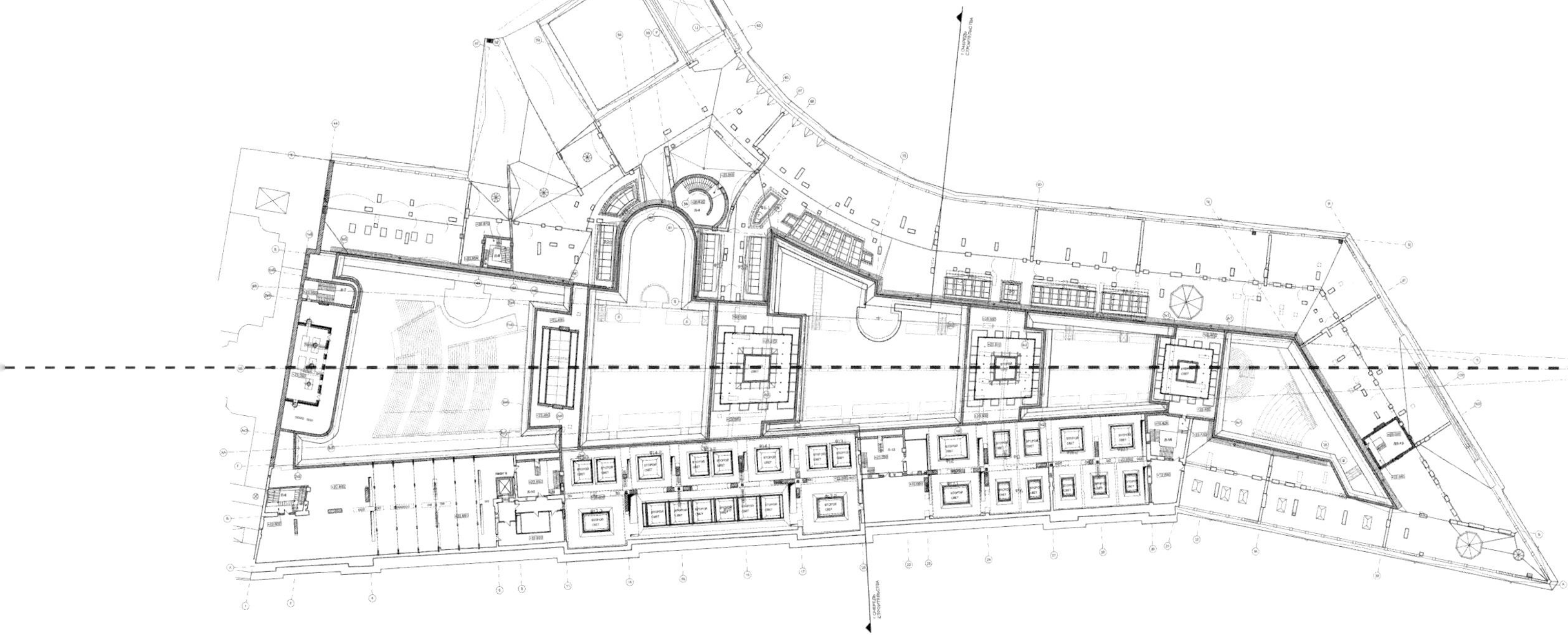

TOP, LEFT
Project plan of the third floor.

TOP, RIGHT
Key plan of the third floor, 2003.

ABOVE
Project plan of the fifth floor.

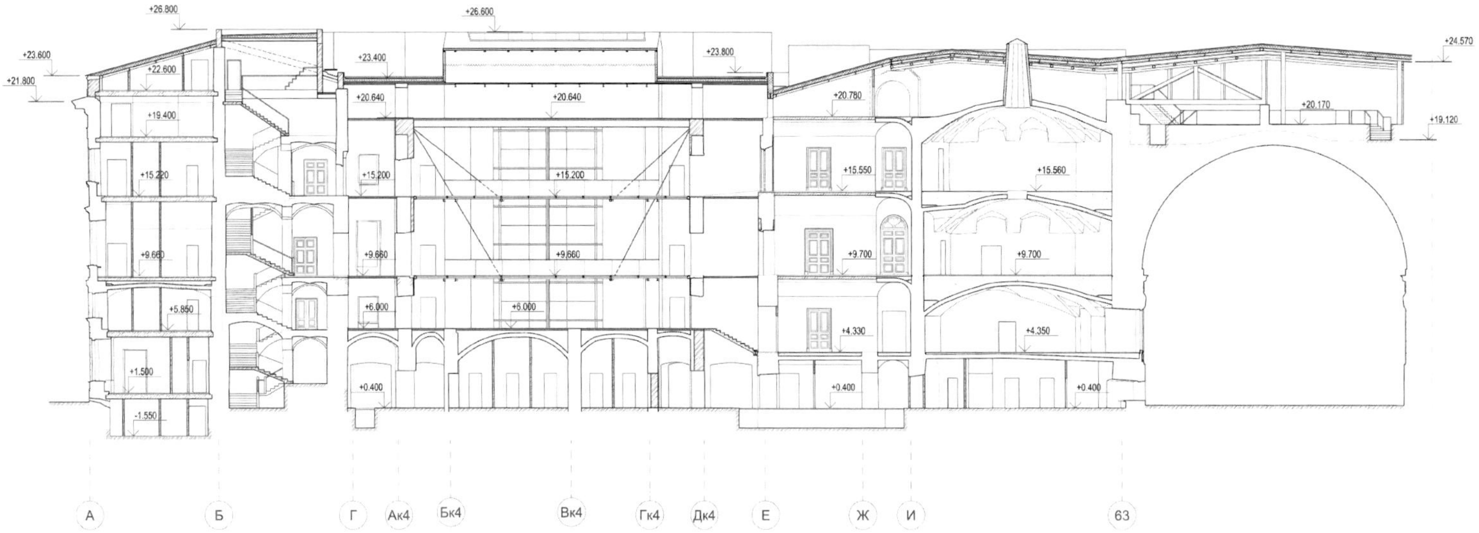

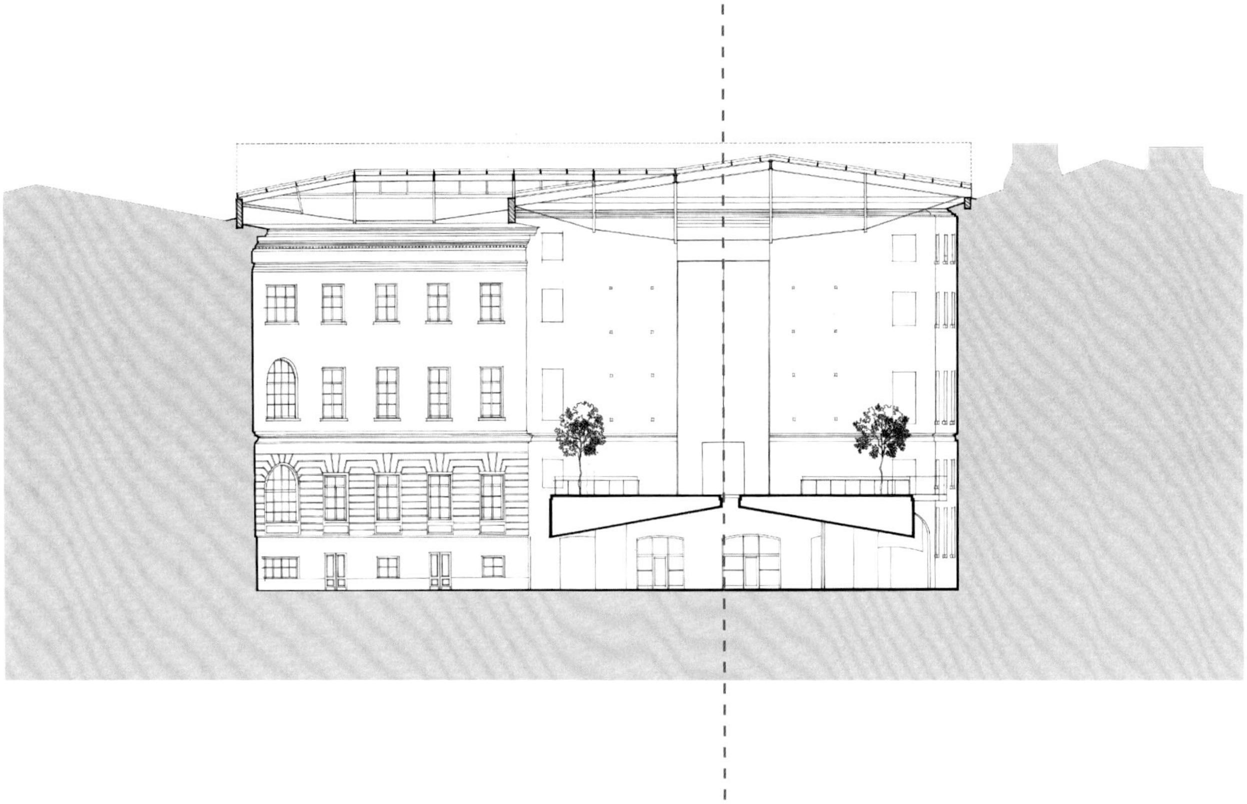

TOP
Transverse sectional view of the entrance hall and triumphal arch.

ABOVE
Transverse sectional view of the second courtyard in the East Wing of the General Staff Building.

OPPOSITE, TOP AND BOTTOM
Transverse sectional view of the third courtyard in the East Wing of the General Staff Building.

OPPOSITE, CENTRE
Transverse sectional view of the main hall in the East Wing of the General Staff Building.

OVERLEAF, TOP TO BOTTOM
Longitudinal sectional view of the section of the building located on Palace Square.

Longitudinal sectional view along the axis of the New Grand Enfilade.

Longitudinal sectional view of the section of the building located on the river Moika.

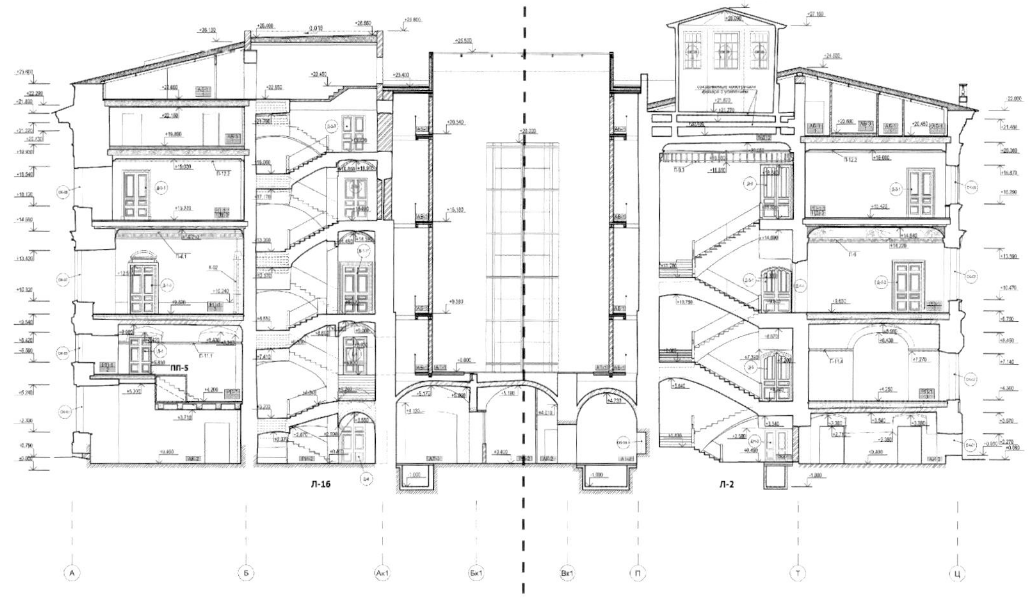
ПП-5
Л-16
Л-2
А
Б
Ах1
Бх1
Вх1
П
Т
Ц

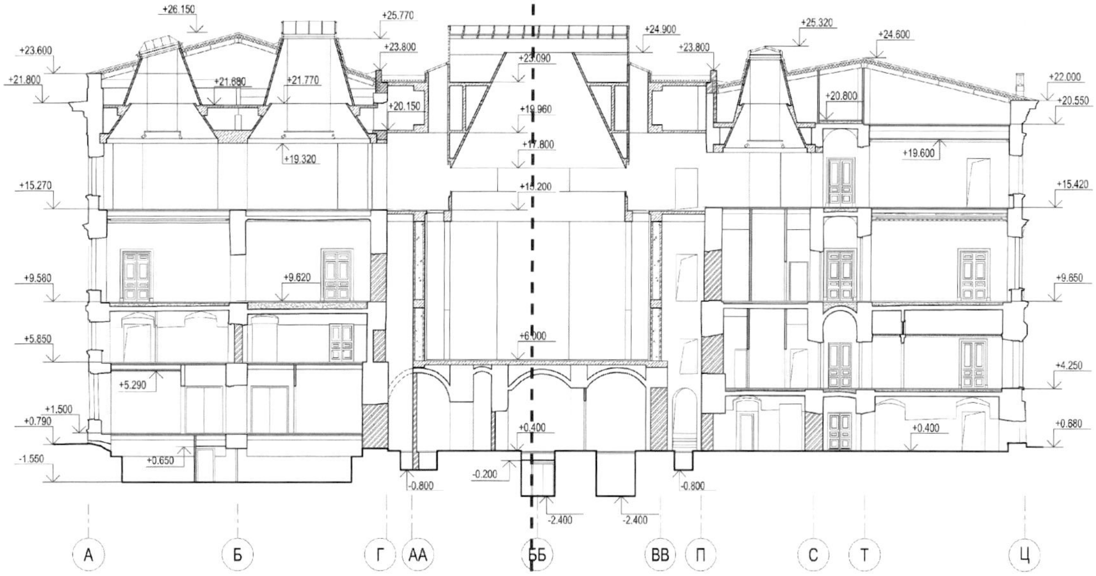
+26.150
+25.770
+24.900
+25.320
+24.600
+23.600
+21.800
+23.800
+21.680
+21.770
+23.090
+23.800
+22.000
+20.550
+20.150
+19.960
+20.800
+19.320
+17.800
+19.600
+15.270
+15.200
+15.420
+9.580
+9.620
+9.650
+5.850
+6.000
+4.250
+5.290
+1.500
+0.790
+0.400
+0.680
-1.550
+0.650
-0.200
-0.800
-2.400
-2.400
-0.800
+0.400
А
Б
Г
АА
ББ
ВВ
П
С
Т
Ц

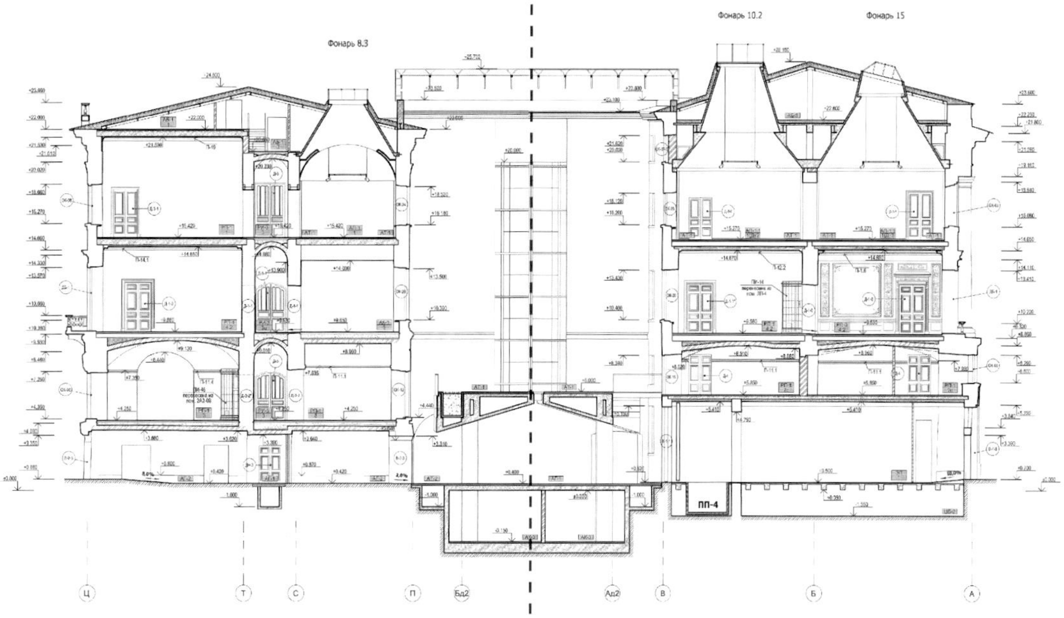
Фонарь 8.3
Фонарь 10.2
Фонарь 15
ПП-4
Ц
Т
С
П
Бд2
Ад2
В
Б
А

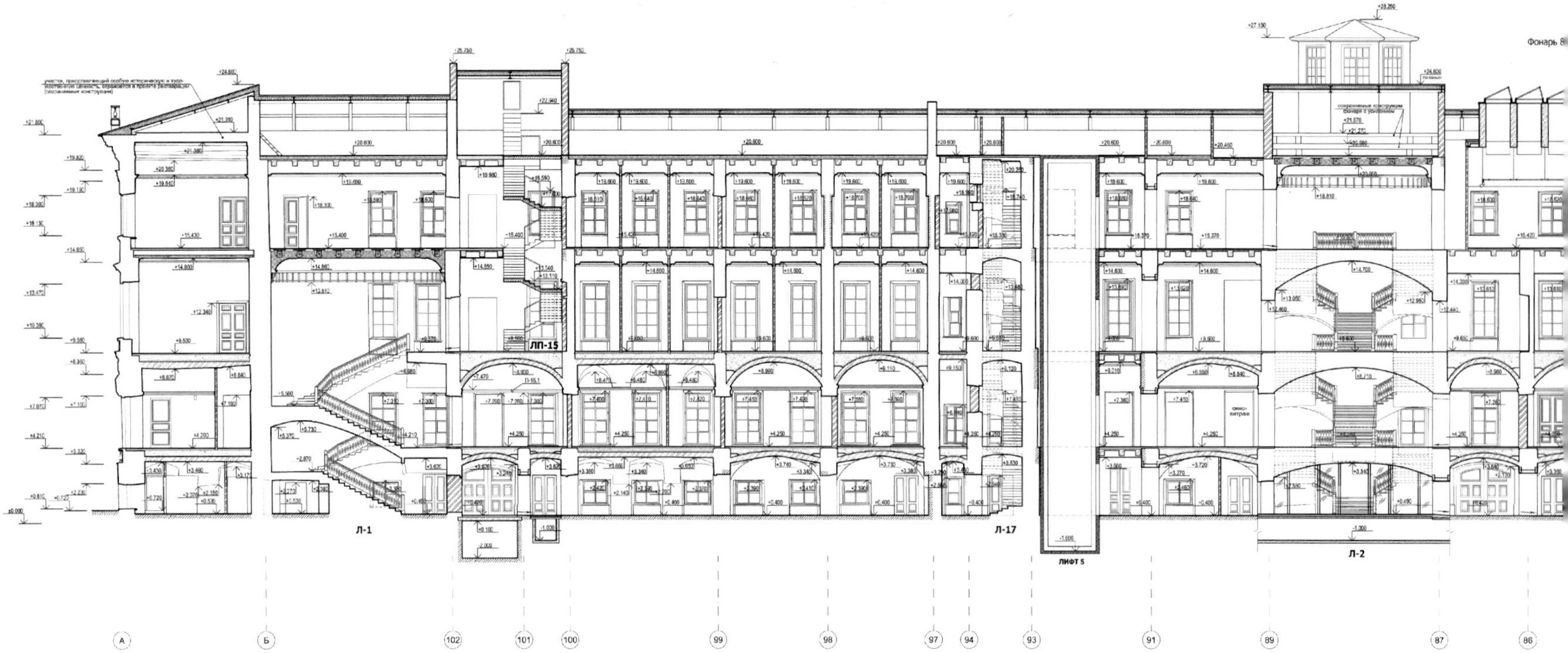

Фонарь 8
ЛП-15
Л-1
Л-17
ЛИФТ 5
Л-2
А
Б
102
101
100
99
98
97
94
93
91
89
87
86

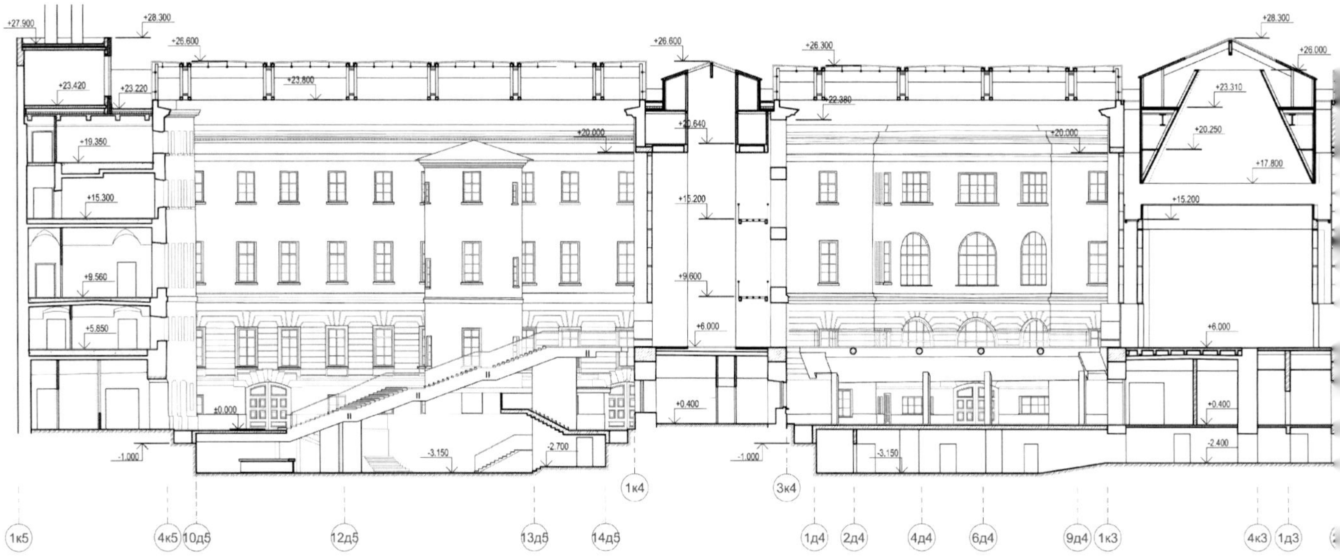

+27.900
+28.300
+26.600
+23.420
+23.220
+23.800
+19.350
+15.300
+9.560
+5.850
±0.000
-1.000
-3.150
-2.700
+26.600
+20.640
+20.000
+15.200
+9.600
+6.000
+0.400
-1.000
+26.300
+22.380
+20.000
-3.150
+28.300
+26.000
+23.310
+20.250
+17.800
+15.200
+6.000
+0.400
-2.400
1к4
3к4
1к5
4к5
10д5
12д5
13д5
14д5
1д4
2д4
4д4
6д4
9д4
1к3
4к3
1д3

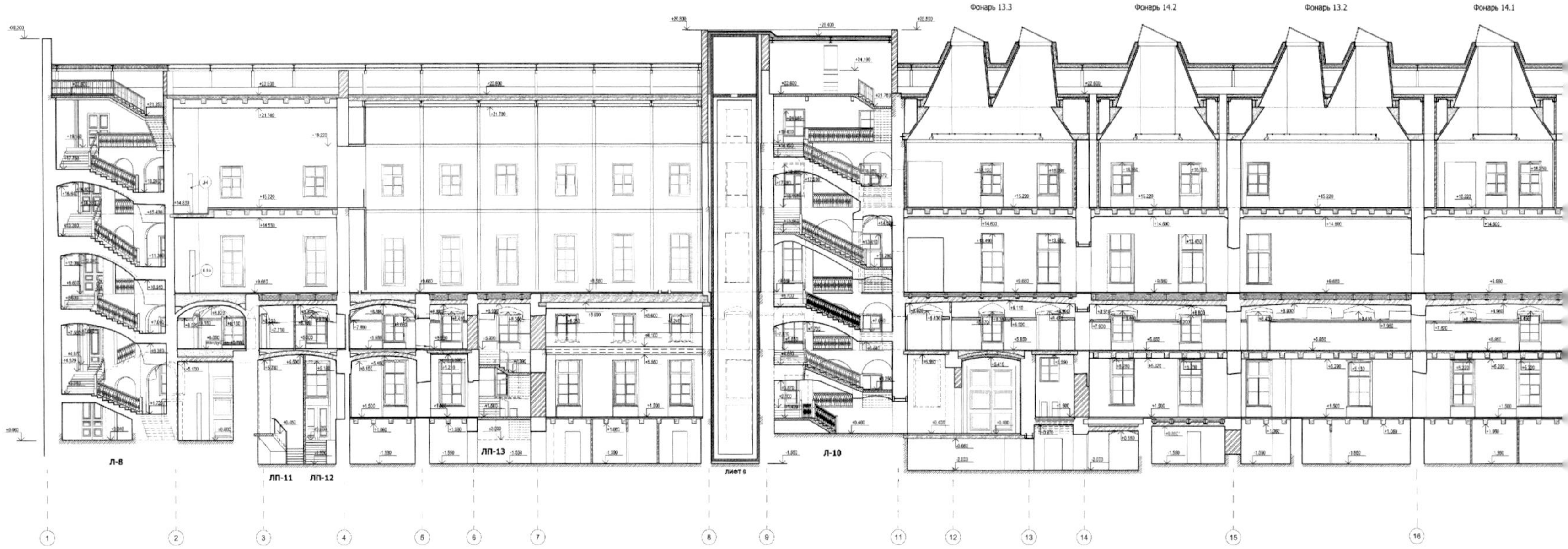

Фонарь 13.3
Фонарь 14.2
Фонарь 13.2
Фонарь 14.1
Л-8
ЛП-11
ЛП-12
ЛП-13
ЛИФТ 6
Л-10
1
2
3
4
5
6
7
8
9
11
12
13
14
15
16

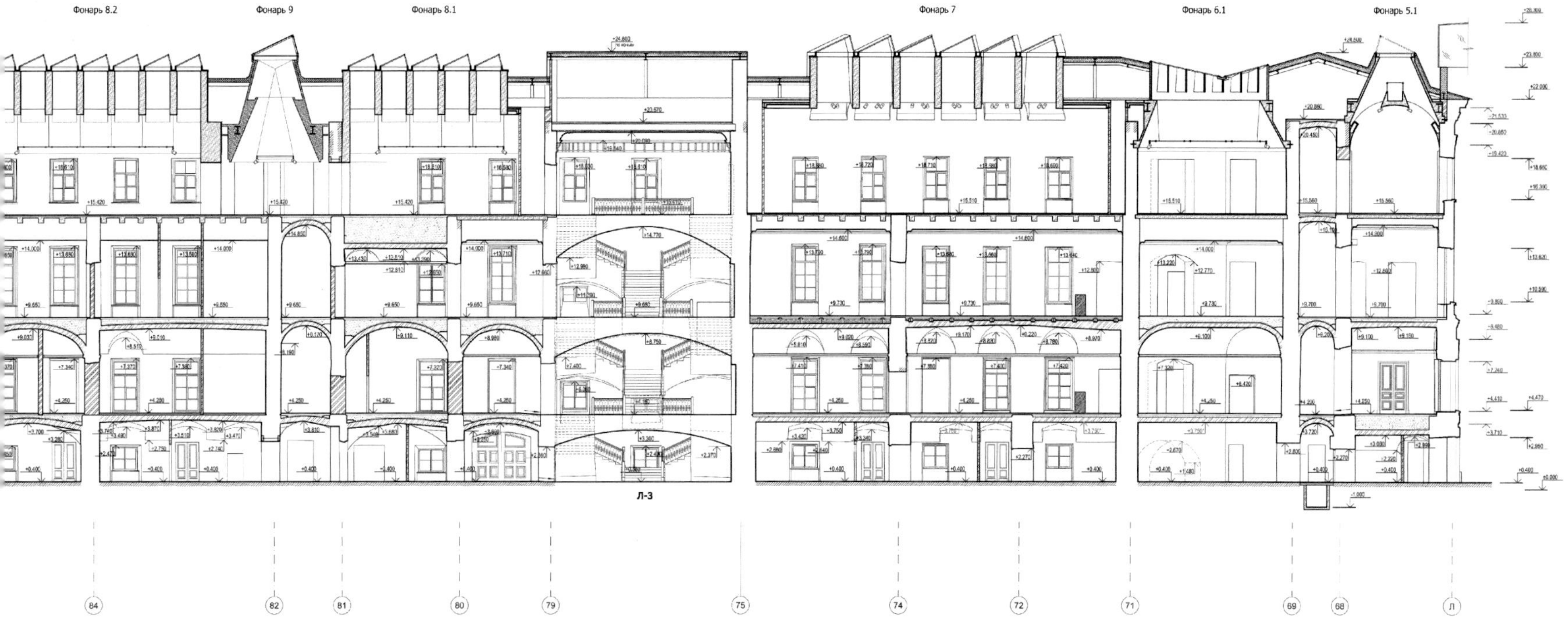
Фонарь 8.2
Фонарь 9
Фонарь 8.1
Фонарь 7
Фонарь 6.1
Фонарь 5.1
Л-3
84
82
81
80
79
75
74
72
71
69
68
Л

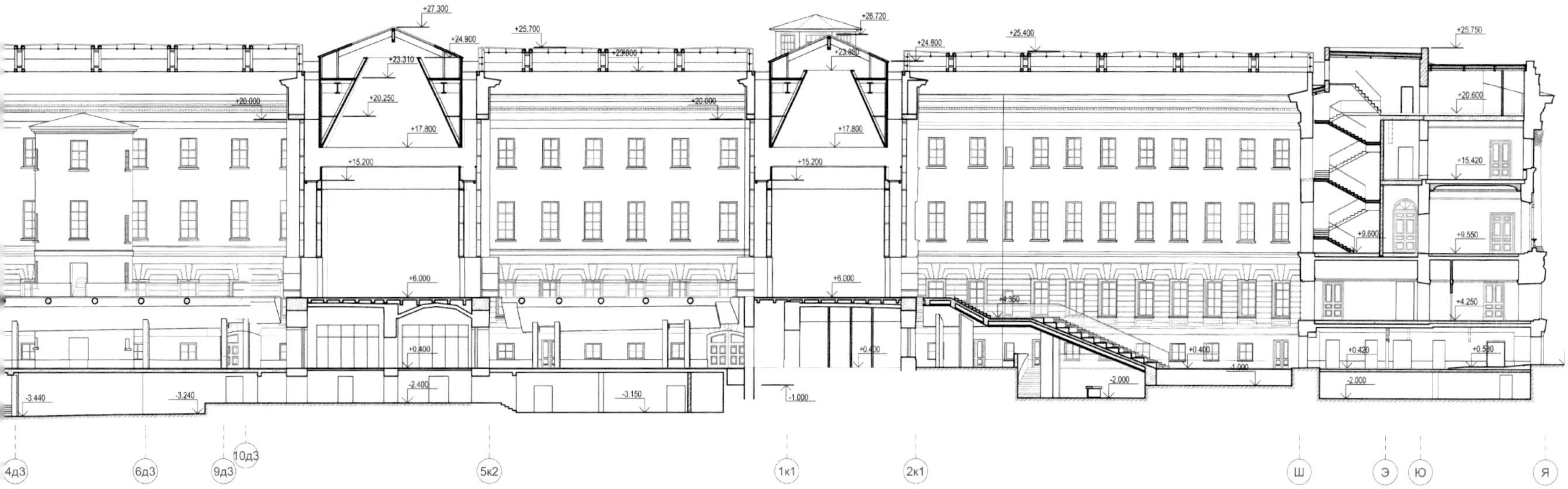
+27.300
+26.720
+25.700
+24.900
+24.600
+25.400
+25.750
+23.310
+23.600
+20.000
+20.250
+20.600
+17.800
+15.200
+15.420
+9.600
+9.550
+6.000
+4.250
+0.400
+0.420
+0.580
-1.000
-2.000
-2.400
-3.440
-3.240
-3.150
4д3
6д3
9д3
10д3
5к2
1к1
2к1
Ш
Э
Ю
Я

Фонарь 12
Фонарь 11
Фонарь 10.2
Фонарь 10.1
Л-13
ЛП-9
ЛИФТ 10
Л-16
ЛИФТ 6
19
20
22
24
25
26
27
28
29
30
31
32
34
35
36
38

ABOVE, LEFT
View of the restored rooms in the building on Palace Square.

ABOVE, RIGHT
The grand enfilade of the Ministry of Foreign Affairs in the early 20th century.

Elements of the décor in the grand enfilades in the East Wing of the General Staff Building, 2003.

THE EMPIRE ENFILADES

The grand enfilades of the former Ministry of Foreign Affairs are rich in their architectural style and wall painting, and represent the elegant luxury of the Empire style. In both spirit and form these rooms are the most 'Hermitage-like' of the interiors, and they have been carefully restored. Many of them have been well preserved, and even before the latest restoration, temporary exhibitions, such as 'Under the Sign of the Eagle: Empire Art', were held in these halls. The restored enfilades on the second floor run alongside the enfilade lines of halls in which the luxurious décor has not been preserved. Here, only remaining fragments have been restored. This whole floor is the basis of the universal encyclopaedic museum of the 19th century, with exhibitions of Academic art and historical pieces from all the countries in Europe. Here the spirit of the grand *bel étage* has not only been preserved, it is also growing stronger.

ABOVE AND RIGHT

The interior of the East Wing of the General Staff Building after restoration: the ballroom in the grand enfilade of the Ministry of Foreign Affairs.

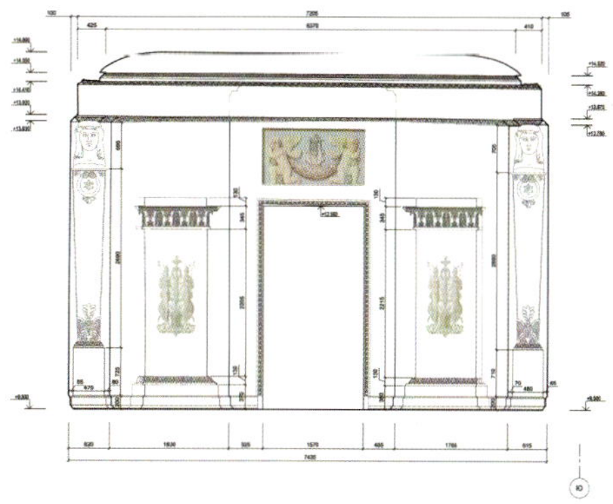

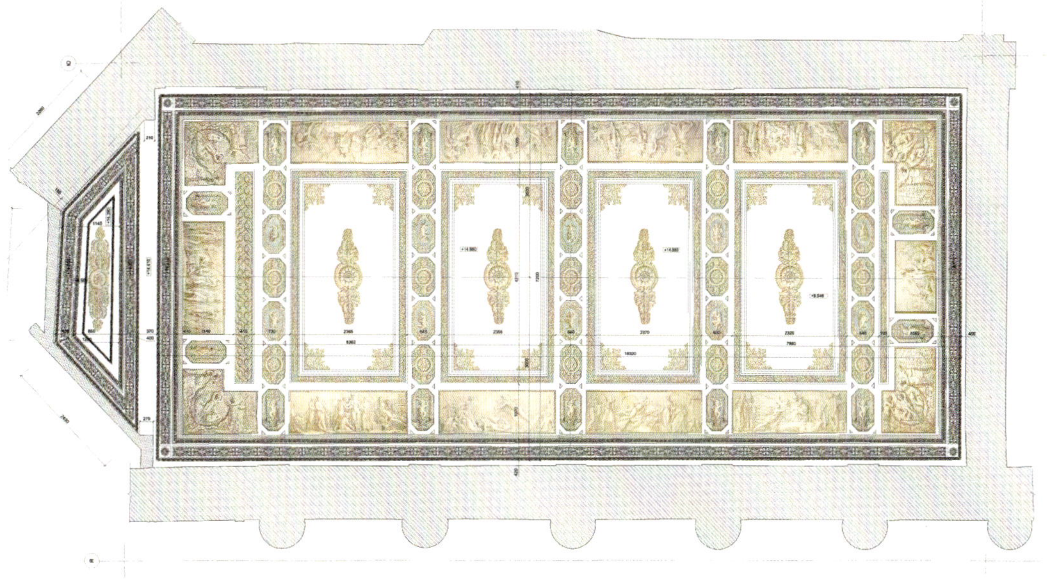

OPPOSITE
Another example of the interior of the East Wing of the General Staff Building after restoration: the dining room in the grand enfilade of the Ministry of Foreign Affairs.

ABOVE
Projects for the restoration of the interior of the East Wing of the General Staff Building: the grand enfilade of the Ministry of Foreign Affairs (top), the dining room (centre) and views of walls and ceilings (bottom).

OVERLEAF
Wall frescoes (left-hand page) and ceiling (right-hand page) of the Marble Drawing Room in the East Wing of the General Staff Building after restoration.

Interior of the New Grand Enfilade.

Bird's-eye view of the General Staff Building with the New Grand Enfilade.

THE NEW GRAND ENFILADE

The New Grand Enfilade is essentially just a path along the central axis of the courtyards at a height of six metres. It is surrounded at all levels by the historical configurations, ground-level spaces and period façades of the courtyards. It is the old courtyards that set the order and backdrop for everything else.

Below are examples of an analysis of the geometry of the courtyard spaces, which was conducted as part of the work into different versions of plans in 2003–2005 (see overleaf). The very first of them looked into the possibility of independent, disconnected courtyard spaces. Then, it was discovered that, along the bisecting lines of angles, there were various geometries of convergence (with shifted axes) in different parts of the plan. The combination of rotations of axes was then studied with particular scrutiny. And it seemed that the final principle had been found, based on the fact that every transverse wing and every courtyard had its own angle of slope to the axis. Finally, the discovery that the lines of perspective converge as the result of divergences in the historical plan gave us the end result.

The single perspective diagram of the plan, the geometry of the constructions and the seams, fixtures and fittings of the New Grand Enfilade materialize in different ways in the various parts of the scheme: from the structure of the exhibition decks with the hanging gardens, to the large exhibition halls in the transverse wings and the amphitheatre stairs of the first and last courtyards. All of these spaces have their own specially designed features. The architectural idea is evident throughout and penetrates into various parts of the building to varying extents and in different ways.

2002

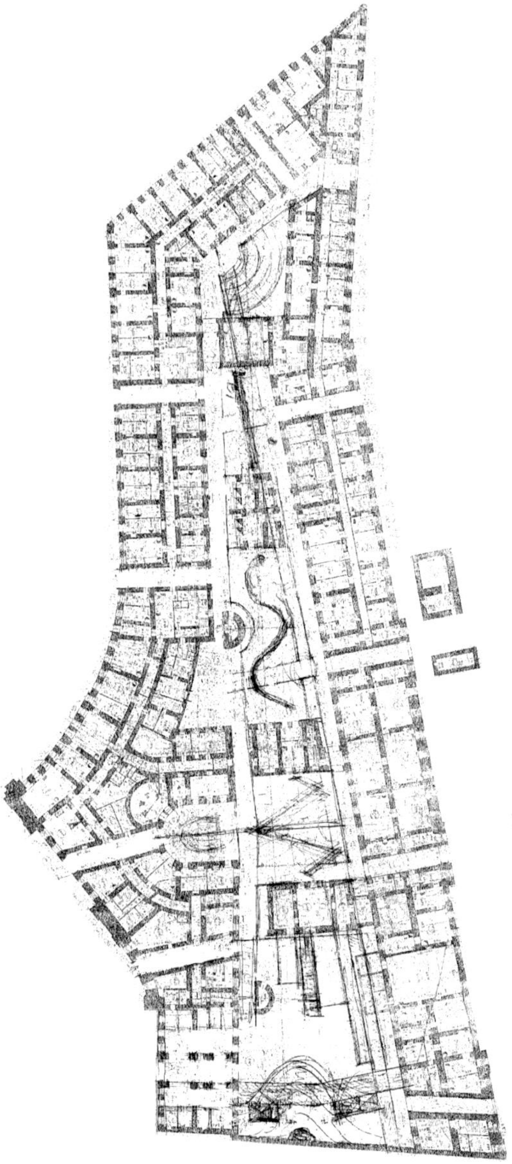

2003

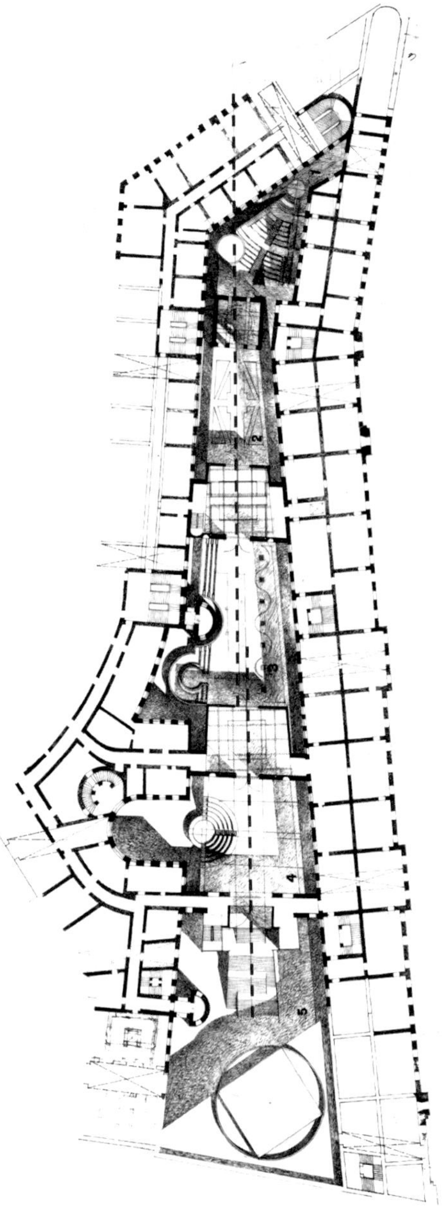

2004

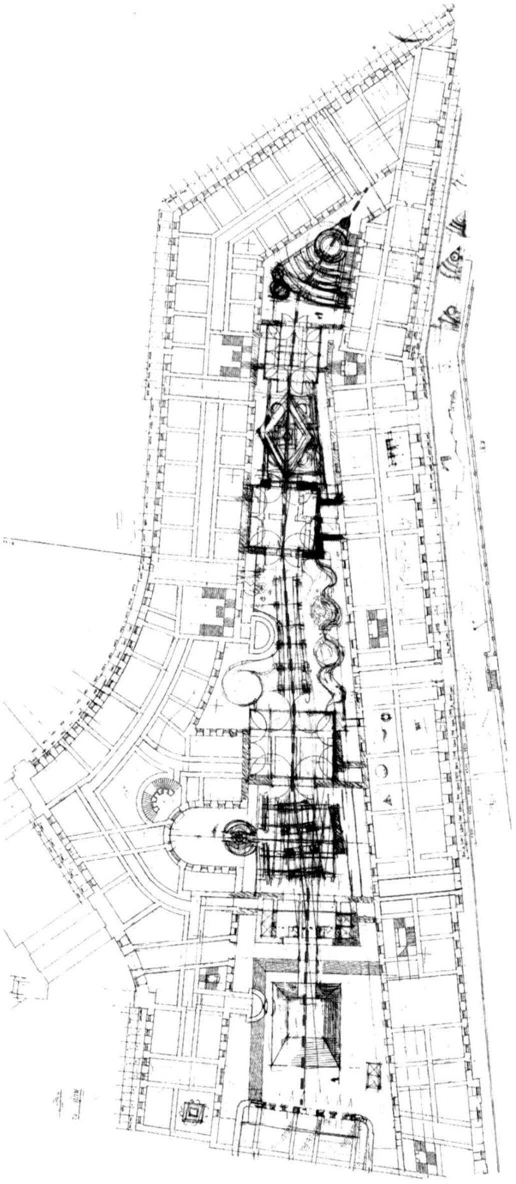

ABOVE, LEFT TO RIGHT
The first plan for the New Grand Enfilade, without a fixed axis line.

The central axes are drawn as a bisecting line of the angles of convergence in the courtyard spaces.

The form of the plan leads to the appearance of two axes that offset each other. Every courtyard and transverse section has its own central axis. The plans are based on various ways of co-ordinating these axes.

OPPOSITE, LEFT
The convergence of lines of perspective is a principle in the construction of the New Grand Enfilade and its central axis.

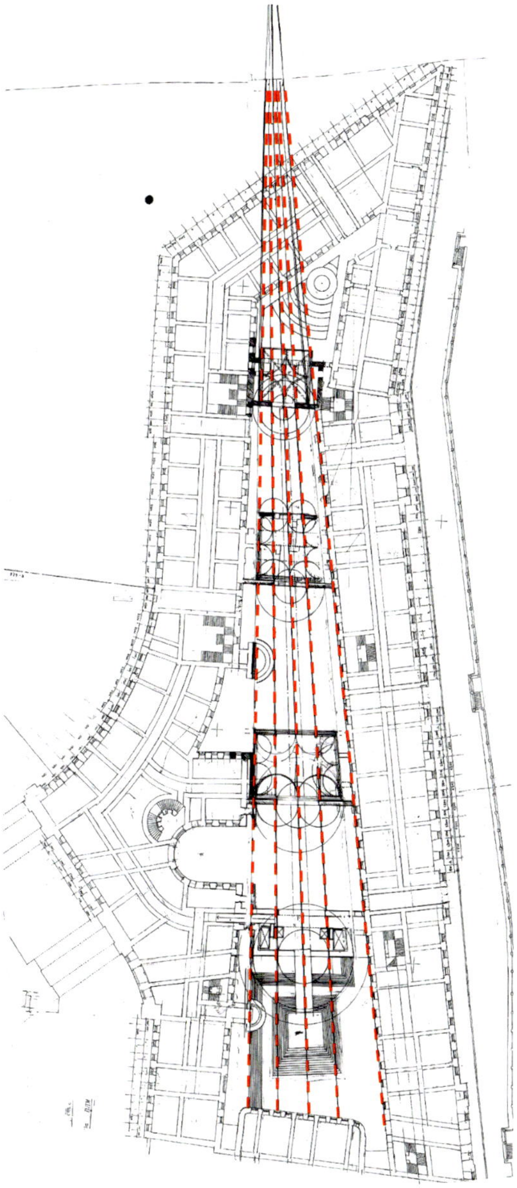

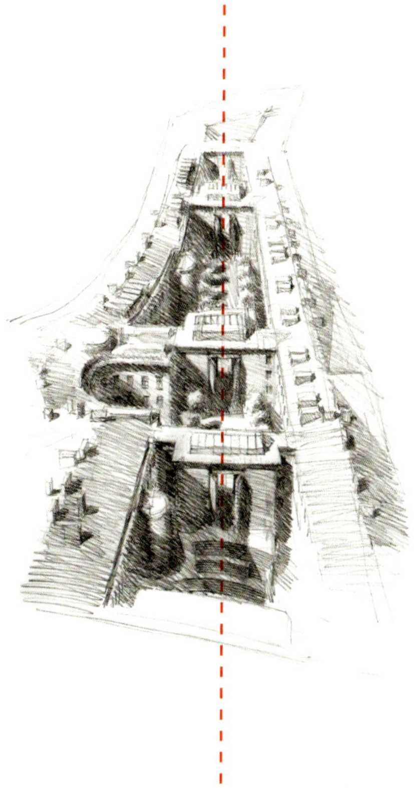

RIGHT, TOP
The plans and constructions of the new rooms and of the hanging gardens obey the convergence of the lines of the perspective; along these lines, the large doors become narrower and narrower from room to room, 2004.

RIGHT
Suspended bridges link the sections of the building on both sides of the New Grand Enfilade.

ABOVE
The doors in the New Grand Enfilade are not always open to their full 14-metre height. When they are closed, entrance into the rooms is via the small doors or 'doors within doors'.

OPPOSITE
The lines of perspective of the New Grand Enfilade with the large doors opened.

MMXII
MMXIII

GIACOMO
ВЫСТАВКА

THE LARGE ENTRANCE COURTYARD AND THE TRIUMPHAL STAIRCASE

The ensemble of Carlo Rossi's General Staff Building comprises the main triumphal arch of the Russian Empire and two wings: the East Wing (containing the civilian ministries building), and the West Wing (housing the Military Office). The triumphal arches form the symbolic and organizational core of both wings and are where all the rhythmic patterns that determine the architecture are concentrated. The New Grand Enfilade continues this 'wing principle' on the inner, functional and spatial layout of the building. The perspective of the New Grand Enfilade of the East Wing of the General Staff Building begins at the main front staircase in the wide zone near the arches, and ends in a narrow wedge by Pevchesky Bridge. This is referred to as the 'triumphal' staircase, because of its location.

There are entrances to the building on all sides. Located at the end of the building, the main staircase is where opposing flows of people converge. In its placement and form, the staircase 'disentangles' and redirects streams of visitors moving in different directions. We developed many versions of the structure of this staircase junction. The 'pyramid' proposal directs flows of people coming from four different sides to move in a single direction (see 'Pyramid' overleaf). The 'junction' and 'cross' dynamic occurs as two flows of people move in opposite directions, but with an additional link to the lower cloakroom level (see 'Junction' overleaf).

The irregular form of the courtyard, with the convergence of angles and the addition of a semi-circular tower inside, inspired the creation of a middle staircase as a kind of irregular landscape formation (see 'Landscape' overleaf). This line of thought led to the idea that, within the space created by such a courtyard, the open 'triumphal' staircase should be, first and foremost, an amphitheatre and fill the whole courtyard. Its function as a means to ascend into the museum is perceived as a secondary one. Proposals for the amphitheatre staircase included the 'theatre cascade' concept, which suggests wide steps that can also be used for sitting on and three lines of ordinary stairs (see 'Theatre cascade' overleaf). There was also the 'amphitheatre' option, where the spatial solution includes junctions for directing flows of people moving in opposite directions (see 'Amphitheatre' overleaf). In studying the design of ancient theatres we took note of certain elements, such as the geometric regularity, the semi-circular form and the free contours, which fit in with the landscape. These studies prompted the long and painstaking work on a proposal that we called 'Panathenaea', referring to the path of the procession up to the Acropolis. In the project for the Hermitage, this path is not cut into the side of a natural mountain, but takes the form of large steps, which vary in their geometry (see 'Panathenaea' overleaf).

The illustrations presented here demonstrate the research that went into various aspects of one problem and the differing points of view on that single object. A single solution was found in the combination of the 'junction', 'landscape' and 'amphitheatre' approaches. In this combined plan, the radii and curved forms of the amphitheatre would react to the misalignment in the angles of the axes and to the flows of visitors moving in opposite directions. In addition, the surrounding features of the historical building would add to the atmosphere of the amphitheatre. In the process of developing the project, the structure underwent significant changes, such as the addition of a glass line through the central axis, which demonstrates where lines of perspective converge (see page 119). The geometry of the amphitheatre from above, and the concrete, seen from below, respond to one another.

OPPOSITE
Entrance to the museum is by the amphitheatre staircase in the largest of the five courtyards.

ABOVE
The main triumphal arch of the Russian Empire with two wings: the East Wing is the Civil Ministries' building and the West Wing hosts the Military Office.

2003

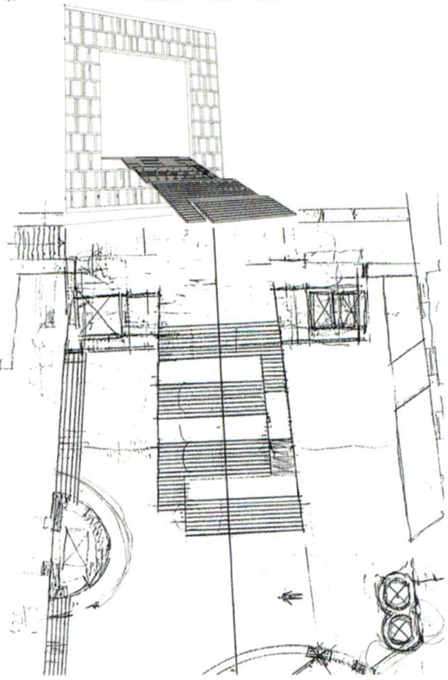

2003

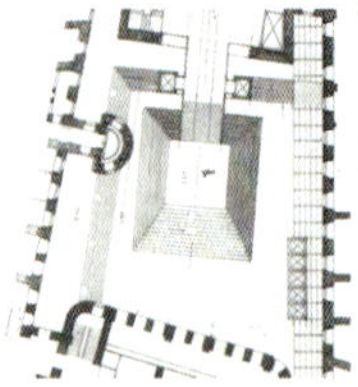

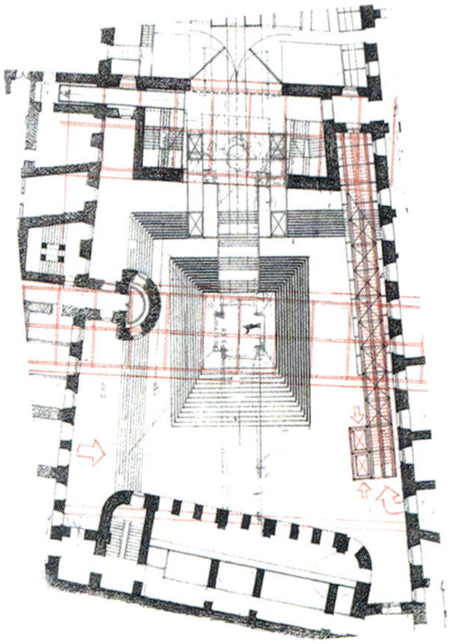

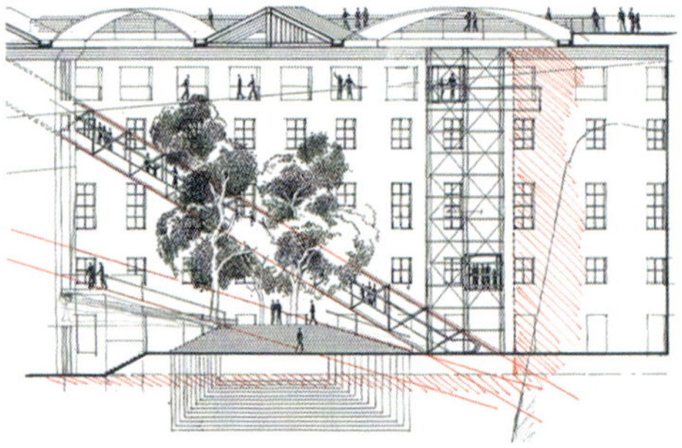

2003–2004

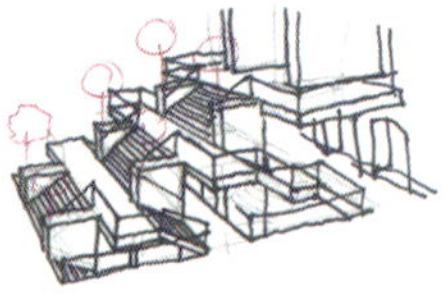

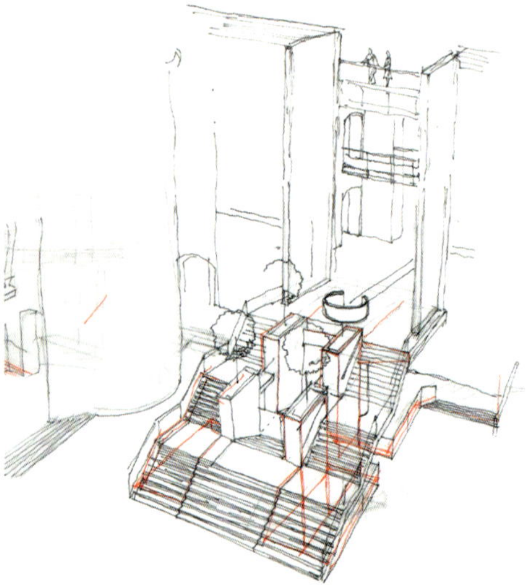

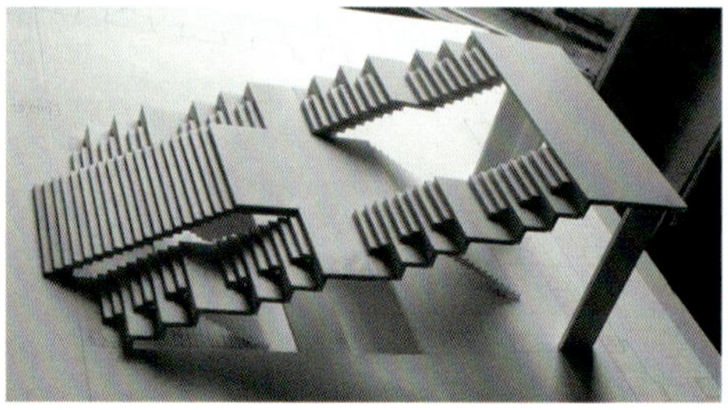

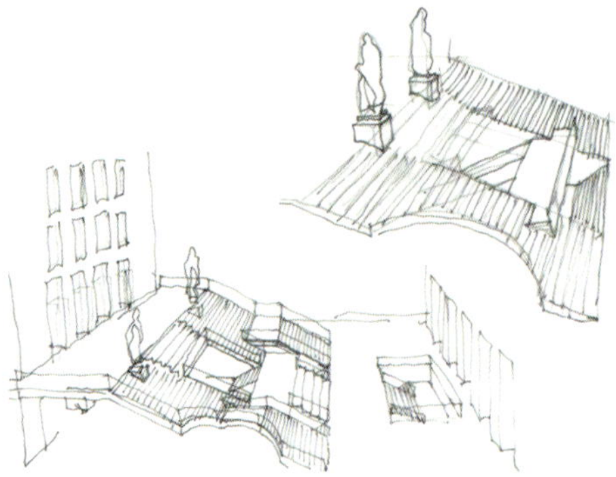

THIS SPREAD, LEFT TO RIGHT (INDIVIDUAL COLUMNS)
Versions of the triumphal staircase:

Landscape
A functional staircase with a characteristic landscape effect, produced by shifting the flights of stairs and landings to ensure a comfortable ascent.

Pyramid
The pyramid is a staircase located where fluxes of movement meet; it can accommodate paths from four sides. From the top landing of the pyramid, the ascent continues in one direction only.

Junction (or two-sided pyramid)
The form of this staircase creates opposite paths of movement crossing through one another.

2004

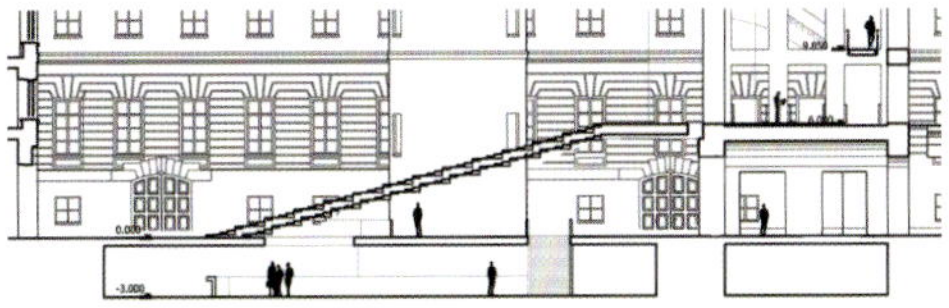
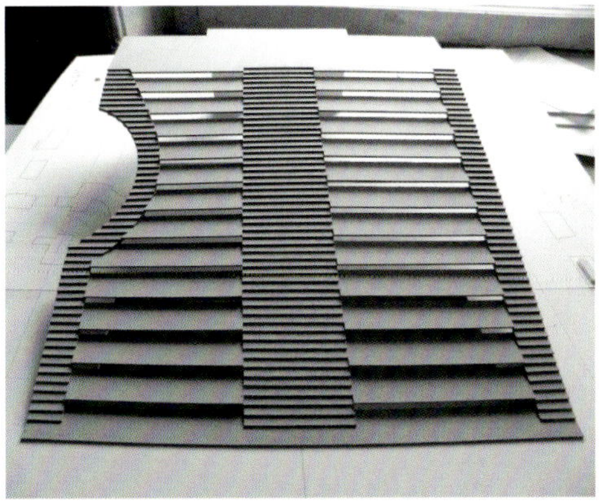
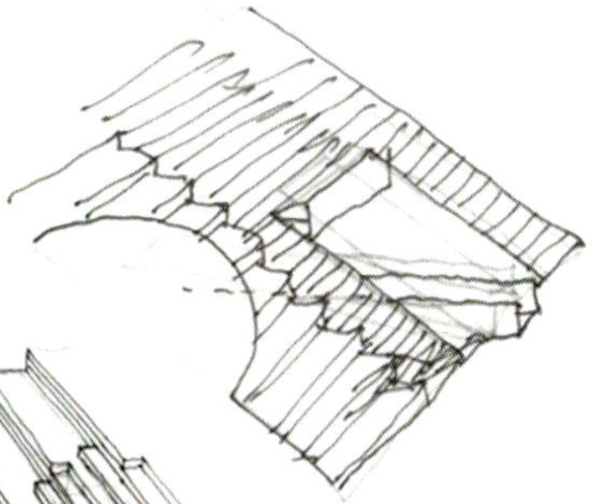
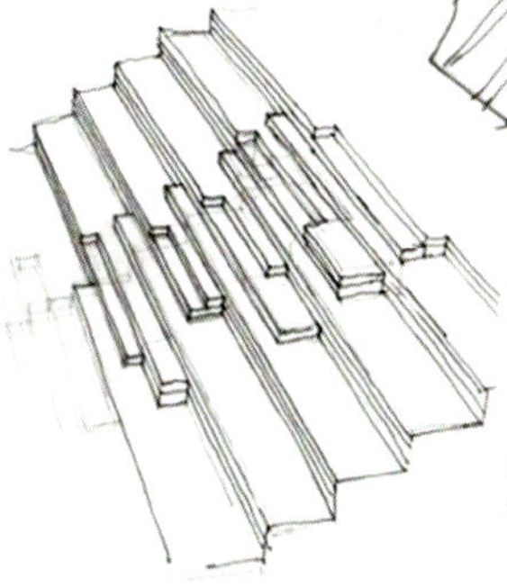
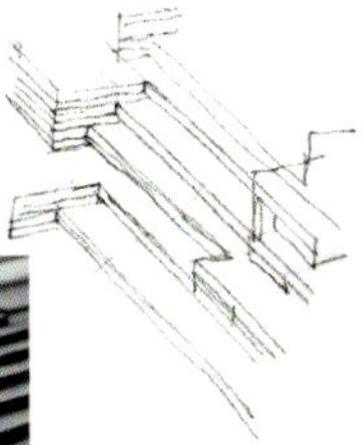

2005

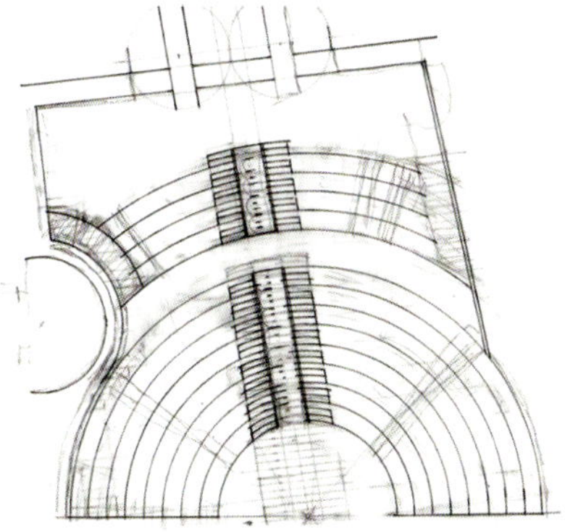
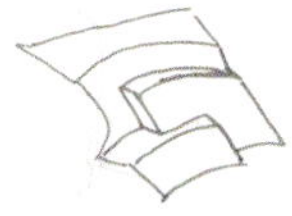
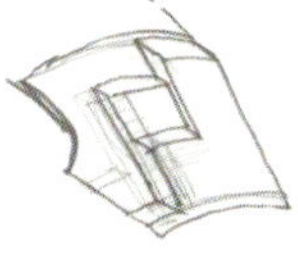
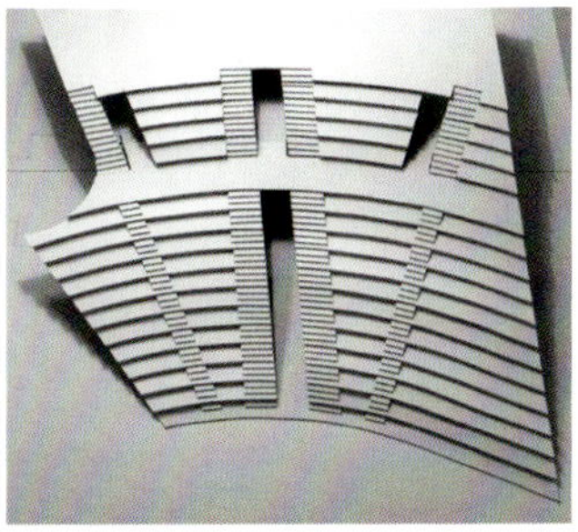
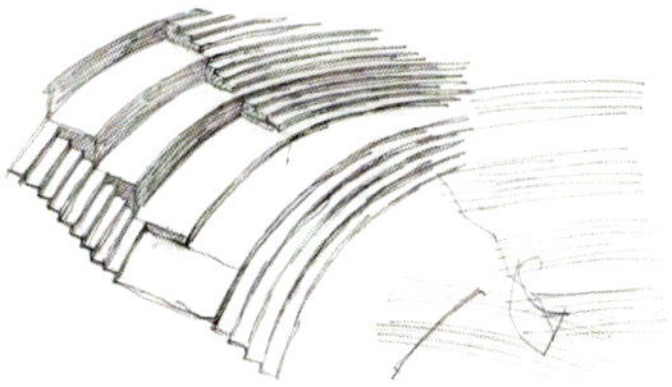

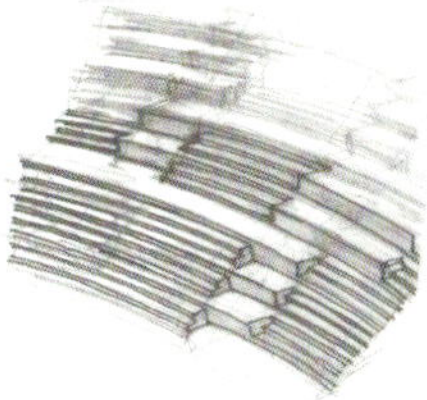
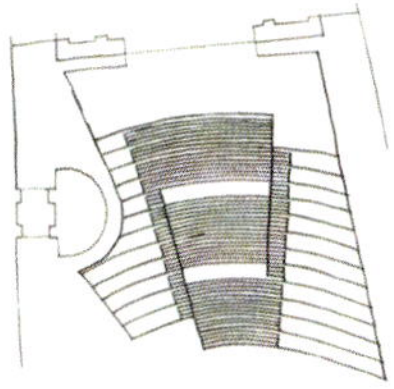

2006

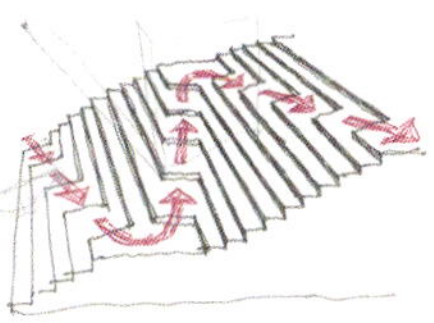
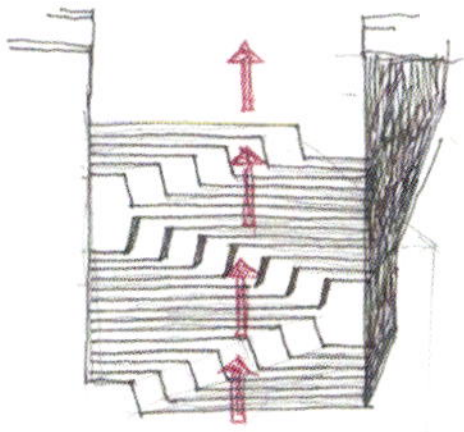
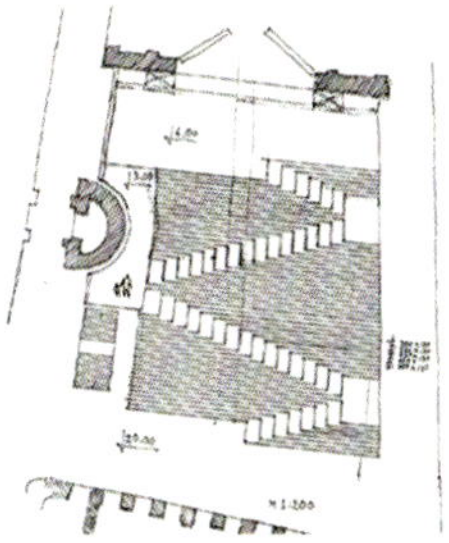
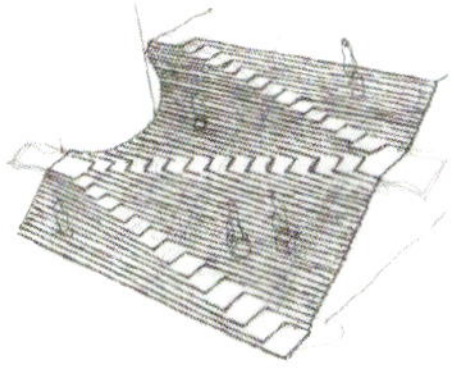
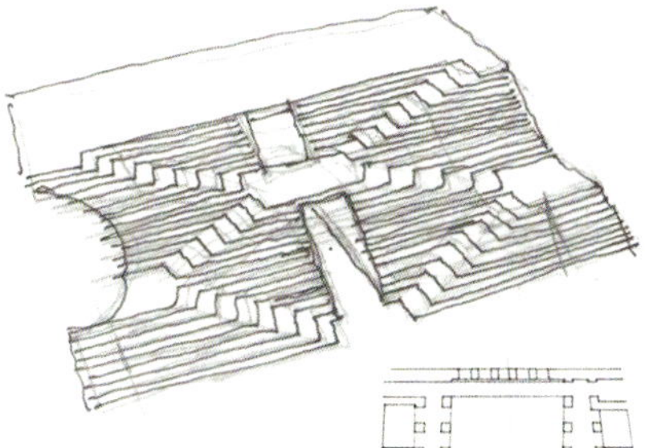

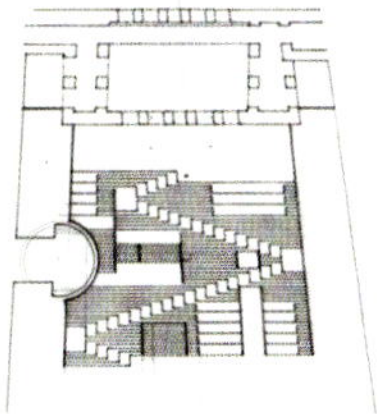

Theatre cascade
A staircase with large steps for sitting on and three flights of stairs for ascending and descending.

Amphitheatre
A variation on the theme of ancient theatres: geometrically accurate, semi-circular, fitting in with the landscape. The amphitheatre staircase occupies an entire courtyard. The shape of the staircase is a response to the public's main movements and the semi-circular form of historical amphitheatres.

Panathenaea
A combination of ordinary steps with wide-stairs platforms winding around them. Ascent can be made either by the straight staircase or by the winding one.

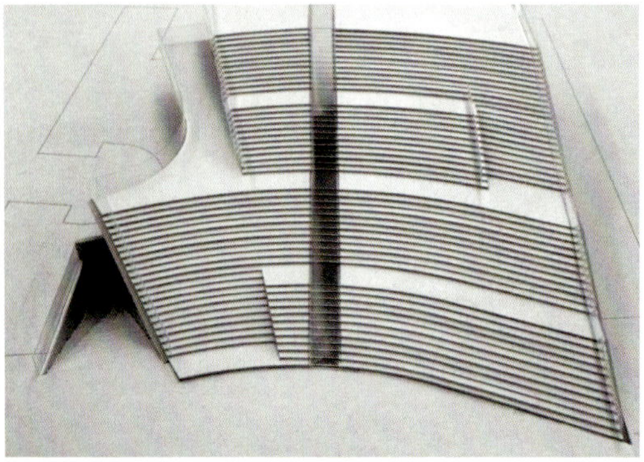

ABOVE
The triumphal amphitheatre staircase in the main entrance courtyard.

LEFT
Model of the triumphal staircase.

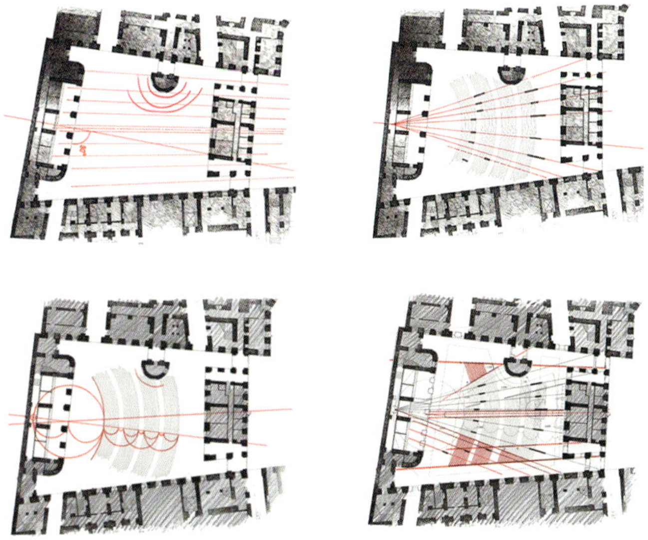

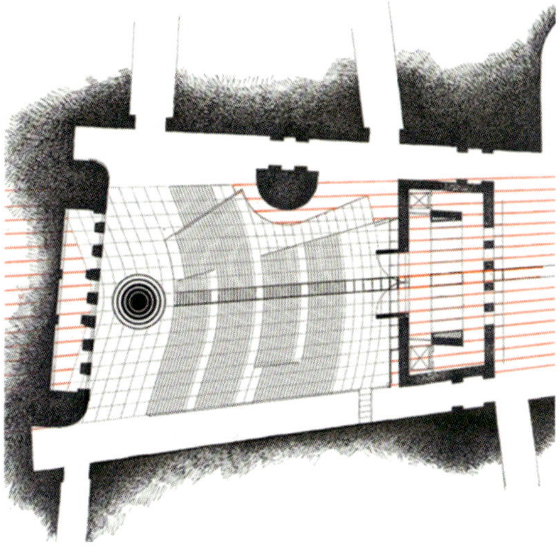

ABOVE, LEFT
In constructing the triumphal staircase, two systems come into play: the radii and arcs of the amphitheatre facing the end section of the entrance courtyard, and the convergence of the perspective lines of the New Grand Enfilade. The central part of the amphitheatre is built along arcs; the right-hand side is tangential to these arcs. The body of the amphitheatre is cut along the edges by the converging lines of perspective in some places, and by radial lines in others. The concrete constructions of the amphitheatre follow the radii and arcs, but are split into two parts along the central line of the Enfilade. The stone amphitheatre above is lined with seams along the arcs and the lines of the convergence of perspectives; the concrete below is lined along the arcs and the radii.

TOP AND ABOVE
The triumphal staircase seen from behind (top), and from below (bottom).

LEFT
The cloakroom area under the triumphal staircase.

OPPOSITE
The museum's entrance courtyard after dark, with artificial lighting.

ABOVE
The triumphal staircase can be used as a resting place and an amphitheatre for performances and conferences.

RIGHT
The museum's entrance courtyard in daylight.

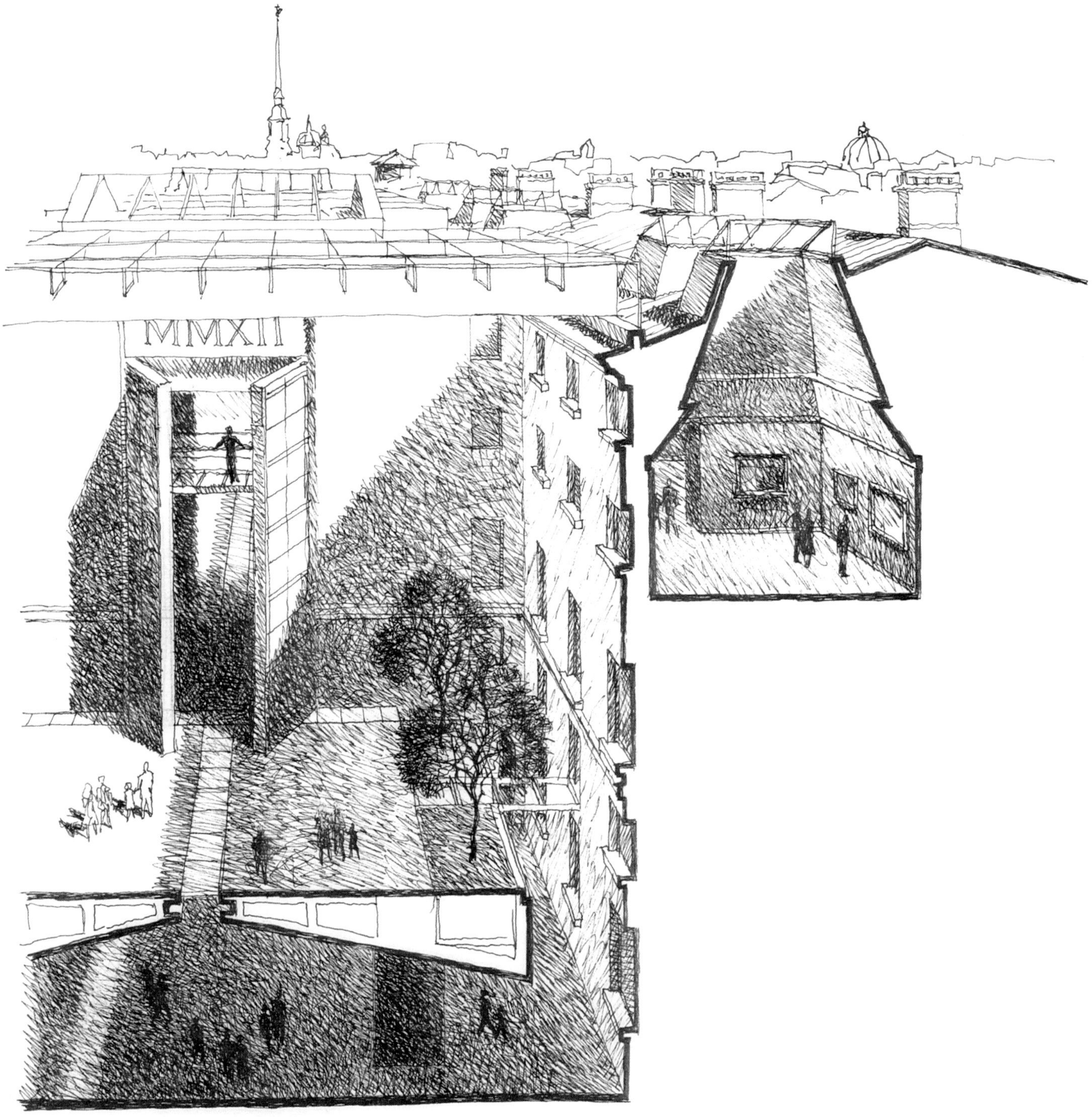

ABOVE
Transverse sectional view of the exhibition decks and exhibition halls with overhead lighting, 2003.

OPPOSITE
The hanging gardens are brought into the lines of trees around the edges of the platforms. The remaining space is left free for exhibitions.

THE COURTYARDS AND GARDENS OF THE HERMITAGE

The glazed courtyard roofs are not unique to the reconstruction of the General Staff Building. They have become a staple in all museum reconstructions that have been done or designed in the recent decades. However, these courtyards are not like the elegant spaces of the Louvre, with their exquisite stonework and curved Baroque staircases. These are deep, 'well-like' courtyards, which are not uncommon in St Petersburg. These looming courtyards are among the features of Carlo Rossi's General Staff Building that characterize it as an early embodiment of that frighteningly attractive 'other world' of St Petersburg, such as we find in the fiction of Dostoevsky.

The General Staff Building originally contained the innermost, least-decorated zones of the complex, which were not open to the public. The courtyards were isolated light-wells that housed a variety of separate back-room areas. They were the place where buildings constructed at different times were joined together. In other words, the courtyards were the places where all the 'overlapping parts of life' were hidden away, where builders could deal with jobs as and when they saw fit. This 'inside-out' architecture is the reverse of the classical ideal of architectural order, and without comprehending this, our understanding of the building would be incomplete.

The inside-out nature of the courtyards influences the overall spatial formation of the building. There are no direct entrances to the museum from the street. The external becomes part of the internal, as paths reach into the courtyards, and follow inside, from where you can ascend into the museum areas. The interior courtyards of the General Staff, the 'womb' of the building, are now outdoor spaces for visitors. Or, rather, they are outside-inside, halfway between the city and the museum. The building quarter and courtyards have been preserved, but now function differently. In the new project, the courtyards are the surroundings for the central enfilade; they are its theatrical setting and its enlarged shell. Here, the interior opens out for display and in a certain sense becomes the exterior, the building, again, turned inside-out. Visitors are now presented with something that was built in a certain way in the early 19th century precisely because it was not meant to be seen (this is particularly evident in photographs of junctures where buildings erected during one of Rossi's construction phases meet others built at different periods).

The exhibition decks, which have been set at a height of six metres and ornamented with hanging gardens, are modern interventions in the middle of the old courtyards. These separate the space into the upper museum area, and the ground level, which serves both the museum and the city. The trees that were to be planted in the hanging gardens required soil, which affected the floor structure, as the containers used for the soil were built within the floor and would be visible from ground level, where the supports would be placed. As the earlier drawings show, there was initially a desire to build different types of gardens in different courtyards. In the end, however, the plans were simplified so that the converging exhibition decks are framed with tree-lined borders. Correspondingly, the various design decisions (see '2004' to '2006' overleaf), as previously described, led to a signature geometry that conveys the sense of the considerable design capacity along the edges of the building and tapers off into the distance towards the central axis. Along the central axis there is a gap in the floor surface that has been glazed over, and this continuous element emphasizes the linear spatial arrangement. The supports for the exhibition decks and hanging gardens balance the structure physically and that physical balance provides the dynamics of the structural order. The spatial dynamism arises from the combination of the geometry of the angles of the slope and the general geometry of the converging perspectives of all parts of the construction (see '2007' overleaf).

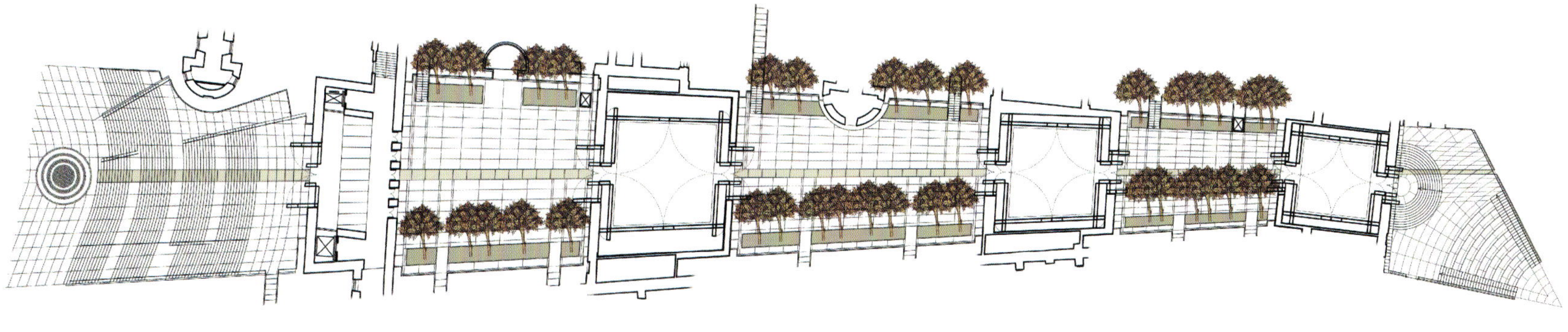

2004

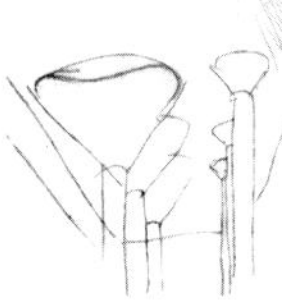

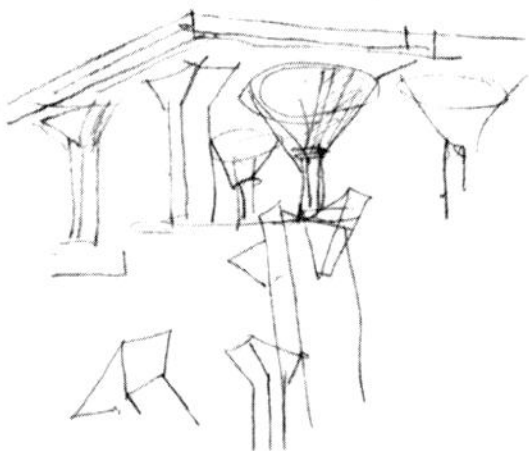

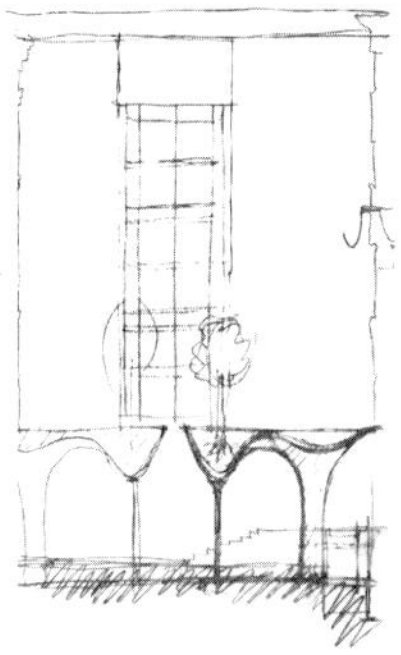

2005

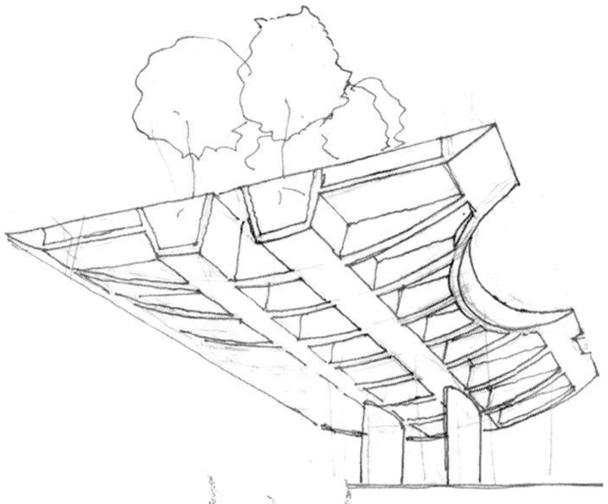

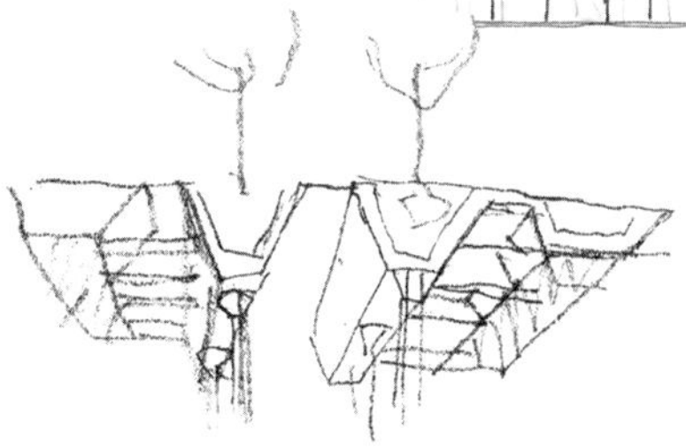

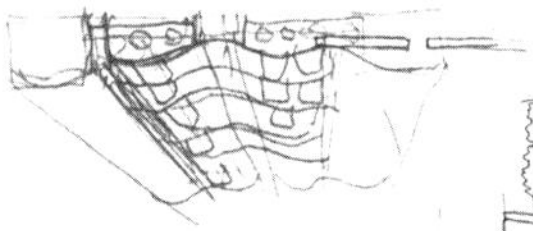

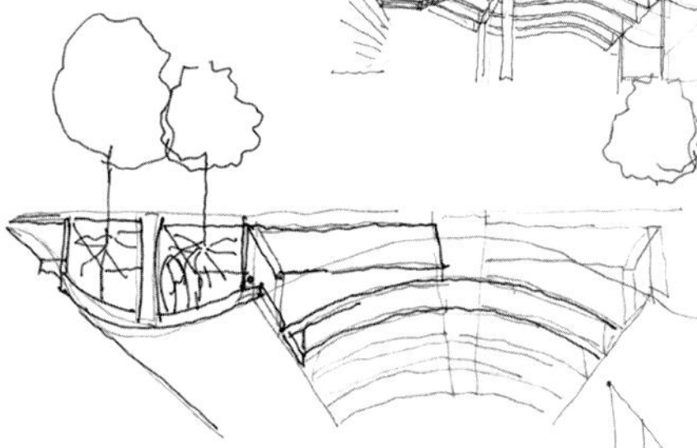

2005

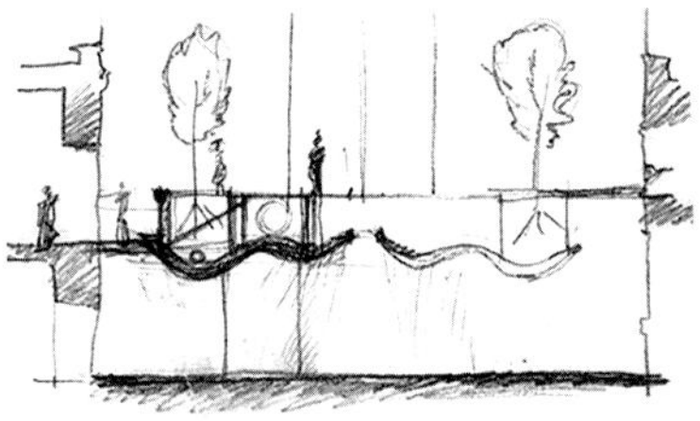

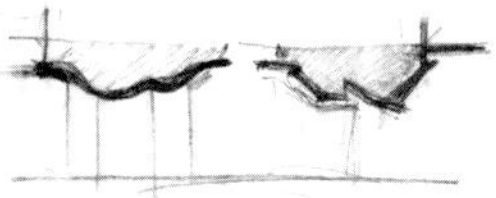

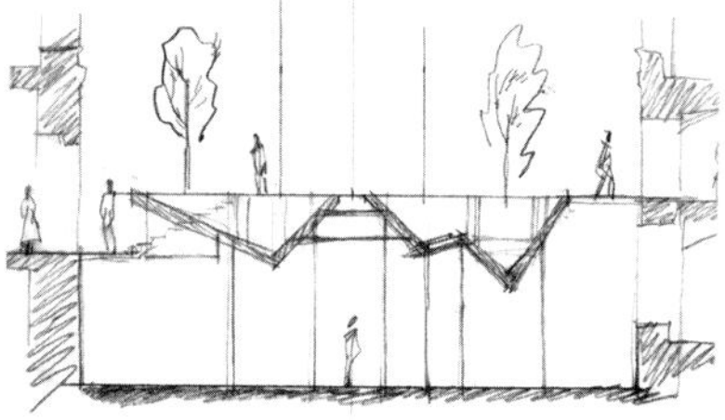

THIS SPREAD, LEFT TO RIGHT (INDIVIDUAL COLUMNS)
A column under every tree is equipped with a funnel-shaped container with plant soil and a drainage system.

Versions for the design of the platforms: ribbed structures and crimped cladding.

Versions for cladding cross-sections: waves, broken lines and folds.

2005

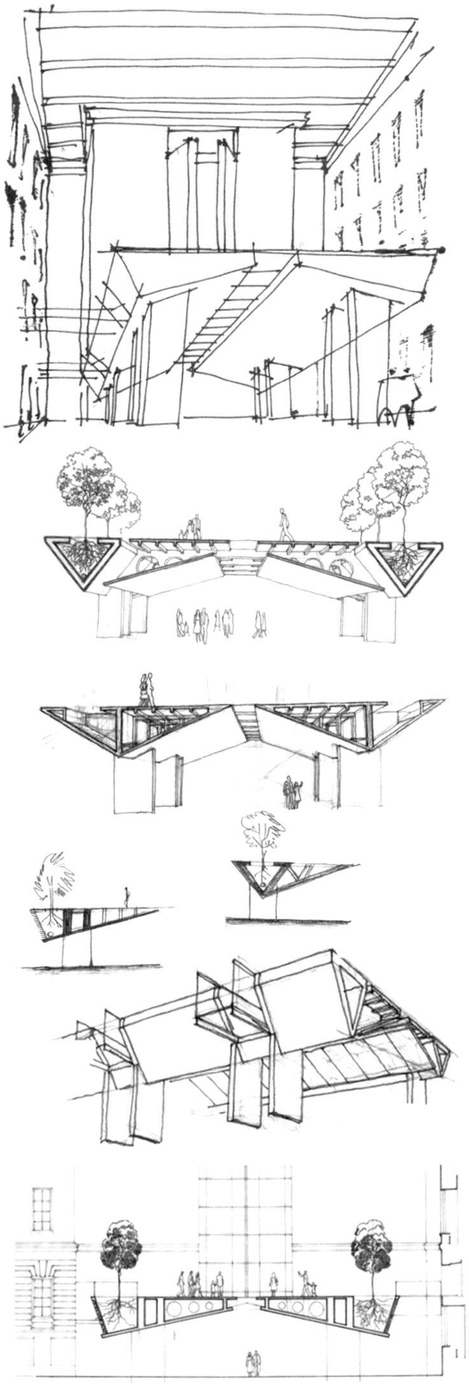

Platforms with triangular cross-sections with containers for planting trees along the edges, cantilevered with reduced thickness towards the central axis of the Enfilade.

In the tree zone the construction is 'opened up', displaying the construction of the underground part of the hanging garden to the public.

2006

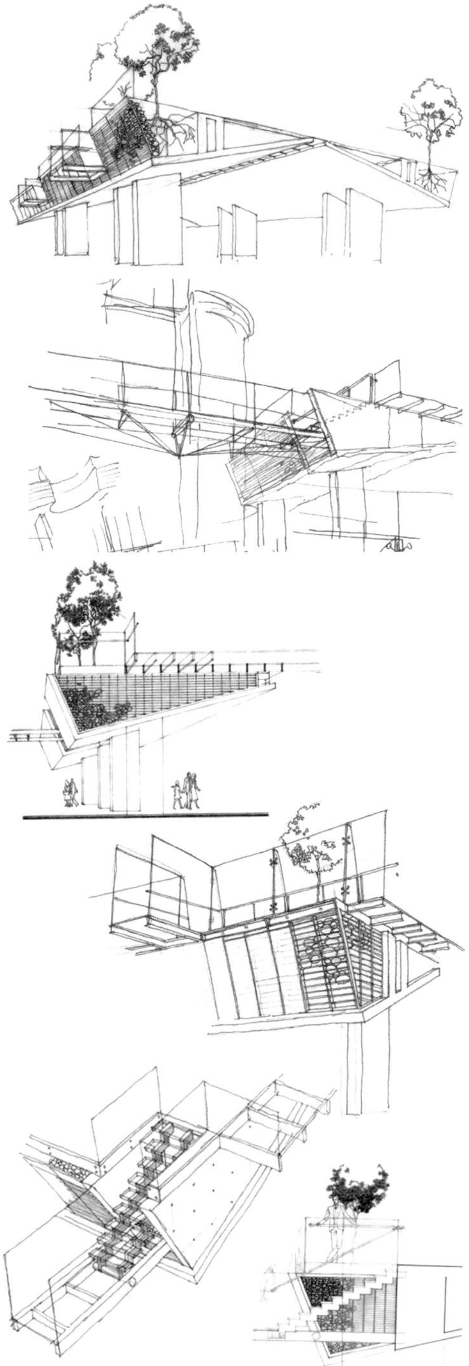

Final decision: a synthesis of the versions above, made to clear and neat geometry.

2007

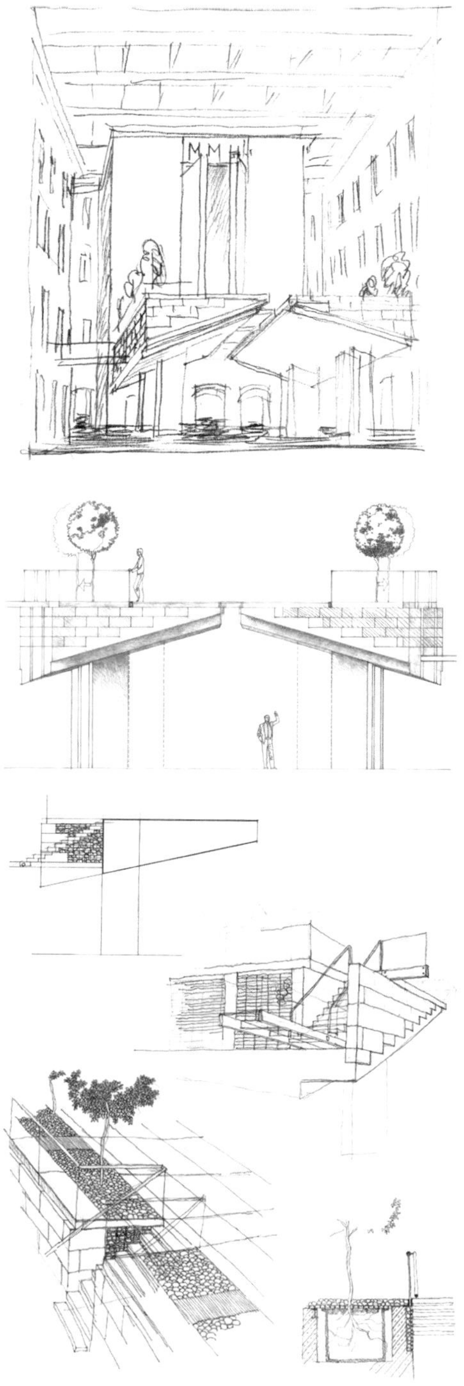

OVERLEAF, LEFT-HAND PAGE
The semi-circular tower in the courtyard of the General Staff Building housed toilets in the 19th century.

OVERLEAF, RIGHT-HAND PAGE
On the exhibition deck of the New Grand Enfilade.

MMXIII

Sketch of the transforming halls of
the New Grand Enfilade.

THE GRAND HALLS

At ground level the courtyards are unchanging. Higher up, in the zone of the central line, with the giant doors open, they become joined up in an enfilade of rooms. But when the doors to the halls of the New Grand Enfilade are closed, each courtyard returns to its own unique historical form and space. Rotating exhibition wall 'leaves' and the giant doors transform the space of the halls, as well as dividing and connecting the courtyards.

During the design process, the structure of the halls was constantly refined, but earlier versions were not replaced by newer ones; rather, progressive ideas became integral parts of the final plan. Some initial schemes envisaged the halls as light, transforming 'boxes' built into the transverse wings above the level of the ground-floor vaults (see '2003–2004' overleaf). The desire to preserve communication through these halls at third-floor level, and the concepts for the upper lighting arrangement, led to the vertical functional and spatial division of the halls.

One possibility was to combine two halls vertically into one, with the upper hall acting as an 'inhabited skylight' for the lower one, and connecting buildings on different sides of the New Grand Enfilade at third-floor level (see '2005' overleaf). The inhabited skylight concept gradually grew into a system for allowing diffused natural light into spaces in a single hall (see '2006' overleaf). This created the problem of connecting the opposite buildings at third-floor level (see page 133, top left). As a result, a special double-layered system of space inside space was formed in the three large halls of the New Grand Enfilade, a border inside a border. In this layering system, the outer shell is composed of the brick walls of the transverse blocks with the large doors that open and close up the halls of the New Grand Enfilade. The inner shell is the hall with the pivoting wall leaves and pyramidal skylights above. The space between the shells is particularly functional. Between the outer and inner shells of the halls is the exhibition space, which opens and closes as the wall leaves are moved. Above the main level, in the space between the layers, there are bridges and passageways around the perimeter of the hall. Higher still, above the bridges, this interlayer space turns into a narrow skylight and runs around the whole perimeter of the space between the walls. The result is a skylight within a skylight, where the central pyramidal light is surrounded by a narrow gap of natural light from the top. The doors of the New Grand Enfilade are a vital element in the architecture of the halls and are specially designed pieces. Many versions of the design for the main Hermitage door – the door to a museum being like the door to a temple of art – were developed. Some of them are shown here (see page 142), along with the final version, which has a wavy surface texture (see page 143).

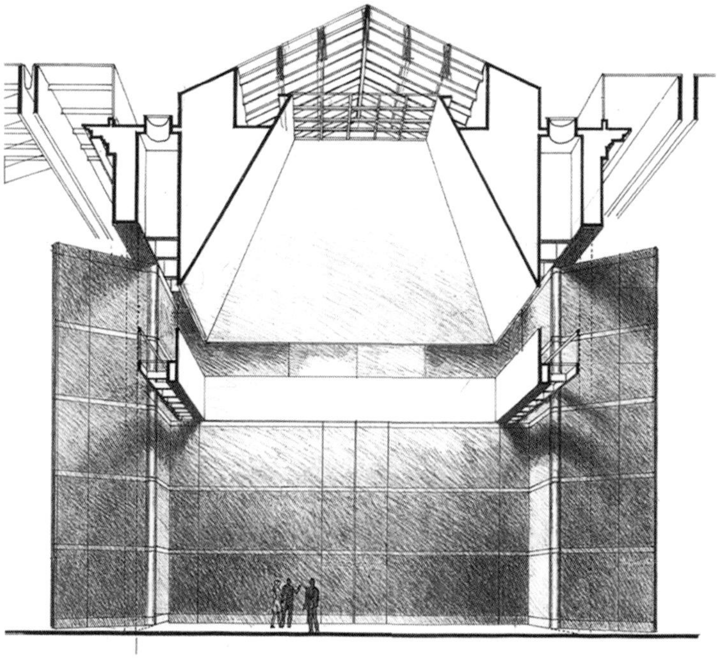

Sectional view of the transforming exhibition halls.

2003–2004

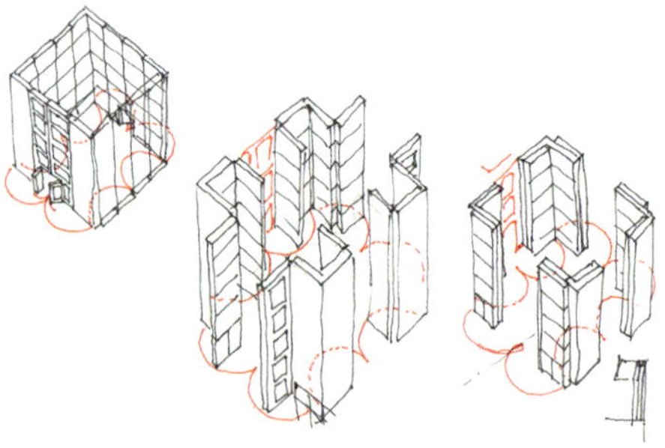

2005

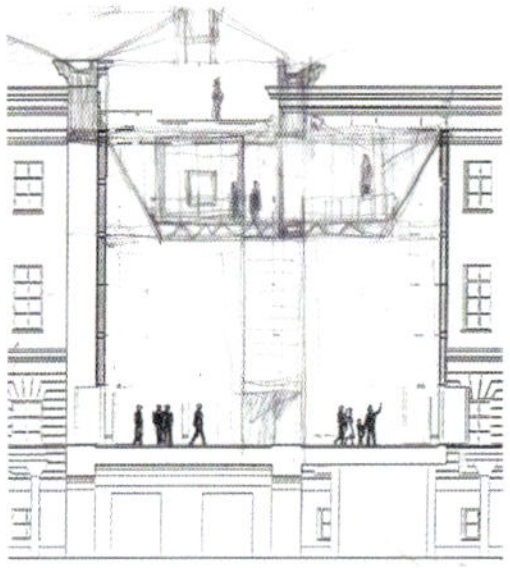

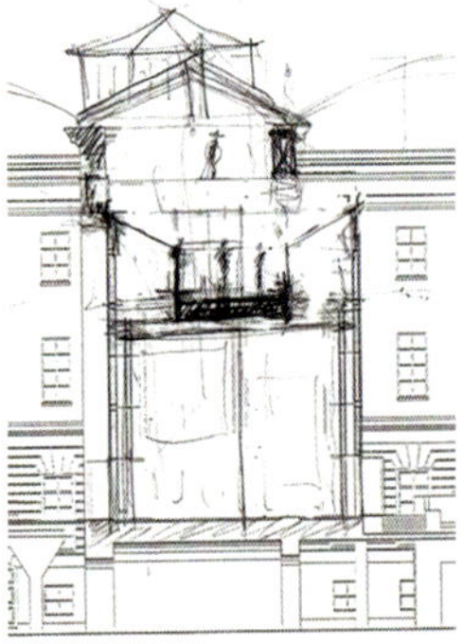

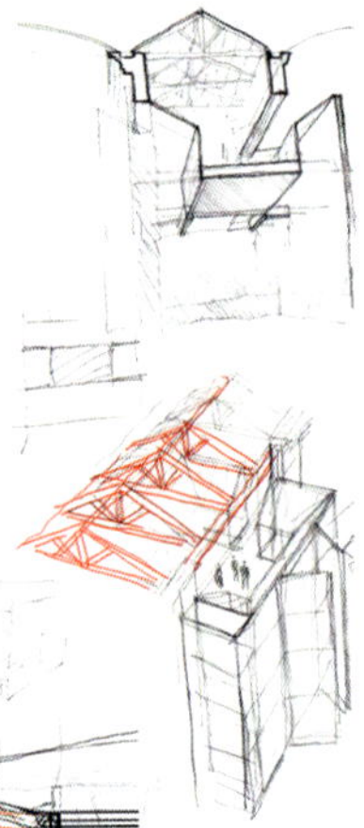

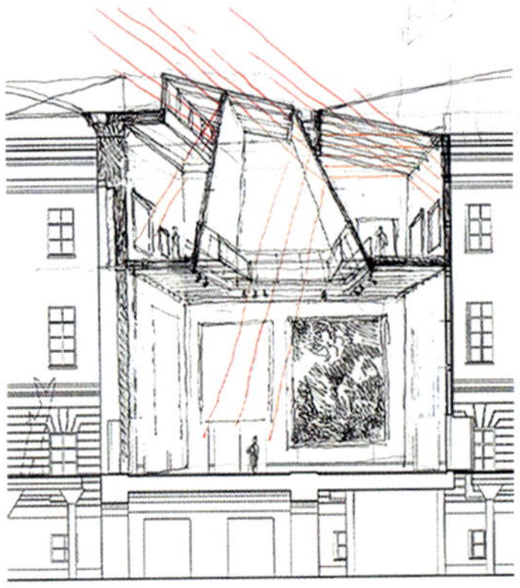

2006

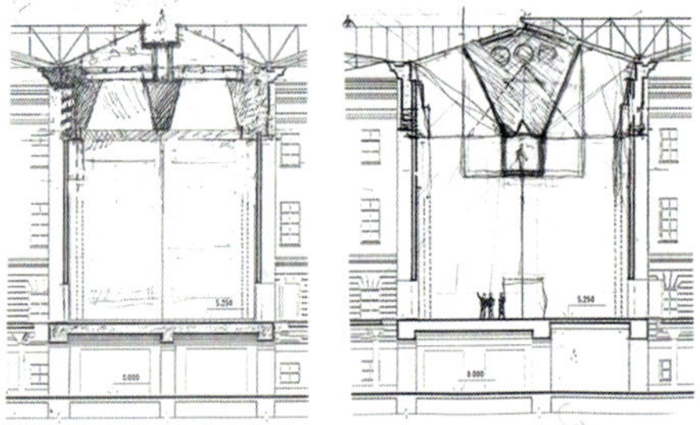

THIS SPREAD, LEFT TO RIGHT (INDIVIDUAL COLUMNS)

In the initial sketches, the halls of the New Grand Enfilade were light-transforming 'boxes' built into the transverse sections over the vaults of the lower floor.

Versions of two-tiered exhibition halls in the New Grand Enfilade.
A study of the possible forms of light-diffusing spaces, integrating the shells of the halls in the walls of transverse sections and forming a double-layered system of enclosures.

OPPOSITE, LEFT

A light-diffusing pyramid inside a skylight. Between the inner and outer shells of the transforming halls there is a metre-and-a-half-wide 'gap' with overhead lighting and bridges linking opposite sections of the building (top).

The inner shell of the hall is a 'box' with a light-diffusing pyramid and rotating walls (bottom), 2004.

RIGHT
The architects of the halls were keen to make transformations of the exhibition space possible: various ways of opening and closing the double doors and walls make it quick and easy to change exhibitions, isolate each courtyard and hall, or join them together again in an enfilade, 2004.

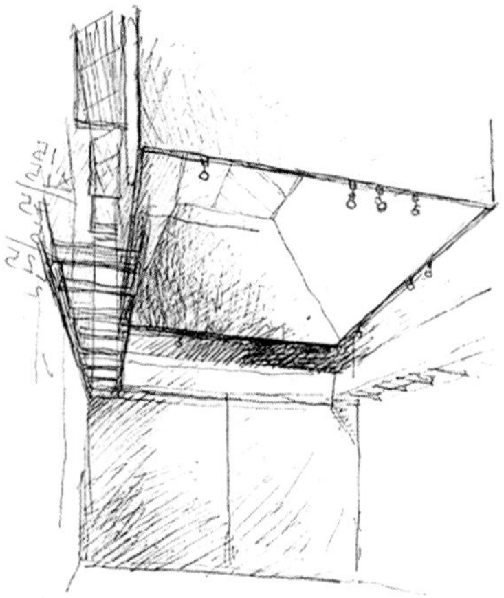

PREVIOUS PAGES
Transforming an exhibition in a hall of the New Grand Enfilade using the rotating walls.

LEFT AND OPPOSITE, TOP
The large doors and small 'doors within doors' can be fixed in different positions, altering the design of the exhibition space.

RIGHT
A film is screened on the open part of a rotating wall.

OVERLEAF
The upper part of a hall in the New Grand Enfilade: a light-diffusing pyramid and a gallery are placed around the perimeter of the hall.

MMXIV

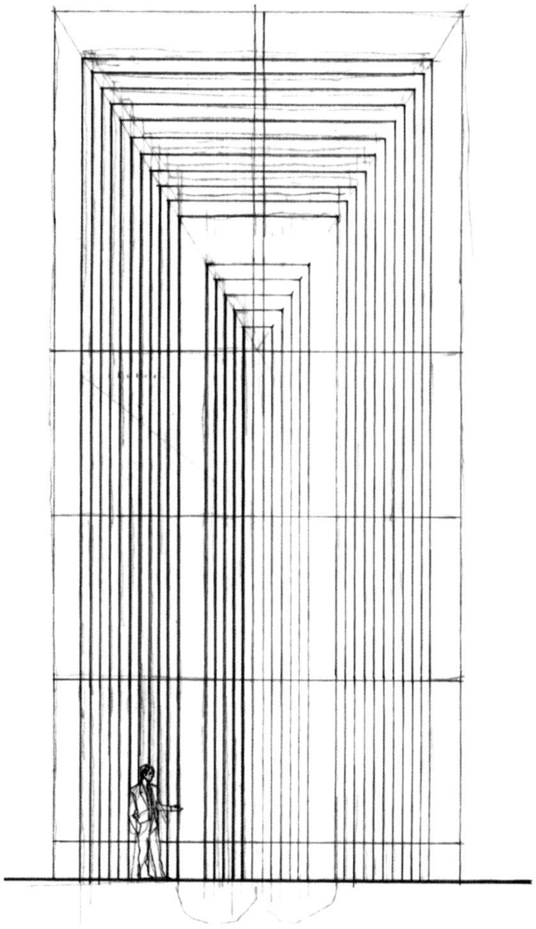

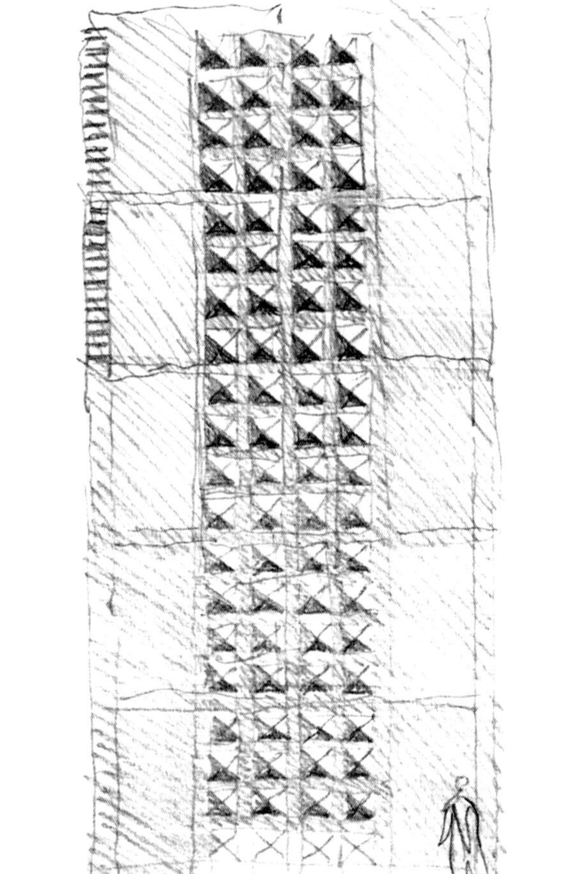

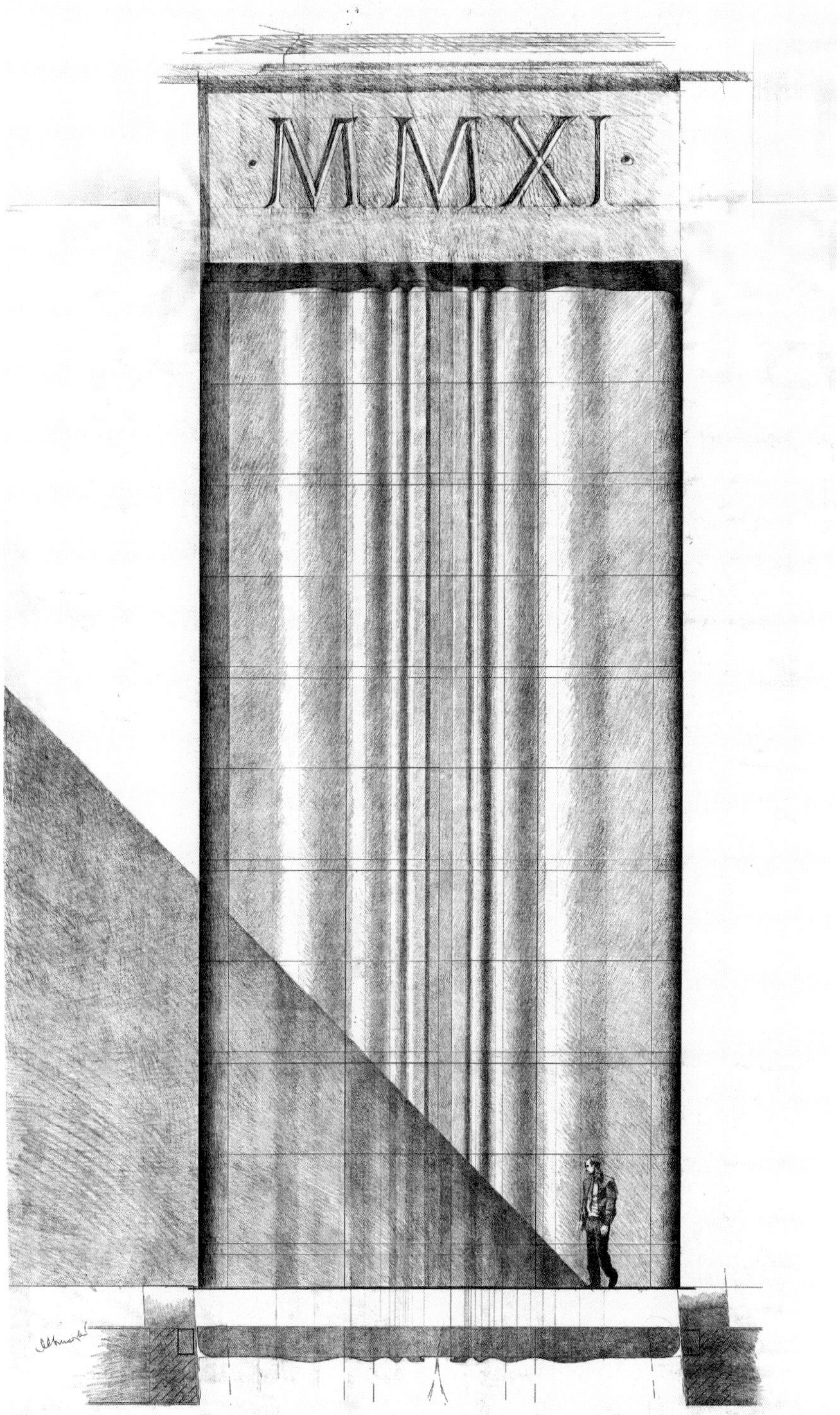

PREVIOUS PAGES
A skylight in the New Grand Enfilade, seen from below.

OPPOSITE
Versions for the design of the large doors in the New Grand Enfilade.

ABOVE
Final project decision for the large doors: the wavy surface of the doors is reminiscent of the undulating wood used in Baroque doors, 2008.

The Pevcheskaya staircase in the triangular courtyard of the East Wing of the General Staff Building, 2007.

THE SMALL ENTRANCE COURTYARD AND THE PEVCHESKAYA STAIRCASE

The second, smaller, main staircase is at the other end of the New Grand Enfilade on Pevchesky Proezd, or 'Singers' Drive'. As the large triumphal staircase was named for the triumphal arches, we refer to this small staircase as 'Pevcheskaya', or Singers' staircase. The plan is for this to be the entrance for groups. The courtyard from the Pevcheskaya staircase is noticeable for its intentionally asymmetrical triangular shape. Outside, this is discernible as the famous acute angle at the corner of the General Staff Building. It was thought that it would be impossible to fit in anything of value in this 'left-over' space within. Moreover, different parts of the first floor of the General Staff Building were built at different times, and these are almost one and a half metres out of sync. This was a problem when it came to connecting elements that had been functioning independently into one whole at the level of the New Grand Enfilade. We looked for signs of architectural solutions in the features of the problems and in the limitations of the initial situation.

This upper staircase gathers flows of people from different sides. It takes the shape of a three-sided staircase standing right up against the wall, and resembling a parvise. This is where three axes meet: the axis of the New Grand Enfilade, the axis of the last grand hall (Rossi did not align it with the others) and the tapered triangle of the courtyard. A semi-circular staircase with a semi-circular route around it was the best way of connecting the bundle of different axes, of gathering and directing the flow of people, of reconciling opposite directions and, finally, of expressing all this in the geometry of forms (see overleaf).

We tried to spread this concentric structure down to the courtyard foundations. When placing the stair onto the asymmetrical wedge-shaped courtyard, a tapered conical 'cut-away', or mound emerged (see '2005' overleaf). This element fitted in well with the 'landscape' theme of the large, triumphal, staircase, which was being developed at the same time. In its purest version, the form is reduced to its geometrical essence: an asymmetrical conical cut-away overlooked by a 'parvise', also cut from the cone form. As the cut-away creates a vaulted curve, the structure can support itself (see '2006' overleaf). The final design grew out of the application of two contrasting but similar ideas considered earlier: the mountain and the amphitheatre. Here, the convex, slightly tapered cone above, which suggests the mountain theme, and the cut-away from the large concave cone below, which creates the amphitheatre-like stairs, are embodied in the continual shape of the shell (see '2007' overleaf).

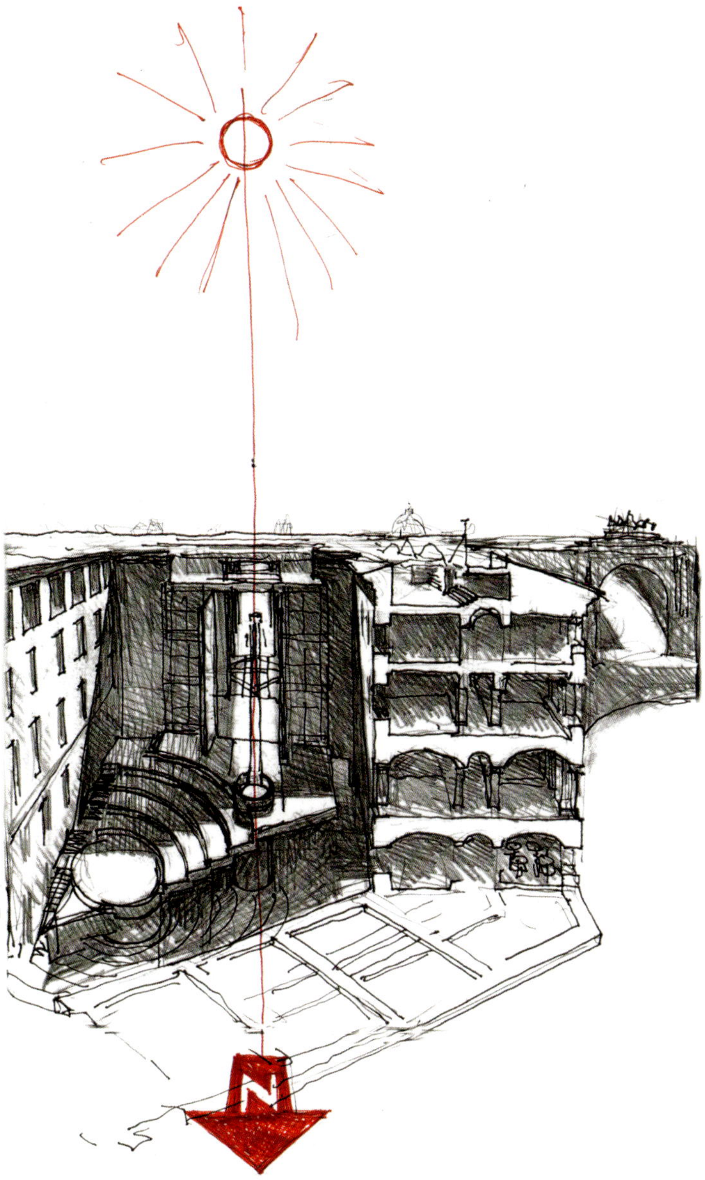

The triangular courtyard and the Pevcheskaya staircase, 2004.

2003

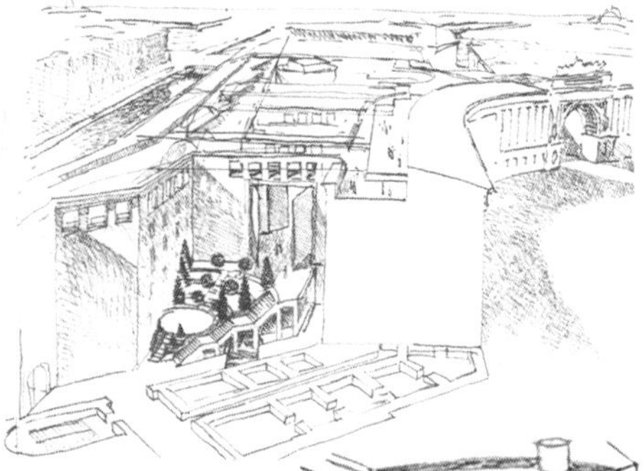

2004

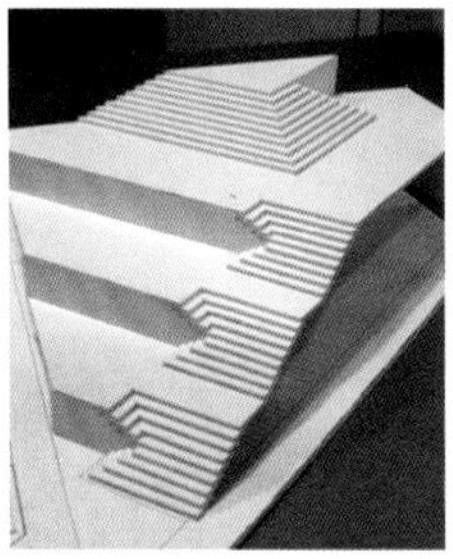

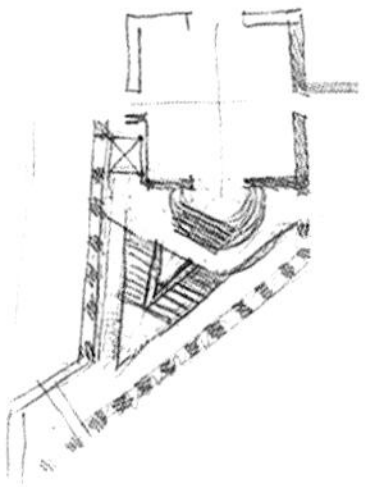

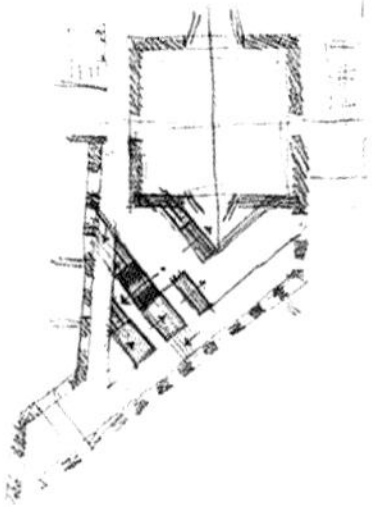

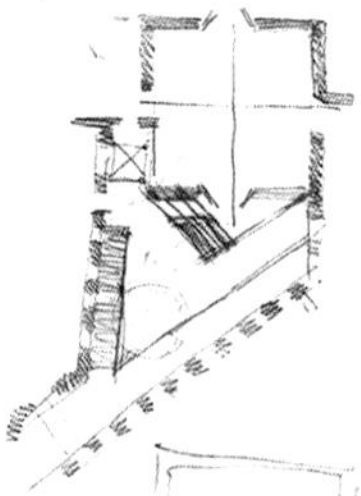

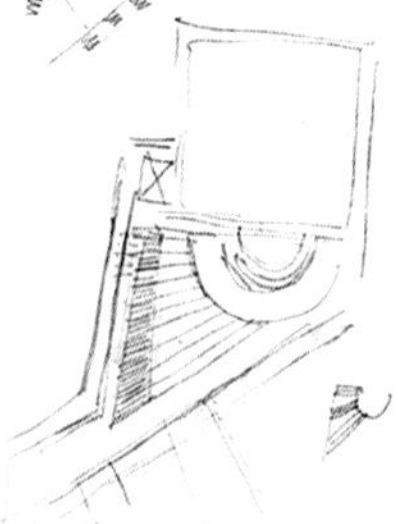

2005

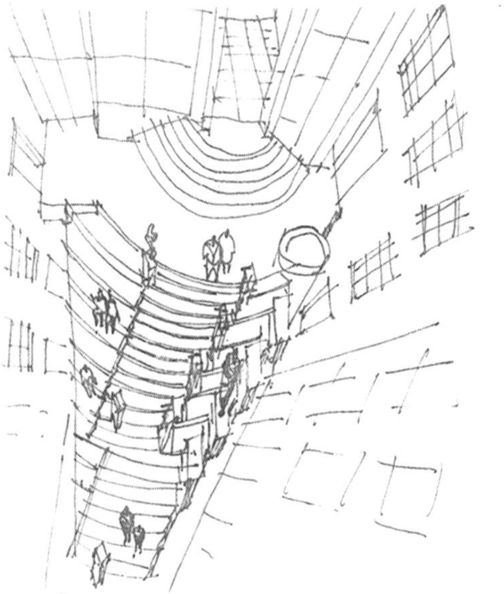

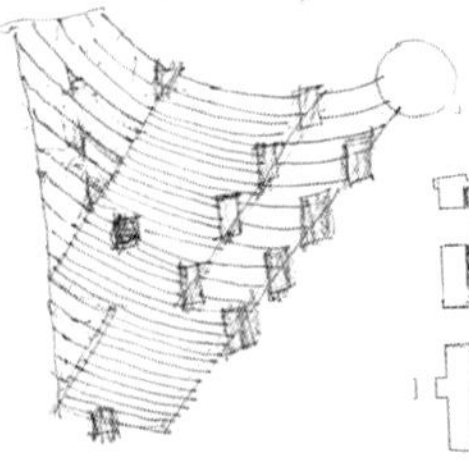

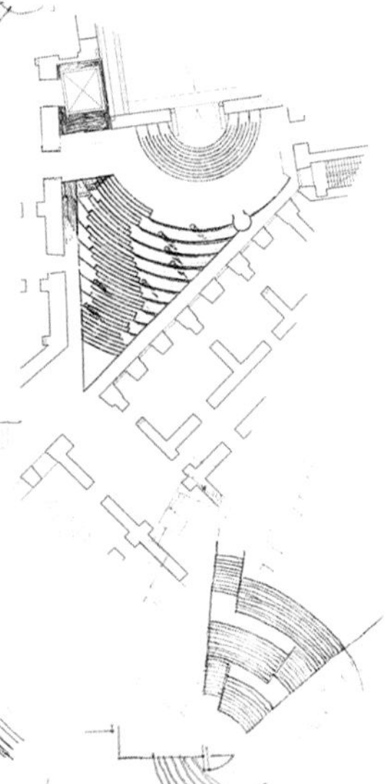

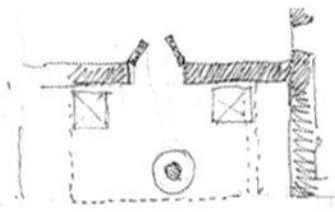

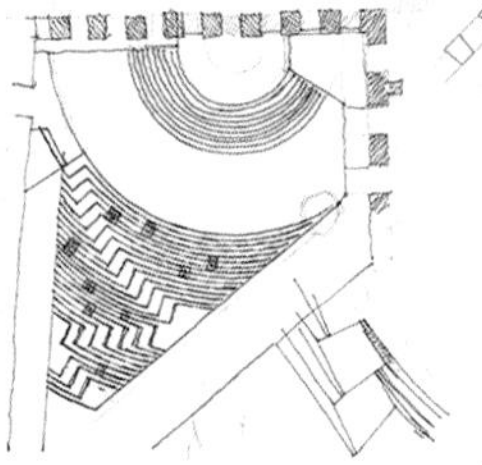

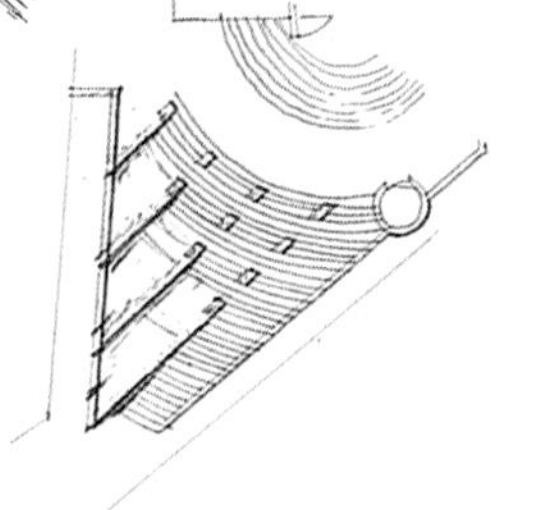

THIS SPREAD, LEFT TO RIGHT (INDIVIDUAL COLUMNS)
Versions for the design of the Pevcheskaya staircase:

Green Theatre

Terraces

Landscape

2005 | 2006 | 2007

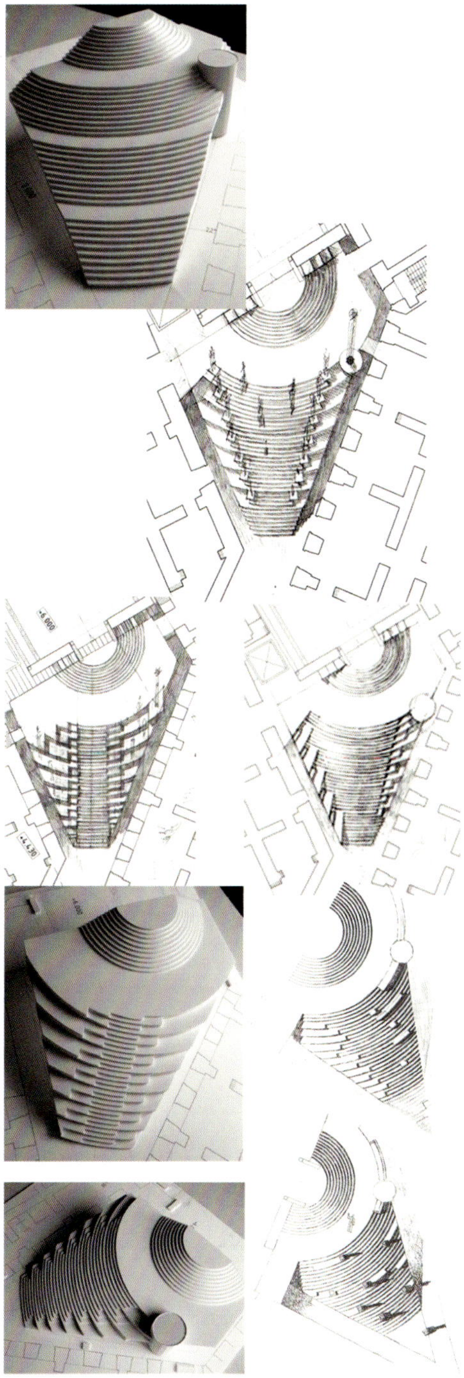

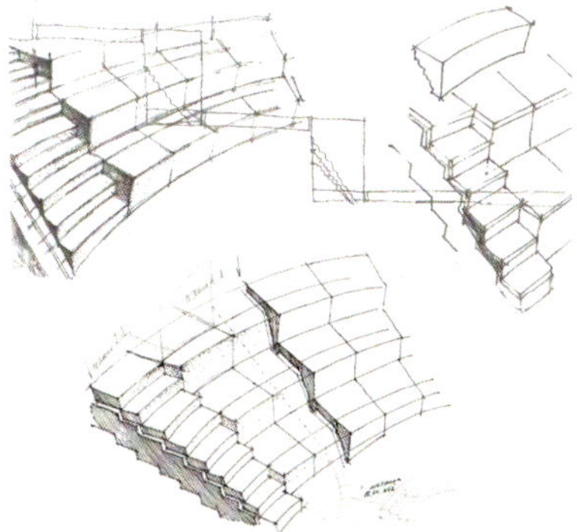

Mountain

Cone

Final decision
A mixture of two themes: mountain and amphitheatre. A convex cone with small steps above and an upturned concave cone beneath for the 'mountain', and an amphitheatre with large steps for sitting on framed by flights of stairs.

OPPOSITE
The Pevcheskaya staircase seen from above.

ABOVE, LEFT
Gap in the Pevcheskaya staircase along the central arc of the New Grand Enfilade, seen from below.

ABOVE, RIGHT
The Pevcheskaya staircase seen from below, from the cloakroom area.

ABOVE AND OPPOSITE
The Pevcheskaya staircase in the triangular courtyard of the East Wing of the General Staff Building: an amphitheatre with steps for sitting on, framed by two flights of stairs for ascending.

OVERLEAF, LEFT-HAND PAGE
The acute inner angle of the triangular courtyard. Two bridges, one historical and one new, join the part of the building on Palace Square with the section on the river Moika.

OVERLEAF, RIGHT-HAND PAGE
Perspective of the New Grand Enfilade seen from the Pevcheskaya staircase.

MMXIV

MMXIII

Carlo Rossi's historical clerestories, 2007.

SKYLIGHTS FOR NATURAL OVERHEAD LIGHT

Carlo Rossi, *Sectional view of the arch seen from Bolshaya Morskaya Street*, fragment, *c.* 1826, quill pen, brush, ink, watercolour on paper, Russia.

The plan for the natural overhead lighting on the upper level is directly related to the idea of the New Grand Enfilade. At the same time, however, it is a separate and complex project implemented in consultation with a UK firm of specialist lighting designers, Cannon-Brookes. The company carried out an in-depth study of the lighting in the existing building and gave detailed recommendations on lighting systems and equipment.

Many options of ascertaining the general method of natural overhead lighting to be used were put forward. In the final one, we developed the system of lighting through the skylights of the General Staff Building developed by Carlo Rossi. These were used to light the windowless rooms of the upper floor, guiding the light down through the garret. This is a particularly good solution for a modern museum that is housed in a historic building. In the buildings located close to the rivers in St Petersburg, the area under the roof has to be used to house the plant and infrastructure, as there are significant limitations to locating them underground. Our design for the upper layer of the building can be compared roughly to the structure of cheese. The dense 'body' of the utilities space is riddled with holes, i.e., skylights, passing through this garret space. Where the roof is visible from the city, we have Rossi's glass domes in place and have not added any new structures, so the look of the historic façade has been preserved. However, in the roof facing the courtyards there are many new skylights.

Our design for all skylights is based on the principle of the double, light-diffusing pyramid or a pyramid with a vault beneath as a version of the former. The design relates to that of the skylights used in the General Staff Building and in the exhibition halls of the State Hermitage Museum. In the double light-diffusing pyramid, the geometry of the skylight is predetermined by the flow of light inwards and downwards. Natural light is reflected, diffused and dispersed by the slope of the glass, the geometry of the vault space and the curvature of the hall. The whole structure of the skylights

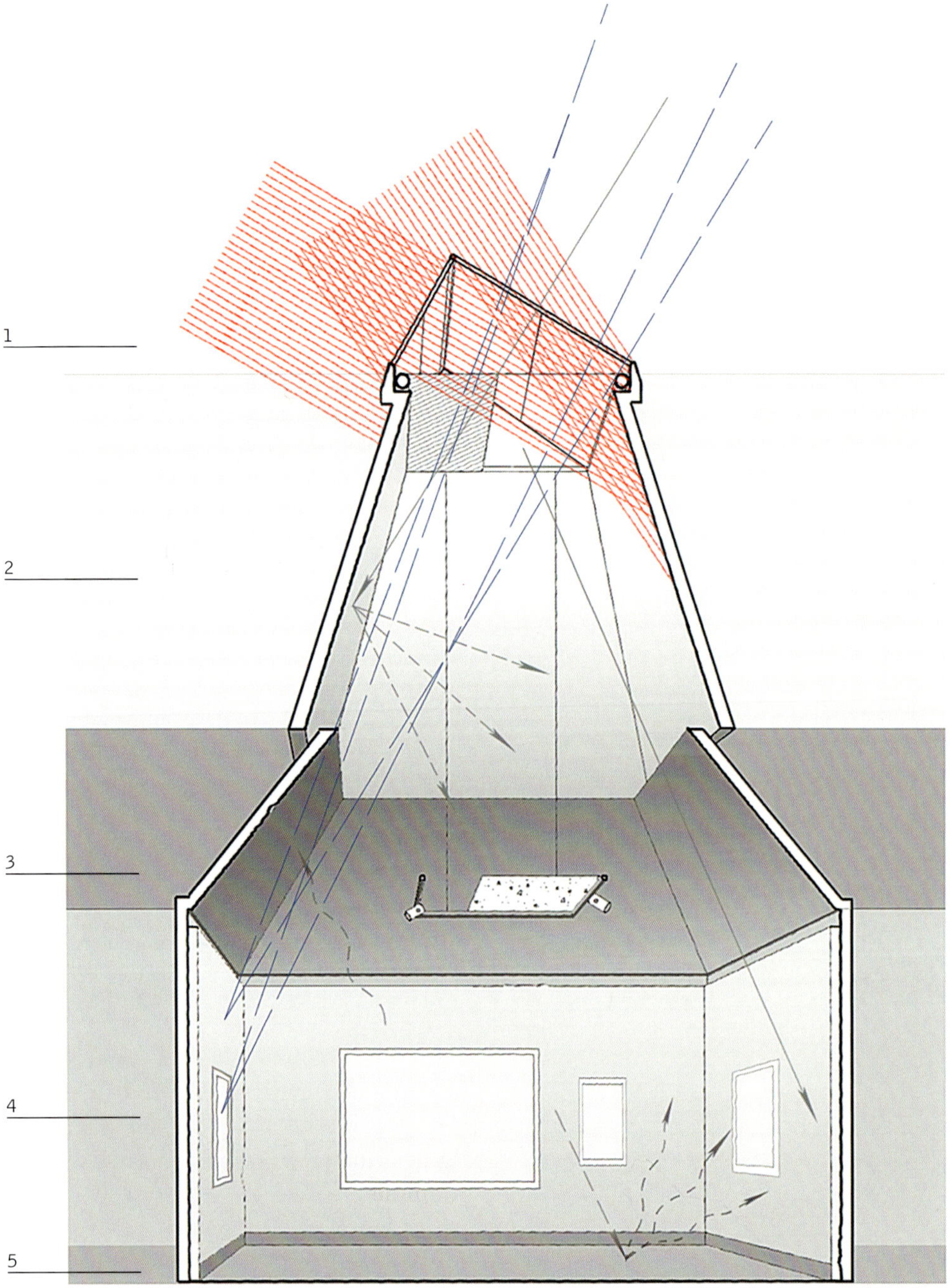

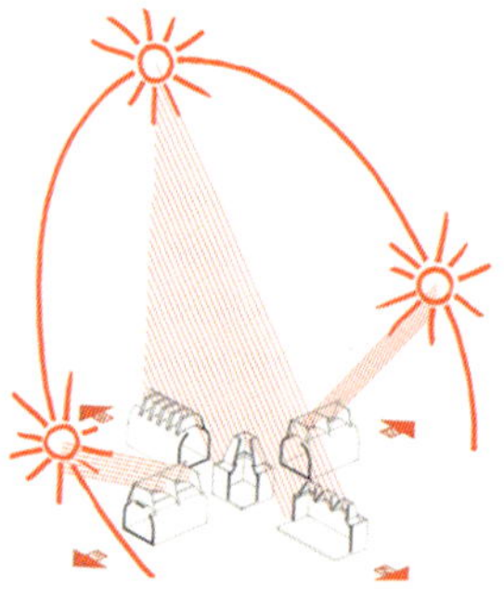

ABOVE, LEFT
The overhead lighting system (from top to bottom)

(1) Glass skylight – a window into the sky
Southern skylight with integrated light
* reflectors
* roll blinds – blackout blinds
* reflection or refraction
* sunlight
* maximum brightness area

(2) Upper light-diffusing pyramid
* first light refraction
* direct sunlight trap
* light diffusion
* heightened brightness area

(3) Lower light-diffusing pyramid
* reflected light only
* light fittings
* relatively dimmed
* semi-shadow area

(4) Wall surface – placement of paintings
* multiply-reflected diffused light
* the area with paintings opens directly to the sky
* standard light area

(5) Floor space – reflecting surface
* the middle – dimming area

ABOVE, RIGHT
Skylight configuration depending on the alignment of the exhibition gallery with the light.

can be subdivided into vertical zones, each having different geometries and degrees of saturation and diffusion in the natural light.

The upper part of the pyramid is the area with the greatest light saturation; its inner walls are lit like the edges of a lantern. The lower pyramid, or vault, is angled to avoid direct or diffused light, so that it is always in semi-shadow and receives only light reflected from the floor and the walls. This creates a darker shadow frame for the wall where the artwork is displayed. Thus, at the level of the paintings on display, we have achieved an optimal intensity of diffused light. This softened light is perceptibly heightened by the shadowy frame of the lower pyramid, or vault section, of the skylight.

The various forms of clerestories and light spaces, though growing from a single principle, highlight the variety of configurations in the shape and design of the existing rooms. This variation occurs not only between individual rooms but also between whole wings, and even buildings. In the wing alongside Palace Square the rooms on the different floors all have vaulted ceilings. In these exhibition galleries, the lower level of the light-diffusing structures is always in the form of a vault. However, in the wing alongside the river Moika, a long, rectangular building with a symmetrical façade and rectangular rooms, the overhead lighting system is only structured around light-diffusing gradients with pyramid-shaped cross-sections.

In the complex configurations of the plan of the East Wing of the General Staff Building the rooms receive different kinds of light at different angles. The problem of addressing the varying conditions is overcome exclusively by the geometry of the light-diffusing shells. Thus, in the north–south oriented galleries, the lower pyramid of the skylight is single and whole, while the upper pyramid is divided into several sections: the southern sections, which receive stronger sunlight, have a more vertical surface, while the northern sections are more inclined. Narrow rooms have a single pyramid-vault structure along the central axis of the room. With a wide layout we can close off the vault, creating a shaded area in the centre of the hall, and bring in light at the sides of the central axis. Though different solutions have been used for galleries of varying sizes and orientation, all of the forms come from a single 'family', a unifying principle of structure, which has been brought to bear on the assorted arrangements of rooms in the historical building.

These solutions also helped to produce a further understanding of the building itself: a hidden logic to Rossi's layout became clearer when some of the rooms were fitted with clerestory windows. The exhibition spaces with clerestory windows began to connect with each other and with other halls in combinations of dark and light, low and high, light canopies and domes. Spatial geometry, axes and areas of converging perspective began to appear, and this prompted the decision to display key artworks in these spaces. Through the halls of the New Grand Enfilade on the upper floor there arose transverse axes, routes, openings and endings. In the circuit of the museum's enfilade with windows onto Palace Square and the river Moika a type of 'celestial empire' was formed. The unusual luminous effect is created by the combination of light wells that are open to the sky above and the courtyards below, the dimmed spaces on top of the lower triumphal arches, and the garret space with historic skylights directing light through the old vaults to the lower floors.

ABOVE
Different types and forms of overhead skylights.

OPPOSITE
Examples of skylights constructed for rooms of different shapes, 2005.

OVERLEAF, TOP
Routes through the halls and galleries with overhead lighting.

OVERLEAF, LEFT-HAND PAGE
Sectional view of the Shchukin-Morozov Gallery.

OVERLEAF, RIGHT-HAND PAGE
Galleries with natural overhead lighting in the structure of the East Wing of the General Staff Building.

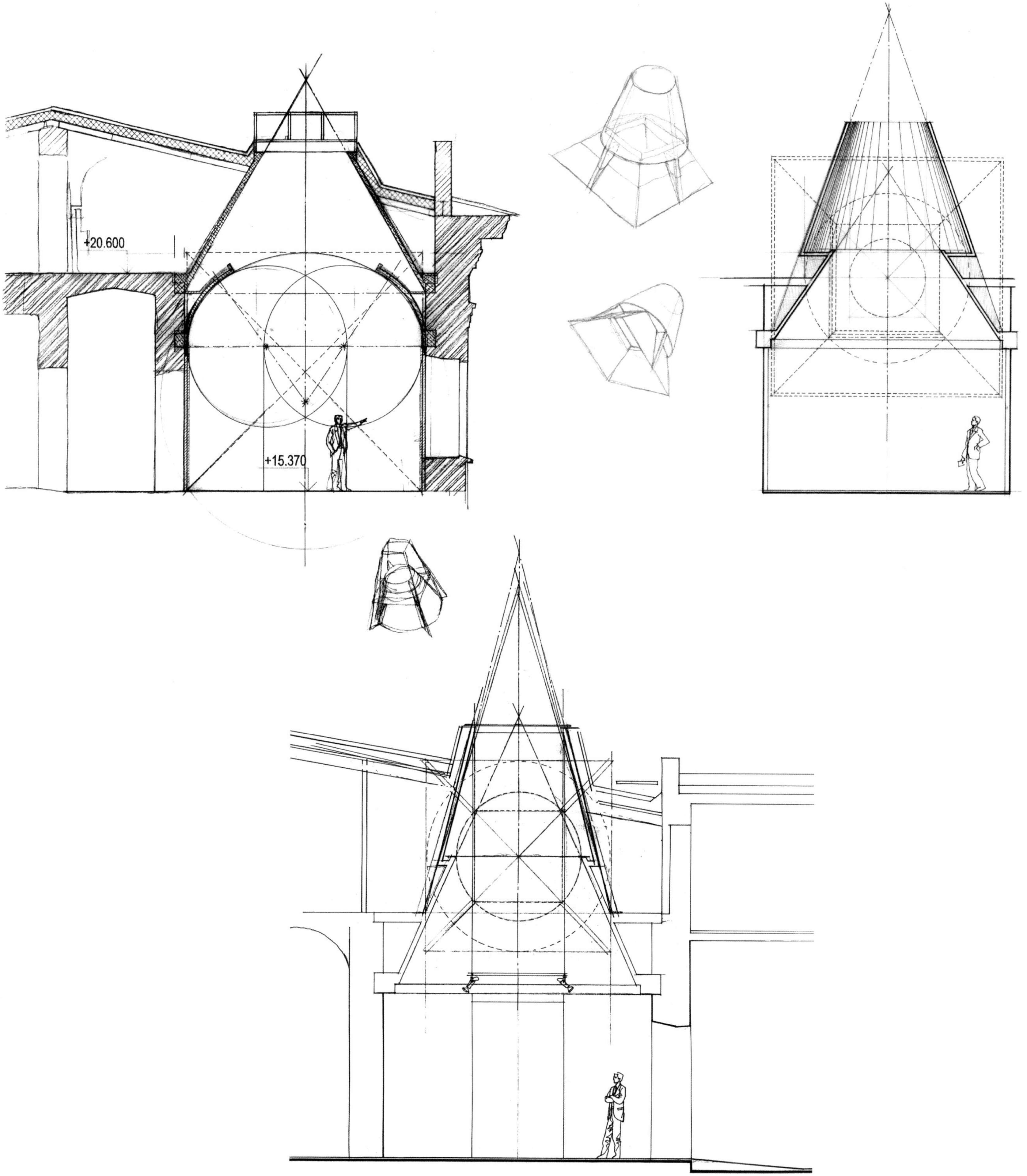
+20.600
+15.370

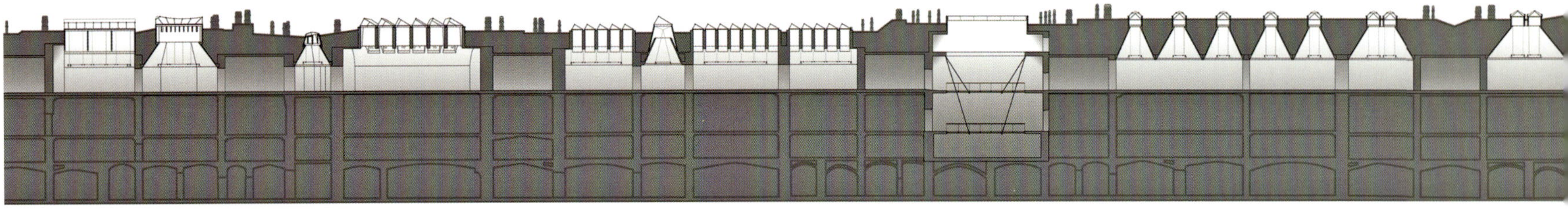

1

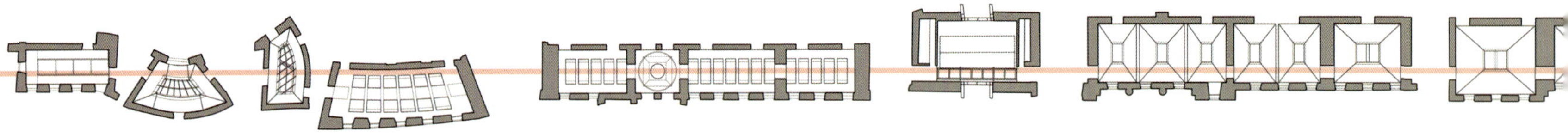

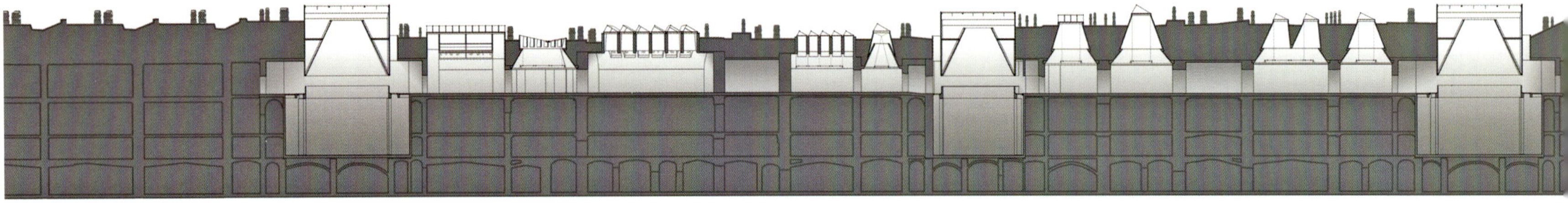

3

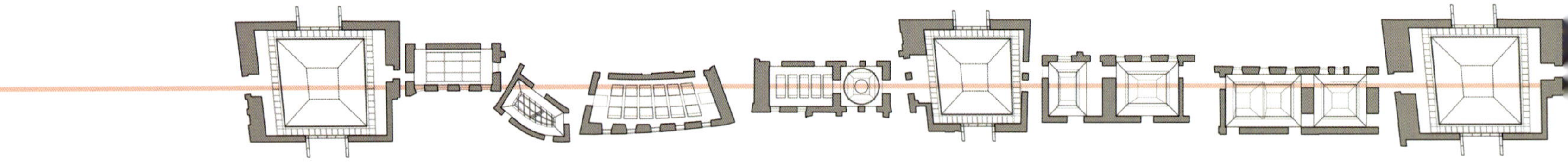

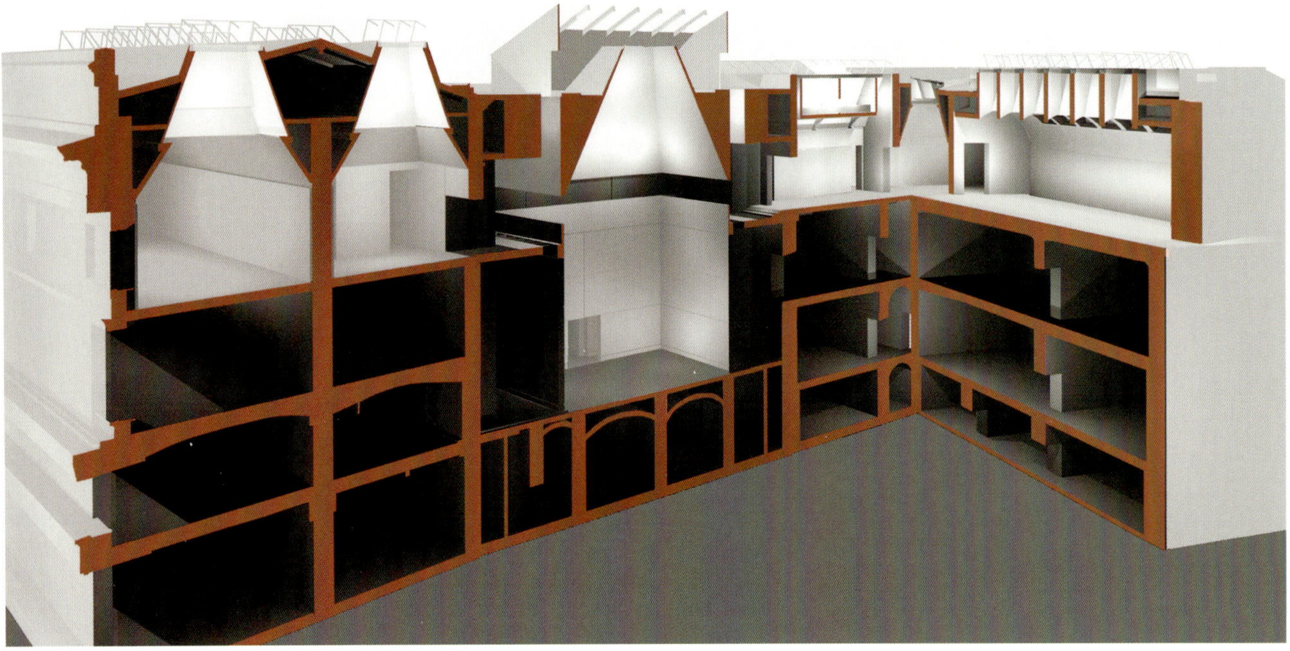

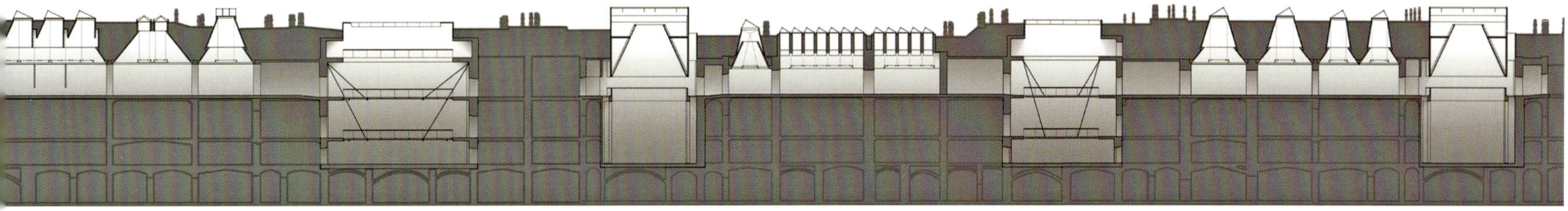

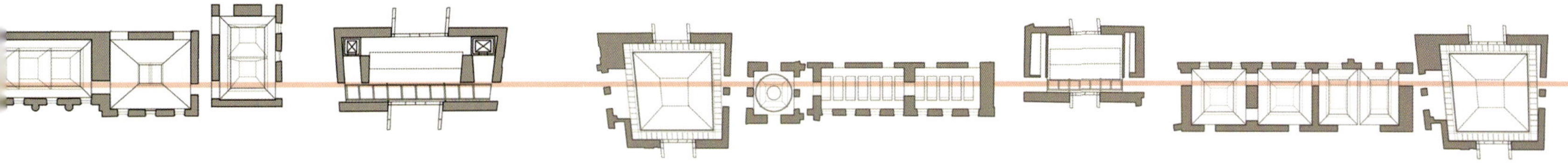

2

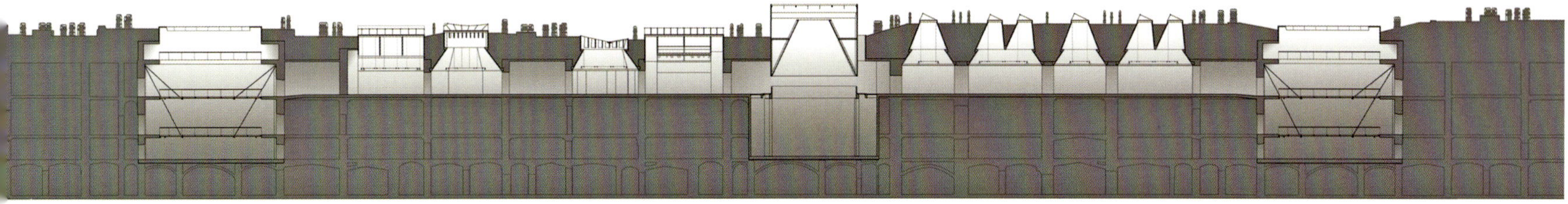

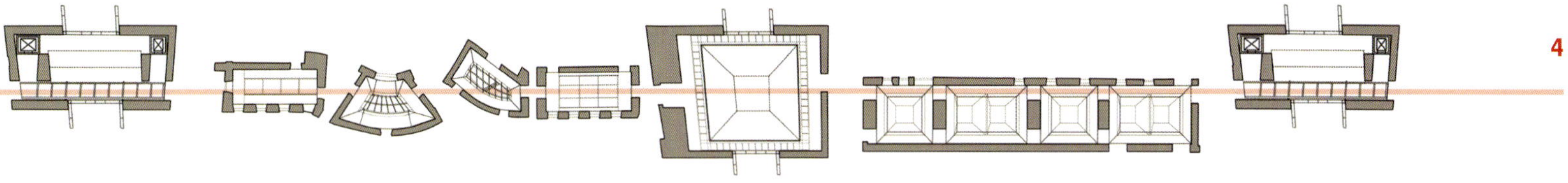

4

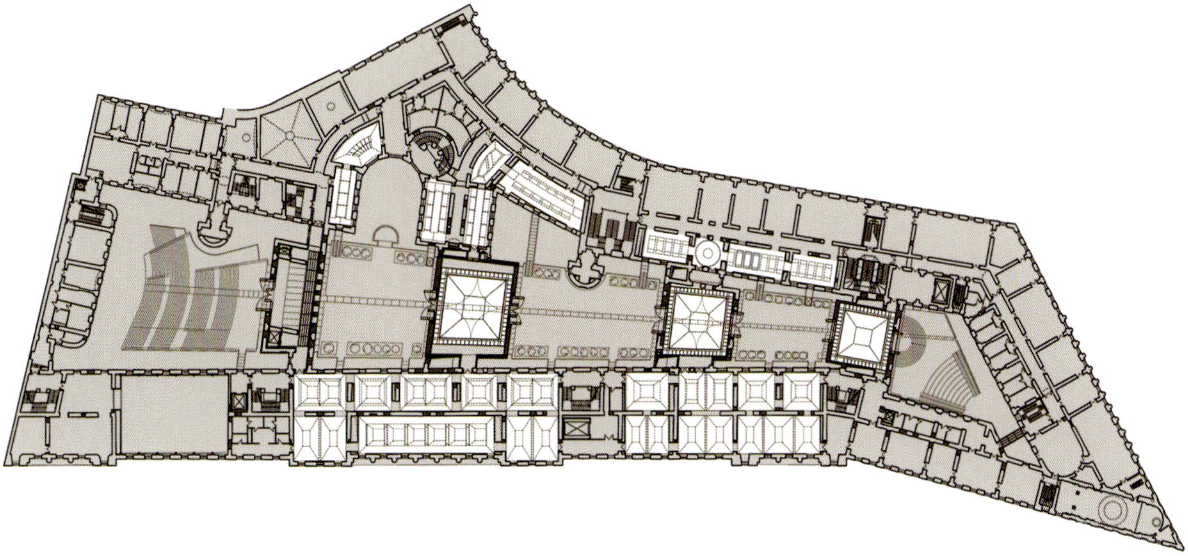

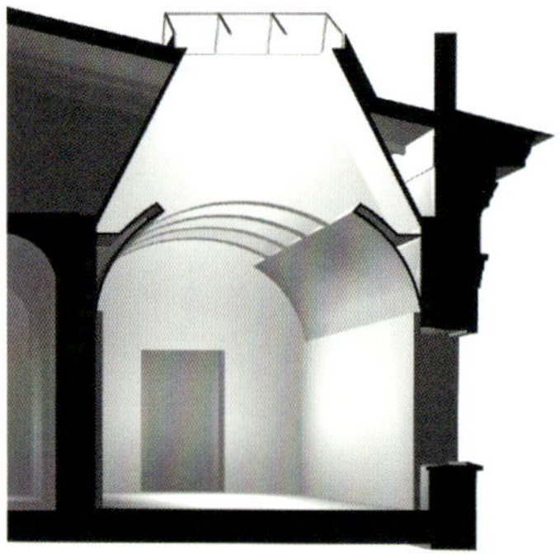

LEFT, TOP
Conical skylight over a square hall with the crossing of two enfilades; photograph (left) and axiometric sectional view (right).

LEFT, BOTTOM
Vault under a light-diffusing pyramid over a long narrow hall; photograph (left) and axiometric sectional view (right).

OPPOSITE
Rotunda Hall at the crossing of two enfilades.

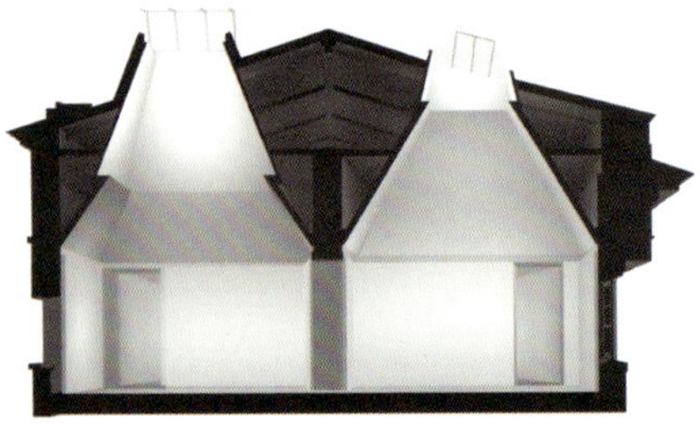

ABOVE AND OPPOSITE

Double light-diffusing pyramids in the south-north-facing galleries; photographs (top) and axiometric sectional views (bottom).

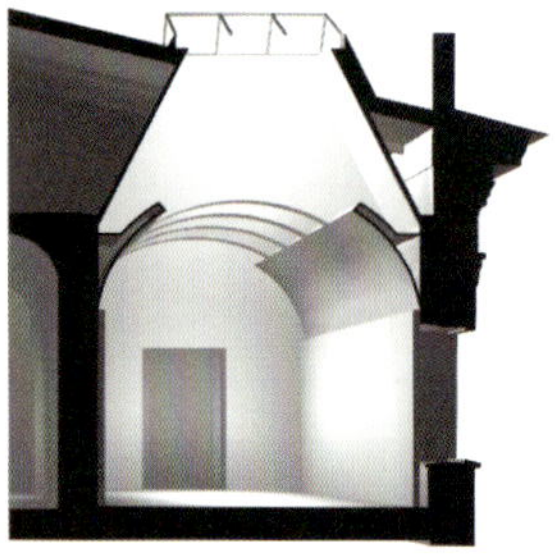

ABOVE, LEFT
Light-diffusing pyramids above an irregularly shaped room in a north-east–south-west-facing gallery; photograph (top) and axiometric sectional view (bottom).

ABOVE, CENTRE
Vault under light-diffusing pyramids in a hall with a narrow west-east-facing gallery; photograph (top) and axiometric sectional view (bottom).

ABOVE, RIGHT
Vault under light-diffusing pyramids in a hall with a wide west–east-facing gallery; photograph (top) and axiometric sectional view (bottom).

OPPOSITE
Vault under light-diffusing pyramids in a narrow hall.

OVERLEAF
Exhibition of the works of Marcus Lupertz ('Symbols and Metamorphosis') in the contemporary art rooms.

THE TRIUMPHAL ARCHES, INSIDE AND OUT

The view of the triumphal arch, topped by the Chariot of Glory, and the fan-like curve of the second arch behind it is an impressive sight, but the inner construction is no less amazing. When we decided to construct exhibition spaces for the State Hermitage Museum inside these structures, we wanted to do it in such a way that visitors would be aware that they were on top of those very arches. The idea was that when they looked again at the arches from the outside they would comprehend not just the graceful forms, but also the spatial shell of the halls they had just been inside. We worked out the exhibition routes so that the fan-like curve of the arches would be recognizable from inside. To do this, we placed the entrance onto the roof near the entrance to the rooms in the arches, thus bringing the inner and outer points of view of the arches closer together.

The brick vaults and arch constructions (including that of the famous triumphal arches) form a type of hilly relief in the attic spaces. Above this strange topography, further narrow brick arches rise, wooden rafters grow, and above the enormous triumphal arches hang wooden trusses of corresponding size, all hidden by the roof covering. These attic spaces are extraordinarily beautiful, like the strange landscape of a fantasy world. The constructions recall the man-made 'ruins' of the Romantic period, which were so popular when Carlo Rossi was young. Perhaps it is because attic spaces are meant for such practical purposes and attract so little outside interest that Rossi ended up making his 'romantic ruins' in the attic so unusual.

OPPOSITE
The triumphal arch of the General Staff Building seen from Palace Square.

ABOVE
Sectional view of the triumphal arches of the General Staff Building, 2006.

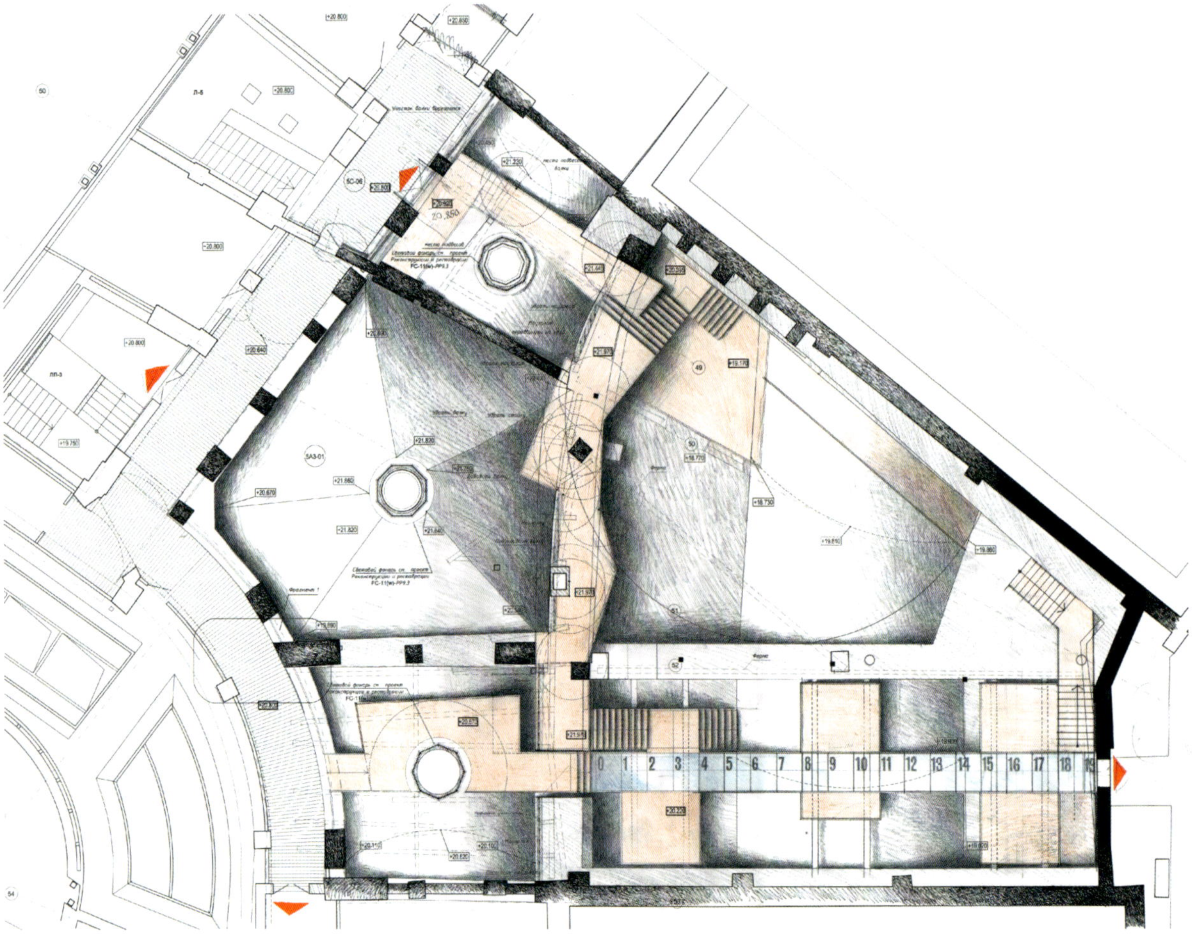

TOP
Space above the triumphal arches of the General Staff Building, 2003.

ABOVE
Plan for the project to restore and renovate the space above the triumphal arches, 2007.

Regulations today forbid visitors to walk on the upper vaults, but they permit the use of these vaults for display. Therefore, the floor in the attic hall on top of the triumphal arch, directly under the Chariot of Glory, has been made transparent, so that the brick vaults of the triumphal arch are visible from above. The space on top of the fan-like curve is structured in a different way. To allow visitors a chance to view the roof structure more closely an exhibition route was constructed, and this travels along glazed metal bridges in the attic spaces beneath the fan of arches, above the vaults and between the old arches, rafters and trusses that support the roof. So that the curves and angles of the brick constructions and the complex curvature of the fan of arches is revealed, pedestrian bridges follow the geometry of a right angle, with metal supports set at exactly one metre apart. These measurements are inscribed on the glass surface of the floor. Passing along the incremental guide over the arches, visitors can appreciate their dimensions (and they might be interested to know that Carlo Rossi also stood on these arches with his ten-year-old son when they were being tested for strength). These old inner structures, viewed from such unusual perspectives, and the new transparent functional elements present a complex device to implement some daring ideas for future exhibitions.

Project for new exhibition spaces above the vaults of the triumphal arches.

The excursion route passes above the brick vaults, across light glass and metal bridges.

2
3
4
5
6
7
8
9

ABOVE, LEFT
Sectional view of the triumphal arch and the Chariot of Glory, 2006.

ABOVE, RIGHT AND OPPOSITE
Inside the triumphal arch with the Chariot of Glory before restoration (2002; above, right) and after restoration (2014; opposite).

HISTORICAL LAYERS AND A MOSAIC OF SPACES

The building of the civilian ministries has always been seen as a kind of city of its own, or an agglomeration of worlds. This world includes the Ministries of Foreign and Home Affairs, staterooms, reception rooms and offices for clerks of various ranks, as well as apartments for ministers and middle- and low-ranking officials and servants. The building comprises a block of medical facilities, workshops, bakeries, stables, and more. Through the years, all of this has been reorganized over and over again, its functions have changed and overlapped. One of the main challenges of the project was to preserve and display the full spectrum of the existing spaces, the structures and the stratification of use.

A programme of preservation, restoration and renovation has been carried out in different premises and groups of premises. The illustrations demonstrate some of them: various rooms and offices and old vaulted corridors, as well as the staircases that were used by different ranks of staff. The main staircase is in itself one of the most impressive interiors of the Empire era, and there are business and staff staircases, many of which have also been well preserved. The church of St Alexander Nevsky, which is contained within the General Staff Building, was also designed by Carlo Rossi, and it too has been carefully restored. The museum space now also includes the historical semi-circular tower in one of the courtyards (in the 19th century this contained lavatories). In addition, there are various passageways: new ones and others merged with restored, historical ones. Items on display include a whole range of historical stripped-out elements, fixtures and fittings.

While the more historic spaces and elements are of great interest, particular mention should be given to the rooms in the southern part of the building on the river Moika, which were rebuilt especially for the department of contemporary art. This part of the building, along with the transverse wings, suffered the most damage in the great fire of 1922, after which the building was left without a roof for two years. In the 1970s, there were many Soviet renovations to the inside, such as the replacement of the original 19th-century floor structure with grey concrete. We decided we could dismantle some of the interventions and create a spacious, double height, modern hall spanning across the whole width of the building that would be an appropriate setting for 21st-century art. The hall is designed as a big puppet box with many large and small windows located at two different levels and doors, all of which are equipped with massive shutters to close them up. The southern wall contains the largest opening, a square measuring 4.4 x 4.4 metres (14½ foot square), which is equipped with an electronically activated retractable wall that can be used to separate the hall from adjoining contemporary art exhibition spaces. The Soviet-era concrete has been preserved and is on view as part of the building fabric in exactly the same way that Rossi's constructions are visible to the public. It could be said that in the contemporary art 'post-fire' spaces we allowed ourselves to fall back on those principles of modern reconstruction that we resisted in other parts of the building.

The General Staff Building is an entire neoclassical ensemble, and the longer we worked on it the more its entirety surprised us. At the same time, however, it is the building's contradictory nature that is surprising. There are few buildings in which so much complexity and contradiction

OPPOSITE
The corridor in the Ministry of Foreign Affairs in the Palace Square building.

ABOVE
The corridor on the ground floor of the Palace Square building.

lie at the very heart of the structure and the architectural programme. It is not what you would expect from a building of the neoclassical era. Moreover, the contradictions of different parts and layers speak to the character of this architectural organism. Contradiction is its life. The architectural unity of this structure is supported by the tension of its internal discords and inconsistencies.

In the minds of many, the General Staff Building is the embodiment of town planning regularity and the formal accuracy of neoclassicism. At the same time, few buildings have so many rooms with deliberately irregular forms, slanted walls, obtuse and acute angles. The complex structure and plasticity of the vaults, unavoidable in such a design configuration, contributes to the overall contradiction. The shapes of rooms were often determined by the designs of the rooms around them, the configuration of the building area, etc. It amounts to a sort of chaos behind the order. In the new museum, some of these 'left-over' spaces have remained back rooms, while others have been turned into halls for holding special exhibitions. The largest of these spaces in the General Staff Building are the courtyards. Trying to achieve as much logic as possible within their irregularity, we arrived at the concept of the New Grand Enfilade. It is this which, with the administrative building transforming into a museum, created a new wholeness. But it was not only the enfilades that we focused on. We wanted to achieve a central architectural idea for the project that cut through the complex fibre of the existing building, leaving that fibre as untouched as possible. In doing so, we always found ourselves somewhere between a labyrinth and an enfilade.

OPPOSITE AND ABOVE
In the contemporary art block on the river Moika, the concrete Soviet-era constructions have been preserved for the public.

ABOVE AND OPPOSITE
A spacious double-height modern room the width the entire section of the building on the river Moika has been fitted out for 21st-century art. When the doors and blinds are closed, the room turns into a box with absolutely smooth white walls. The largest of its openings (4.4 x 4.4 metres) is equipped with a retractable wall with electronic controls to dynamically separate the hall from – or unite it with – the adjoining contemporary art exhibition spaces.

ABOVE
The grand (left) and back (right) staircases of the Ministry of Finance after restoration.

ABOVE
The restored grand staircase of the Ministry of Foreign Affairs.

OVERLEAF, TOP TO BOTTOM, LEFT TO RIGHT
An example of the stripping of historical elements that took place in the Soviet period.

Brickwork from the first third of the 19th century and metal cords from the late 19th century inside the building on the river Moika.

Carlo Rossi's staircase after restoration.

The new staircase in the building on Palace Square.

The new staircase in the Ministry of Finance building.

PREVIOUS PAGES
The semi-circular tower in one of the courtyards of the East Wing of the General Staff Building, exterior (left-hand page) and interior (right-hand page). In the 19th century, the tower housed toilets; since its restoration, it now functions as a light shaft.

ABOVE AND RIGHT
Interior of the church of St Alexander Nevsky after restoration: dome (above) and view of the altar screen (right).

REFERENCES

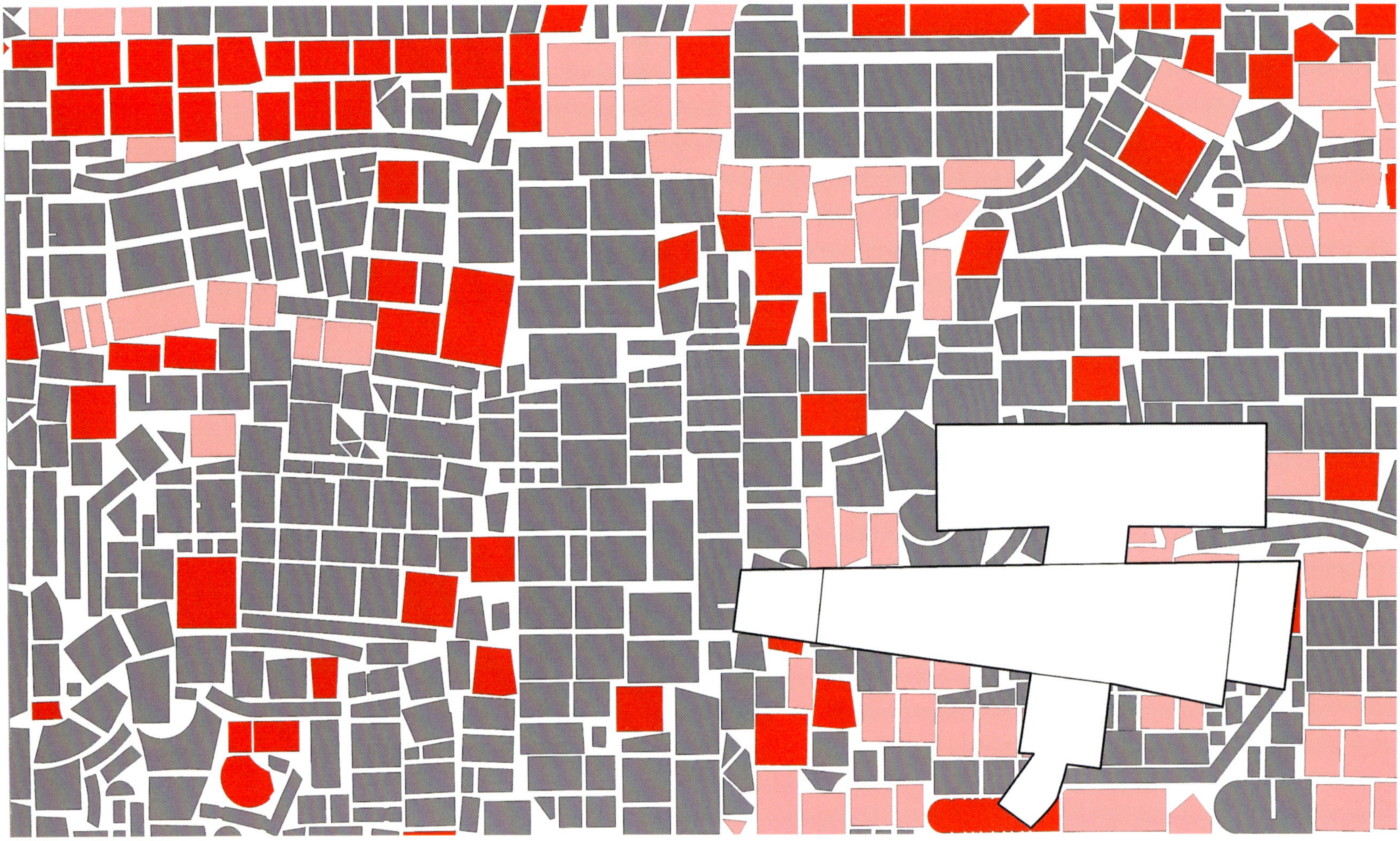

THE MOSAIC OF SPACES

Rem Koolhaas

Presentation given in St Petersburg, Hermitage Theatre, 26 April 2004.

Dutch architect, architectural theorist, urbanist and founding partner of OMA

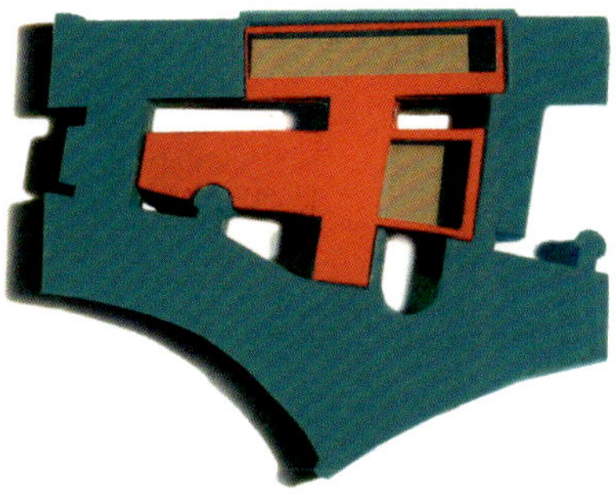

The Hermitage has far more exhibition pieces than many other museums in the world, but it has significantly fewer visitors than other museums. The conclusion we have come to is not that the Hermitage needs to increase visitor numbers, but that the Hermitage is one of the most luxurious museums. This is because every single visitor to the Hermitage can enjoy having the best amount of space, and therefore, every single visitor is able to have the most profound relationship with the artefacts in their own space. I must say that this is an extraordinarily important and unusual feature, particularly nowadays when, at the Metropolitan Museum, for example, it has become practically impossible to have a personal relationship with art due to vast numbers of visitors.

Comparing budgets at the disposal of different museums we discovered one more difference. Although the Hermitage has an incredible wealth of exhibition pieces, in both quantity and quality, it has an incredibly limited budget, and it is this that leads us to the conclusion that the Hermitage has to make very restrained and rational choices and not take the typical modernization and enlargement route. Nevertheless as its name suggests, the State Hermitage Museum receives 65% of its funding from the state, and I see this as evidence of its privileged position and luxury too, since such a level of funding means that the Hermitage does not need to think of other ways to make additional revenue.

If we compare on the same diagram the behaviour of Wall Street, and the expansion trends of a number of international museums – the Louvre, the Metropolitan, the Whitney and the Tate – we reach some interesting observations. Strange as it may seem, the museums all more or less follow the Wall Street lead, including at the crisis point of 11 September. In other words, the museums are developing in line with the financial market, but in the sense of enlargement of their funds, rather than improvement of their services. Museums have been primarily occupied with increasing their financial assets and the size of their collections. We have participated in several projects and have witnessed a kind of museum boom or a certain non-malignant museum tumour, where museums have increased their exhibition spaces and collections, but have done nothing to improve the quality of the museum work. And it strikes me as sad and unacceptable that in the

OPPOSITE
The 'mosaic of spaces' proposed by OMA. Red indicates palace and museums rooms that would be kept fully intact; pink indicates rooms with historical interiors that would be preserved; grey indicates historical rooms that would be redesigned.
One large hall in the General Staff Building (indicated in white) would become a clear centre in the museum and the mosaic of small rooms would be organized around it.

ABOVE
The large hall in the General Staff Building (indicated in red) could provide a universal space for various types of art.

1990s cultural institutions developed in line with the economy without feeling a need to dissociate themselves from it.

The Hermitage is a wonderful exception to this rule, as just when the financial market collapsed it acquired additional space in the General Staff Building and in doing so made a leap forward. We see this as an extraordinary, unparalleled example in the current history of the museum business, where a museum has managed to avoid pointless 'fattening' in a period of economic and museum boom and emerge from this period with something new.

I first came here when the economic boom was coming to an end and, I must say, the mindset prevalent then was very different from today's. At that time, many developers would have liked to find an answer to that question: what to do with the General Staff Building. There were talks about turning the building into a hotel. I was then, like fellow architect Frank Gehry, part of the delegation from the Guggenheim Foundation headed by the President of the Foundation, Thomas Krens. In the spirit of the time, Krens first of all asked where we were going to put a motorbike exhibition, and Frank Gehry was looking for a venue large enough for an exhibition of American art. I was more interested in having 800 rooms to start work on.

That was when we began studying the typology of the rooms and discovered that it was very diverse. You could say that the acquisition of this building meant that the museum would not just expand; it would also have a new typology. In the existing building the rooms are straight and rectangular, while in the new building they often are irregular.

Let's try to answer the question of how we can combine the use of 1,170 rooms in the existing building with 806 in the new one. This inevitably leads to another, more important point: can the Hermitage fit its 3.5 million artefacts into 2,000 rooms? Consequently, I see the most interesting and fascinating part of this project in the combination of the following factors: a rather limited budget, the wealth of the collection and the luxury of space for a profound relationship with the art. Therefore we are not talking about an architectural proposal, but a conceptual approach to the problem.

This museum occupies a huge space – we can say that the Hermitage rules the city. At the same time, another factor must be taken into account: the condition of the existing rooms varies widely. Some of the rooms are under protection as their interiors are well preserved. Some of the rooms have elements that were added in the Soviet period. Finally, some of the rooms are simply in bad condition. Naturally, the renovation and restoration regimes are also different. The typology of spaces is too diverse: we can see classical halls, small regular rooms, completely irregular rooms, corridors etc. Put together, this makes quite a motley picture.

If an architect wanted to achieve the same variety and wealth of space today, he would not be able to. It seems to me that seeing everything on the outside (façades, etc.) as valuable and beautiful, and the interior as less interesting, is at the root of what is wrong in modern reconstruction work. In our case, the picture is the exact opposite. The repertoire of the rooms is so infinite that it reaches the scale and complexity of urbanism.

Even before we began consulting museum staff we already had several ideas of how to use the rooms of the General Staff Building and we tried to compare the Hermitage with other international museums on this aspect too: for example, in the Louvre there is a large group of rooms devoted to a single theme. There are far more of these thematic components in the Hermitage. Although the Louvre and the Hermitage both started out as palaces, I think that the Louvre's initial purpose has been completely overtaken by the museum, while in the Hermitage, every individual room has retained its original quality and historical role.

Modern museums are usually museums of large blocks and themes, while the Hermitage could be said to break its themes down, including into parts of a room. And the fact that the Hermitage already resembles a kind of multi-layered 'sandwich' of various departments makes us think that we need to work to the same principle in the case of the General Staff Building. The General Staff Building could have been turned into a kind of 'territorial machine' for different museum scenarios.

We carried out a small study to determine whether the new building would be suitable for everything it was intended for: paintings, sculptures, decorative applied arts, etc. We evaluated the size and total wall area by placing gradations the size of Impressionist paintings and other canvases on a scale grid.

This meant we could work out the average size of paintings in the Hermitage collections. We did this work without encroaching upon areas falling under the purview of the museum staff or the proposals of our architect colleagues. We simply attempted to evaluate the existing potential of the museum pieces and the rooms in order to understand how to make use of it. We did this not just with paintings, but with sculptures, costumes and even coins too.

We came to the conclusion that the existing building structure was flexible enough to assimilate different ideas and conceptions. Contemporary art could even be displayed in some of the rooms of this building – and in this sense the Hermitage has an advantage, as historical space will be taken over by new forms beyond the walls of the existing museum. Here the luxury of spaces takes on particular significance, not just because of the number of square metres, but because of their quality.

Of course, the rooms need to be connected and a system of circulation devised. In the Hermitage, circulation is mainly through the rooms themselves. We believe that this circulation principle can be applied in the General Staff Building too. But we also realize that in several places this pattern could lead to crowding and the undesired concentration of a large number of visitors in individual rooms. We see the main advantage of the General Staff Building in the fact that the exhibition rooms and circulation spaces (corridors) can be separate, which means every room can have its own particular exhibition regime. In this way, each visitor can enjoy the exhibits that interest him or her without being disturbed by other people who are not attracted to anything in particular in the same room.

The old General Staff Building looks modern thanks to its network topology and the absence of a strict hierarchy of spaces. It has no main entrances or exits. It is anti-hierarchy and therefore very modern. This is a building with a network structure. We can make an incursion into such a structure, creating additional passageways and vertical (lift) communications. We can apply approaches used in all international museums where not all exhibition rooms are open at the same time.

This gives rise to several ideas:

This part of the Great Hermitage could be a 'museum of masterpieces' with one masterpiece on display in one room. As I see it, this kind of exhibition could be one of the most amazing exhibitions ever to take place. This would make it possible to concentrate completely and focus on each of the artefacts or works of art.

This building could also be a museum with various typologies (from antique to contemporary), which means a differential approach to individual rooms.

Another idea is a meta-museum or a 'museum of exhibitions' showing how exhibitions were arranged in the past and how they are arranged today.

We could also try to combine exhibition space with storage space. In this case, the storage space would be visible through glass walls and visitors could not only see selected exhibits, but also have a sense of the completeness and wealth of the museum's collections.

In addition, some of the rooms could be used to respond to any external social and political signals and impulses without detracting from their museum significance. For example, to display the art of individual countries or to hold a presentation of sponsors.

Were all this combined we could create an amazing mosaic. And although this building 'came out of the blue' and was not specially built for the Hermitage, it could become something innovative whose structure and architecture require no alterations whatsoever. This, then, was our vision for the project, our concept.

I will not describe the proposal of our Russian colleagues (Studio 44) in detail. It basically comes down to the following: remodelling the transverse buildings that make up five internal courtyards into four large 'transformer' exhibition halls installed in their place, and opening all entrances and exits on the ground floor to make a city level, separate from the museum in a certain sense. This way, you can see that the network substance of the building is changed and a clear hierarchy of spaces appears instead.

When the internal transverse constructions are removed, circulation will be redistributed along the actual museum part. If you spread the building out 'in a line', it has a total length of 610 metres, and this distance must be multiplied by three floors. Therefore, we think it would be a pity to remove the passages between the buildings that allow every individual visitor to get to where they want to go more quickly.

We are concerned that the existing precision in the location of the entrances in the system 'Great Hermitage – Palace Square' will suffer. The existing system looks logical and coherent, but this logic is lost in the practically infinite number of entrances in our colleagues' proposal. One of the results of organizing the space in this way will be the great contrast between the external and internal space, as a single museum space will be formed inside the building. Without making any fundamental changes to my colleagues' concept, I would recommend concentrating the main entrance unit in one of the internal courtyards (for example, in the central one, from where it would be possible to reach the other courtyards), replacing the linear distribution pattern with a more convenient one.

Studio 44's proposal focuses on organizing movement in one direction. We would propose organizing movement along both sides so that the northern part would be a sort of main part, with the southern part playing the role of 'backstage', where the storerooms and auxiliary functions would be located. Then there would be no movement of visitors from north to south.

I would like to point out that this is not a counter-proposal; it is just an interpretation, a slightly different way of looking at things. And as I see it, it would make sense to bring new meanings to these courtyards without covering them, as transparency and connectivity are vitally important in any museum. Thus, I really hope that together with the museum staff and architects we can preserve and support the maximum amount of existing potential, sacrificing the bare minimum.

In keeping with the Hermitage's tradition of reinventing itself through unexpected discoveries, the Hermitage Museum in the General Staff Building will add a vast number of spaces that were not previously intended for the display of art.

CHRONOLOGY:
The General Staff East Wing

1819–1820 On 28 November 1819 Alexander I of Russia expresses his 'imperial will' and orders the construction of an ensemble of the General Staff and Civil Ministries opposite the Winter Palace. The Empire ensemble is designed by Carlo Rossi.

The building shaped as a parabolic curve 580 metres long would stretch over the south of the Palace Square. A triumphal arch would divide it into two wings. The West Wing would accommodate the military department (General Staff), while the East Wing (Civil Ministries building) would accommodate two Ministries: Foreign Affairs and Finance.

Construction works for the West Wing are launched in 1820.

1822–1824 Construction of the East Wing's five-storey blocks along Palace Square, which are intended for the Ministry of Foreign Affairs.

1826–1828 Carlo Rossi creates the design for the internal layout of the Civil Ministries building and the accommodation within it for the various departments, as well as designs for the General Staff arch and the chapel of St Alexander Nevsky.

1828–1830 Construction of the block along the river Moika for the Ministry of Finance. Construction of transverse wings that form five internal courtyards of the Civil Ministries building. Interiors finished according to Carlo Rossi's drawings.

1830–1917 Employees of both ministries and serving staff work and live in the building. Behind the grandiose Empire-style decoration is a vast number of departments, offices for officials of various ranks, chancelleries, porter's lodges, and a variety of staff apartments, ranging from the Minister's apartment to the apartments of coachmen and janitors. Household life within the complex is concentrated in the internal courtyards, hidden from public scrutiny. In the second half of the 19th and early 20th centuries the spaces of the Department of Finance undergo a number of architectural alterations.

1917–1940 Shortly after the October Revolution of 1917 the General Staff and the Civil Ministries buildings are taken under State protection. The East Wing accommodates state institutions of the new regime (mainly law enforcement authorities). During this period the building undergoes a number of alterations and is seriously damaged by fire in 1921.

1941–1947 Works involving camouflaging the building and providing it with missile protection. Post-war repair and restoration activities.

1948–1988 The building undergoes a host of alterations to accommodate some fifteen lessees. In the process of converting rooms to meet the needs of these tenants, historical spaces suffer serious damage. By the end of the 1980s the organizations occupying the building begin to reduce in number, break up and sub-let their squares. The prospect of the prestigious building in the very heart of the city becoming a space for a multitude of minor commercial structures is a real threat to this monument of history and culture.

1988 By Leningrad government decree no. 197, issued on 14 March 1988, the former building of the ministries (the East Wing of the General Staff Building) is transferred to the State Hermitage museum to be used for exhibitions, museum depositories and administration offices.

1989–1999 Restoration works are carried out under the management of State Hermitage's capital construction department. In autumn 1999, the first exhibitions: 'French Art of the 20th century: Pierre Bonnard and Maurice Denis' and 'Realms of the Eagle: The Art of the Empire' are opened in restored spaces on the building's second floor.

2002 The World Bank for Reconstruction and Development issues the Russian Federation with a loan for the restoration and reconstruction of the East Wing of the General Staff to accommodate the State Hermitage museum complex. The St Petersburg Foundation for Investment Projects organizes an international competition to select a project designer. Studio 44 Architects, of St Petersburg, Russia, win the competition.

2002–2003 Studio 44 Architects prepare pre-design proposals for the transformation of the East Wing of the General Staff Building into a contemporary museum of 19th- and 20th-century art. The total area of the building is due to increase from 37,000m² (398,264 sq ft) to 60,473m² (650,925 sq ft), largely by assimilating and covering internal courtyard spaces. According to the design, 80% of the total area is designated for museum functions and 20% is for museum services and infrastructure. The general ideas of the design are approved by the Hermitage.

2005–2007 Studio 44 Architects' project is confirmed by order of the Ministry of Culture of the Russian Federation. The St Petersburg Foundation for Investment Projects organizes an international competition to select a general contractor.

2008 The winner of the competition for general contractor, Intarsia building company, starts work on the project.

2010 The first stage of the restoration and reconstruction work is completed, covering the southern half of the building, including two of the five courtyards (located the farthest from Palace Square), the entrance hall and one exhibition room of the New Grand Enfilade, as well as part of the building on the river Moika.

2011 The new museum opens its doors to the public with an exhibition of Herculaneum Antiquities.

2012–2014 In the completed part of the General Staff Building exhibitions, concerts and other public events are held. Simultaneously, the second stage of restoration and reconstruction work continues.

2014 All work is completed to coincide with the 250th anniversary of the Hermitage.

ABOUT THE AUTHORS

AARON BETSKY

Aaron Betsky is a critic of art, architecture and design. Formerly Director of the Cincinnati Art Museum (2006–2014), he was also Director of the Netherlands Architecture Institute (2001–2006) and Curator of Architecture and Design at the San Francisco Museum of Modern Art (1995–2001). In 2008, he directed the 11th Venice International Architecture Biennale. He writes a regular blog at architectmagazine.com and teaches around the world.

HANS IBELINGS

Hans Ibelings is a Montreal-based architectural historian and critic. He is the editor and publisher of *The Architecture Observer*. From 2004 until 2012 he was the editor and publisher of *A10 new European architecture*, a magazine he founded together with graphic designer Arjan Groot. Ibelings is the author of several books, including *European Architecture Since 1890* (2010).

REM KOOLHAAS

Rem Koolhaas founded OMA in 1975 together with Elia and Zoe Zenghelis and Madelon Vriesendorp. He graduated from the Architectural Association in London and in 1978 published *Delirious New York: A Retroactive Manifesto for Manhattan*. In 1995, his book *S,M,L,XL* summarized the work of OMA in 'a novel about architecture'. He heads the work of both OMA and AMO, the research branch of OMA, operating in areas beyond the realm of architecture such as media, politics, renewable energy and fashion. Koolhaas has won several international awards including the Pritzker Architecture Prize in 2000, the Golden Lion for Lifetime Achievement at the 2010 Venice Biennale, the RIBA Charles Jencks Award in 2012, and the Johannes Vermeer Prijs in 2013.

MIKHAIL PIOTROVSKY

Mikhail Piotrovsky has been Director of the State Hermitage Museum since 1992. A historian-orientalist, Arabist and Islamic scholar, he is the author of more than 250 scientific works, including catalogues of Arabic manuscripts, editions of medieval monuments and ancient inscriptions, and works on the spiritual and political history of Islam and Arab culture and the archaeology of Arabia. He is Doctor of Historical

Sciences, corresponding member of the Russian Academy of Sciences (RAS), member of the Presidium of the RAS, active member of the Russian Academy of Arts, member of the Presidential Council of the Russian Federation on Culture and Art, Science and Education, professor at St Petersburg State University, chair of the 'Museums and Protection of Monuments' and 'Ancient East' departments and dean of the Faculty of Oriental Studies. Piotrovsky is also president of the Union of Museums of Russia and member of the advisory group of the Council of Europe on exhibitions. He was awarded the Order of Honour (1997, Russia), the Order 'For Merit to the Fatherland' (2004, 2009, Russia) and the Presidential Prize for Literature and Art, as well as numerous awards from foreign countries.

WILL PRYCE
Will Pryce is an award-winning photographer of international acclaim. His previous titles include *Architecture in Wood: A World History* (2005), *World Architecture: The Masterworks* (2011) and *The Library: A World History* (2013).

YULIA REVZINA
Yulia Revzina holds a Ph.D. in Art History, and has received a Gold Medal of the Russian Academy of Sciences. She is Senior research fellow of the Institute of Visual Arts of the Russian Academy of Fine Arts and Associate Professor of the History of Architecture of the Moscow Institute of Architecture (MARHI). Her publications include *Mental Technique of the Architect of the Renaissance: from Alberti to Scamozzi* (2003); *Architecture, War and Geography. The Art of Fortification* (2014); *Guide du Patrimoine de Moscou* (1997) and articles on contemporary architecture in magazines including *Expert, Project Russia, Elle Decoration* and *Architectural Digest.*

DMITRY SHVIDKOVSKY
Dmitry Shvidkovsky is Dr.Sc. in Art History, professor, fellow of the Russian Academy of Architecture and Building Sciences, Vice President of the Russian Academy of Fine Arts, fellow of the European Academy of Sciences and Arts, honorary fellow of the Society of the Antiquaries of London, honorary professor of the Repin Institute of Painting, Sculpture and Architecture of St Petersburg and Rector of the Moscow Institute of Architecture (MARHI). His publications include *St Petersburg. Architecture of the Tsars* (1996); *The Empress and the Architect. British Architecture and Gardens at the Court of Catherine the Great* (1998); *Russian Architecture and the West* (2004); *Charles Cameron and the Architecture of the Russian Imperial Residences* (2009) and more than 200 articles on architectural history.

OLEG YAWEIN
Oleg Yawein is a Scientific Consultant of Studio 44 Architects. He is the author and director of the project for the restauration and conversion of the East Wing of the General Staff Building at the State Hermitage Museum, for which he was awarded the Grand Gold Medal of the Russian Academy of Architecture and Building Sciences, as well as an honorary diploma from the Union of Moscow Architects. Yawein is also professor at the Moscow Institute of Architecture (MARHI) and the International Academy of Architecture in Moscow (IAAM). He has authored many scientific publications on architecture and urban planning.

NOTES

THE ICONIC ENSEMBLE OF THE RUSSIAN EMPIRE

Dmitry Shvidkovsky and Yulia Revzina (pages 22–47)

1 Citation from I. E. Grabar (ed), *The History of Russian Art*, vol. 3, Moscow, 1903, p. 544.

2 D. Shvidkovsky, *Russian Architecture and the West*, New Haven–London: Yale University Press, 2007, p. 194.

3 Idem. 'Da Pietro il Grande a Francesco Bartolomeo Rastrelli' in D. Švidkovskij with M. Belgiojoso and S. Zanardi Landi (eds), *Mille Anni di Architettura italiana in Russia*, Torini-Londra-Venezia-New York, 2013, pp. 177, 190-192.

4 In 1708, on the banks of the Greater Neva to the east of the Admiralty, Peter the Great's little Winter Mansions were built and they stood there until 1711. Then, in 1711–1712, Domenico Trezzini built Peter the Great's Wedding Chambers of 'two apartments by one apartment along the canal'. Alongside them, in 1716–1720 the first Imperial Winter House, designed by Georg Johann Mattarnovi, was built. Next to it on the east, along the river bank, in the place where Quarenghi would later build the Hermitage Theatre, Catherine I's Winter Palace was built to plans by Domenico Trezzini. Not long before the death of Peter the Great, the Palace Embankment with its ensemble of regal buildings and the palaces of the rich and nobility began to take shape. In 1732, on returning to St Petersburg from Moscow, Anna I commissioned Rastrelli to merge the four largest palaces on the embankment into a new Winter Palace. I. E. Grabar (ed), *The History of Russian Art*, vol. 5, Moscow, 1960, pp. 78–79; V. M. Glinka, Yu. M. Denisov, M. V. Johansen, et al., *Hermitage. The History of Building Construction and Architecture*, edited by B. B. Piotrovsky, Leningrad: Leningrad, 1989.

5 *Saint Petersburg Vedomosti*, 1779, no. 10 (5 February). The same announcement was published in *Saint Petersburg Vestnik*, 1779, February, p. 168.

6 M. F. Korshunova, *Yury Veldten*, L. Lenizdat, 1988; see also *Architect Yury Veldten*, exhibition catalogue, L., Art, 1982.

7 T. F. Savarenskaya, F. A. Petrov, D. O. Shvidkovsky. *The History of the Art of Urban Planning*, vol. 2, Moscow: Stroyizdat, 1989, pp. 173–175.

8 I. E. Grabar, p. 544.

9 V. I. Pilyavsky. *Architects of Russia: Carlo Rossi*, Moscow-Leningrad: GIAiG, 1951, p. 84.

10 Švidkovskij D., 'Il tema italiano nell'architettura russa dell'Ottocento' in *Mille anni di architettura italiana in Russia* (op. cit.), p. 281.

11 The parts of the building overlooking the Moika and the transverse sections were constructed in 1828–1830 to an individual project and they are of a different height from those on Palace Square.

12 I. E. Grabar (ed), *The History of Russian Art*, vol. 4, Moscow: Academy of Sciences of the USSR, 1961, p. 77.

13 Pushkin A. S., 'Ode to Liberty' in *Complete Works of A. S. Pushkin in ten volumes*, vol. 1, Moscow, The Academy of Sciences Publishing House, 1949, p. 314.

14 Transcription of Rem Koolhaas's speech in the Hermitage Theatre on 26 April 2004. Archive of the Chief Architect of the State Hermitage Museum.

15 As above.

16 S. O. Khan-Magomedov, *Konstantin Melnikov*, Moscow: Stroyizdat, 1990, p. 138 et al.

This article was prepared as part of work funded by a grant from the Russian Research Foundation.

NATURE AND NURTURE OF A BUILDING

Hans Ibelings (pages 48–71)

1 Aldo Rossi, *The Architecture of the City*, Cambridge, Mass.: MIT Press, 1982, p. 29.

2 Mikhail Piotrovsky, interviewed by Igor Arkhipov, *Expert North-West*, 'Museum and Creative Resource', 11 April 2011, no. 14 (510). www.hermitagemuseum.org

PROJECT CREDITS

THE STATE HERMITAGE MUSEUM IN THE EAST WING OF THE GENERAL STAFF BUILDING

DESIGN 2002–2009
CONSTRUCTION 2008–2014 (phase I: 2008–2010, phase II: 2010–2014)
COMMISSIONED BY the State Hermitage Museum, the St Petersburg Foundation for Investment Construction Projects on behalf of the Ministry of Culture of the Russian Federation

ARCHITECTS **Studio 44 Architects**
PROJECT TEAM **Oleg Yawein (principal), Nikita Yawein, Vladimir Lemekhov, Pavel Sokolov**

WITH THE PARTICIPATION OF Vitaly Antipin, Irina Golysheva, Sergei Dryazzhin, Evgeny Elovkov, Veronika Zhukova, Irina Krylova, Vladimir Parfionov, Georgy Snezhkin, Sergei Sologub, Varvara Khmeliova, Anton Yar-Skryabin
RESTORATION Grigory Mikhailov (Mikhailov Architectural Studio), Oleg Kuzevanov, Natalya Shirokova (Studio 44 Architects)
STRUCTURAL ENGINEERS Vladimir Ioffe, Dmitry Kresov, Oleg Kurbatov, Irina Lyashko, Dmitry Yaroshevsky
ENGINEERING SOLUTIONS AND EQUIPMENT PetroEngineering, BCC Company
GROUNDWORK AND SUBSTRUCTURE WORKS Geoizol
DISPLAY LIGHTING Cannon-Brookes Lighting & Design (UK)
MUSEUM TECHNOLOGIES Pro Arte Institute
PRODUCTION DRAWINGS FOR CONSTRUCTION PHASE II AM-Intarsia Architects
CONTRACTOR Intarsia Construction Company

MAIN DATA

Site area: 15,562 m^2
Area of construction site: 15,562 m^2 (167,500 sq ft)
Total building floor space: 60,473 m^2 (650,925 sq ft)
Usable floor space: 41,472 m^2 (446,400 sq ft), including:

- museum zone: 27,004 m^2 (290,668 sq ft)
- cultural activities and leisure zone: 4,900 m^2 (52,743 sq ft)
- building utility rooms: 9,568 m^2 (102,989 sq ft)

Construction volume: 404,900 m^3 (14.3 million cubic feet), including 12,683 m^3 (447,895 cubic feet) below ground
Floors: 6

PICTURE CREDITS

Photographs © Will Pryce unless otherwise indicated.

Illustrations, drawings and diagrams © Studio 44 Architects unless otherwise indicated.

p. 8 (top and bottom): artworks © Succession H. Matisse/DACS 2014, photographs © State Hermitage;
pp. 10–13, 22, 25, 32–33, 60 (bottom), 76, 79, 84 (top), 84 (bottom left): © State Hermitage;
pp. 14, 52, 74 (bottom), 92 (right), 170, 172 (top, left to right), 176 (right): © Vadim Egorovskiy;
pp. 26–28, 29 (top), 31, 53 (bottom): © The Russian Academy of Fine Arts Museum;
pp. 29 (bottom), 30, 155: © Russian State Historical Archive;
p. 34: © Art Town Gallery, Moscow;
pp. 35, 92 (left), 100 (left): © Committee for State Control, Utilisation and Protection of St Petersburg's Historical and Cultural Landmarks;
pp. 36–37, 50, 71, 192–193: © Aleksandr Petrosjan;
pp. 39, 82 (left): © OOO 'Uniintech';
pp. 40–43, 194–195, 198: © OMA;
pp. 44, 57, 61 (top), 77, 80–81, 90–91, 108, 111 (top), 114, 124, 130, 133, 142–145, 154, 159, 171, 172 (bottom), 173, 176 (left): © Vladimir Lemekhov;
p. 58 (top): © Maxim Atayants;
pp. 58 (bottom), 68 (bottom), 120, 164 (top left and top right), 182–183, 186 (top left and bottom left), 187: © Aleksey Naroditskiy;
p. 74 (top): © Andrey Terebenin;
p. 84 (bottom right): © Sir John Soane's Museum, London (1994, Ernst Wasmuth, Tubingen/Berlin; photograph by Richard Bryant);
p. 85: © Leonid Lemekhov;
pp. 101, 109, 116–117, 118 (bottom), 126, 146–147: © Studio 44 Architects;
pp. 111 (bottom), 122–123, 128–129, 150, 162 (top left and bottom left), 165, 166 (top left), 186 (top right): © Margarita Yawein;
pp. 112, 121, 136–137, 152, 166 (top centre and top right): © Oleg Yawein;
p. 122 (left): © Anton Jar-Skriabin;
p. 158: © Yuri Strelnikov.

INDEX

ACKNOWLEDGMENTS

The architects would like to express their deep gratitude to the director of the State Hermitage Museum, Mikhail Piotrovsky, for his contribution to the architectural concept of the project and for his efforts in implementing it.

Studio 44 Architects is one of the largest private architectural firms in St Petersburg and in Russia. Founded and led by Nikita Yawein, the company now employs over 140 highly qualified specialists, including architects, restoration experts, structural designers and engineers. Studio 44 has implemented over twenty-five public and residential building projects, won over sixty prestigious awards and enjoys a high professional reputation.

First published in the United Kingdom in 2014 by Thames & Hudson Ltd, 181A High Holborn, London WC1V 7QX

Text editor: Ludmila Likhacheva
Picture editor: Margarita Yawein
Coordinator: Darya Nikiforova
Jacket and book design: Peter Dawson, Namkwan Cho, www.gradedesign.com

British Library Cataloguing-in-Publication Data
A catalogue record for this book is available from the British Library

ISBN 978-0-500-34301-2

Printed and bound in Italy by Editoriale Bortolazzi-Stei srl